# 1 MONTH OF
# FREE
# READING

## at

## www.ForgottenBooks.com

By purchasing this book you are eligible for one month membership to ForgottenBooks.com, giving you unlimited access to our entire collection of over 1,000,000 titles via our web site and mobile apps.

To claim your free month visit:
www.forgottenbooks.com/free1007282

ISBN 978-0-331-04713-4
PIBN 11007282

# VII. Jahresbericht

der

Pommersche

# Geographischen Gesellschaft

zu

# Greifswald

## 1898—1900.

## Jm Auftrage des Vorstandes

herausgegeben

von

## Prof. Dr. Rudolf Credner.

**Greifswald.**
Verlag und Druck von Julius Abel.
1900.

Für den Inhalt der Aufsätze
sind die Herren Autoren allein verantwortlich.

———

Die Aufsätze 1—6 bildeten den Inhalt eines von der Gesellschaft herausgegebenen „Führers für die Rügen-Excursion" des VII. Internationalen Geographen-Congresses zu Berlin 1899.

# A. Zur Landes- und Volkskunde von Vorpommern und Rügen.

# 1. Aufsätze.

# Lage, Gliederung und Oberflächengestaltung der Insel Rügen.

Von Rudolf Credner, Greifswald.

Mit einer Übersichtskarte. Taf. I.

Die Insel Rügen, mit ihrem Areal von 967 qkm die grösste und durch ihre landschaftlichen Reize gleichzeitig die schönste und anmutigste der deutschen Inseln, gehört der östlichen Gruppe der „westbaltischen Inselzone" an. Umlagert von einer Reihe kleinerer Eilande, Hiddensöe, Ummanz, der Oehe, dem Dänholm, den Inseln Vilm und Pulitz ist dieselbe der Nordostseite des vorpommerisch-mecklenburgischen Küstenlandes vorgelagert und von diesem nur durch schmale und meist flache Meeresteile getrennt[1]). Auf der Südwestseite der Insel erfolgt diese Scheidung durch den „Strelasund", eine ca. 33 km lange, schmale Meeresstrasse, welche an ihrer engsten Stelle bei der Prosnitzer Schanze kaum 1 km Breite besitzt. Nur an ihren beiden Enden erweitert sich diese mehrfach flussartig gewundene Strasse zu ansehnlicheren Wasserflächen, im Nordwesten durch das „Stralsunder Fahrwasser" zu dem Kubitzer Bodden, im Südosten zu dem Greifswalder Bodden. Beides sind echte Binnengewässer, welche mit der offenen Ostsee nur durch schmale Ausgänge in Verbindung stehen. Landvorsprünge, dort die weit vorragende Südspitze Hiddensöes und die Halbinsel Barhöft, hier die Halbinsel Mönchgut mit dem Thiessower Höft und die Nord-

---

[1]) Vgl. Deutsche Admiral.-Karten, Nr. 73. Die Gewässer um Rügen, 2 BL, Nr. 73, Greifsw. Bodden und Nr. 74, Nordwestküste von Rügen, sowie Tiefenkarte des Greifsw. Boddens von E. Bornhöft: Jahresber. II der Geogr. Ges. zu Greifsw. 1883/84, Taf. I.

spitze Usedoms mit der Insel Ruden engen dieselben auf 4, bezw. 11,5 km Breite ein. Ausgedehnte Sand-bänke und unterseeische Rücken („Gründe") sind überdies beiden Ausgängen vorgelagert, so dass nur durch häufig erneute und vertiefte Baggerrinnen grösseren Schiffen Zugang geschaffen werden kann. Der Kubitzer Bodden besitzt nirgends Tiefen von mehr als 6 m, und auch der Greifswalder Bodden hat nur ganz lokal Tiefen von 12—13 m, meist aber nur solche von 8—10 m aufzuweisen. Grössere Tiefen finden sich in diesen Gewässern sonst nur in der Strelasundrinne und zwar gerade an den engsten Stellen derselben mit 15, 16 und 18 m. Abgesehen von diesen, auch meist räumlich beschränkten „Tiefs" liegen die die Insel vom Festland trennenden Gewässer sämmtlich innerhalb der 10 m-Tiefen-linie, welche in geschlossen bogenförmigem Verlauf in bald weiterem, bald geringerem Abstand die Aussenküste der Insel umsäumt. Aus diesem flachen Küstenmeere erhebt sich Rügen, nicht aber, wie etwa die Insel Bornholm oder andere Ostseeinseln als eine kompakte Landmasse, sondern als ein durch Buchten und „Bodden" und dazwischen vor-springende Landzungen ausserordentlich reich geglie-dertes, an manchen Stellen förmlich zerstückeltes und zerlapptes Landgebilde, dessen mannigfaltige Küsten-entwickelung keine andere der deutschen Inseln auch nur annähernd erreicht. Auf der Ostseite zunächst greift die See in einer Reihe breiter bogenförmig gerundeter, dünenumsäumter Buchten („Wieken") zwischen steiluferigen Vorsprüngen höheren Landes in die Insel ein. Von Süden nach Norden folgen ein-ander die Buchten zwischen Thiessower Höft und Lobberort und zwischen letzterem und dem Nordperd bei Göhren auf Mönchgut, dann diejenige zwischen dem Nordperd und dem Guitzlaser Ort an der Granitz und weiter in Form mächtiger Kreissegmente die Prohrer Wiek zwischen Granitz und Jas-mund und die Tromper Wiek zwischen letzterer und der Halbinsel Wittow. Ungleich komplizierter noch gestaltet sich die Gliederung der Westküste. Zwar verleiht hier die dicht vorgelagerte Hiddensöe mit ihrem langgestreckten, fast gerad-

linigen Westufer der Inselgruppe Rügens einen einförmigen
Abschluss gegen die westliche Ostsee. Im Norden und Süden
aber greift diese letztere, dort im „Libben", hier im „Gellen
Strom", um die Spitzen jener Insel herum, erweitert sich
zwischen ihr und Rügen zu den flachen, nur durch künstliche
Fahrrinnen unter einander und mit der äusseren See verbundenen Schaproder- und Vitter-Bodden und dringt in den
Rassower Strom, den Wieker und Breeger Bodden vielfach
verzweigt und zerlappt als Grosser und Kleiner Jasmunder
Bodden tief in das Innere der Insel nach Osten und Südosten
hinein und zwar bis in unmittelbare Nähe der von Osten her
eingebuchteten Prohrer und Tromper Wiek, so dass sich hier
die östlichen und westlichen Gewässer bis auf wenige hundert
Meter einander nähern. Auch diese von Westen her in die
Insel eindringenden Binnengewässer besitzen, eine 12 m tiefe
Stelle am Ausgange des Jasmunder Boddens bei Wittower
Fähre ausgenommen, nur geringe Tiefen, im Grossen Jas-
munder Bodden von 7—8, sonst von 4—5 m, so dass ein
Sinken des Ostseespiegels um nur 10 m eine fast vollständige
Verlandung dieser Wasserflächen im Gefolge haben würde.
Gleichzeitig würde unter dieser Voraussetzung auch der weit-
aus grösste Theil des Greifswalder Boddens und des Strela-
sundes trocken gelegt werden und die Küste Vorpommerns
der jetzigen 10 m-Tieflinie folgend, eine ähnliche Umrissge-
staltung gegen die Stettiner Bucht erhalten, wie diejenige
Hinterpommerns in Pommerellen gegen die Danziger oder diejenige Holstein-Wagrien's gegen die Lübische Bucht.

Mit der reichen Gliederung der Küstenumrisse Rügens vereinigt sich eine nicht minder mannigfaltige Oberflächengestaltung. Berge und Hügel der verschiedensten Form, bald zu
vielbuckeligen Gruppen, bald zu langgestreckten Rücken ge-
ordnet, wechseln mit flachwelligen und fast plattenförmig ebenen
Geländen, durchzogen und zergliedert hier von flachen Thalmulden
und breiten Thalniederungen, dort von steil eingeschnittenen Thalschluchten und überall gleichsam durchlöchert von zahllosen,
theils wassererfüllten, theils vermoorten und ausgetrockneten,
grossen und kleinen abflusslosen Söllen und Pfuhlen. Diese

Hügel- und Berggelände aber erfüllen nicht in ununterbrochenem
Zusammenhang die gesammte Insel, vielmehr bilden dieselben
eine Anzahl grösserer und kleinerer sich scharf von einander abhebender, vollkommen isolirter Erhebungsmassen,
„Inselkernen", die nur durch äusserst niedrige Laud-
striche mit einander verbunden und nur locker zu der
vielgliederigen Gesammtinsel vereinigt sind. Guirlandenförmig
ziehen sich solche Flachlandstreifen, bisweilen nur wenige
hundert Meter breit, in weitem, gegen die See geöffneten
Bogen, wie beispielsweise in der Schaabe zwischen Jasmund
und Wittow von einem Inselkern zum andern, um scharf und
oft unvermittelt an derem steil aufsteigendem Rande abzu-
schneiden. Aus grösserer Entfernung von der See, namentlich
von Osten her gesehen, scheint daher die Insel aus einer
Gruppe hügelig-bergiger Einzeleilande zu bestehen und
in der That würde eine nur geringfügige Veränderung des
Meeresniveaus, ein höherer Stand desselben von nur etwa 5 m
jene flachen Verbindungslandstriche in fast ihrem ganzen Umfange verschwinden und jenen aus der Ferne durch die
Wölbung des Meeresspiegels vorgetäuschten Zustand zur
Wirklichkeit machen[1]).

Eine Ueberschau der Veränderungen, welche das Bild
Rügens bei derartig verändertem Wasserstande der Ostsee
erleiden würde, ist am besten geeignet, einen Einblick in die
eigenartigen Reliefverhältnisse der Insel zu gewähren.
Auf der Ostseite zunächst würde der gesammte, gegen 9 km
lange und 600—2000 m breite Landstrich der Schaabe zwischen
den Inselkernen von Wittow und Jasmund bis auf wenige
kleine inselförmige Hervorragungen am Kegelinberg (10 m)
und bei Wall (6 m) verschwinden. Dem gleichen Schicksal
würde im Südwesten Jasmunds die Schmale Heide bis gegen
Binz hin verfallen und wie dort im Norden der Grosse Jasmunder Bodden an Stelle der Schaabe, so würde hier im Süden
der Kleine Jasmunder Bodden in breite Verbindung mit der
offenen Ostsee treten, aus welcher nur die jetzige Halbinsel
Thiessow (48 m) als Insel hervorragen würde. Verschwinden

---

[1]) Vgl. hierzu die beigegebene Karte, Taf. I.

würden ferner im Südosten ausgedehnte Theile der Baaber
Heide, sowie die gesammten Dünen- und Moorwiesengelände
auf Mönchgut zwischen den Erhebungen des Göhrener Rückens
und Lobber Ort, sowie zwischen letzterem und den Höhen von
Gross-Zicker, Thiessow und Klein-Zicker. Ueber dieselben
hinweg würden die tiefeingeschnittenen Buchten des Greifswalder Beddens, die Having, die Hagensche Wiek und der
Zickersee als Meeresstrassen mit der offenen Ostsee verschmelzen.
Die Insel Vilm vor Putbus — um nur die Hauptveränderungen
hervorzuheben — würde sich in drei, jetzt durch flache
Dünenzüge mit einander verbundene, hügelige Eilande zer-
gliedern und im Westen würde von Hiddensöe nur der nördliche Theil, der Dornbusch (72,4 m) als eine bergige Insel
erhalten bleiben, der gesammte südliche Theil aber, der Gellen,
in seiner Länge von nahezu 15 km von der See bedeckt
werden, ebenso auch der von Wittow aus nach Südwesten
vorspringende „Bug".

An Stelle des heutigen Rügens würde somit ein durch
breitere und engere Meeresstrassen durchzogener inselreicher
Archipel erscheinen, dessen Hauptinseln durch folgende
Theile des heutigen Rügens repräsentirt sein würden:

1. Das eigentliche Rügen, den Haupttheil der heutigen
Insel umfassend zwischen Greifswalder Bodden und Strelasund
im Süden, Jasmunder Bodden und Breeger Bodden im Osten
und Norden, Kubitzer und Schaproder Bodden im Westen,
einschliesslich der Granitz bis zur Baaber Heide, an seinem
Rand zergliedert durch zahlreiche Buchten und umgeben von
einem Kranz kleinerer Inseln (den jetzigen Höhen von Seedorf,
Neu-Reddevitz, Vilm, Zudar, Puhlitz, und der Halbinsel
Thiessow auf der Schmalen Heide);

2. Die Inselgruppe des heutigen Mönchguts:
   a) den langgestreckten Rücken von Reddevitz-Göhren
      (60,3 m);
   b) der Erhebung von Lobbe (18,7 m);
   c) dem Bergrücken von Gross-Zicker (66,4 m);
   d) den Hügeln von Klein-Zicker (38,2 m) und
   e) von Thiessow (35 m);

3. Jasmund als geschlossener Inselkörper in fast seinen heutigen Umrissen.

4. Wittow, ebenfalls nahezu in seiner jetzigen Gestaltung, nur des nehrungsartigen Vorsprunges des Bug beraubt.

5. Hiddensöe, in Gestalt des steil aufragenden Dornbusches.

Kaum weniger scharf aber wie gegen die behufs Veranschaulichung des Reliefs von Rügen um 5 m erhöht gedachte Wasserfläche der Ostsee heben sich die einzelnen Inselkerne unter den thatsächlich bestehenden Verhältnissen von den sie verbindenden flachen Sand- und Moorniederungen ab. Gleichzeitig bleibt denselben trotz ihrer Verwachsung eine gewisse, sich schon durch die Belegung mit besonderen Landschaftsnamen dokumentierende Selbständigkeit durch den Umstand gewahrt, dass sie nicht etwa nur zerstückelte, sonst aber gleichartig gestaltete Theile eines ursprünglich einheitlichen Landkomplexes vorstellen, sondern dass jeder für sich in seiner Oberflächengestaltung eine besondere Eigenart besitzt.

Eine kurze Charakteristik des Reliefs lässt diese Thatsache deutlich hervortreten. Das eigentliche Rügen im engeren Sinne ist ein aus niedrigen Wiesenufern von Westen nach Osten sanft ansteigendes, von breiten Thalmulden und Moorniederungen durchzogenes welliges Flachland, auf welchem sich nach Osten, an Zahl und Höhe zunehmend, eine Reihe buckeliger Hügel und Berge, bald in allmählichem Anstieg, bald steil und unvermittelt erhebt: im Süden die Waldhöhen von Garz bis Putbus mit dem Tannenberg (61 m) und weiter östlich, jenseits der breiten, moorerfüllten Senke von Dolgemost und Neklade die vielkuppigen Höhen der Granitz (ca. 90 m), der Hagener Berge (58 m) und der Prora (61 m); im Norden die steil aufsteigenden Hügel der Rugardgruppe (90,6 m) bei Bergen, die Patziger Heideberge (55,7 m), die Hügelzüge von Ralswiek und Augustenhof (57,3 m), die Banzelwitzer Berge (44,5 m) und endlich im äussersten Norden der Hügelrücken des Hochhilgor (43,4 m). Wenn auch in ihrer Gesamtheit zu einer etwa Südost bis Nordwest streichenden Zone gruppirt sind doch dieselben im einzelnen durchaus ordnungslos vertheilt, streichen nach den verschiedensten Richtungen und sind gleichzeitig durch tiefliegende breite Senken und Niederungen von einander getrennt.

Die fünf Inselkerne von Mönchgut besitzen mit Ausnahme der die Plattenform Wittows im Kleinen nachahmenden Erhebung von Lobbe die Gestalt mehr oder minder langgestreckter, von mulden- und wannenförmigen Einsenkungen bedeckter, sonst aber geschlossener Rücken und zeigen eine vorwiegend ostwestliche bis ostnordost-westsüdwestliche Streichrichtung.

Die Halbinsel Jasmund zeichnet sich allen übrigen Theilen Rügens gegenüber ausser durch die Mannigfaltigkeit ihrer Oberflächenformen namentlich durch das Hervortreten einer gesetzmässigen Gliederung und Anordnung ihrer Erhebungen aus. Die Hügelzüge gruppieren sich in langgestreckten, bald flachbuckeligen, bald steileren Rücken zu mehreren Systemen, deren jedes aus einer Anzahl von Parallelzügen besteht und unter strenger Inhaltung bestimmter Streichrichtungen bestimmte Theile der Halbinsel beherrscht. Deutlich unterscheidet man ein zentrales, nach Westen gegen den Grossen Jasmunder Bodden geöffnetes Becken, die Gegend nördlich und westlich von Sagard umfassend, und drei wellig - hügelige Höhenzüge, welche dieses zentrale Becken auf der Ost-, Nord- und Südseite hufeisenförmig umranden. Wir bezeichnen diese Erhebungen aus später zu erörternden genetischen Gründen als den Stubnitzhorst im Osten des zentralen Beckens, ungefähr mit der Ausdehnung der Stubnitzwaldung zusammenfallend, und als den nördlichen, ostwestlich streichenden und südlichen, gegen SW. orientirten Flügelzug, ersterer durch die Lage der Orte Nipmerow und Ruschwitz, letzterer durch diejenige der Orte Lanken und Wostevitz angedeutet. Wie auf dem eigentlichen Rügen nehmen auch auf Jasmund die Höhen von Westen nach Osten zu und erreichen in dem Piekberg südlich von dem Dorfe Hagen mit 161 m die Kulmination der Insel Rügen und gleichzeitig sämmtlicher deutscher Ost- und Nordseeinseln. Die Konzentrierung der Haupterhebungen auf den Ostrand der Halbinsel bedingt gleichzeitig den Hauptreiz der Rügenschen Landschaft, die malerischen Steilküsten zwischen Sassnitz und Stubbenkammer.

Im schroffen Gegensatz zu dem reichgegliederten Jasmund besitzt die Halbinsel Wittow eine äusserst monotone Oberflächengestaltung: sie bildet eine sanft von Südwesten nach Nordosten bis zu 45 m Höhe ansteigende und bei Arkona mit steilem Felsabsturz endigende, wenig gegliederte, flachwellig gestaltete Platte. Nur im äussersten Nordosten in unmittelbarer Nähe des Steilrandes von Arkona macht sich eine Anzahl schärferer Terrainstufen, ähnlich wie an mehreren Punkten Jasmunds in Gestalt mehrerer terrassenförmiger Absätze geltend.

Der Dornbusch auf Hiddensöe endlich ist ein völlig isolierter, 72,4 m hoher, an seiner Oberfläche durch zahlreiche Kuppen und Buckel, durch Thalmulden, kessel- und wannenförmige Senken äusserst reich gegliederter Höhenrücken, der in seiner massigen Erhebung den Inselkernen Mönchguts, namentlich dem Rücken von Gross-Zicker gleicht, dabei aber eine abweichende Streichrichtung, nämlich eine solche von Südwest nach Nordost besitzt.

Zu dieser Mannigfaltigkeit der Oberflächenformen gesellt sich endlich noch jene die landschaftlichen Reize der Insel in erster Linie bedingende Vielgestaltigkeit der die Inselkerne weithin umsäumenden Steilküsten. An der einen Stelle in Gestalt gewaltiger, auf ihrer Höhe bastionsartig ausgezackter Mauern, an der anderen in Form kühn aufragender spitzer Pfeiler·und Pyramiden, am Königstuhl auf Stubbenkammer als mächtiger, 120 m hoher Felskegel streben an den Steilküsten Jasmunds die Kreidefelsen in blendendem Weiss vom Strande empor, umrahmt von dem üppigen Grün herrlicher, die Höhen und die flacheren Böschungen der Gehänge bedeckender Buchenwaldungen. In senkrechten gelben Lehmwänden stürzen an anderen aus Diluvium bestehenden Küstenstrecken die Ränder der Inselkerne zum Strande ab, um wieder an anderen Stellen von schräg abgeböschten, weit hinauf von Sanden überwehten oder grün bewachsenen Gehängen abgelöst zu werden. Zwischen diesen die hügelig-bergigen Inselkerne umsäumenden

Steilufern breiten sich, dieselben miteinander verbindend, in langgestreckten Bogen die kahlen Dünenküsten und die bald in senkrechten schwarzbraunen Anschnitten, bald ¦als Schilf- und Grasdickichte gegen das Meer endigenden flachen Moor- wiesenufer aus und bedingen im Verein mit jenen Steilwänden und in dem abwechslungsreichen Nebeneinander eine Mannig- faltigkeit der Küstenformen, wie sie in der Umrandung der Ostsee und der Nordsee kaum wieder vertreten sein dürfte.

# Die geologische Zusammensetzung und Schichtenfolge der Insel Rügen.

Von W. Deecke, Greifswald.

Der Boden der Insel Rügen setzt sich im Wesentlichen nur aus zwei Formationen, der Kreide- und der Quartär-Formation (Diluvium und Alluvium) zusammen. Das zwischen beiden liegende Tertiär kommt für den Aufbau dieser Gegend bis jetzt nicht in Betracht, da es nur an einem einzigen Punkte nachgewiesen ist, und es sich an diesem möglicher Weise auch nur um eine eingeschleppte Scholle im Diluvium handelt.

## Kreide.

Die Kreide bildet zwar wahrscheinlich in der Tiefe überall die Unterlage der diluvialen Bildungen, tritt aber nur auf beschränktem Raume anstehend zu Tage. Dies ist besonders an den Aussenküsten Jasmunds zwischen Sassnitz-Crampas und Lohme, sowie auf Arkona der Fall, ferner an einer grösseren Anzahl von Punkten im Innern von Jasmund besonders im Bereiche des Sagard umsäumenden Hügelgeländes. Ausserdem wurde sie im übrigen Rügen vielfach durch Bohrungen nachgewiesen, z. B. auf Thiessow in 40 m Tiefe unter See, bei Samtens 30 m unter Tag, ebenso unter der Stadt Stralsund, so dass an ihrer weiten Verbreitung auf der Insel kaum zu zweifeln ist.

Bei einer Anzahl der durch Bohrungen konstatirten Kreidevorkommen bleibt es allerdings zweifelhaft, ob es sich um anstehende Massen oder um eingeschleppte Schollen im Diluvium handelt, da die lediglich zur Wassergewinnung niedergebrachten Bohrungen meist eingestellt werden, sobald man auf Kreide gestossen ist. So wurde z. B. bei Bergen am Nonnensee Kreide in der Tiefe von 12.8 m erreicht und bis 15 m verfolgt, in benachbarten tieferen Bohrlöchern aber überhaupt nicht angetroffen, ein Verhalten, das darauf schliessen lässt, dass in diesem Falle eine isolirte Scholle vorlag. In Putbus wurde die Kreide dicht unter dem Niveau des Meeresspiegels, nämlich bei 46 m unter Tage, entdeckt und hielt bis 98 m an, wo man auf „Thon" stiess. Da Bohrproben nicht vorliegen, lässt sich nicht feststellen, ob dieser „Thon" eine andere, der Kreideformation zugehörige Schicht oder Geschiebemergel ist. In letzterem Falle hätten wir es mit einer 46 m dicken Scholle zu thun. Zweifellos schollenförmiger Natur sind die Kreidevorkommen z. B. am Thiessower Höft, an der Lietzower Fähre, am Bakenberg auf Gross-Zicker, bei Altefähre gegenüber Stralsund, wo dieselben dem oberen Geschiebemergel eingebettet sind. Derartige schollenförmige Vorkommen von Kreide sind auch auf dem Festlande in Neuvorpommern keine Seltenheit. An der Nordküste der Granitz ferner erscheint die Kreide unter Geschiebemergel 3 m über der See und hat dort früher das Material für einen Kalkofen geliefert. Bei Altenkamp und Dumsewitz liegt sie z. Th. unter dem Meeresniveau und wird dort durch Baggern gewonnen. Auch in diesen Fällen handelt es sich allem Anscheine nach um isolirte Schollen.

Die Mächtigkeit der anstehenden Kreide auf Jasmund und Wittow dürfte etwa 100 m betragen. Genaue Zahlen lassen sich nicht angeben, da auf Rügen nirgends mit Sicherheit die Kreide ganz durchsunken ist. Sie erhebt sich freilich bei Poissow am Fuss des Hohen Selow und im Königsstuhl bis gegen 120 m, am Piekberg sogar bis über 150 m über den Meeresspiegel, aber nur in Folge von tektonischen Dislokationen und Zusammenschub, von denen an anderer Stelle (Aufsatz IV) die Rede sein wird.

In jüngster Zeit wurde von Herrn Wedding in seiner Sassnitzer Villa, 33 m über der See gelegen, ein Tiefbohrloch behufs Wassergewinnung gestossen und bis 213 m unter Terrain fortgeführt. Dabei ist, abgesehen von $^1/_2$ m Lehm an der Oberfläche, nur weisse Kreide getroffen, die in 1 bis $1^1/_2$ m Abstand ganz regelmässig Feuersteinlagen enthielt, mit Ausnahme der tiefsten Partien, in denen die Einlagerungen seltener zu werden begannen. Also kann möglicher Weise die Kreide auch 200 m Dicke besitzen; aber es bleibt zweifelhaft, ob die tieferen Schichten noch zum eigentlichen Rügener Ober-Senon gehören und nicht schon etwa den Uebergang zu den feuersteinfreien Finkenwaldener Bänken darstellen, und ob nicht am Rande von Jasmund in Folge von Verstürzung und steiler Stellung der Schollen diese Mächtigkeit nur eine scheinbare ist. War aber die Mukronatenzone wirklich 200 m stark, so müssen auf Rügen und Vorpommern ganz gewaltige Massen derselben während des Tertiärs und Diluviums abgetragen sein, da an vielen Stellen der benachbarten Küstengebiete Turon das oberste mesozoische Sediment ist.

Der Gesteinsbeschaffenheit nach handelt es sich um normale weisse Schreibkreide mit regelmässigen Einlagerungen schwarzer, weiss gerindeter Feuersteinknollen. Ganz das gleiche Gestein findet sich auf der Insel Möen, in Holstein, in Südengland, sowie im Pariser Becken bei Meudon und in der Champagne. Die weisse Kreide ist ein Kalkmergel, der aber auf Rügen nur unbedeutende thonige Beimengungen enthält und fast reinen kohlensauren Kalk darstellt. Zwei Analysen, die Herr Geh. Rath Prof. Schwanert so liebenswürdig war auszuführen, ergaben folgende Zahlen:

|  | Sassnitz | Promoisel |
|---|---|---|
| Feuchtigkeit | 0.282 | 0.121 |
| $SiO_2$ | 4.709 | 0.653 |
| FeO. $Al_2 O_3$ | 0.312 | 0.370 |
| MgO | 0.330 | 0.225 |
| CaO | 52.907 | 55.130 |
| $CO_2$ | 41.620 | 43.740 |
|  | 99.878 | 100.118 |

Es sind also 94 resp. 98 °/₀ kohlensaurer Kalk vorhanden, ein Verhältniss, das sich ebenfalls bei Arkona herausstellte, wo technische Versuche zwischen 96 und 98% schwankende Zahlen ergaben.

Im Allgemeinen ist die Kreide weich, leicht zerreiblich und zerfällt im Wasser zu einem weisslichen Brei. Daher bieten ihre Steilufer dem Andrange der Wogen nur einen geringen Widerstand, so dass bei Sturm das Meer weit hinaus mit Kreideschlamm getrübt ist und die Abtragung an den Küsten von Jahr zu Jahr deutlicher sichtbar wird.

Als kohlensaurer Kalk hat die Kreide seit lange technische Verwendung gefunden. Früher benutzte man sie zum Kalkbrennen, und zwar formte man, wie Oeynhausen aus dem Anfange dieses Jahrhunderts berichtet, Ziegelsteine aus derselben und brannte diese zu Mauerkalk. Solche Oefen haben bei Sassnitz, Binz u. a. a. O. gestanden, sind heute jedoch eingegangen, weil die Ziegelformuug in der Konkurrenz mit den festen Kalksteinen zu theuer kam.

Ferner diente die Kreide zum Mergeln und Kalken der Äcker und wird dazu gelegentlich noch verwendet, obwohl der gebrannte Kalk den Boden besser aufschliesst und in vielen Fällen die Mergel und natürlichen kalkhaltigen Gesteine verdrängt hat.

Augenblicklich wird auf Rügen Kreide theils roh verladen, theils ausgeschlämmt und als Schlämmkreide in den Handel gebracht. Die Rohkreide dient vor allem zur Cementfabrikation und geht in ganzen Schiffsladungen nach Stettin, wo die berühmten pommerschen Cementfabriken stehen. So liefert der Hansemann'sche Bruch bei Crampas Material, das auf einer Hängebahn nach dem Crampas-Sassnitzer Hafen hinuntergeführt und dort verladen wird. Bei Mönkendorf unweit Sagard hat Kommerzienrath Quistorp einen Bruch angelegt, aus welchem mittelst einer Feldbahn die Kreide nach Neuhof am Grossen Jasmunder Bodden geführt und dort verschifft wird. Aehnliche Anlagen nebst Hafenbauten für die Kreideschiffe sind bei Arkona geplant und werden voraussichtlich das ganze Gebiet dort verändern. Die meisten der Kreidefabrikanten haben sich zu einem Syndikate für Rohkreideverwerthung zusammengethan und haben, falls sie Gruben auf fiskalischem Boden abbauen, eine Pacht oder eine Abgabe nach der Zahl der gegrabenen Cubikmeter zu entrichten.

Der Betrieb in den Brüchen ist sehr einfach, weil man die weiche Kreide mit dem Spaten abstechen oder mit der Hacke lösen kann. Man baut sie terrassenförmig von oben her ab und wirft das gelöste Gestein nach unten, wo es fortgefahren wird. Dabei werden die grossen Feuersteine gleich beseitigt. Schwierigkeiten macht eigentlich nur der diluviale Abraum, der in der Regel gering ist, weil man nur dort die Anbrüche gemacht hat, wo die Kreide direkt zu Tage steht. Im Winter, wenn letztere gefroren und von Wasser durchzogen ist, ruht die Gewinnung und natürlich auch der Schlämmprocess. Beide beginnen im März und endigen im Oktober oder November mit dem Einsetzen der Regen, resp. des Frostes.

Schlämmkreide produziren die Gebrüder Küster in Sassnitz, die Fabriken bei Nipmerow, Poissow, Quoltitz, Promoisel, Gummanz, Wittenfelde und Sagard. Zu dem Zwecke wird das frisch gegrabene Gestein in einem Bottich mit Wasser durch ein Rührwerk mit Ketten zerrieben und von den groben Bestandtheilen gesondert. Die weisse Kalkmilch wird bei jeder Umdrehung aus dem Bottich durch eine seitliche Oeffnung herausgeschleudert und fliesst in ein Rinnensystem, auf dessen Boden sich der mitgerissene Kalksand ablagert. Das feinste Material geht mit dem Wasser in Klärbassins und setzt sich dort während $1^{1}/_{2}$ bis 2 Monaten zu Boden, worauf nach und nach das darüber stehende Wasser abgelassen wird. Man holt den Schlamm heraus, trocknet ihn in Kuchenform erst horizontal, dann vertikal gestellt auf offenen Hürden und stampft schliesslich das trockene pulverförmige Produkt in Fässer ein. In solchen gelangt es zum Versand und dient zur Herstellung von Oelfarben, Kitt, Pappe, Kohlensäure etc. Zuverlässige Zahlen über die Menge der gewonnenen Roh- und Schlämmkreide waren trotz aller Umfragen nicht zu erhalten.

Eine charakteristische Beimengung der Kreide stellen die Feuersteine oder Flintknollen dar. Dieselben sind lagenförmig angeordnete, unregelmässig gestaltete Knanorn oder Konkretionen aus Kieselsäure (kryptokrystallinem Quarze oder Chalcedon), kommen von Erbsengrösse bis zum Gewichte eines Centners vor und zeigen bei dunkelgrauem bis schwarzem splittrigen Bruche eine weisse, rauhe Rinde. Diese Knollen pflegen meist zackig, wulstig oder verästelt zu sein, bisweilen aber nehmen sie kugelrunde oder cylindrische Formen an. In der Regel kompakt, umschliessen sie bisweilen Drusen mit Quarzkrystallen und sehr häufig irgend einen organischen Rest, der wohl als Ansatzpunkt für die Kieselsäure diente, oder von Kreide erfüllte Hohlräume. Die dunkle Farbe wird durch beigemengte organische Substanz bedingt und verschwindet beim Glühen, wodurch die Feuersteine hellgrau, seltener in Folge ihres Eisengehaltes röthlich bis gelblich werden. Analysen ergaben, dass sie zu $98\%$ aus Kieselsäure bestehen und $1.20\%$ Wasser, sowie $0.7-2.5\%$ Kohle enthalten. Die weisse Rinde ist frei von organischer Beimengung, etwas ärmer an Kieselsäure ($97\%$), aber sonst von ähnlicher Beschaffenheit. Es scheint, dass im Innern Opal vorhanden ist, der aus der Rinde bereits fortgeführt wurde; wenigstens deutet der Wassergehalt darauf hin. Die Feuersteine sind splittrig, mit muschligem Bruche versehen und zerspringen, einmal ausgetrocknet, sehr leicht. Mit der Bergfeuchtigkeit noch getränkte Stücke sind etwas zäher und daher allein zur Herstellung der auf Rügen viel verkauften kleinen Luxusgegenstände brauchbar.

Es ist wohl keine Frage, dass die Kieselsäure von Kieselschwämmen herrührt. Diese Thiere müssen ausgedehnte Rasen auf dem Boden des Kreidemeeres gebildet haben, und ihre Nadeln, die beim Verwesungsprozesse durch Ammoniak und organische Basen zum grössten Theile aufgelöst wurden, lieferten das Material für die Konkretionen. Zahlreiche Feuersteine zeigen noch deutlich die Form oder selbst das Gewebe und das Kanalsystem der Schwammkörper. Aus der vom Flint umschlossenen Kreide lassen sich mit Salzsäure leicht trefflich erhaltene Spongiennadeln der verschiedensten Art isoliren, und ebenso trifft man solche in der dunklen Substanz eingebettet.

Am Kieler Bache und in einigen Gruben kommen grosse ringförmige Konkretionen vor, die sich als zusammengesunkene Becherschwämme deuten lassen und in Sassnitz vielfach als eine Art natürlichen Blumentopfes verwandt werden. Freilich ist die Kieselsäure nach dem Absterben der Schwammrasen gewandert und hat sich mit Vorliebe in und um die Gehäuse von Muscheln, Terebrateln und Seeigeln angesetzt und den von dem Thiere eingenommenen Hohlraum erfüllt, so dass bei den Austern dieser Feuersteinkern die Gestalt und Grösse des Thieres oft recht gut wiedergiebt. Bei den Seeigeln sieht man, wie die Kieselsäure zum Mund- und Afterloch eingedrungen ist, und sich an die dort abgelagerten Massen aussen ein ganzer Knollen anschliesst. Auch Bryozoenkolonien oder Trümmer solcher Thiere haben durch ihre Porosität den Absatz begünstigt und sind oft völlig umhüllt. — Als eine von den Fremden besonders gern gesuchte Art der Feuersteine gelten die sog. Klappersteine, die im Innern hohl sind, aber lose Körper enthalten, so dass sie beim Schütteln klappern. Häufig sind es kugelförmige Schwammkörper, die von Flint und Kreide umgeben waren. Die ursprünglich mit eingeschlossene Kreide ist durch Löcher der Flinthülle herausgefallen, wodurch der Kern nun locker in der Schale sitzt und das Geräusch erzeugen kann.

Die Feuersteine lieferten das Material für die Tausende und Abertausende von prähistorischen Waffen, welche nach und nach aus dem Boden Rügens zu Tage gefördert wurden. In Folge ihrer Splittrigkeit lassen sich mittelst eines Holzhammers oder eines anderen runden Feuersteins (Schlagstein) die Knollen verhältnissmässig leicht in die gewünschte Form bringen und nehmen dabei scharfe Schneiden oder Spitzen an. Ueber diese Werkzeuge und Waffen soll in einem besonderem Aufsatze weiter unten gesprochen werden.

Zur Zeit der Feuersteingewehre hat man auch die Rügener Knollen zu den Steinschlössern verarbeitet. 1887 begann die Herstellung aller möglichen Nippsachen aus diesem Material, das eine angenehme Farbe und treffliche Politur annimmt. Da aber grössere homogene Stücke schwer zu beschaffen sind, handelt es sich meistens nur um Briefbeschwerer, Federhalter, Manschettenknöpfe, Tintenfässer etc. Technisch hat der Feuerstein als Mahlstein in den Rohrmühlen Verwendung gefunden und geht zu dem Zwecke als sog. Flintstein waggonweise landeinwärts.

Wie gewaltige Massen von Flint iu der Kreide vorhanden sind, lehrt uns ein Blick auf die Haufen im Hansemann'schen Bruche bei Crampas oder eine Wanderung am Strande bei Stubbenkammer, wo der gesammte Vorstrand fast ausschliesslich meterhoch aus herausgespülten Flintknollen besteht. Durch den Wogenschlag werden dieselben allmählich abgerollt oder zerrieben und liefern einen Flintsand, der schliesslich mit dem Quarze zusammen an dem Aufbau der Dünen theilnimmt.

Ausser den Feuersteinen bemerkt man an den Kreidewänden unregelmässig vertheilte Knollen von Schwefeleisen (Markasit), die dadurch auffallen, dass sich wegen ihrer Zersetzung in Brauneisen von ihrem Platze meist ein brauner Streifen über das grauweise Gestein herabzieht. Diese Konkretionen erreichen Kopfgrösse, sind radialfasrig und grünlichgelb glänzend auf frischem Bruche. Dasselbe Mineral erfüllt die Hohlräume von Muscheln, speciell der Austern und hat sich an den Stellen der schwerer verwesbaren Organe wie des Muskels und des Ligamentes festgesetzt. Seine Verwitterbarkeit ist aber so gross, dass frische Knollen sich nie längere Zeit aufbewahren lassen, vielmehr vollständig zerfallen und sich schliesslich in basisches Eisensulfat umwandeln. Dieses erfährt draussen mit der feuchten Kreide eine Umsetzung in Gyps und Brauneisenerz, ja es kann die Schwefelsäure sogar die Feuersteinknollen gelegentlich anfressen. Bei langsamer Umwandlung bleibt die radiale Struktur erhalten, und es werden regelrechte Pseudomorphosen von Brauneisenerz oder basischem Eisensulfat nach Markasit gebildet. Am besten sind die Knollen konservirt, wenn sie direkt in die See gefallen sind, weil das Wasser die entstehenden Vitriole sofort löst und an der weiteren Einwirkung verhindert.

Schliesslich führt die Kreide zahlreiche Versteinerungen und ist durch diese als Obersenon, als sog. Mukronatenkreide, in ihrem Alter genau bestimmt. Der feine Kreidemulm birgt zahllose scheibenförmige Kokkolithen, deren Bildungsweise noch nicht hinreichend erklärt ist. Aus Kreideschlamm lassen sich mehrere Hundert verschiedene Foraminiferen auslesen, die besonders den Gattungen *Nodosaria, Frondicularia, Cristellaria, Dentalina, Globigerina, Rotalia, Textilaria* angehören und von Th. Marsson eingehende Bearbeituug erfuhren. Ebenso zahlreich vertreten sind die Bryozoen und die Ostrakoden, zu deren Gewinnung die Schlämmrückstände der früheren Jahre ein treffliches Material boten. Leider wird heute bei dem Schlämmprozess mit Ketten Alles vollständig zerschlagen, so dass nur ein unbrauchbarer Grus übrig bleibt. Ausserdem haben wir Brachiopoden, Seeigel, Seesterne, Korallen, Zweischaler verschiedener Art, einige Schnecken, Ammoniten, vorallem Belemniten, sowie Fisch- und Saurier-Reste.

Die gewöhnlichen Versteinerungen sind:

*Parasmilia excavata* Hag.

*Porosphaera globularis* Phill. sp.

     „     *plana* Stolley.

*Phymosoma princeps* Hag. sp.

     „     *taeniatum* Hag. sp.

*Echinoconus vulgaris* Lam.

*Ananchytes ovata* Lam.

*Goniaster quinqueloba* Goldf. (meist nur isolirte Platten).

*Pentacrinus Bronni* Hag.

*Bourguetocrinus ellipticus* Mill.

*Serpula conica* Hag.

     „     *implicata* Hag.

     „     *macropus* Sow.

*Crania costata* Hag.

*Terebratula carnea* Lam.

     „     *praelustris* Hag.

*Rhynchonella octoplicata* Sow.

*Terebratulina gracilis* Schl.

     „     *Gisii* Hag.

*Magas pumilus* Sow.

*Gryphaea vesicularis* Lam.

*Ostrea flabelliformis* Nilss.

*Pecten pulchellus* Nilss.

„ *membranaceus* Nilss.

*Janira striato-costata* Goldf.

*Lima Hoperi* Desh.

*Spondylus hystrix* Goldf.

*Pinna decussata* Goldf.

*Belemnitella mucronata* Sehl.

Unter den Cephalopoden herrscht der letzgenannte Belemnit bei weitem vor und tritt in einer Reihe von Varietäten auf, aber selten in Jugendformen. Andere Gattungen wie *Scaphites (S. Roemeri, Cuvieri, constrictus) Nautilus* und *Baculites* sind selten und nur in den Brüchen selbst zu sammeln. Von den Spongien fällt am ersten die bohrende *Vioa* auf, die oft die Belemnitenscheiden und die starkschaligen Gryphäen wabenartig zerfressen hat. Bryozoen jeder Art überziehen die Austern und Seeigel und lassen sich durch vorsichtiges Abbürsten der Kreide leicht unverletzt blosslegen.

## Tertiär.

An der Oberfläche kommt Tertiär nur bei Wobbanz und vielleicht bei Neu-Reddevitz zu beiden Seiten der Stresower Bucht am Nordrande des Greifswalder Boddens vor. Es ist ein grauer, stellenweise gelblicher, fetter, beim Schneiden glänzend werdender, kalkfreier Thon mit einzelnen Septarien und Gypskrystallen. Also handelt es sich um den bei Stettin weit verbreiteten Septarienthon des Mitteloligocäns. An beiden Stellen bestanden früher Ziegeleien, welche diesen Thon mit Sand gemengt verarbeiteten, aber in Folge der Ueckermünder Konkurrenz eingegangen sind, weshalb die Aufschlüsse verfielen. Aehnliche Schollen sind eingeschleppt im Diluvium der Greifswalder Oie. Auf dieser kommt daneben im Diluvium auch der etwas jüngere gelbe Stettiner Sand vor mit härteren fossilführenden Konkretionen (*Fusus multisulcatus* Beyr). Demnach scheint zwar keine Frage, dass das Mitteloligocän bis in unser Gebiet hereinreicht, aber keine der Bohrungen oder Aufschlüsse hat es bisher anstehend nachzuweisen vermocht. In Wittow und Jasmund liegt das Diluvium direkt auf der Kreide. Nur in einer Tiefbohrung bei Quoltitz wurden über letzterer fetter Thon 4,71 m, Schlick 5,02 m, Thon 12,56 m, zusammen 22 m, gefunden, die möglicher Weise diesem Septarienthon angehören. Bohrungen bei Stralsund erschlossen über der Kreide gleichfalls eine dünne Thonbank, die wahrscheinlich nicht zum Diluvium gehört. Das ist aber Alles bisher Bekanntgewordene.

Der Tertiär muss östlich von Rügen auf dem Meeresboden vorhanden gewesen sein, wie die Schollen der Greifswalder Oie beweisen, aber vielleicht sind seine Ablagerungen in Rügen wegen ihrer Weichheit bereits vor oder während der ersten Vereisung fortgeräumt worden.

Im Ostseegebiet existirt oder hat wenigstens existirt eine ausgedehnte Eocänablagerung vom Alter des Londonclay, die neuerdings anstehend in Jütland und in Holstein nachgewiesen wurde. Ihr entstammen die Brauneisensteinknollen mit Turritellen, die losen Exemplare dieser Schnecken, sowie die „Krebsschwänze" genannten, in Brauneisen umgewandelten Kieselspongien, die aschgrauen mit weissen Zweischalern und Fischresten auf den Schichtflächen bedeckten Kalksandsteine — Alles häufige Geschiebe an den Küsten oder in den Kiesgruben der Insel. An diesen Sandsteinplatten sind die Küsten Mönchguts sehr reich; lose Conchylien dieses Horizontes pflegen gelegentlich in den Sandgruben von Sagard und Bergen gefunden zu werden.

An vielen Stellen der Rügener Küste spült das Meer beträchtliche Mengen von Bernstein an, der wohl den auf dem Meeresboden anstehenden Bernsteinsanden entstammt. Bei Binz und Göhren haben die Fischer nach einem heftigen Nordostwinde oft reiche Ausbeute, wenn sie den Strand absuchen. Grosse Stücke werden ferner am Dornbusch auf Hiddensö gelegentlich durch die Netze mit emporgebracht z. B. ein ca. 1200 gr schweres Stück mit Rindenabdruck, das sich im Greifswalder Mineralogischen Institut befindet. Auch in dem Stralsunder Museum sind mehrere ansehnliche Bernsteinstücke aus Rügen vorhanden, welche die Fürstin Putbus schleifen und zu Kästchen, Briefbeschwerern oder Nippsachen verarbeiten liess.

## Quartär.

Das Quartär gliedert sich ziemlich scharf in ein älteres (Diluvium) und ein jüngeres Glied (Alluvium). Das erstere ist ausschliesslich ein Produkt der skandinavischen Gletscher oder des Inlandeises und beherrscht den weitaus grössten Theil des rügenschen Bodens. Das Alluvium umfasst alle postglazialen Absatzmassen und ist sehr mannigfaltiger Natur.

### a) Diluvium.

Im Diluvium der Insel Rügen unterscheiden wir drei Geschiebemergelbänke mit drei zwischen, resp. übergelagerten Sandschichten. Von denselben gehören zwei Geschiebemergel und zwei Sandlagen der unteren Abtheilung, der obere Geschiebemergel und die diesen bedeckenden Sande dem oberen Diluvium an.

Es komplizirt sich diese relativ einfache Gliederung dadurch, dass die Sande lokal sehr mächtig werden, an anderen Stellen aber auskeilen und vollständig verschwinden, wodurch die beiden unteren Geschiebemergel zusammenfallen und scheinbar nur e i n e derartige Bank vertreten ist. Dazu kommen einige, an Åsar erinnernde Züge von Kies im oberen Diluvium und vor allem im Westen der Insel, wie neuerdings von mehreren Geologen sicher festgestellt wurde, eine marine Bildung, welche sowohl praeglazial, als auch interglazial genannt werden kann. Schliesslich giebt Scholz noch geschiebefreie, sandige Thone auf Mönchgut und bei Crampas an, deren Stellung unter dem ältesten Geschiebemergel sein soll, und die daher wenigstens theilweise ein praeglaziales Alter besitzen müssten.

Die besten natürlichen Aufschlüsse bieten die Abstürze längs der Ufer auf Jasmund, Wittow, an der Granitz, am Nord Pehrd von Göhren, auf Thiessow, Gross-Zicker, bei Altefähr und auf Hiddensö dar. Dadurch aber, dass in Folge von Unterwaschung das Gehänge nachstürzt, vor allem der untere Geschiebemergel ins Rutschen geräth, lockern sich die eingeschalteten Sande und überfliessen den gesammten Hang, so dass von einer Klarheit der Aufschlüsse nur in seltenen

Fällen wirklich die Rede ist. Denn man weiss meistens nicht, ob die unten vorhandenen Mergel, die aus der Sandhülle auftauchen, nicht herabgerutschte höhere Bänke darstellen, und wenn nun gar Faziesunterschiede durch das Fehlen einer tieferen Sandschicht dazukommen, bleibt die Gliederung im einzelnen Falle unsicher.

Etwas zuverlässigere Resultate haben Tiefbohrungen im Innern des Landes ergeben; leider ist ihre Zahl gering, und waren uns die Bohrproben nicht in allen Fällen zugänglich.

In Folge dessen soll hier nur mitgetheilt werden, was bisher als sicher nachgewiesen gelten kann; dasselbe genügt für die allgemeine Orientirung im Diluvium der Insel durchaus.

Sehen wir vorläufig von den marinen Thonen und den geschiebefreien Bänderthonen ab, so stellt sich als Hauptelement des unteren Diluviums der blaugraue Geschiebemergel dar. Auf Jasmund längs der Küste zerfällt er in zwei wenig mächtige Lagen mit einer eingeschalteten Bank geschichteten Spathsandes. Seine Farbe ist sehr bezeichnend, da der obere Geschiebemergel durchweg gelbbraun oder wenigstens heller gefärbt ist. Das schliesst freilich nicht aus, dass in Folge von Sickerwasser auch die blaugraue Färbung des ersteren gelegentlich (z. B. am Nord Pehrd) durch Oxydation der beigemengten Eisenverbindungen in eine gelblichbraune übergeht. Aber wo die Schichten frisch erscheinen, sind sie niemals so gefärbt. Ein weiteres Merkmal ist die Härte des Ganzen und sein Reichthum an Geschieben. Das Gestein ist mit letzteren förmlich gespickt und enthält sie in allen Grössen ohne Unterschied durch einander gemengt, so dass beim Abschlämmen ein grober steiniger Kies oder eine Blockanhäufung übrig bleibt, wie sie am Strande überall vor diesem Geschiebemergel anzutreffen sind. Dem Material nach überwiegen bei weitem die fremden skandinavischen Felsarten, denen nur lokal Feuersteine und Kreidebrocken beigemischt sind. Alle zeigen eckige Gestalt und meistens typische Schrammung, werden durch einen thonig-sandigen Schlamm fest verkittet und liegen dicht auf einander gepackt. In Folge dessen ist der Geschiebemergel sehr fest, zäh und schwer zu durch-

bohren, wo er in grösserer Mächtigkeit erscheint, auch wasser-
undurchlässig und bildet an den Küsten in der Regel steile,
bisweilen senkrechte Ufer. Von Schichtung ist bei einer
so typischen Grundmoräne keine Spur vorhanden und die
Zerstörung erfolgt an den Steilrändern in Folge dessen
durch eine schalige Abblätterung in vertikaler Richtung, unterstützt durch ein Abrutschen der erweichten unteren Partien.
Fast alle später aufzuzählenden Geschiebearten stammen aus
diesem Niveau.

In den meisten Fällen liegt der untere Mergel unmittelbar
auf der Kreide, in Jasmund beinahe konkordant, so dass damals noch die Schreibkreide die Unterlage einer fast ebenen,
einheitlichen Tafel gebildet haben muss. An anderen Stellen
zeigten Bohrungen, dass in diesem Mergel an der Basis ziemlich bedeutende, losgerissene Kreideschollen eingeschoben sind,
oder dass auf Klüften und Rissen in Folge des Eisdruckes
die Grundmoräne in das anstehende Gestein eindrang. Bisweilen sieht man an der Grenze beider Formationen einzelne
grosse Geschiebe von einer dünnen Mergellage umschlossen
in mehr oder minder taschenförmigen Aussackungen der Kreide
stecken. In den Jasmuuder Profilen fällt aber die verhältnissmässig geringe Aufarbeitung der oberen Kreideschichten und
die ebenso geringe Bildung einer Lokalmoräne auf, obwohl
man bei dem weichen Gesteine eine solche in grossem Umfange erwarten sollte.

Die Oberfläche des unteren Diluviums und besonders die
Oberkante des Mergels pflegen unregelmässig gestaltet zu sein.
Auf Jasmund ist ein grosser Theil desselben später abgetragen, so dass der obere Mergel transgredirend über die ab-
geschnittenen Schichtenköpfe fortgreift. Im Süden der Insel,
in der Granitz und am Nord- wie Süd Pehrd, auf der Greifswalder Oie und der Diluvialscholle von Lobbe, am Zickerschen Höwt u. a. v. O. m. schiebt sich der blaugraue Horizont
unvermittelt in die oberen Lagen hinein, bildet Kuppen, ja
förmliche Sättel, wenn wir von der mangelnden Schichtung
absehen. Dafür sinkt er in den dazwischen gelegenen Gebieten
unter den Meeresspiegel hinab. Er macht dabei im Gegen-

satze zu der regelmässigen Lagerung auf Jasmund und Wittow
völlig den Eindruck, als ob er ähnlich den Kreidekuppen von
den Seiten her zusammengeschoben und aufgepresst sei, etwa
durch den Gletscher der letzten Vereisung, der das Grund-
moränen- und Sandgebiet ausgefurcht und auf mannigfaltige
Weise umgestaltet haben wird. So erklärt sich ungezwungen
die auf Mönchgut und in den Halbinseln des Kleinen Jasmunder Boddens vorwaltende ostwestliche Erstreckung der
älteren Geschiebemergelkerne. Denn im Untergrunde aller
verschiedenen Erhebungen trifft man stets auf dies ältere,
kuppenförmige Diluvium. Weiter im Innern der Insel scheint
es tiefer und ungestörter zu liegen, da dort auch die sonderbaren Hügelrücken fehlen.

In diesem Niveau erscheint von Sassnitz bis in die Gegend
von Lohme ein Lager eingeschaltet, welches aus geschichteten
feldspathreichen, gelegentlich auch Kreidetrümmer führenden
Sanden besteht. Seine Mächtigkeit beträgt gegen 4 m, und
seine Zusammensetzung wechselt insofern, als nach oben hin
sich gelegentlich kleiner Kies bänderweise einstellt. In diesen
Sanden fand Munthe in dunkler gefärbten, etwas humosen
Schmitzen folgende Pflanzenspuren: *Hylocomium parietinum*,
*Amblystegium exannulatum*, *intermedium*, *fluitans*, *serpens*,
*stramineum*, *sarmentosum*. Ausserdem eine Flügeldecke eines
Käfers *Cymatopterus dolabratus* und Statoblasten von *Cristatella
mucedo*.

Es ist schon nach der Schichtung kein Zweifel, dass dieser
Sand ein Wassersediment ist, und nach den organischen Resten
zu urtheilen, war das Eis in dieser Gegend zeitweilig zurück-
gegangen, um bald darauf in alter Mächtigkeit aufs Neue das
eben entblösste Gebiet zu überziehen. Die obengenannten Thier-
und Pflanzenarten sind arktischer Natur. Dieser Sand kehrt
am Rande der Granitz, am Silvitzer Ort, in der gleichen Stellung
zwischen zwei Geschiebemergeln wieder, ist aber nur $2^1/_2$ bis
$3^1/_2$ m mächtig und starkkiesig. Weiter landeinwärts am
Hofe Granitz ist bei einer Bohrung auf Trinkwasser diese
Zone ebenfalls gefunden, aber noch mehr kiesig und gemengt
mit Grundmoränenschlamm. Sie grenzte sich dadurch nur un-

deutlich vom Hangenden und Liegenden ab und besass
3 m Dicke. Eine Brunnenbohrung bei Putbus endlich lieferte
über der festen Kreide nachstehende Zahlen: Kreide 42 m, „Thon"
1 m, Sand 2 m, „Thon" 21 m. Mit dem Ausdrucke „Thon"
bezeichnen die hiesigen Brunnenmacher den Geschiebemergel.
Dass die untere Bank so wenig mächtig (1 m) ist, erklärt
sich wohl daraus, dass die erbohrte Kreide trotz ihrer Dicke nur eine
Scholle zu sein scheint, denn unter ihr folgt abermals „Thon".
In Stralsund ist eine solche eingelagerte Sandpartie ebenfalls
bekannt, aber die Verhältnisse sind dadurch verschieden, dass
sich in den Sand noch wieder Geschiebemergel einschaltet.
Gegen Süden von Rügen keilt der Spathsand aus. Wir haben
am Nord Pehrd bei Göhren trotz des 40 m dicken Mergels
keine Spur mehr davon, ebensowenig auf Thiessow und noch
weiter gegen SO. auf Usedom; in der Stettiner Gegend fehlt
er vollständig, desgleichen am Swinhöft bei Misdroy und an
der Steilküste von Hoff bis Horst in Hinterpommern. Dafür
kommt eine ähnliche Gliederung wie auf Jasmund am Ufer
von Hiddensö heraus, freilich modifizirt durch die Einschaltung
mariner Thonschichten. Bei einem derartigen Verhalten wird
man kaum diese wenig mächtige Sandschicht als das Produkt
einer besonderen Interglazialzeit ansehen dürfen. Sie ist das
Produkt lokaler Faktoren, die vorübergehend an dieser damals
vielleicht noch höher aufragenden Stelle das Eis verschwinden
liessen, wenngleich die genaueren Umstände und Ursachen
uns vorläufig noch unklar bleiben.

Auf den unteren Geschiebemergel, mag er einheitlich oder
dreitheilig sein, folgt in ganz Vorpommern (Stettiner Gegend,
Usedom, Wollin, Greifswalder Gegend etc.), sowie meistens in
Rügen eine mächtige Sandlage, theils aus grobem Spathsande
bestehend, theils feiner Schleichsand. Dieselbe ist, da das
Liegende fast undurchlässig ist, das Niveau, in welchem zahlreiche Brunnen stehen. Dieser Komplex ist das Produkt eines
dauernden Rückzuges des Gletschers, und man kann möglicher Weise die tiefere Sandschicht als einen Vorboten, als das
Ergebniss des hin und her schwankenden schliesslich wirklich
weichenden Eisrandes auffassen. Wahrscheinlich hatte der

Gletscher damals das westliche und südliche Ostseebecken verlassen und Bornholm nebst einem Theile von Schonen und Blekinge blosgelegt.

Da das so befreite Grundmoränengebiet uneben gestaltet war, wird selbstverständlich die Dicke des Sandes ausserordentlich wechseln, ja es kann derselbe an manchen Stellen vollkommen fehlen. Freilich mag letzteres mitunter darauf beruhen, dass das wieder vorrückende Eis eine nicht sehr starke Kappe späterhin forträumte. Auf Jasmund ist nämlich von diesen Sanden längs des ganzen Steilrandes von Sassnitz bis Stubbenkammer nichts zu sehen, während bei dem Badeorte selbst eine zwischen den beiden Abtheilungen des Diluviums liegende Sandschicht seit langer Zeit bekannt ist. Aufschlüsse in derselben finden sich bei der Kirche und am alten Küster'schen Kreidebruch. An letzterem Punkte hat Struckmann vor Jahren *Cyclas solida*, *Pisidium amnicum*, Thierknochen, Pflanzenreste und ein Exemplar von *Tellina solidula* gefunden, eine Zusammenstellung mariner und fluviatiler Konchylien, die noch unerklärt ist und sich nicht wiederholt hat.

In der Granitz sind längs der Küste diese Sande in grosser Mächtigkeit (gegen 12 m) entwickelt, im Dorfe Binz und am Kleinbahnhofe gegen 7 m, und nehmen weiter landeinwärts zunächst ab, indem sie in normale ziemlich grobe und mit Kies durchsetzte Spathsande übergehen. Bei Binz treten aus denselben eine Anzahl von Quellen hervor und speisen den Schmachter See sowie dessen Ausfluss die Ahlbeck. Am Nord Pehrd von Göhren bedeckt zwischen dem Höwt und dem Orte ein feiner, meist wasserhaltiger Schleichsand den unteren Geschiebemergel, nimmt an der Südseite und am Südgehänge an Mächtigkeit wie an horizontaler Ausbreitung zu und ist z. Z. am Südrande des Pehrd trefflich erschlossen. Westlich vom Dorfe bildet er bis in die Gegend von Philippshagen die Oberkante der Diluvialscholle und sinkt bei der Försterei Mönchgut unter den oberen Geschiebemergel ein. Auf Thiessow und Gross-Zicker erscheint er gleichfalls, aber z. Th. angelagert oder nesterweise ein- resp. aufgelagert zwischen dem unteren und oberen Mergel und geht lokal in eine Kies- oder

Geröllschicht, also ein typisches Auswaschungsprodukt der älteren Grundmoräne über. Brunnenschächte bei Gross-Zicker ergaben eine Dicke von 5—6 m; am Ufer ist er wie überhaupt auf Mönchgut über die tieferen Schichten herabgerutscht und daher schwer auf seine vertikale Entwickelung zu taxiren. Die oben bereits erwähnte Bohrung bei Putbus wies ihn ebenfalls 20 m unter Tag, aber mit nur 1 m. Mächtigkeit nach. Bei Bergen ergab ein Versuchsbrunnen an der Putbuser Chaussee von oben nach unten:

| | |
|---|---|
| 0—6 m Brauner feiner Sand | |
| 6—11 m Blauer Thon | Ob. Diluvium. |
| 11—14 m Sand und Kies | |
| 14—18 m Blauer Thon | |
| 18—24 m Kiesiger Sand | Unt. Diluvium. |
| 25—25 m Blauer Thon | |

Auch hier ist die Zweitheilung des unteren Diluviums durch eine Sandschicht deutlich, sowie ihre Trennung von der oberen Bank durch eine 3 m dicke Sand- und Kieslage nachgewiesen. Auf Wittow wurde auf der Domäne Schwarbe in einer 51 m tiefen Brunnenbohrung unter 8,5 m gelben, z. Th. kreidigem oberen Diluviallehm und Mergel ein Sandkomplex von 43 m Dicke angetroffen, unter welchem erst bei 52 m der feste, blaue untere Geschiebemergel folgte. Thoneinlagerungen, die dem gleich zu erwähnenden marinen Horizonte auf Hiddensö entsprechen würden, fehlten vollständig.

Ehe wir nun zum oberen Diluvium übergehen, mögen die Faziesbildungen des unteren noch kurz besprochen werden. Zunächst nennt Scholz auf Jasmund einen geschiebefreien, sandigen Bänderthon unter dem ältesten Geschiebemergel, und ebenso führt Johnstrup eine derartige Schicht „Silur Thon" vom Kieler Bache an. Freilich haben alle späteren Beobachter zwischen Sassnitz und Stubbenkammer vergeblich nach dem Thone gesucht, und auch die in letzten Jahren erfolgten grossen Abspülungen haben unter dem fortgeräumten Gehängeschutt keinen derartigen Komplex blossgelegt, so dass an diesem Punkte wenigstens die Angabe Johnstrups auf einem Irrthum beruhen muss. Was die Scholz'schen Beobachtungen be-

trifft, so nennt er Bänderthone unter die Kreide fallend vom
Ufer bei Crampas, wo in der That eine feinsandige Schichtenserie scheinbar unter der Kreide vorhanden ist. Ferner erwähnt er Thone unter dem Geschiebemergel aus Brunnen-
schächten von Quoltitz und Lancken. Da es sich bei Quoltitz
um einen fetten Thon handelt, habe ich denselben oben als
fragliches Tertiär angeführt, und über Lancken lässt sich in
Ermangelung von Bohrproben nichts Genaueres mehr sagen.
Aehnliche Thone werden von Scholz schliesslich auf Gross-
Zicker angegeben, aber in einer so wenig klaren Weise, dass
man aus seiner Darstellung nicht ersieht, ob sie unter oder
über dem Geschiebemergel auftreten.

Besser sind wir über die marinen Einlagerungen unter,
resp. in dem unteren Diluvium an der westlichen Steilküste
von Hiddensö orientirt. Mnuthe zeichnete das nachstehende
Profil ein wenig nördlich der Hucke bei Kloster. Am Strande
erscheint als Liegendes einer Geschiebemergelbank ein grauer
steinfreier Thon mit Meeresmuscheln. Ueber der tieferen
Mergelbank folgen 20 m Sand mit zwei, je einen Meter dicken

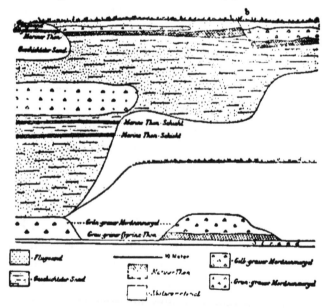

marinen Thonschichten, alsdann eine 7 m mächtige zweite Bank
von Geschiebemergel; darauf 5—6 m Sand, der oben mit einer

4. Thonschicht abschliesst, und endlich mit wechselnder Mächtigkeit ein von Deck- und Dünensanden überwehter oberer Geschiebemergelhorizont. Ist das auf dem Profil in der Mitte unten gezeichnete Geschiebemergelstück mit dem Thon im Liegenden nicht herabgestürzt, wie es dort längs des Ufers jedes Jahr vorkommt, so haben wir hier die typischen drei Grundmoränen mit den zwischengeschalteten beiden Sandbänken wie im östlichen Rügen und unter einer jeden eine schmale Meeresablagerung.

Alle vier Thonbänke führen die gleichen Fossilien nämlich: *Cyprina islandica, Corbula gibba, Mytilus edulis, Nucula sp., Turritella terebra, Pecten opercularis (?) Rotalia Beccarii, Polystomella striatopunctata, Nonionina depressula* sowie andere Foraminiferen und einige Ostrakoden *(Cythere tuberculata, concinna, Cytheridea papillosa)*. Manche dieser Arten z. B. die Ostrakoden, *Turritella* deuten auf einen Salzgehalt hin, grösser als im Oeresund (1,026 $^0/_0$) und auf Verbindung mit der Nordsee, die durch die holsteinschen Cyprinathone sehr wahrscheinlich wird. Das Minimum der Meerestiefe ist nach Munthe 18 m gewesen, hat aber nach dem feinen Thonsediment zu urtheilen mehrere Dekaden, etwa 60—70 m, betragen. In den mittleren Bänken sind als Fremdlinge einige aus der benachbarten Kreide eingeschlämmte Foraminiferen nachgewiesen, wie solche sich auch jetzt in den tieferen Theilen des Rügen benachbarten Ostseebeckens absetzen werden. Jedenfalls hat hier seit der Sedimentirung der oberen Thone eine bedeutende Verschiebung im Niveau stattgefunden; denn heute liegen dieselben einige vierzig Meter über dem Meere.

Vorläufig sind diese Vorkommen auf Hiddensö die einzigen von marinem Diluvium in Rügen und in Pommern überhaupt. Denn im ganzen westlichen Abschnitte der Insel fehlen uns Tiefbohrungen, die darüber Aufschluss geben könnten. Nur auf Wittow sind einige Andeutungen von dem Fortstreichen der marinen Bildungen vorhanden. Am Wieker Bodden steht unter kreidehaltigem Geschiebemergel ein hell blaugrauer Thon an, der in das Wasser ausstreicht, bei den Baggerarbeiten für den Wicker Hafen angeschnitten wurde und seiner Zähigkeit

wegen viele Schwierigkeiten machte. Es liegt vorläufig kein
Grund vor, in demselben nicht die Hiddensöer Thone zu ver-
muthen.

Weiter gegen Osten wurde auf Wittow beim Gute Varnkevitz neuerdings ein sehr kreidereicher, aber ganz geschiebe-
freier Mergel erbohrt, in welchem eine Kreidescholle einge-
schlossen lag, und welcher von Kreide unterteuft wird. Es
scheint diese Lage ein diluviales Abschlämmungsprodukt des
Landes zu sein und könnte eventuell eine marine Bildung
darstellen — Muscheln sind bisher freilich noch nicht darin
beobachtet — ähnlich den kreidigen Gründen, die sich heute
bei Jasmund und Arkona in den tieferen Theilen vor dem
Strande bilden. Die Mächtigkeit dieser Schicht übersteigt
lokal 10 m.

Im Anfang dieses Jahrhunderts und in den letzten Dezen-
nien des vorhergehenden hat man diese Thone zur Herstellung
von Fayence gebraucht und eine derartige Fabrik in Stralsund
eingerichtet, welche bei der Explosion des Pulverthurmes am
Triebseer Thor 1799 mit anderen Häusern zerstört wurde.
Oeynhausen spricht noch von schwarzen, aus solchem Thon
gebrannten Gegenständen und sagt, dass sie eine glänzende
Glasur angenommen hätten; unter anderem seien prächtige
dunkle Tischplatten fabrizirt; aber 1823 scheint die ganze
Industrie schon abgestorben gewesen zu sein, und Niemand
hat seitdem daran gedacht, sie wieder aufzunehmen. Schuld
daran sind zum Theil die ungünstigen Landungs- und Ge-
winnungsverhältnisse, da bei Fortnahme des Thones am Fusse
des Steilabsturzes die mächtigen Massen des Hangenden nach-
rutschen und an der völlig offenen Küste eine Verladung bei
allen westlichen Winden auf Schwierigkeiten stösst.

Eine Eigenthümlichkeit des unteren Diluviums auf Mönchgut und der Greifswalder Oie stellen die eingeschleppten
Schollen älterer Formationen dar. Auf der Oie bestehen dieselben aus grünen, fossilleeren, höchstens phosphoritführenden
Sanden, die wahrscheinlich dem Gault angehören, aus thonigem
feuersteinfreiem Kreidemergel des unteren Turon (?), aus
gyps- und septarienhaltigem, mitteloligocäuem Thone und aus

gelbbraunem Sande mit quarzitischen Einlagerungen, deren Zugehörigkeit zum sog. Stettiner Sande durch das Auftreten von *Fusus multisulcatus* bewiesen wird. Am Oststrande des kleinen Diluvialplateaus von Lobbe haben wir einen fetten dunklen *Cyrena* bergenden Thon mit Pechkohle und Sphaerosideritknollen; auf Hiddensö war an der Nordspitze ein analoges Gebilde mit Kohle und weissen *Cyrena*-Schalen sichtbar. Nach der bisher bekannten Fauna habe ich die beiden letzteren Sedimente zum Wealden gestellt. Es mag aber bemerkt werden, dass man *Cyrena* führende, kalkige Sandsteine, die als Geschiebe nicht selten sind, neuerdings als unteren Lias ansieht, und dass nach Grönwall analoge, freilich fossilleere Sandsteinbänke an der Südküste Bornholms anstehen. Keinesfalls stammen alle diese Schollen weit her, sondern sind in der Nähe vom Eise aufgepflügt und ähnlich den Kreidemassen der Grundmoräne einverleibt.

Das wieder vorrückende Eis der jüngeren Diluvialzeit fand ein wesentlich anderes Relief vor; denn wie an späterer Stelle (Aufsatz IV) dargelegt werden wird, haben sich in der Interglazialperiode oder jedenfalls vor dem Absatze des obersten Geschiebemergels tektonische Vorgänge auf Rügen vollzogen. Es hatten sich nämlich eine ganze Zahl von Staffelbrüchen in der Kreide gebildet, die das Plateau von Arkona und Jasmund in viele parallele Streifen zerlegten. Das untere Diluvium wurde dabei mit verworfen und sank zusammen mit der Kreide treppenförmig ab. So fand der wieder heranrückende Gletscher ein völlig unebenes Terrain mit zahlreichen neuen Kreidekuppen und hatte die Aufgabe, über dieses Gelände mit seinen ihm gerade im Wege liegenden Hindernissen hinwegzugleiten. War dies Eis auch nicht mehr so mächtig wie das frühere — denn die höchsten Theile Bornholms sind von ihm unberührt geblieben —, so war es doch stark genug, die geringeren Höhen Jasmunds abermals zu bedecken. Dabei fiel ein Theil des älteren Diluviums zum Opfer, ebenso wie viele der Kreidekuppen, und dem entsprechend musste die entstehende Grundmoräne eine etwas andere Zusammensetzung und Beschaffenheit erhalten.

Zunächst fällt ihre im Durchschnitt geringere Mächtigkeit auf, da der oberste Geschiebemergel selten, und dann nur lokal, 4 m übersteigt. Er ist zweitens sehr viel ärmer an Geschieben, enthält in der Regel nur einzelne grosse Blöcke, eine Eigenschaft, die vielleicht auf die vorhergehende gründliche Ausräumung des skandinavischen Verwitterungsschuttes während der älteren Vereisung zurückzuführen ist. Was an Geschiebematerial aus der älteren Moräne aufgenommen wurde, wanderte südlich oder wurde bei diesem Prozesse vollends zerrieben, so dass nur die grossen, widerstandsfähigen Blöcke übrig blieben. Drittens ist wegen der Zerstörung der Kreide dieser Mergel ungleich kalkhaltiger und im Durchschnitte heller, nämlich gelbbraun gefärbt. Feuersteine und kleine Kreideschollen, ja lokal völlige Durchsetzung mit Kreidetrümmern sind andere charakteristische Eigenthümlichkeiten. Da er eben liegt und mehr als die tieferen Horizonte den Sickerwassern ausgesetzt war, hat vielfach eine Verlehmung der höheren Partien, bisweilen auch des ganzen Komplexes stattgefunden und der Kalkgehalt sich alsdann wie z. B. auf Gross-Zicker in eingelagerten, lösskindelartigen Knollen an der Basis konzentrirt.

Die Lagerung dieses oberen Geschiebemergels ist immer eine diskordante, entweder mit Anlagerung oder mit übergreifender Auflagerung unter Abtragung älterer Schichtenköpfe. Dies geben für Jasmund die Credner'schen Profile (Fig. 1 und 2 im Aufsatz IV) wieder und zeigen, dass diese Lage wie eine alles bedeckende Hülle über die Kreide, das ältere Diluvium und über die Verwerfungen hinwegzieht. An seiner Basis kommen auf Jasmund gelegentlich taschenförmige Anhäufungen von Feuerstein z. B. am Hohen Ufer nördlich vom Kieler Bache vor, die als Abtragungsrückstände der Kreide gelten müssen.

Auf der Granitz hat er sich diskordant auf die interglazialen Sande gelegt, ist am Fusse der Hügel ziemlich mächtig und keilt gegen oben bis auf $1\frac{1}{2}$ m aus, lässt sich aber im ganzen Hügellande in einzelnen Fetzen verfolgen. Aehnlich ist das Auftreten am Nord Pehrd, wo er in mehreren getrennten Partien auf der Hochfläche von Göhren ruht, aber am Fusse bei Philipps- und Middelhagen zusammenhängende Flächen einnimmt. Auf Thiessow und Gross-Zicker bedeckt er übergreifend das ältere Diluvium und hat stellenweise die Kappe der zwischengeschobenen Sande bei seinem Absatze zerstört.

Er ist das wichtigste Element in der Bodenbeschaffenheit des inneren und westlichen Rügens; denn fast die gesammte Oberfläche von Wittow, die Umgebungen von Bergen und Putbus und die Stralsund gegenüber liegenden Theile lassen ausser seinen Auswaschungsrückständen nur den oberen Mergel beobachten. Da er ein sehr fruchtbarer, schwerer, zur Rüben- und Weizenkultur geeigneter Boden ist, beruht wesentlich auf seinem Vorkommen die Fruchtbarkeit und Güte des Ackerlandes und, wo Sandboden vorhanden ist, hat man ihn unter der Oberfläche in zahlreichen Mergelgruben zum Kalken der Felder erschlossen. Alle diese agronomischen Bemerkungen gelten aber ebenso gut, wie von Rügen, von dem gesammten Vorpommern zwischen Peene — Recknitz — Strelasund und dem Meere bei Stralsund.

Bedeckt wird diese oberste Moräne an zahlreichen Stellen von ihrem Zerstörungsprodukte, dem oberdiluvialen Decksande, der an der Westseite Jasmunds, zu beiden Seiten des Schmachter Sees bei Binz, südlich der Granitz, in der Nähe von Putbus und Bergen weite Strecken einnimmt und dadurch die Güte des Bodens herabmindert. Dieser Sand ist theils ein Spathsand, theils Schlufsand und oberflächlich oft mehrere Meter hinab humifizirt oder in ein Ortstein ähnliches Gebilde umgewandelt. Aus seiner Verbreitung kann man schliessen, dass ziemlich bedeutende Massen des Mergels der Umlagerung durch Schmelzwasser bei der Rückzugsperiode zum Opfer gefallen sein müssen. Wo der letztere ganz zerstört wurde, blieben die grossen Blöcke als Rest übrig und deuten uns sein ursprüngliches Vorkommen an. Dies gilt besonders von den Höhen westlich von Göhren, von der Granitz, den Bergen der Semper Haide und den Banzelwitzer Bergen zu beiden Seiten des Grossen Jasmunder Boddens. Liegt an diesen Punkten der Decksand direkt auf dem interglazialen Sande, so lässt sich eine Trennung beider nur sehr schwer, mitunter gar nicht durchführen. Nur durch Bohrung erkennt man unter den humifizirten Schichten der Oberfläche häufig noch einen 1—1½ m dicken Lehm, auf welchem in dem Sande die Blöcke ruhen. Es scheinen demnach analoge Verhältnisse wie in dem orographisch verwandten Gebiete der Buchhaide bei Stettin und der Diluvialhöhen bei Misdroy auf Wollin zu existiren. Auf dem schmalen Rücken des Nord Pehrd hat durch Regen eine Ausspülung des höchstens 2 m dicken Mergels stattgefunden, dessen lehmige Bestandtheile an die Ränder geführt sind und dort eine 3—4 m dicke Lage bilden. Auf dieser undurchlässigen, zähen Schicht treten die Quellen zu beiden Seiten des Plateaus aus dem interglazialen Sande hervor. Wo die Verlehmung tiefer gegriffen hatte, benutzte man das Produkt zur Ziegelfabrikation, bis die Konkurrenz alle Oefen mit Ausnahme der Ziegelei bei Ketelshagen eingehen liess. Brauchbar waren natürlich nur die kalkfreien obersten Lagen, welche aber erst von den beigemengten Geschieben zu befreien waren und daher einen ziemlich kostspieligen Betrieb erforderten.

Die Decksande haben an ihrer Basis häufig eine Kies- oder Grandlage; auf Hiddensö ist dieselbe als Steinsohle bezeichnet, und sind die darin enthaltenen Gesteine vom Winde geschliffen. Auch sonst ist an manchen Punkten im Innern der Insel loser Flugsand vorhanden, der kaum zur Haferbestellung sich eignet. In den meisten Fällen hat man die sonst unbrauchbaren Flächen mit Kiefern aufgeforstet z. B. in der Nähe der Station Teschenhagen und zwischen Zirkow und Binz.

Dem oberen Diluvium sind schliesslich einige Kies- und Grandlagen zuzurechnen, die NW. und SO. von Bergen, in der Nähe von Posewald und bei Garz sich finden. Von diesen haben zwei durchaus die Formen eines Ås, nämlich das Garzer Lager und das zwischen Bergen und Patzig befindliche. Ersteres tritt im Gelände als ein 2 km. langer, schmaler, ca. 10 m hoher Rücken hervor und läuft ganz wie die Flussrichtung des Eises zwischen Granitz und Nord Pehrd von ONO. nach WSW. Leider sind seine beiderseitigen Verlängerungen unbekannt. Das andere Kieslager streicht indessen N—S., ist ca. $1\frac{1}{2}$ km. lang und gleichfalls ein schmaler bewaldeter Rücken. Es läuft direkt auf die breiten, einen halben Quadratkilometer messenden Grandvorkommen an der Strasse von Bergen nach Stralsund zu und findet in diesen vielleicht seine Fortsetzung. Von den O. von Putbus entwickelten Kiesstreifen und -Anhäufungen lässt sich nichts Besonderes sagen. Alle Lager bestehen vorwiegend aus Sand mit zahlreichen eingestreuten, gerundeten d. h. gerollten Geschieben und sind zweifellos Flussabsätze. Die Garzer und Patziger Rücken dürften ohne Zweifel als typische Åsar zu bezeichnen sein.

Seit ältester Zeit haben einzelne riesige Geschiebe, die am Ufer lagen oder über das Land zerstreut waren, die Aufmerksamkeit der Einwohner auf sich gerichtet. Sie haben besondere Namen erhalten und wurden zu Gegenständen von Sagen und Erzählungen. Die meisten sind im Laufe der Zeit zu Chausseesteinen oder Hausfundamenten zersprengt und zerschlagen, manche dienten den früheren Bewohnern zur Anlage der Steinkisten und zum inneren Skelete der Hünengräber. Von solchen Steinen sind der Bubskan am Göhrener Ufer, der Uskan bei Sassnitz, der Waschstein bei Stubbenkammer und der Swantekas bei Ruschwitz zu nennen. Der letztere soll über 100 Cbm. Inhalt haben. Ein Geschiebe am Tribberbach bei Lancken hat nach Boll 550 cbm. Material geliefert, der Opferstein bei Quoltitz ragt $1\frac{1}{2}$ m über den Boden und besitzt 10 m Umfang. Mächtige Blöcke liegen am Ausgang des Lenzer Baches N. von Sassnitz, und schliesslich ist 1893 bei einer Grabung ein gewaltiger Stein bei Putgarten auf Wittow entdeckt, der 7 m lang, 4 m breit und 5 m hoch war, also ca. 140 cbm. Steinmaterial lieferte.

Die Mächtigkeit des gesammten Diluviums wechselt selbstverständlich von Ort zu Ort. Auf den Jasmunder Kreidekuppen, wo nur der obere Geschiebemergel entwickelt ist, beträgt sie höchstens 5 m, dicht daneben aber 10—20 m, sobald an den Verwerfungsrändern die untere Abtheilung die Kreide ablöst. Jenseits der Kreidehöhen bei Quoltitz sind gegen 80 m sicher im Diluvium gebohrt worden. Am Steilufer der Granitz ist der Mindestbetrag des Diluviums 60 m, aber 70—80 m wohl als richtiger anzunehmen, da am Schanzenort nirgends Kreide zu Tage tritt. Auf Göhren sind etwa 65 m Diluvium sichtbar, bei Thiessow ist es bis 40 m unter die See nachgewiesen und ragt 38 m im Süd Pehrd über dieselbe empor. In wie weit diese Zahlen der natürlichen Dicke entsprechen, und ob nicht durch Zusammenschub und Aufpressung während der jüngsten Vereisung eine nur scheinbar grössere Mächtigkeit an diesen letzgenannten Punkten hervorgerufen wurde, bleibe dahingestellt. Als Durchschnitt aber darf man unbedenklich dem Diluvium 40—60 m Dicke zuschreiben, womit an den meisten Stellen Rügens und auf weiten Flächen Vorpommerns das Niveau des Meeresspiegels nach unten hin überschritten ist.

### b) Alluvium.

Das Alluvium besteht zum grössten Theil aus Ausschlämmungs- und Zerstörungsprodukten des Diluviums, in zweiter Linie aus solchen der Kreide, sowie aus organischen Bildungen, unter denen die Torfe oben anstehen. Als zum Schluss der vorhergehenden Periode das Meer in diesen Abschnitt der Ostsee eindrang, fand es einen vielfach zerrissenen Boden vor, eine typische Grundmoränenlandschaft mit tiefen Ausnagungs- und Auswaschungsfurchen. Sobald es diese Buchten und Rinnen erfüllt hatte, war ein Archipel entstanden, dessen Haupttheile die heute als selbständige Inseln vorhandenen Diluvial- und Kreide-Schollen, sowie die jetzt verbundenen Theile Ostrügens (Wittow, Jasmund, Göhren, Thiessow, Gross- und Klein-Zicker u. a.) darstellten. Wie noch jetzt im Westen, reihten sich diese Eilande auch im Osten an den Kern der Insel an und unterlagen naturgemäss den zerstörenden Einflüssen der Brandung. Bedeutende Massen diluvialer Absätze müssen zerrieben, ausgespült und mit ihren Schlämmprodukten umgelagert sein. Es bildeten sich einerseits die Steinriffe und -wälle vor der Küste und am Strande, andererseits die Sandablagerungen, welche sich an die Inseln als Kerne ansetzten, zu Dünen emporwuchsen und sich schliesslich von einer zur anderen bogenförmig hinüberschwangen. So bekommen wir an den Steilküsten die Riffe, draussen im Meere die Thongründe und zwischen den alten Kernen die Dünenwälle wie die Schaabe, die Schmale Haide, den Langen Strand und die niedrigen schmalen Sandzungen von Hiddensö, die sich an den Dornbusch anlehnen.

Die Dünensande sind entweder direkt aus den diluvialen Sanden hervorgegangen oder Zerreibungsreste der Geschiebemergel. Sie pflegen reine, weisse Quarzsande zu sein und nehmen die durch den Windtransport bedingte diskordant parallele Schichtung an. Am Strande häufen sich durch Ausspülung oder Ausblasen ihre schwereren Bestandtheile oberflächlich mitunter derart an, dass man von Magnetit-Granatsanden sprechen darf. Besonders reich daran ist die Südspitze der kleinen Insel Ruden im Osten des Greifswalder Boddens, auf der ein bunter, als Streusand beliebter Seesand sich anreichert. In ihm sind alle die schweren, aus der Zertrümmerung der Geschiebe isolirten Mineralien vorhanden, nämlich Magnetit, Titanomagnetit, Titaneisen, Granat, Epidot, Zirkon, Turmalin, Hornblende, Angit, Serpentin. Er bildet sich, wenn der Wind auf der trockenen Düne die leichten Quarzkörner fortbläst. Auch sonst ist am Strande in den vom Winde erzeugten Furchen und Spuren innerhalb der Thäler regelmässig eine Ansammlung der eisenreichen Partikel zu beobachten. Ein gewöhnliches Phänomen des trockenen, von der Sonne durchwärmten Dünensandes ist das Piepen und Knirschen beim Begehen desselben, ein Geräusch, dass durch die Reibung der Körner hervorgebracht wird und solchem Sande den Namen des „klingenden" eintrug.

Älterer Dünensand bedeckt sich mit Pflanzen und wird durch diese allmählich humifizirt, in Haidesand oder Ortstein umgewandelt. Er nimmt dann braunes oder rothbraunes Aussehen an und ist ein zwar schlechter, aber für Kieferwuchs und Kartoffelbau brauchbarer Boden. Derart ist die gesammte Partie zwischen Göhren und Sellin, die sog. Baaber Haide entstanden und kulturfähig geworden, desgleichen die höheren, westlichen Kämme der Schaabe und der Schmalen Haide.

Hinter den einmal geschlossenen Dünenketten und vor denselben in der See lagerte sich das feine ausgewaschene Thonmaterial an. In den Buchten, wo es gegen die Fortspülung durch Wellen geschützt war, lieferte es den Untergrund für Rohrpläne, Torfwiesen etc., wodurch sich abermals, nämlich in Folge der Ansammlung aller herbeigespülten Sedimente zwischen den Stengeln und der massenhaften Ablagerung halbverfaulten, organischen Detritus die Verlandung beschleunigte. Gerade Mönchgut liefert mit dem Neuensiener, Selliner, Lobber See, der Zickerniss, der Having und der Rügenschen Wiek treffliche Beispiele dafür; aber ebensogut könnte man solche hinter Hiddensö und an den Rändern der Jasmunder Bodden finden, besonders östlich der Insel Ummanz, in der Neuendorfer Wiek und im Tetzitzer See.

Torf, sowohl Moos- als Grastorf hat allmählich die zahlreichen abflusslosen oder rinnenartigen Furchen der zentralen Diluviallandschaft ausgefüllt. Als solche Stellen wären die über Serams bis Nistelitz ca. 5 km gegen Süden laufende Niederung des Schmachtern Sees, die flussthalartige Rinne von Zirckow nach Bergen, die Senken um den Rugard, des Nonnen- und Ossen Sees, die langgestreckten Moore NW. von Gingst und Hunderte von kleinen Wannen und Teichen zu nennen. Besonders reich daran ist die Umgebung von Putbus und wegen des unruhigen Geländes auch Jasmund und Granitz, während Wittow dieser Bildungen fast ganz entbehrt.

In den Torfen haben sich hin und wieder Knochenreste vom Ur und Elch oder Renthier gefunden. Im Stralsunder Museum sind folgende Stücke vorhanden:

> von Neparmitz, Schaufel von *Cervus alces.*
> „ Tangnitz, Schädel von *Bos primigenius.*
> „ Gustow, Hornreste „ „ „
> „ Frankenthal, Schaufel von *Cervus alces.*

Dazu kommen die von Münter erwähnten Funde, nämlich zwei im Torf bei Schweiknitz gesammelte Stangen von *Cervus capreolus* (Reh).

Humifizirt pflegen ferner der Decksand und der obere Geschiebemergel zu sein, bei dem mit diesem Prozesse die oben besprochene Verlehmung Hand in Hand geht. Lehm und Sand werden dann in die Wannen hinabgespült und bilden dort einen wenig durchlässigen Boden, der die Torfbildung nur befördert. Wiesenmergel sind auf der Insel zwar vorhanden, aber nicht gerade häufig. Sie verdanken ihre Entstehung stets dem Kalkgehalte des Mergels resp. der Kreide.

Auf Jasmund kommen hin und wieder Kalktuffe vor, besonders dort, wo die Sickerwasser der Kreide am Steilufer austreten, oder an den Bachmündungen. Der neu abgelagerte Kalk verkittet Feuersteintrümmer und anderen Kies und schafft damit eine polygene Kalkbreccie. Das analog gebildete Raseneisenerz fehlt nicht ganz, erreicht aber nirgends eine nennenswerthe Entwickelung. Quellen mit eisenhaltigem Wasser sind bei Wostewitz und Sagard bekannt. Die letztere, welche in der Brunnenaue sprudelt, hat im vorigen Jahrhundert Sagard vorübergehend zu einem Kurort gemacht, dessen Heilkraft und Reize den Inhalt einer Reihe von halb vergessenen lobpreisenden Schriften und Flugblättern darstellen. Seit den Freiheitskriegen ist die Quelle vergessen und unbenutzt. Uebrigens sind alle dem unteren Geschiebemergel entstammenden Grundwasser eisenhaltig und haben einen schwachen Geruch nach Schwefelwasserstoff, der aber nach kurzem Stehen an der Luft rasch und vollständig verfliegt.

# Wichtigste Litteratur.

E. Boll: Die Insel Rügen. Reise Erinnerungen. Schwerin 1858. 8⁰.

E. Bornhöft: Der Greifswalder Bodden. 2. Jahresber. d. Geogr. Gesellschaft. Greifswald 1885.

R. Credner: Rügen, eine Inselstudie. Forsch. z. deutsch. Landes- u. Volkskunde Bd. 7. 5. 1893.

W. Deecke: Die mesozoischen Formationen der Provinz Pommern. Mittheil. d. naturw. Vereins zu Greifswald 26. 1894. 1—114.

— Der Magneteisensand der Insel Ruden. Ibidem 20. 1889. 37—39.

— Ueber ein grösseres Wealdengeschiebe im Diluvium bei Lobbe auf Mönchgut (Rügen). Ibidem 20. 1889. 153—161.

A. Günther: Die Dislokationen auf Hiddensö. Berlin 1891. 64 S. 9 Tafeln.

F. Johnstrup: Ueber Lagerungsverhältnisse und Hebungsphänomene in den Kreidefelsen auf Rügen und Möen. Zeitschr. d. Deutsch. geol. Gesellsch. 26. 1874. 533—585 Taf. 11 u. 12.

V. Madsen: Note on German pleistocene foraminifera. Meddel. Danske. Geol. Foren. 1895. Nr. 3.

Th. Marsson: Die Foraminiferen der weissen Schreibkreide der Insel Rügen. Mittheil. d. Naturw. Ver. Greifswald. 10. 1878. 115 bis 196. Taf. 1—4.

— Die Cirripedien und Ostrakoden der weissen Schreibkreide der Insel Rügen. Ibidem. 12. 1880. 1—50. Taf. 1—3.

— Die Bryozoen der weissen Schreibkreide auf Rügen. Paläont. Abhandl. v. Dames u. Kayser. 4. 1. 1887. 1—112. 10 Taf.

H. Munthe: Studier öfver baltiska hafvets quartära historia. I. Bih. t. K. Svenska Vet. Akad. Handl. 18. 1892. Afd. 2. No. 1. 58.

— Studien über ältere Quartärablagerungen im südbaltischen Gebiete Bull. Geol. Instit. Upsala No. 5. Bd. 3. 1896. 40—53.

A. E. Reuss: Die Foraminiferen der weissen Schreibkreide von Rügen. Sitz. Ber. Kaiserl. Akad. d. Wiss. z. Wien. Math. Natur. Kl. 44. Abth. 1. 1861. 324—334. Taf. 6.

M. Scholz: Beiträge zur Geognosie von Pommern. Mittheil. Naturw. Ver. Greifswald. 1. 1869. 75—99 u. 3. 1871. 52—76.

— Ueber das Quartär im südöstlichen Rügen. Jahrb. d. Preuss. geol. Landesanst. u. Bergakad. f. 1886. 1887. 204—235.

C. Struckmann: Profil bei Sassnitz. Zeitschr. d. Deutsch. Geol. Gesellsch. 31. 1879. 788—790.

F. Wahnschaffe: Ueber einige glaziale Druckerscheinungen im Norddeutschen Diluvium. Ibid. 36. 1882. 562—601.

# III.

# Liste der häufigeren Rügen'schen Diluvialgeschiebe.

Von E. Cohen und W. Deecke, Greifswald.

Mit einer Uebersichtskarte. Taf. II.

Die hier gegebene Liste der wichtigsten rügenschen Diluvialgeschiebe hat nur den Zweck, eine orientierende Uebersicht der gewöhnlicheren, am Strande von Binz, Göhren, Jasmund und Hiddensö vorkommenden skandinavischen oder dem Ostseegebiet entstammenden Geschiebe zu bieten. Auf Vollständigkeit macht diese Zusammenstellung keinen Anspruch. Eine genaue Beschreibung der einzelnen Gesteine und Sedimente mit ihren Versteinerungen konnte ebenfalls nicht gegeben werden, da eine solche erheblich grösseren Platz erfordert hätte, als uns an dieser Stelle zu Gebote stand. Diejenigen, welche sich specieller für die Geschiebekunde interessiren, verweisen wir auf unsere Aufsätze „Ueber Geschiebe aus Neu-Vorpommern und Rügen" in den Mittheilungen des Naturwissenschaftlichen Vereins zu Greifswald. Bd. 23. 1891. 1—84 und Bd. 28. 1896. 1—95, welche auch separat bei R. Gaertner, Berlin erschienen sind.

Um ein möglichst übersichtliches Bild von den Herkunftsgebieten zu liefern, haben wir auf dem beigegebenen Kärtchen diejenigen Theile Skandinaviens, von denen Material als sicher nachgewiesen gelten kann, mit dunklerem Roth eingetragen, während solche Gebiete, von denen nur muthmasslich Geschiebe stammen, mit einem helleren Ton angelegt wurden. Die Nummern auf der Karte entsprechen den Nummern im Text.

### Massige Gesteine und krystalline Schiefer.

1) Stockholmsgranit. Lichtgrauer, kleinkörniger Biotitgranit.

2) Upsalagranit. Grauer Amphibolbiotitgranit mit blauem Quarz, häufig mit dunklen basischen Ausscheidungen oder mit streifiger Struktur.

3) Salagranit. Hellgrauer, dunkel gefleckter amphibolführender Biotitgranit.

4) Porphyrartiger Biotitgranit mit grossen, weissen, oft zonar gebauten Feldspathen. Heimath: Jemtland.

5) Rother, etwas porphyrartiger Amphibolgranit mit weissem oder ölgrünem Plagioklas; sog. Jüngerer Granit von Dalarne.

6) Ålandsgranit. Klein- bis mittelkörnige, fleisch- oder ziegelrothe Granite mit kleinen Drusen und mikropegmatitischen Verwachsungen.

7) Ålandsrapakiwi. Porphyrartige dunkelfleischrothe bis ziegelrothe Amphibolbiotitgranite mit zahlreichen, von grünem Plagioklas umsäumten Orthoklasovoïden.

8) Ålandsporphyre: Granitporphyre mit klein- bis feinkörniger Grundmasse, einzelnen scharf begrenzten Feldspathen und runden, von Hornblende umsäumten Quarzen.

9) Nystadrapakiwi, ähnlich No. 7, aber mit hellerer, bisweilen gelblicher Farbe, idiomorphem, dunklem Quarze und Biotitflasern.

10) Rödörapakiwi, porphyrartig, fleisch- bis ziegelroth, calcitführend, reich an Drusen, oft ochergelb verwittert.

11) Rödögranitporphyr mit röthlichgrauer Farbe, einzelnen Feldspathaugen, runden grauen oder weissen Quarzen.

12) Rödöporphyr mit rother, dichter Grundmasse, in der einzelne dunkle Quarzkörner liegen.

13) Rothe Granite mit bläulichem Quarz und kleinen Glimmerputzen; sog. Wånevikgranit aus Småland.

14) Lichtröthliche amphibolführende Biotitgranite mit stark glänzenden Feldspathen und von etwas schiefrigem Gefüge. Heimath: Bornholm.

15) Granitporphyre mit mikrogranitischer Grundmasse, runden,

einschlussreichen, weisslichen Feldspathen und bläulichem Quarz; sog. Påskallavikporphyre. Sie kommen in mehreren Varietäten vor; ihre Heimath ist Småland.

16) Ostseeporphyre. Braune, einsprenglingsreiche Quarzporphyre mit chloritisirtem Augit; Heimath: Ostseegebiet nördlich vou Gotland.

17) Ostseesyenitporphyre. Quarzfreie Porphyre von röthlich-brauner Farbe, splittrigem Bruche und dichter Grundmasse, in welcher kleine Feldspathe liegen. Heimath wie bei No. 16.

18) Diorite von sehr verschiedenem Habitus, theils quarz-oder augitführend, theils normale Diorite. Heimathsgebiet nicht sicher festgestellt, vielleicht Småland neben den Distrikten des mittleren Schwedens (z. B. Rådmansö) oder z. Th. auch das finnische Küstengebiet.

19) Oejediabase. Mandelsteinführende oder labradorporphyr-ähnliche Diabasporphyrite, deren Heimath Dalarue, die Umgegend von Gefle und andere Stellen sein können.

20) Deutlich ophitischer, grob- bis mittelkörniger Olivindiabas; sog. Åsbydiabas. Sehr verbreitet in Schweden.

21) Zweiglimmerige, helle, granitartige Gneisse. Heimath: Ångermanland.

22) Verschiedene Hälleflinten aus Småland von sehr wechselndem Habitus.

## Cambrium.

23) Rothe und weisse, oft gefleckte Sandsteine von wechselndem Aussehen und Korn. Heimath unbestimmbar.

24) Skolithensandsteine.

25) Eophytonsandsteine.

26) Nexösandstein von Bornholm.

27) Plattiger, quarzitischer, grauer Sandstein mit *Paradoxides Tessini*. Heimath: Gebiet um Oeland.

28) Grüne Schiefer von Bornholm.

29) Stinkkalke mit *Agnostus pisiformis*.

    „    „   *Peltura scarabaeoides*.

## Unter Silur.

30) Graue, glaukonitische Kalke mit *Ceratopyge*. Oeland und Umgebung.

31) Rothe, oft gelbgefleckte Orthocerenkalke sog. Limbatakalke; rothe, krystalline Orthocerenkalke sog. oberer rother Orthocerenkalk. Oeland und Umgebung.

32) Graue, glaukonitische Orthocerenkalke mit Lituiten und *Cheirurus exul*.

33) Backsteinkalk in verschiedenen Modificationen als Cyclocrinuskalk, Hornstein, Chasmopskalk.

34) Graugelbe, von Wülsten durchzogene Kalke mit *Chasmops macroura*.

35) Ostseekalke, d. h. hellgraue, weinroth gefleckte, splittrige, dichte Kalke; früher als Wesenbergerkalk bezeichnet.

36) Paläoporellen- und Vermiporellen-Kalke.

37) Cystideenkalke mit *Echinosphaerites aurantium*.
No. 33—37 stammen wahrscheinlich aus Gebieten, welche jetzt von der Ostsee bedeckt sind.

38) Leptaenakalk.

39) Schwarze Graptolithenschiefer mit *Diplograptus foliaceus* und *Climacograptus scalaris*.

40) Graue, mergelige Kalke mit *Monticulipora* und Gastropoden.

## Ober Silur.

41) Choneteskalke.

42) Girvanellenkalke.

43) Korallen- und Crinoidenkalk, sowie lose Korallen.

44) Beyrichienkalke mit *Beyrichia tuberculata* und *Pholidops antiqua*, sowie Primitien und *Rhynchonella nucula*.

45) Obersilurischer Oolith.

46) Sandstein mit Crinoidenstielgliedern (Phaciten-Sandstein). Die Heimath der Geschiebe No. 41—46 ist entweder Gotland oder das Gebiet zwischen dieser Insel und Oesel.

47) Graugrüne, mergelige Graptolithenkalke mit Monograptiden, *Orthoceras gregarium*, *Glassia obovata* oder *Cardiola interrupta*. Heimath unbekannt.

48) Glimmerreiche, z. Th. krummschalige Mergel- oder Kalk-

schiefer mit *Monograptus colonus*. Heimath: Schonen und die benachbarten Meeresgebiete.

## Jura.

49) Knollen von sandigem Thoneisenstein mit schaligem Bau. Dieselben kommen theils aus dem Lias, theils aus dem Dogger. Heimath: Bornholm und das Gebiet zwischen dieser Insel und der hinterpommerschen Küste.

50) Thoneisensteinknollen mit Kohle und Pflanzenresten oder Steinkernen von kleinen Zweischalern. Lias von Bornhelm oder Südost-Schonen.

51) Hellgraue, arkoseartige Sandsteine mit Kohleflittern. Heimath wie bei No. 50.

52) Thoneisensteine mit groben Quarzkörnern und *Pseudomonotis echinata*. Mittlerer Dogger. Heimath: Oderbucht.

53) Sandige graue oder braune Kalke, mitunter auch kalkige Sandsteine mit Eisenoolith und weissen oder perlmutterglänzenden Muscheln. Callovien. Heimath: Südliche Ostsee längs der pommerschen Küste.

54) Kalke mit Nerineen oder Steinkernen von Zweischalern. Malm. Heimath wie bei No. 53.

55) Graue kalkige Sandsteine mit Cyrenen, gelegentlich auch mit *Mytilus* und *Ostrea*. Soll Lias sein. Heimath wie No. 53.

## Kreide.

56) Schwarze oder graue, geflammte Feuersteine mit vielen kleinen weissen Flecken. Oberturon. Heimath: Pommersches Küstengebiet.

57) Braune kleingefleckte Feuersteine aus dem Senon von Kristianstad in Südost-Schonen.

58) Löcherige bräunlichgraue Kalksandsteine mit Steinkernen von Gastropoden und Zweischalern. Köpinge-Sandstein des südlichen Schonens und der angrenzenden Gebiete.

59) Hellgraue bis weisse Spongienkalke z. Th. Arnagerkalk von Bornholm, z. Th. senone Schwammkalke des pommerschen Küstengebietes.

60) Glaukonitische, quarzitische Sandsteine und Quarzite. Arnagerquarzit aus dem Untersenon von Bornholm.

61) Sandsteine mit schwarzen Phosphoriten. Heimath unbekannt.

62) Rügener schwarzer Feuerstein.

63) Faxekalk.

64) Saltholmskalk mit *Terebratula lens*, Wülsten und *Ananchytes sulcata*.

65) Weisse, hellgraue, geflammte oder einheitlich gefärbte löcherige Feuersteine des Danien.

66) Graue, an weissen Bryozoen sehr reiche Feuersteine aus dem Bryozoenkalk des Danien.
Die Heimath für No. 63—66 dürfte das Meeresgebiet zwischen Schonen und Vorpommern sein.

## Tertiär.

67) Aschgraue, glimmerreiche Sandsteine mit weissen Conchylien, Fischresten, kleinen Glaukonitkörnern. Paleocän.

68) Thoneisensteinknollen mit *Turritella nana* und *T. Suessi*. Paleocän.

69) Sandsteine mit Kieselspongien, die in Pyrit oder Brauneisenerz umgewandelt sind (*Ophiomorpha nodosa*)[1]. Das Ursprungsgebiet für No. 67—69 wie bei 63—66.

70) Bernstein.

71) Quarzite des Miocän mit verkohlten Wurzelresten oder deren Hohlräumen.

---

[1] Vgl. W. Deecke, Eocäne Kieselschwämme als Diluvialgeschiebe in Vorpommern und Mecklenburg. Mitth. des Naturw. Ver. Greifswald. 26. 1894. 166—170.

# IV

# Die Flora der Insel Rügen.

## Von Ludwig Holtz, Greifswald.

Der nachstehende Aufsatz bezweckt nicht sowohl eine systematische Übersicht der auf Rügen vorkommenden Pflanzen zu geben,[1]) als vielmehr dem Leser in kurzen Zügen ein übersichtliches Bild von der Zusammensetzung der auf der Insel hauptsächlich vertretenen, für den landschaftlichen Character derselben wichtigen Vegetationsformationen unter Hervorhebung der seltneren Pflanzenarten darzubieten. Er behandelt dementsprechend:

    I. die Flora der Wälder, einschliesslich der bewaldeten Uferabhänge;

    II. die Flora der „Heiden";

    III. die Flora der „Salzwiesen";

    IV. die Flora der Moore und Sümpfe;

    V. die Flora des Strandes und der Dünen;

    VI. die Flora der waldfreien Flächen der Inselkerne;

    VII. die Flora der offenen Gewässer.

## I. Die Flora der Wälder.

Die auf Rügen noch in ausgedehnten zusammenhängenden Beständen vorhandenen Wälder werden theils aus Laubholz-, theils aus Nadelholzbäumen gebildet, und zwar hat die östliche Hälfte der Insel mehr Laubholz-, die westliche dagegen mehr Nadelholzbestände aufzuweisen.

---

[1]) Eine solche liegt vor in: Th. Marsson, Flora von Neuvorpommern und den Inseln Rügen und Usedom. Leipzig 1869.

Die meisten Nadelholzwälder, wie namentlich diejenigen auf der Insel Ummanz, auf Hiddensöe, bei Trent, an
der Westküste Wittows bei Schwarbe, auf der Schaabe, der
Schmalen Heide, an der West- und Nordseite des Schmachter
See's, in der Nähe von Sellin und Göhren sind Ansaamungen
oder Anpflanzungen neuern Datums und entstammen erst diesem
Jahrhundert und zwar zumeist der letzten Hälfte desselben.
Theils auf feuchten Heidemooren, theils auf trockenen Sand-
flächen angelegt, erfüllen diese Aufforstungen den Zweck, einerseits die sonst meist ertraglosen Strecken mit der Zeit ertrag-
fähig zu machen, andererseits aber die benachbarten Kultur-
felder vor Versandungen zu schützen.

Alle diese Nadelholzbestände sind zum grössten Theile,
ja fast ausschliesslich von der Kiefer („Tanne") — Pinus silvestris — gebildet. Nur in manchen derselben trifft man hin
und wieder kleine Schonungen von der Rothtanne (Fichte, Gräne)
— Pinus Abies — und der Lärche — Larix europaea — an.

An Sträuchern finden sich in denselben: der Wach-
holder (Knirk) — Juniperus communis. — häufig, mehrere
Arten von Weiden: Salix Caprea, cinerea und repens; an
feuchteren Stellen auch der Gagelstrauch — Myrica Gale —
und der Sumpfporst (Post) — Ledum palustre; ferner die
Heidelbeere (Bixbeere) — Vaccinium Myrtillus — und die
Preisselbeere (Linjong) — Vaccinium Vitis Idaea, — nicht
selten; die Himbeere — Rubus Idaeus — und der Hasengeil
— Sarothamnus scoparius — häufig.

An niederen Pflanzen sind diese Wälder ziemlich arten-
arm. Häufiger vertreten ist nur: der Sauerklee — Oxalis acetosella —; von Glockenblumenarten: Campanula rotundifolia; ferner die Schattenblume — Majanthemum bifolium —
und in älteren Beständen der Siebenstern — Trientalis europaea.

Von den Laubholzwäldern sind als die grössten anzuführen: diejenigen in der Nähe von Putbus, die Prora, die
Granitz, die Stubnitz auf Jasmund, die Näslow und im Inneren
der Insel die zusammenhängenden Boldevitzer und Pansevitzer
Forsten; kleinere aber prächtige Laubholzbestände finden sich
auch auf dem Gr. und Kl. Vilm.

Im Gegensatz zu den Nadelholzwäldern mit ihrem zumeist dürftigen, sterilen Sandboden und ihrer geringen Humusdecke haben die Laubholzbestände zum grössten Theile einen lehmigen und mergeligen Untergrund (Geschiebemergel), und eine durch den Laubfall langer Zeiten gebildete fette Humusschicht aufzuweisen.

Die Flora derselben ist desshalb und gleichzeitig auch wegen des ungleich höhern nach Jahrtausenden zählenden Alters dieser Wälder bedeutend reicher.

Unter den Laubbäumen bildet die Rothbuche (Bök) — Fagus silvatica — den Charakterbaum der rügenschen Waldungen, der wohl in sämmtlichen, wenn auch noch so kleinen Laubholzgehägen vertreten ist, in grossen Einzelbeständen namentlich in der Stubnitz und Granitz auftritt. Vielfach findet sich die Rothbuche auch vereinigt mit der Stieleiche (Ehk) — Quercus Robur —, welche ihrerseits auch wieder in manchen Laubholzgehägen den Hauptbaum bildet, während die Steineiche — Quercus sessiliflora — nur sehr vereinzelt vorkommt.

Weiter finden sich hauptsächlich in gemischten Laubholzwäldern, aber auch in Einzelbeständen die Weiss- oder Hainbuche — Carpinus Betulus —; die beiden Birkenarten (Bark) Betula verrucosa und pubescens und die beiden Erlenarten (Eller Else) Alnus glutinosa und die Weisserle — Alnus incana —, letztere oft in ansehnlichen Beständen. Von ihnen ist die hier ursprünglich nicht heimische, sondern eingeführte Weisserle wegen ihres zahlreichen und kräftigen Lodenausschlages und schnellen Wachsthums besonders geschätzt. Zerstreut finden sich hin und wieder die beiden Ulmenarten (Rüster) Ulmus campestris und effusa, sowie auch die Esche — Fraxinus excelsior —, ferner die beiden Ahornarten: der gemeine weisse Ahorn — Acer Pseudoplatanus — und der Spitzahorn — Acer platanoides —, die letzteren nicht selten an den bewachsenen Steilufern der Stubnitz, der Granitz und Mönchguts. Ebenfalls zerstreut trifft man: die Vogelkirsche — Prunus avium — den wilden Apfelbaum — Pirus Malus —, den wilden Birnbaum — Pirus communis —, die Eberesche (Quitsche) —

Sorbus aucuparia —, und zuweilen auch die Linde — Tilia europaea. Erwähnung verdient schliesslich das allerdings nur in einem einzigen, aber ziemlich grossen und stattlichen, alljährlich prächtig blühenden und Früchte tragenden Exemplar (zu Kloster auf Hiddensöe) beobachtete Vorkommen der schwedischen Eberesche — Sorbus scandica —, und zwar namentlich deshalb, weil dieselbe meines Wissens erst wieder in Westpreussen und auch dort nur sehr vereinzelt vorkommt.

Das Unterholz der Laubwälder wird von Sträuchern gebildet, welche den Boden oft dicht bedecken und bisweilen durch zusagende Bodenbeschaffenheit begünstigt, baumartigen Charakter annehmen. Sie finden sich namentlich in den gemischten Laubwaldungen, weniger in den reinen Buchenbeständen. Unter ihnen ist als in den meisten Waldungen und Ufergehängen auftretend zuerst zu nennen der Haselstrauch (Haselnöt) — Corylus Avellana —, ferner von Weidenarten: Salix Caprea und cinerea, welche ihr Heim meistens an den Waldrändern aufgeschlagen haben, von Geisblattarten: Lonicera Xylosteum und (Jelängerjelieber) Lonicera Periclymenum, weiter der Hartriegel — Cornus sanguinea —, von Kreuzdorngewächsen: der Kreuzdorn — Rhamnus cathartica — und der Faulbaum — Rhamnus Frangula —, der Spillbaum — Evonymus europaeus —, der Schneeballstrauch — Viburnum Opulus —, von Nachtschattenarten der kleine Strauch Solanum Dulcamara, welcher gern die feuchten Stellen und Gräben an den Rändern der Wälder und Gebüsche aufsucht.

Als häufigen Bewohner der Wälder treffen wir die im zeitigen Frühjahr reichblühende Traubenkirsche — Prunus Padus —; sodann, und zwar besonders an den Ufergehängen der Stubnitz, Mönchguts und Hiddensöe's von Ebereschenarten die Elsbeere — Sorbus torminalis —; von Weissdornsträuchern nicht selten, theils im Innern der Wälder, theils an den Rändern, Crataegus Oxyacantha und monogyna; namentlich auf der Insel Vilm finden sich prächtige baumartige Repräsentanten des letzteren. Im Grossen Holz bei Putbus, auf dem Vilm und in der Stubnitz kommt von Ahornarten: Acer campestre vor und fast in allen Waldungen Ribes alpinum. Gleichfalls finden sich

weit verbreitet der Epheu — Hedera Helix — oft in sehr
ansehnlicher Stärke und die Wipfel hoher Bäume erkletternd,
und in den Waldungen Mönchguts, Jasmunds, Hiddensöe's, in
der Prora und auf der Schmalen Heide die schöne Stechpalme
(Hülsenstrauch) — Ilex Aquifolium —, von welcher sich am
Nord-Ende der Schmalen Heide, nahe Jasmnud, vorzüglich hohe,
prachtvolle Exemplare präsentiren. An lichteren Stellen der
Wälder, sowie in buschigen Gehägen wachsen von Rosenarten:
Rosa canina und tomentosa häufig, Rosa rubiginosa seltener;
ferner sowohl auf lichten wie schattigen Räumen die Himbeere —
Rubus Idaeus — und andere Brombeerarten und an den Rändern
der Wälder und Gebüsche nicht selten der Schleedorn —
Prunus spinosa.

Noch sei hier, wenn auch nicht als Unterholzform, eine
Gehölzart erwähnt, nämlich die Quitte — Cydonia vulgaris —,
welche in ihrem Vaterlande und auch in älteren Gärten bei
uns baumartigen Charakter annimmt, auf Rügen aber nur als
Gesträuchform, und zwar am Schwedenhäger Ufer auf Hiddensöe auftritt, wahrscheinlich einst von den dortigen Mönchen
eingeführt.

Schliesslich ist noch die Eibe — Taxus baccata —
anzuführen, welche sich jetzt freilich nur noch selten in kleinen
Wurzelausschlägen in den Steiluferschluchten der Stubnitz vorfindet, augenscheinlich Überbleibsel früherer Zeitperioden, wo
dieselbe auch hier gewiss als Baum vertreten war; habe ich
selbst doch auch in den Wäldern des Darss noch ziemlich starke
Wurzelstubben mit allerdings nur spärlichen Ausschlägen angetroffen. An dem Aussterben dieses schönen Baumes dürfte
weniger die moderne Waldwirthschaft als vielmehr ein anderer
Umstand die Schuld tragen. Vor 30 und mehr Jahren
schon habe ich nämlich von alten Leuten auf dem Darss
gehört, dass der Glaube herrsche, dass das Laub der Eibe
für die Kühe schädlich sei. Angesichts dieser Auffassung
liegt die Annahme nahe, dass im vorigen Jahrhundert
und auch noch im Anfange des jetzigen, als die Adjacenten
der Wälder das (erst vor etwa 40 Jahren dort abgelöste) Recht
der Viehweide in den letzteren hatten, um Ausrottung der

Eibe in den Wäldern vorstellig geworden sind, und dass vielleicht von der schwedischen Regierung ein dahin zielender Erlass ergangen ist. Aehnliche Ursachen mögen auch dem Erlöschen der Eibe auf Rügen zu Grunde liegen.

Von niederen Pflanzen beherbergt der fruchtbare Boden der Laubwälder, abwechselnd erwärmt durch die Sonnenstrahlen und wieder beschattet, eine erstaunliche Menge von Arten und Individuen. Im Frühling treffen wir häufig den Sauer-Klee — Oxalis acetosella —, das Lungenkraut — Pulmonaria officinalis —, das blaue Leberblümchen — Hepatica triloba —, von Anemonenarten die weissröthliche Anemone nemorosa und daneben nicht so häufig die gelbe A. ranunculoides, ferner von Cruciferen und zwar von den Schaumkrautarten: Cardamine amara (auf Wiesen, in Gräben und Bächen in der Stubnitz, im Teufelsgrunde), wie auch die in den Blattwinkeln erbsengrosse schwarz-violette Zwiebelchen tragende weiss-violett blühende Zahnwurz — Dentaria bulbifera (in der Stubnitz und dem Bisdamitzer Ufer nicht selten), von Veilchenarten: die zeitig blühende Viola mirabilis (in den Uferschluchten der Stubnitz, besonders um Stubbenkammer, bei Sassnitz und auf den Crampasser Bergen), während in den meisten Laubwäldern Viola canina und silvestris häufig und noch spät blühend angetroffen werden.

Aus der Familie der Papilionaceen sind zu nennen: Orobus vernus (häufig an den Ufern Jasmunds in der Stubnitz, in der Prora, der Granitz, auf der Insel Pulitz und am Nordpehrd auf Mönchgut), Orobus niger (auf der Schaabe, in der Stubnitz, bei Crampas, Dwasieden, in der Prora, zwischen Bergen und Lietzower Fähre, zwischen dem Rugard und der Boot stelle bei Bergen und auf dem Zickerschen Höwt), ferner Vicia silvatica (auf Jasmund, besonders an den Ufern der Stubnitz, auf dem Schanzenberg in der Prora, im Putbuser Holze, an den Ufern der Granitz, am Nordpehrd auf Mönchgut). Weiter zeigt sich im Spätsommer an den bewaldeten Ufergehängen der Stubnitz die weissblühende Parnassia palustris, besonders auf dem quellenreichen, feuchten, erwärmten Kalkboden in prächtigen Exemplaren, im zeitigen

Frühjahr von Milzkrautarten: Chrysosplenium alternifolium
und (in der Stubnitz, besonders in der Nähe des Herthasee's)
das ziemlich seltene Chrysosplenium oppositifolium; aus der
Familie der Compositen, von Alandtarten: Inula Conyza (nur
an dem hohen Ufer bei Crampas und Sassnitz) und Inula
Helenium (bei Zaase unweit Trent, im Eulenbusch bei Schweik-
vitz und an den Bachufern bei Balderack und in der Brunnenau
bei Sagard); von Pippauarten: Crepis praemorsa (nur in
der Granitz bei Sellin und am Rande der Stubnitz bei Crampas
und Sassnitz); ferner Phyteuma spicatum (in der Stubnitz, am
Bisdamitzer Ufer, in der Granitz und im Walde bei Putbus);
von Glockenblumen: Campanula persicifolia häufig und die
schöne grossblumige Campanula latifolia (bei Trent und Neuenkirchen, in der Medas bei Putbus, auf Jasmund bei Sassnitz
und Crampas).

Weiter finden sich, und zwar ausser in Laubwäldern auch
in Kiefernbeständen auf den Wurzeln der Buchen, Eichen
und Kiefern schmarotzend das Ohnblatt (Kiefernspargel) — Mone-
trepa Hypopitys — und durch die Granitz bis Sellin verbreitet
Monotropa glabra; von Pirolaarten: Pirola rotundifolia, verbreitet, P. chlorantha bei Putbus in den Kiefern am Casnevitzer
Wege, in der Stubnitz und der Granitz, P. minor, häufig,
Monesis uniflora (Pirola) bei Cartzitz, in der Prora, Granitz,
auf der Schmalen Heide, Chimophila umbellata (Pirola) in
den Nadelholzwäldern bei Putbus am Casnevitzer Wege, in
der Granitz von Albeck bis Mönchgut, ferner Ramischia secunda
(Pirola), in Laub- und Nadelhölzern verbreitet. Dazu gesellen sich
von Ehrenpreisarten: Veronica mentana, (in der Stubnitz, bei Dwasieden am Tripper Bach und im Putbuser Holze), von Wachtel-
weizenarten: Melampyrum nemorosum, in Wäldern und Gebüschen häufig; von Lippenblüthlern: Teucrium Scorodonia
(nur in der Granitz zwischen Hagen und Binz, in der Nähe
des Schmachter See's unter Kiefern), von Minzearten: Mentha
viridis am Schmachter See, auf Jasmund zwischen Sagard und
der Stubnitz, ferner Lysimachia nemorum, auf feuchten Stellen
in der Medas bei Putbus, im Boldevitzer Holze, bei Schellhorn
in der Granitz und in der Stubnitz; aus der Familie der Liliaceen:

Polygonatum multiflorum, nicht selten, Polygonatum officinale, auf Jasmund in der Stubnitz, auf den Banzelvitzer Bergen, in der Prora, der Granitz, auf Mönchgut und auf Hiddensöe am Schwedenhäger Ufer; die Maiblume (Liljenconfalgen) — Convallaria majalis —, in Wäldern und Gebüschen nicht selten, besonders häufig auf dem hohen Ufer bei Göhren eben so häufig auch die Schattenblume — Majanthemum bifolium.

Eine Hauptzierde der Flora Rügens bildet ihr Reichthum an Orchideen. Hauptsächlich sind vertreten die herrliche Orchis purpurea (O. fusca, nur auf Jasmund an den Kreideufern der Stubnitz, am häufigsten bei Sassnitz), Orchis morio (häufig auf den Wiesen in der Granitz), Orchis mascula (zwischen Bergen und der Jasmunder Fähre, bei Ralswieck, auf dem Rugard, häufig auf Jasmund und in der Granitz, an den Abhängen nach der Küste), Orchis latifolia (Düwelsklawen = „Teufelskrallen", so benannt wegen ihrer getheilten, handförmigen Wurzelknollen, auf Wiesen), Orchis incarnata im Serpin bei Putbus, Orchis maculata auf Waldwiesen, Gymnadenia conopdea am Ufer der Stubnitz, Herminium monorchis (auf Jasmund bei Bobbin und Balderack häufig, bei Cartzitz und Zirmoisel, zwischen Garftitz, Altensien und Sellin), Epipogon aphyllus (in der Stubnitz in schattigen Buchenwäldern unter dem abgefallenen Laube nur wenig hervorschauend, selten), Platanthera bifolia und montana, Cephalanthera rubra in der Stubnitz und Granitz, Cephalanthera grandiflora an den Kreideufern der Stubnitz, bei Nipmerow und Quoltitz, in der Granitz bei Sellin und C. Xiphophyllum (Epipactis ensifolia) nur in der Stubnitz an den Kreideufern, Epipactis latifolia, nicht selten, E. rubiginosa auf den Kreidebergen und an den Ufern von Jasmund, besonders der Stubnitz, bei Crampas und Sassnitz, an den Ufern der Granitz bei Kieköwer und zwischen Göhren und Sellin, Neottia Nidus avis häufig in der Grauitz, Listera ovata häufig in feuchten Waldungen, Listera cordata nur in der Granitz an den Dünen nördlich von Binz unter Kiefern, Goodyera repens häufig in der Granitz, Coralliorrhiza innata in schattigen Buchenwaldungen zwischen abgefallenem Laube, durch die ganze Stubnitz verbreitet, in der Granitz bis Sellin,

Microstylis monophylla iu Laub- und Nadelhölzern auf leckerem, sandigem Boden, an den hohen Ufern der Granitz von Kieköwer bis Sellin und auf dem südlichen Abhange des Nordpehrds bei Göhren, endlich der Frauenschuh — Cypripedium Calceolus — auf Kalk- resp. Kreideboden in schattigen Laubwäldern und Gebüschen, nur auf Jasmund, besonders an den Kreideufern.

Von Cyperaceen und Gramineen sind zu erwähnen: Rhynchespora alba auf feuchten Wiesen und Mooren in der Stubnitz und Prora, sowie Carex pendula (C. maxima), nur in den Uferschluchten der Stubnitz und an Gewässern, Melica uniflora nicht selten in schattigen Laubwäldern, Melica nutans in der Stubnitz und Granitz, sowie Festuca aspera ebenda, Elymus europaeus selten, in der Stubnitz; von Cryptogamen gesellen sich hinzu von Schachtelbalmarten: Equisetum maximum (E. Telmateja, häufig am Strande bei Lohme auf Jasmund und auch in den Bachschluchten in der Stubnitz, z. B. bei Stubbenkammer), von Bärlapparten: Lycopodium Selago in der Stubnitz hin und wieder; von Natterzungenarten: Ophioglossum vulgatum an feuchten Kreideufern zwischen Sassnitz und Stubbenkammer, nicht selten in prächtigen Exemplaren; endlich von Farnen: die Buchenfarne Polypodium Phegopteris und P. Dryopteris, der Tüpfelfarn Polypodium vulgare, der Schildfarn Aspidium lobatum (nur bei Ralswieck), die Punktfarne Polystichum Filix mas, P. cristatum und P. spinulosum, der Blasenfarn Cystopteris fragilis, die Milz- und Streifenfarne Asplenium Trichomanes u. A. Filix femina, der Rippenfarn Blechnum Spicant, und der Saumfarn Pteris aquilina.

Diese Farne werden in den meisten Waldungen Rügens gefunden, mit Ausnahme von Polypodium Phegopteris und Dryopteris, Cystopteris fragilis, Asplenium Trichomanes und Blechnum Spicant, welche ihre Hauptverbreitung in der Stubnitz finden.

Die vorstehend einzeln nach ihrem floristischen Charakter geschilderten Laub- und Nadelholzwaldungen treten in Wirklichkeit nicht immer scharf von einander getrennt auf, kommen vielmehr auch neben und zwischen einander vor und sind oft durch Uebergänge mit einander verknüpft, je nachdem der

Boden sich für den einen oder den anderen Bestand eignet. Dabei tritt auch auf Rügen die Erscheinung hervor, dass die Laubholzwaldungen mehr und mehr auf Kosten gemischter oder Nadelholzbestände abnehmen.

Ursprüngliche Laubholzwälder, wie sie die Natur geschaffen, dürften in ausgedehnten Flächen nur noch die Stubnitz, die Granitz und die Insel Vilm aufzuweisen haben. Sonst haben sie meist der modernen Waldkultur weichen müssen, in deren Verfolg man die abgeholzten Schläge je nach der Bodenart mit den als passend für dieselbe erkannten Baumformen angesäet oder bepflanzt hat. So erklärt es sich, dass man an Stellen, an denen man früher reine Buchen- und Eichenwälder antraf, jetzt inmitten derselben die tiefer gelegenen, wiesigen, bruchigen oder sandigen Flächen von Eschen-, Erlen- oder Kiefernschonungen eingenommen findet.

## II. Die Flora der „Heiden".

Unter „Heiden" verstehen wir hier Flächen sterilen sandigen Bodens, welche des Baumwuchses entbehren oder doch nur einzelne meist verkrüppelte Bäume aufzuweisen haben, den Resten von misslungenen und wieder aufgegebenen Aufforstungs-Versuchen.

Charakterpflanze dieser Heiden ist das Heidekraut (Heide) — Calluna vulgaris —, welches oft weite Strecken überzieht. Zwischen denselben gelegene freie Flächen werden vielfach von Felchten eingenommen, vorzugsweise von Cladonien, unter welchen die Renthierflechte — Cladonia rangiferina — häufig auftritt.

Aus der Strauchvegetation der Heiden sind hauptsächlich folgende Formen zu erwähnen: von Weidenarten die Lorbeerweide — Salix pentandra — und besonders häufig die kleinste und vielgestaltigste Art: Salix repens, ferner Erica Tetralix (um Bergen, bei Gingst, auf der Schaabe und Schmalen Heide), die Bärentraube — Arctostaphylos Uva ursi — (nur auf der Schmalen und Baaber Heide, an beiden Stellen häufig); ferner hie und da die Preisselbeere — Vaccinium Vitis idaea — und gleichfalls nicht selten der kleine Thymian-strauch — Thymus Serpyllum —; die Krähenbeere — Empetrum nigrum — (an feuchten Stellen nicht selten), sowie ebenfalls nicht selten Rosa canina, R. tomentosa und Rubus-gesträuche.

Von niederen Pflanzen bevorzugen den Heideboden: aus der Familie der Ranunculaceen die beiden Küchenschellen-arten Pulsatilla vulgaris Anemene Pulsatilla, bei Bergen auf dem Rugard, am Wege von Bergen zur Jasmunder Fähre, auf Jasmund von Lietzow bis Spyker) und Pulsatilla pratensis (Anemone pratensis, häufig auf Mönchgut, in der Granitz und besonders auf der Schmalen Heide), von Gentianen-arten: Gentiana Pneumonanthe (auf schwarzem, moorigen Heideboden bei Gingst in der Konower Heide, in der Mönkvitzer und Kubbelkower Heide). Aus der Familie der Cyperaceen gesellt sich hinzu: Rhynchospora fusca (in der Konower Heide bei Gingst, in der Kubbelkower Heide bei Bergen, auf der Schaabe, der Schmalen Heide, in der Prora, auf der Baaber Heide, auf Mönchgut und Hiddensöe), von Gräsern Deschampsia discolor (Aira uliginosa, nur auf der Schaabe bei Gelm). Von den Bärlapparten wird nicht selten Lycopodium clavatum zwischen dem Heidekraut angetroffen, über welches es zuweilen weit hinwegrankt.

### III. Die Flora der Moore und Sümpfe.

Als Bewohner dieser auf Rügen in grosser Zahl und Aus-dehnung vertretenen Oertlichkeiten sind unter den Sträuchern hervorzuheben: die Weidenarten Salix Caprea, cinerea, aurita und repens, ferner der Porst — Ledum palustre —, die Krähenbeere — Empetrum nigrum, die Moosbeere (Krams-beere) — Vaccinium Oxycoccos und Andromeda polifolia.

An niederen Pflanzen finden sich aus der Familie der Orchidaceen: Epipactis palustris nicht selten, Liparis Loeselii am Schmachter See bei Binz, in der Garvitz bei Putbus, bei Altenkamp und Altensien zwischen den Torfmoosen, Ma-laxis paludosa in schwammigen Sümpfen beim Serpin und bei Altenkamp südwestlich von Putbus; aus der Familie der Delden-gewächse: der Wasserschierling — Cicuta virosa —, ferner Heliosciadium inundatum (nur auf Hiddensöe in einem Sumpfe

der Griebener Wiesen), der Wasserfenchel — Oenanthe aquatica
(O. Phellandrium) — häufig, Oenanthe fistulosa nicht selten,
Oenanthe Lachenalii häufig auf Hiddensöe bei Kloster, Archan-
gelica officinalis.

Weitere Moor- und Sumpfpflanzen sind: Utricularia vulgaris und minor, von Froschlöffelarten Alisma Plantago (sehr
häufig), A. ranunculoides (an der Jasmunder Fähre, auf der
Schmalen Heide, in der Nähe vom Tiefen Grund in der Form
repens); Hottonia palustris (häufig) und die Wassermünze —
Mentha aquatica —, ferner das kleine Sumpfveilchen — Viola
palustris — und die fettblätterige zarte Pinguicula vulgaris;
aus der Familie der Cyperaceen: Cyperus fuscus (im Gustower
Torfmoor), von Wollgrasarten: Eriophorum vaginatum, poly-
stachium, latifolium (alle drei Arten häufig), E. alpinum (nur
auf dem Serpin und dem Porstmoor bei Putbus); von Schnitt-
grasarten: Carex paniculata, teretiuscula, vesicaria, riparia
und acutiformis (C. paludosa) (alle häufig) und Cladium Ma-
riscus (am Schmachter See bei Binz, bei Dollahn und im
Tribberatzer Torfmoore); von Rohrkolbenarten ist Typha latifolia ein häufiger Bewohner der Sümpfe, wogegen Typha an-
gustifolia seltener ist.

An den Rändern der Sümpfe zeigt sich von Farnkräutern
häufig: Polystichum Thelypteris, von Schachtelhalmen: Equisetum palustre und limosum.

## IV. Die Flora der Salzwiesen.

Neben vereinzelten, im Vorstehenden bereits erwähnten
Strauchformen setzt sich die Flora dieser das Meeresniveau
meist nur wenig überragenden ausgedehnten Salzwiesenflächen
hauptsächlich aus niederen Pflanzen zusammen. Unter ihnen
sind zu erwähnen von Steinkleearten: Melilotus dentatus (auf
Hiddensöe bei Kloster, selten), von Doldenpflanzen das kleine
niederliegende Bupleurum tenuissimum (in der Nähe des See-
strandes auf der Halbinsel Drigge an der Bucht von Wampen,
bei Neuendorf unweit Putbus, auf Mönchgut, an der Bucht bei
Rambin, zwischen Trent und Freesen, auf der Schaabe bei
Glowe und auf Hiddensöe); von Cruciferen die kleine Coch-

learia danica (im südlichen Rügen nur auf der Halbinsel
Drigge beim Mehlow-See, dagegen häufig auf der Westseite
zwischen Vieregge und Breetz, auf der Insel Beuchel, zwischen
Trent und Freesen, beim Wittower Posthause, in der Seehöfer
Koppel, auf der Insel Oehe bei Schaprode und sehr häufig
auf der Insel Hiddensöe zwischen Kloster und Vitte); von
Compositen: Aster Tripolium (häufig in den sog. „Rien“, Ab-
flussrinnen der Gewässer); von Beifusskräutern: die weisswellige
Artemisia maritima, in der Form salina (selten, wie Aster
Tripolium die „Rien“ bevorzugend, auf der Insel Oehe bei
Schaprode und auf der Insel Heuwiese südlich von Ummanz);
von Flockenblumen: Centaurea Jacea in der Form humilis;
von Tausendgüldenarten: Erythraea littoralis und pulchella,
ferner der Augentrost — Odontites littoralis —; das kleine
niedrige Glaskraut — Glaux maritima —, häufig; von Gras-
nelkenarten: Armeria vulgaris (sehr häufig, Charakterpflanze
dieser Wiesen), dagegen Statice Limonium n u r am Binnen-
strande bei Breege; von Primeln: die kleine zierliche, mit
weissem Reif überzogene, rothblühende Primula farinosa (n u r
auf Mönchgut auf einer Wiese zwischen Göhren und Middelhagen). Von Wegebreitarten ist häufig: Plantago maritima,
dagegen selten P. Coronopus, ferner findet sich auf kahlen
Stellen innerhalb der Wiesen aus der Familie der Chenopodiaceen:
das Gänsefüsschen — Chenopodina maritima (Schoberia oder
Suaeda maritima) — auf Hiddensöe bei Kloster, die Keilmelde
— Obiene pedunculata (Halimus pedunculatus) — (auf der
Halbinsel Drigge auf den Wiesen am Mehlow) und ferner der
Glasschmelz — Salicornia herbacea — (auf Hiddensöe bei
Kloster, auf der Insel Heuwiese bei Ummanz und auf der Halb-
insel Drigge am Mehlow); ferner Triglochin maritimum, häufig;
aus der Familie der Juncaceen die Binsenarten: Juncus mariti-
mus (beim Wittower Posthause, bei Glewe, auf der Schmalen
Heide, der Halbinsel Drigge, Mönchgut auf Zicker) und
Juncus compressus, welche sich in der Varietät sparsi-
florus am Strande bei Stubbenkammer findet, in der Form
Gerardi oft so massenhaft auf den Salzwiesen auftritt, dass sie
als eine Charakterpflanze derselben gelten kann. Von Gräsern

sind anzuführen die Meerstrandgerste — Hordeum secalinum —,
stellenweise sehr häufig und Phleum arenarium, ein niedriges
Pflänzchen, welches sich nur auf Hiddensöe an sandigen Ufer-
stellen findet.

### V. Die Flora des Strandes und der Dünen.

Unter den Sträuchern dieser Litoralzone ist der durch
seinen sparrigen, ästigen Wuchs und seine mattsilberglänzenden
Blätter ausgezeichnete Seedorn — Hippophaë rhamnoides —,
die auffälligste und gleichzeitig verbreitetste Form, die namentlich die Uferböschungen (z. B. an der Westküste des Dornbusch, auf Mönchgut, auf Jasmund, an der Granitz) in dichtem
Wuchse bedeckt. Am Fusse der Steilufer finden sich ausserdem
von Rosenarten: Rosa canina, R. tomentosa und auch die Hecken-
rose — Rosa rubiginosa —, deren Blätterdrüsen beim Zer-
reiben einen characteristischen feinen Obst- oder Weinduft aus-
strömen; von Weidenarten: Salix daphnoides, mit bläulich
weiss bereiften Blättern, ferner nicht selten Rubusarten.

Die Hauptstrauchform der Dünen ist die kleine Salix
repens, die allerdings in der Form Finmarchica bisher nur in
den Dünen des südlichen Theils von Hiddensöe, in der Form
leiocarpa nur auf der Schmalen Heide angetroffen ist, in der
Form argentea aber sehr häufig auftritt.

Zu diesen Strauchformen gesellen sich von niederen
Pflanzen aus der Familie der Cruciferen: der Seekohl —
Crambe maritima — (an der Küste der Stubnitz, nördlich von
Stubbenkammer, auf Hiddensöe zwischen Kloster und Plogs-
hagen, jedoch selten); der Meersenf — Cakile maritima —;
von Kressenarten: Lepidium latifolium, (Strandform, nur auf
der Insel Ummanz bei Suhrendorf; ferner Coronopus Ruellii
(Senebiera Coronopus, ebenfalls Strandform, nur bei der
Grabler Fähre).

Sehr häufig dagegen ist die Salzmiere — Honckenya
peploides (Arenaria peploides) — am Strande sowohl als besonders in den Dünen, leicht erkenntlich an ihren gelblichen,
dicken Blättern; aus der Familie der Papilionaceen: Tetragono-
lebus siliquosus (nur am Strande von Mönchgut, und zwar

namentlich von Gr. Zicker und Reddevitz); ferner aus der
Familie der Umbelliferen: die sparrig-stachlige, weiss-bläulich
schimmernde, mit blaublüthigen Doldenköpfchen versehene Meer-
strands-Männertreu (Stranddistel) — Eryngium maritimum —,
häufig am Strande und besonders in den Dünen; ferner
von Veilchenarten: Viola tricolor in der Form mariua sehr
häufig in den Dünen; aus der Familie der Compositen: der
Huflattich — Tussilage Farfara —, besonders am Fusse der
Steilufer sehr häufig, Petasites albus (am Strande bei Stubbenkammer und Sassnitz) und Petasites tomentosus (auf Mönchgut, am Nordpehrd, auf Zicker und Reddevitz); von Habichts-
krautarten: Hieracium umbellatum, in den Dünen sehr häufig;
aus der Familie der Umbelliferen: Libanotis montana (Atha-
manta Libanotis) in der Nähe der Küste am Fusse der Ufer-
abhänge (z. B. der Stubnitz bei Stubbenkammer und den
Wissower Klinten, auf Thiessow, auf der Schmalen Heide,
auf Mönchgut am Nordpehrd, selten); von Sommerwurzarten:
Orobanche caryophyllacea (O. Galii) (auf Hiddensöe und Wittow
häufig, am Nordpehrd auf Mönchgut bis nach Sellin, nicht
selten in den Dünen bei Göhren); von Meldenarten: Atriplex
littoralis, nicht selten auf Strandwiesen und feuchtem, kiesigem
Boden in der Nähe des Strandes, Atriplex calotheca (bei Altefähr und der Grabler Fähre), Atriplex Babingtonii (streckenweise an der Küste von Wittow, Jasmund und der Schmalen
Heide). Alle 3 Meldenarten siedeln sich gern auf vom Meere
ausgeworfenen Fucaceen und anderen Pflanzenresten an. Sehr
häufig findet sich ferner am Strande und in den Dünen das
Salzkraut — Salsola Kali — und insbesondere auf den Dünen
der wilde Spargel — Asparagus officinalis —, namentlich auf
Hiddensöe, Wittow und Mönchgut.

Von Gräsern bewohnen nachstehende Arten die Dünen
sehr häufig und werden im ganzen Bereiche derselben gefunden:
Elymus arenarius, Ammophila arenaria (Psamma arenaria), Ammophila baltica (Psamma baltica) mit ihrer bläulich schimmern-
den Rispenähre; ferner aus der Familie der Cyperaceen: Carex
arenaria, welche namentlich vielfach zur Befestigung des
Dünensandes angepflanzt wird. Ausserdem sind von Gräsern

noch vertreten: Triticum junceum (in den Dünen bei Aalbeek, auf Mönchgut und Hiddensöe) und Lepturus filiformis, letzterer jedoch nur am nördlichen Ufer von Gross-Zicker bei Gager auf Mönchgut und in der Nähe des Dorfes Zicker.

Von Cryptogamen endlich ist zu erwähnen die Mondraute — Botrychium Lunaria —, welche sich nicht selten in den Dünen am Strande von Göhren findet.

## VI. Die Flora der waldfreien Theile der Inselkerne.

Aus der Flora dieser besonders auf Wittow, dem eigentlichen Rügen und auf Mönchgut weitausgedehnten, vorwiegend von Feldern und Weiden eingenommenen Flächen der Insel mögen hier mit Uebergehung der zahlreichen gewöhnlicheren Arten nur die besonders charakteristischen und daneben einige seltenere Formen angeführt werden, von Sträuchern namentlich der Hasengeil — Sarothamnus scoparius —, der vielfach in grosser Menge und in oft recht hohen Exemplaren auftritt; ferner von niederen Pflanzen das kleine Sedum acre, sehr häufig; aus der Familie der Gentianeen: Gentiana Amarella (auf Weiden bei Glewe, Gr.-Kubbelkow, Lanken, in der Garvitz bei Putbus und auf Hiddensöe), ferner das Tausendgüldenkraut Erythraea Centaurium auf Weiden und in trockenen Gräben; von Nelkenarten: Dianthus deltoides, in Hohlwegen nicht selten; aus der Familie der Papilionaceen: Melilotus albus an Wegen und auf Aeckorn, Medicago falcata (auf Wittow bei Arcona, auf Jasmund und Mönchgut häufig), der Wundklee — Anthyllis vulneraria —, häufig; aus der Familie der Umbelliferen: Falcaria sioides (F. Rivini) auf Wittow, Jasmund und bei Putbus; aus der Familie der Compositen: die Eselsdistel — Onopordon Acanthium —, hin und wieder an Wegen und auf wüsten Plätzen, Chondrilla juncea (auf Mönchgut und bei Sellin); von Well-krautarten (Königskerze) das schöne Verbascum Thapsus (besonders an den östlichen kahlen Uferhängen des Gr. Vilm in prachtvollen Exemplaren) und von Frauenflachsarten die kleine Linaria minor, welche kalkhaltige Aecker liebt (auf Wittow am Ufer bei Arcona und auf Jasmund häufig).

Von selteneren Grasarten finden sich: Phleum Böhmeri (auf Wittow, südlich von der Halbinsel Thiessow auf der Schmalen Heide durch die Granitz bis nach Mönchgut verbreitet) und Koeleria glauca auf sandigen Hügeln und Höhen (von Binz durch die Granitz bis über Sellin und am Nordpehrd auf Mönchgut), sowie ebenfalls auf sandigen Flächen sehr häufig der nicht selten mit rothbräunlichen Stengeln sich zeigende Bocksbart — Corynephorus canescens — eine Charakterpflanze solcher Flächen.

### VII. Die Flora der offenen Gewässer.

Unter „offenen Gewässer" begreife ich hier:

1. die Seeen, Sölle und fliessenden Gewässer im Inneren der Insel, mit süssem Wasser;

2. die Litoralzone der Ostsee mit schwach-salzigem Wasser und die „Bodden" mit schwach-brackigem Wasser.

1. An der Zusammensetzung der Flora der zur Gruppe 1 gehörigen stehenden und fliessenden Gewässer im Innern der Insel betheiligen sich ausser einer Anzahl auch iu den dortigen Sümpfen und Mooren vorkommender und deshalb an früherer Stelle (sub III) bereits erwähnter Arten, namentlich folgende Pflanzen: die weisse Seerose — Nymphaea alba — und das gelbe Mümmelken — Nuphar luteum —, beide nicht selten in Seen; ferner der Wasserscheer — Stratiotes aloides —, sehr häufig; der Froschbiss — Hydrocharis Morsus ranae — häufig; Butomus umbellatus, nicht selten; von Laichkrautarten: Potamogeton natans, perfoliatus, lucens, gramineus, crispus, pusillus, alle sehr verbreitet, und endlich aus der Familie der Cyperaceen die hohen Binsenarten Scirpus lacustris und S. Tabernaemontani, beide häufig.

Aus der Cryptogamen-Flera sind einige Arten von Armleuchterngewächsen — Characeen — zu erwähnen, und zwar namentlich: Tolypellopsis stelligera, (bisher nur im Gr. Wostevitzer See gefunden), Chara ceratophylla (im Gr. Westevitzer und Schmachter See), Ch. centraria (im Schmachter See), Ch. foetida, nicht selten, Ch. hispida (im Wostevitzer

See), Ch. aspera (im Gr. Wostevitzer und Schmachter See)
und Ch. fragilis (im Gr. Wostevitzer See, nicht selten).

2. Als Bewohner der Ostsee sind aus deren randlichen
Partien ausser dem häufig auf den Strand gespülten Seegras
(Seetang) — Zostera marina — ausschliesslich Algen zu
nennen, so Fucus vesiculosus und Fucus serratus (Blasentang),
welche mit anderen Algen häufig in grossen Massen aus Land
geworfen, ferner Elachista ferruginea auf Fucus schmarotzend,
endlich Angehörige der Gattungen Fuccellaria, Chondrus, Poly-
siphonia, Phyllaphora, Cicafecca u. a., theils noch auf Steinen
vegetierend, theils ans Land geworfen und abgestorben.

In den Bodden findet sich ebenfalls in grosser Menge
Zostera marina, welches ans Land geworfen, zusammengeharkt
und an der Sonne getrocknet vielfach als Polstermaterial verwandt wird, ferner Najas marina und von Laichkrautarten
Potamogeton pectinatus (häufig) und P. marinus (im Kl. Jasmunder Bodden), selten. Dazu treten Armleuchtergewächse,
von welchen oft ausgedehnte Flächen des Grundes überwachsen
sind (besonders in den Gewässern zwischen Rügen und Hiddensöe), unter ihnen Tolypella nidifica (im Selliner und Gr. Zickerschen See), Chara crinita (bei Hiddensöe und im Spykerschen
und Selliner See, im Kl. Jasmunder Bodden und in der Wamper
Wiek); Ch. ceratophylla (im Kl. Jasmunder und Breeger Bodden),
Ch. baltica (bei Hiddensöe, im Breeger Bodden, Spykerschen
See, Kl. Jasmunder Bodden und Zicker-See), Ch. horrida (bei
Lietzower Fähre im Kl. Jasmunder Bodden), Ch. aspera (im
Zicker-, Selliner und Spykerschen See, im Kl. Jasmunder Bodden,
im Ossen-See bei Bergen).

# V.

# Zur vorgeschichtlichen Altertumskunde der Insel Rügen.

Von Dr. Rudolf Baier in Stralsund.

Mit einer Kartenskizze auf S. 67.

Die Insel Rügen gehört wie in geologischer, so auch in archäologischer Beziehung zu der Gruppe der dänischen Inseln. Die auf Rügen anstehende Kreide hat das Hauptmaterial für die von den frühesten Bewohnern der Insel verfertigten und zu ihren verschiedenen Zwecken benutzten Geräte und Werkzenge hergegeben, den Feuerstein, in gleicher Weise, wie dies auch auf den dänischen Inseln geschehen ist. Es ist auch wahrscheinlich, dass Rügen seine älteste Bevölkerung aus Nordwesten her über's Meer von Dänemark erhalten hat, nicht etwa von dem nächstgelegenen pommerschen Festlande. Dieses war in jenen Zeiten völlig durchsumpft und wenig zugänglich.

Für die enge Verbindung Rügens mit den dänischen Inseln spricht nicht so sehr die Gleichheit der Technik in der Bearbeitung des Flints hier und dort, denn diese wird wesentlich durch die Natur des Feuersteins und seinen muscheligen Bruch bedingt, wohl aber spricht dafür die Übereinstimmung der Formen, in denen die Geräte erscheinen. Die auf Rügen auftretenden Formen, welche dort als die ältesten anzusehen sind, gleichen völlig den in den dänischen Abfallhaufen sich findenden Gebilden. Solche Formen werden auf Rügen vornämlich NO einer Linie gefunden, die man sich beginnend vom südlichen Rande des Hochlandes von Hiddensöe (Dornbusch) nach dem landfesten Teile von Rügen über Bergen bis zur Stresower Bucht im Südosten der Insel gezogen denkt.

Die nordöstlich dieser Linie gelegenen Teile Rügens, das nördliche Hiddeusöe, Wittow, die Banzelvitzer Berge, Jasmund und die Granitz umfassend, sind die am höchsten ragenden Landschaften, und diese haben wir nach Ausweis der bisher gemachten Funde als die Sitze der ältesten Bevölkerung der Insel zu vermuten. Diese Funde, ausschliesslich aus Flintaltertümern bestehend, sind sämmtlich hart unter der Oberfläche eingebettet gewesen und, nicht selten durch die Pflugschar oder den Spatenstich herausgewühlt, auf der Oberfläche gemacht worden. Insbesondere reich an solchen ältesten Funden hat sich Wittow erwiesen, wo einzelne Örtlichkeiten, wie z. B. die Feldmark des Dorfes Gramtitz*) an der Nordwestküste der Halbinsel, auch die nach Westen streichende Abdachung von Arkona nach dem Dorfe Putgarten zu und weiter nach Schwarbe hin, fast unerschöpflich erscheinen. Auf Jasmund ist vor einigen Jahren unmittelbar beim Dorfe Lietzow eine überaus reiche Fundstelle entdeckt, die sowohl nach der Bearbeitung und den Formen der Fundstücke, wie auch nach deren Lagerung sich völlig gleich den in Dänemark gemachten Küstenfunden erwiesen hat. Doch auch ausser den wenigen vorstehend genannten Stellen finden sich auf dem angegebenen Terrain des nördlichen und nordöstlichen Rügens vereinzelt und vielfach zerstreut Steinwerkzeuge, die der Klasse der älteren Manufacte angehören.

Den Formen nach lassen sich diese älteren Geräte als Äxte, lanzenförmige Werkzeuge, Messer, Bohrer und Schaber bezeichnen. Die Technik, in der sie hergestellt sind, ist Spaltung und Muschelung. Mit heute schwer begreiflicher Geschicklichkeit wurden Flintblöcke in der Weise gespalten, dass grössere oder kleinere gerade Flächen entstanden, und sollte der Gegenstand dann weiter bearbeitet werden, so geschah dies in der Weise, dass Partikeln flach aus der Oberfläche herausgehoben wurden, worauf dann eine wenig vertiefte muschelförmige Grube zurückblieb.

Man gebraucht in neuerer Zeit nicht selten den Namen „palaeolithische" Altertümer für die hier in Rede stehenden.

---

*) Bezüglich der Lage der angeführten Ortschaften vgl. das Kärtchen S. 67.

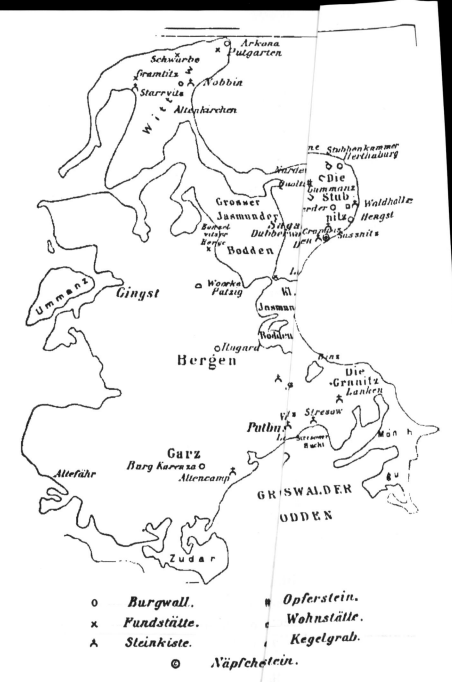

| | | | | |
|---|---|---|---|---|
| o | Burgwall. | | ⚔ | Opferstein. |
| x | Fundstätte. | | c | Wohnstätte. |
| ⋏ | Steinkiste. | | ⍋ | Kegelgrab. |
| ☺ | Näpfchenstein. | | | |

# Uebersicht über die
## wichtigsten prähistorischen Fudstätten Rügens.*)

*Auf obiger Kartenskizze haben nur die in dieser Abhandlung erwähnten Localitäten*
*Aufnahme gefunden.*

Es ist [ei]ne unglückliche, ja geradezu irreleitende Bezeichnung [s]olche älteren Artefacte des Nordens. Richtigerweise dü[rfte man un]ter diesem Namen nur solche Altertümer verstanden w[erden], die den Diluvialzeiten angehören. In jenen Zeiten wa[r da]ss der skandinavische Norden wie auch der Norden de[u]tschen Landes vergletschert, also unbewohnt. Und sollten [in In]terglacialzeiten Menschen soweit vorgedrungen sein, so mü[ssten] die Spuren ihrer Lebensthätigkeit tief unter den Moränen [der l]etzten Vergletscherung begraben sein, während alle die gen[annte]n Altertümer meist oben oder doch nur in geringer Tief[e unt]er der Oberfläche des Erdbodens angetroffen werden. Wir[de]n daher alle diese genannten von Menschenhand bearbeite[ten G]egenstände als neolithische zu bezeichnen, die erst nach [der] Vergletscherung unseres Bodens geschaffen worden, die a[ls eine] ältere Species anzusehen sind im Unterschiede v[on ei]ner anders gearteten jüngeren Reihe von Altertümern.

Jede Besti[mm]ung der Zeit, wann die Scheidung der jüngeren Altertü[mer] von den älteren erfolgte, würde sich nur auf unbeweisbare[n Ve]rmutungen stützen können und ist daher überflüssig. Nur [da]s dürfen wir als beweisbar annehmen, dass unter dem E[influ]sse der Hebung des allgemeinen Kulturzustandes der Be[völk]erung und bei der allmälig sich entwickelnden grösser[en] Geschicklichkeit in der Behandlung des Feuersteins die jü[nge]re Periode in dessen Bearbeitung und Formgebung unmitt[elb]ar aus der älteren herausgewachsen ist.

Dass dem so se[i] wird durch die Beibehaltung einzelner Formen der Werkze[ug]e durch alle Zeiten der Steinperiode, sowie auch durch di[e d]eutlich erkennbaren Übergänge in den Bearbeitungsmethoden [b]ewiesen, in denen sich die jüngeren an die älteren anschli[eß]en.

Eine sehr bemerk[ba]re Verschiedenheit der älteren Steinarbeiten von den jün[ge]ren besteht darin, dass jene, die älteren, nie in Gräbern [ge]funden werden, und dieser Umstand scheint darzuthun, dass [d]ie Gräber der Steinzeit, an denen Rügen früher überaus rei[ch] war, und von welchen noch zählreiche erhalten sind, sämtlich der jüngeren Periode der Steinzeit angehören.

Was mit den Toten in der ältesten Zeit der Besiedelung
unseres Landes geschah, wissen wir nicht. Das aber dürfen
wir als unzweifelhaft behaupten, dass sowohl die kleineren
aus Stein und Erde gebildeten Grabaufwürfe, in denen sich
Beigaben von Feuerstein befinden, wie auch die gigantischen
Steinbauten, die Hünengräber, zu einer Zeit entstanden sind,
da bereits grosse Veränderungen in der Kultur des Volkes
vor sich gegangen waren.

Die Gräber mit ihrem Inhalte, den Gebeinen der darin
Beigesetzten und den Beigaben an Thongefässen und Flintsachen, weisen uns in die Höhezeit der Steinperiode, und an
ihnen haben wir den Kulturzustand des damals lebenden
Volkes abzumessen.

Betrachten wir zunächst die **Grabstätten.** Der Reichtum
Rügens an vorgeschichtlichen Gräbern, wie er bis in die
dreissiger Jahre des gegenwärtigen Jahrhunderts bestanden
hat, ist unglaublich. Damals, in den dreissiger Jahren, trat
in der Landwirtschaft ein intensiverer Betrieb ein. Zahlreiche
Hügelgräber wurden zerstört, um den Gewinn an Land zu
haben. Dann brachte das Jahr 1848 eingreifende Veränderungen in die Besitzverhältnisse. Erbpachten wurden in
Eigentum verwandelt, und manches Grab, das bis dahin hatte
geschont werden müssen, verschwand nun. Weiter führte der
dann beginnende Bau der Chausseen zur grösseren Schätzung
leicht erreichbarer Granitblöcke, und so ging es denn an
manchen Orten auch an die Vernichtung der aus Steinen aufgebauten Hünengräber. Und trotz alledem ist heute noch so
viel von den alten Stein- und Hügelgräbern erhalten, dass die
Insel damit einen charakteristischen landschaftlichen Schmuck
erhält und die Seele ihres Besuchers von den Schauern des
Geheimnisvollen und Wunderbaren ergriffen wird.

Die Gestaltung der Gräber ist eine sehr mannigfaltige.
Am meisten imponierend sind die Steingräber, aus grossen
Steinblöcken errichtet, an jeder Langseite drei bis fünf, an
jedem Ende einer, von zwei, auch drei Steinen überdeckt;
die Lage meist von Osten nach Westen; Länge von 5 bis
über 6 m; Breite von $1^{1}/_{2}$ bis 3 m. Im Innern bisweilen

durch flache gespaltene Steine in Kammern geteilt, in welchen die Beigaben liegen.

Diese Gräber in Hügelform mit den oben hochragenden Decksteinen sind mehrfach erhalten, so zu Silvitz bei Putbus, zu Lonvitz, zu Vilmnitz, beim Kirchdorfe Lancken, sämtlich in der Herrschaft Putbus, bei Altenkamp und ferner bei Starrvitz a. Wittow. Verschiedene solche sind bereits geöffnet und bieten sich in solcher Gestalt, die Grabkammern noch wohl erhalten, den Blicken dar in der Stubnitz und zwar nordwestlich von Crampas und in der Nähe der Waldhalle bei Sassnitz. Den gewaltigsten Eindruck machen diese Gräber, wenn der von Steinen gebildete Totenraum, die eigentliche Grabkammer, noch von langen Steinreihen eingehegt wird. Zwischen diesen von Osten nach Westen laufenden parallelen Reihen grosser Steine, jede Reihe aus 20 bis 24 Steinen bestehend, welche $^3/_4$ bis 1 m von einander entfernt, am Westende oft über 2 m über den Boden hinausragen, liegt hier, am Westende, die Grabkammer quer, also in der Richtung von Norden nach Süden. Die innere Erdfläche zwischen den Reihen, welche sich an die Grabkammer anschliesst, ist etwas erhöht und leicht gewölbt. Ein geöffnetes, im übrigen gut erhaltenes und sehenswertes Grab befindet sich im äussersten südwestlichen Ende von Dwasieden auf Jasmund. Zu dieser Art von Gräbern zähle ich auch das durch die Länge der den Totenraum einhegenden Steinreihen und durch die Höhe der Steine gewaltig wirkende Grab bei Nobbin auf Wittow. Da es hier im Innern der Reihen an jedem Steinaufbau oder Erdhügel fehlt, ist diese archäologisch merkwürdige Stätte oft, wie ich aber meine, fälschlich als Gerichtsstätte angesehen. Auch die sehr beachtenswerte Gruppe der sogenannten Zägen- oder Siegessteine bei Stresow (Herrschaft Putbus), eine Anzahl hochaufsteigender Steinkegel, glaube ich dieser Gattung von Gräbern beigesellen zu sollen.

Aufgefunden sind auch Gräber, denen es an jedem äusseren Kennzeichen solcher fehlte. Bei der Ackerbereitung (Pflügen) stellte sich ein Stein in den Weg. Bei seiner Beseitigung erwies er sich zu gross, um leicht weggeschafft zu werden. Man suchte weiter nach und fand eine Grabstätte von geringem Umfange, gebildet durch düungespaltene Platten von meist rotkörnigem Granit. Soweit solche zufälligen Funde erforscht sind, bildeten den Inhalt der Gräber eine Anzahl dünner und langer spanförmiger Feuersteinmesser.

Wenn ich früher*) eine in der Stubnitz auf Jasmund beobachtete Form den Gräbern der Steinzeit zugezählt habe, so glaube ich jetzt, die damals geäusserte Ansicht fallen lassen zu müssen. Nach Ausweis der unten angezogenen Schrift von mir finden sich dort in der Stubnitz zahlreich Räumlichkeiten, nur wenig über den natürlichen Boden sich erhebend, rund oder oblong, bisweilen lang gestreckt, von Steinen eingefasst und auf ihrer ganzen Oberfläche mit Steinen überdämmt. In einzelnen Fällen erheben sich aus dem innern Raume zwei grössere Steine. Die Längen dieser so zugerichteten Stätten gehen von 4 bis 12 Schritten; bisweilen nur sind sie grösser. In einer der drei von mir untersuchten in der Nähe der Waldhalle bei Sassnitz gelegenen derartigen Stätten, die an einer Schmalseite von vier etwa $1/_2$ Meter über den Boden hervorragenden, auf beiden Langseiten aber von kleineren Steinen eingefasst und auf ihrer Oberfläche mit kopfgrossen Steinen überdeckt sind, fand ich dicht unter dieser Steindecke in der Nähe des südwestlichen Endes einen grossen, durchgebrochenen Schleifstein, dessen Stücke auf der hohen Kante übereck standen; in dem so gebildeten Winkel lag eine schön geschliffene Flintaxt. In einer zweiten Stätte, die von $1/_2$ Fuss über den Erdboden ragenden und von Waldkräutern überwucherten Umfangsteinen begrenzt, doch nicht von Steinen überdeckt war, fanden sich unmittelbar unter der Oberfläche unregelmässig über den ganzen Raum verstreut Gegenstände aus Feuerstein, roh gearbeitet und gleich jenen oben besprochenen älteren Formen. Es waren 41 Stücke, lanzenartige Werkzeuge, Bohrer, Schaber, Messer, sämtlich neu und ungebraucht, einige zerbrochen; daneben eine Menge abgesplitterter Feuersteine, Abfall bei der Arbeit. Es war

*) Die Insel Rügen nach ihrer archäologischen Bedeutung. Stralsund 1886. S. 63 f.

auch nichts vorhanden, was auf eine Grabstätte hätte deuten
können. Dass es solche auch nicht sein konnte, wie ich
früher irrtümlich meinte, leuchtet ein. Es waren Wohnstätten
und damit auch zugleich Arbeitsstätten für die Bearbeitung
des Flints. Nicht unmöglich, dass wir hier in dem einen
Falle die Wohnstätte eines Inselbewohners aus der älteren
Zeit, in dem andern die Wohnstätte eines später lebenden
Steinmenschen haben. Beweisend für die Arbeitsstätte und
damit auch wohl für die Wohnstätte ist das Vorkommen von
Steinabfall bei der Arbeit. Ich sage „und damit auch wohl
für die Wohnstätte", denn die vielfach gebrauchte Bezeichnung
von Werkstätten für Plätze, wo Bruchstücke von Steinarbeiten
und Abfallsplitter gehäuft gefunden sind, halte ich in dem
Sinne für wenig glücklich, als darunter Orte verstanden werden,
die vorzugsweise zur Steinbearbeitung bestimmt waren. Sicherlich war überall dort, wo der Boden das erforderliche Material
an Feuerstein hergab, jede Wohnstätte auch eine Werkstätte
und in diesem Sinne sind während der Steinzeit das ganze
Wittow und das ganze Jasmund als Werkstätten anzusehen.
Haben wir nun in den von mir in der Stubnitz beobachteten,
von Steinen eingesäumten Plätzen — und solcher sind dort
viele anzutreffen — Wohnstätten der alten Steinmenschen, so
weiss ich mir doch in dem ersten oben angeführten Falle das
Vorkommen des Schleifsteines und der geschliffenen Flintaxt
unter dem deckenden Steinpflaster nicht zu erklären.

Werfen wir nun einen Blick auf die Flintaltertümer
Rügens, wie solche aus der Zeit uns erhalten sind, da die
Feuersteinbearbeitung die Stufe ihrer höchsten Vollendung
erreicht hatte, so setzen uns eben so sehr die Zahl der
bisher gefundenen und geborgenen vorgeschichtlichen Stein-
altertümer, wie auch die Mannigfaltigkeit der Formen und
drittens auch der Grad der Kunstfertigkeit in der Behandlung des spröden Materials in Erstaunen.

Was zunächst den Reichtum unserer Insel an Steinalter-
tümern betrifft, so entzieht sich dieser jeder ziffermässigen
Schätzung. Ich glaube aber, behaupten zu dürfen, dass keine
zweite Landschaft Deutschlands von gleichem Umfange (967

Quadratkilometer) ergiebiger an Steinmanufacten ist als Rügen, und ich brauche bei dieser Vergleichung auch nicht einmal die dänischen Lande auszunehmen.

Neben dem Reichtum an Exemplaren, dessen sich Rügen rühmen kann, macht sich dem Beschauer einer einigermassen vollständigen, von dort her zusammengebrachten Sammlung auch sofort der Reichtum an Typen bemerkbar. Ja, es dürften sich in dem überaus grossen Formenreichtum der Steinzeit der skandinavischen Altertümer nur wenige Typen finden, die nicht auch auf Rügen vertreten sind. Nur fällt eine Verschiedenheit leicht ins Auge. Die schwedischen, vornämlich aber die dänischen Flintaltertümer stellen sich für die verschiedenen Formen in grösseren Exemplaren dar, als solche auf Rügen vorkommen. Es beruht das darauf, dass die dort im Norden in der Kreide eingebetteten Knollen grösser sind, als hier auf Rügen der Fall ist. Die nach meiner Erfahrung bisher grösste auf Rügen gefundene Flintaxt ist bei einer Länge von 32 cm ein Unicum; im Kopenhagener Museum dürfte sie eine Anzahl Rivalen haben, die ihr an Länge gleich sind und sie überragen.

Die Zahl der verschiedenen Typen, welche die Steinzeit auf Rügen zurückgelassen hat, ist schwer anzugeben. Verschiedene Formen gehen in einander über. Bei durchgreifender Verwandtschaft und Aehnlichkeit erkennt man doch individualisierende Verschiedenheiten, die verbieten, sie insgemein als eine und dieselbe Form anzusehen. Dahin gehören z. B. die vielen und vielartigen keilförmigen Werkzeuge, die je nach ihrer Schwere und Stärke als Aexte, wenn dünn ausgearbeitet als Breitmeissel, wenn schmal und schlank als Schmalmeissel betrachtet werden. Aehnlich ist es mit messerartigen Formen, die, wenn oben mit einer Spitze versehen, als Lanzen oder Messer anzusehen sind, wenn halbmondförmig gestaltet wohl meist für Werkzeuge zur Bearbeitung von Tierfellen gehalten werden. Indessen wird es vergebliche Arbeit sein, die kaum der Mühe verlohnt, Zweck und Gebrauch jeder einzelnen Form bestimmen zu wollen. Bei manchen der Typen ergiebt sich der Zweck freilich aus der Form sofort. Dass die mit stechender

Spitze und mit Griff versehenen, zum Teil sehr schön gearbeiteten Werkzeuge nur gleich unseren heutigen Dolchen benutzt sein können, liegt auf der Hand. Auch dass die mit einer hohlen Schneide versehenen Werkzeuge (Hohlmeissel) zum Aushöhlen von Gefässen aus Holz oder zum Ausgraben aus der Erde gedient haben, kann nicht wohl zweifelhaft sein. Für andere Geräte indes, z. B. für die meist Schaber genannten, sowohl scheiben- als auch löffelförmigen, hält es schwer, einen mit Wahrscheinlichkeit anzunehmenden Zweck zu ersinnen, und die gleiche Ungewissheit besteht bei manchen andere Formen.

Lassen wir die Übergangsformen bei Seite und zählen nur die bestimmt sich aussprechenden Haupt- und Grundtypen, so dürfen sich für die auf Rügen vorkommenden Flintaltertümer mit Ausschluss der oben genannten älteren Gegenstände etwa 30 Typen ergeben, wobei indes nicht zu übersehen ist, dass diese Zählung auf sehr subjektiver Schätzung beruht.

Ausser der Menge der Fundstücke und dem Reichtum an Typen ist es drittens die Bearbeitungsweise, die Technik, und die sich darin aussprechende Kunstfertigkeit, der wir für die jüngere Steinzeit unsere Aufmerksamkeit zuwenden. Beschränkte sich die Technik bei den älteren Manufacten auf Spaltung und Muschelung, so kommt für die jüngeren noch die Schleifung hinzu. Die Abspaltung verliert für die jüngere Zeit sehr an Umfang. In charakteristischer Weise wurden an den älteren Aexten die Schneiden durch Abspaltung erzeugt, was bei den jüngeren nie der Fall ist. Hier werden sie, falls sie nicht geschliffen sind, durch Dengelung gebildet, d. h. durch dichtes Aneinanderreihen feiner, kaum bemerkbarer Schläge. Die Muschelung an den älteren Arbeiten geschieht dadurch, dass Teile der Oberfläche in der Grösse von 6 bis 20 Quadratcentimetern flach herausgehoben worden, so dass die entstandenen Vertiefungen häufig den Charakter von Muscheln verlieren, während die Arbeiten der jüngeren Periode Muschel dicht an Muschel setzen, die oft so subtil herausgegraben sind, dass schon 9 bis 12 Grübchen die Fläche eines Quadratcentimeters einnehmen.

Die Geschicklichkeit und Sicherheit, mit denen die Partikelchen aus dem Feuerstein herausgehoben worden und damit die Muschelbildung bewirkt wurde, sind bewundernswürdig, und nicht minder ist es die Gleichmässigkeit, mit der die Muscheln an einander gefügt wurden. Die Kanten an den mit besonderer Sorgfalt geschlagenen Aexten und vornämlich an den Griffen der Dolche erscheinen, um einen Ausdruck aus der modernen Technik zu gebrauchen, wie gefräst, d. h. sie stellen sich in leicht geschlängelten Linien dar. Die Umrisse, in welchen die Formen sich bewegen, sind fast immer gefällig, in einzelnen Fällen schwungvoll und von einer Schönheit, die auch das künstlerisch gebildete Auge erfreuen muss.

Für die jüngere Steinzeit tritt, wie gesagt, dann noch die Schleifung hinzu. Die vorher in ihrer äusseren Form zugeschlagenen Geräte wurden auf Schleifsteinen meist von rotem feinkörnigem Sandstein so lange gerieben, bis die durch das Behauen entstandenen Unebenheiten der Oberfläche verschwunden waren und sich glatte Flächen gebildet hatten. Doch bei weitem nicht alle Steinwerkzeuge der jüngeren Zeit wurden geschliffen oder waren für die Schleifung bestimmt. Gewisse Formen der Flintaltertümer kommen niemals geschliffen vor, so z. B. nicht die halbmondförmigen Messer, die Lanzenspitzen und Dolche.

Die Zahl der vorhandenen Formen erhöht sich nicht unerheblich, wenn zu den aus Feuerstein gearbeiteten Altertümern, die aus anderem Gestein gefertigten Gegenstände gezählt werden.[1]) Es finden sich solche aus Diorit, Quarzit, Granit, Porphyr, Kalkstein und anderem Gestein. Ausser Keilen und Aexten sind aus den genannten weicheren Steinarten als die bemerkenswertesten mit Stiellöchern versehene Aexte und Hämmer verfertigt. Alle diese durchbohrten Werkzeuge sind mit grossem Geschick gearbeitet. Manche zeugen in ihren graciösen Conturen von hervorragendem Schönheitssinn. Es sind nicht zu viel gerechnet, wenn ich etwa 15 verschiedene Formen aus weicherem Gestein gearbeiteter und auf Rügen gefundener Werkzeuge den oben genannten Feuersteintypen zuzähle.

---

[1]) Vgl. hierzu auch den folgenden Aufsatz.

Uebrigens ist es sehr wenig wahrscheinlich, dass alle auf Rügen gefundenen, aus anderem Gestein als Flint gefertigten Artefacte auch auf der Insel entstanden sind. Mit soviel Sicherheit zu behaupten ist, dass, was sich an vorgeschichtlichen Feuersteingeräten auf Rügen findet, auch das Werk rügenscher Hände ist, so wenig sind wir berechtigt, dasselbe Verhältniss auch für die auf Rügen sich findenden Altertümer aus anderem Steinmaterial anzunehmen. Sicherlich sind manche von solchen Arbeiten auf unserer Insel entstanden, — das beweisen die mehrfach vorkommenden nicht fertig gewordenen — indess bei weitem nicht alle. Das erforderliche Steinmaterial allerdings konnte sehr wohl während der Eiszeit von Norden herübertransportirt sein. Wenn indess alle Werkzeuge mit durchbohrten Stiellöchern auf Rügen vollendet wären, so würden sich sicherlich häufiger die durch ihre Form auffallenden und zum Sammeln auffordernden Bohrzapfen gefunden haben, während nur ein einziger solcher im Museum zu Stralsund vorhanden ist. Möglich, dass Werkzeuge aus weichem Gestein ausgearbeitet fertig aus dem Norden nach Rügen gebracht worden, wofür die Gleichheit mancher Typen mit den dänischen spricht, doch lässt sich nachweisen, dass derartige Artefacte auch der deutsche Boden geliefert hat. Es giebt eine Art axtförmiger Werkzeuge, die mit ovalem Stielloch versehen sind. Diese Form findet sich nur in der norddeutschen Ebene von Pommern bis in die Mark hinein. Mögen solche Arbeiten nun hier im Küstenlande oder weiterhin nach Süden entstanden sein, immer führen sie auf die Spuren eines Austausches und Handels. Und dieser Handel ist denn auch in zwiefacher Richtung nicht zu bezweifeln. Wie Feuersteinmanufacte auf das Festland und wohl auf grössere Entfernungen nach Süden und Westen gingen, so in entgegengesetzter Richtung schön gearbeitete Hämmer und Aexte aus weicherem Gestein nach Rügen.

Nicht allein betreffend den Ursprungsort vieler der durchbohrten Steinwerkzeuge erheben sich Zweifel, sondern auch in Bezug auf die Zeit ihrer Entstehung. Es lässt sich keineswegs erhärten, dass sie alle der eigentlichen Steinzeit angehören, sondern manche ihrer Formen erinnern so sehr an Gebilde der Bronzekultur, dass man wohl zu der Ansicht kommen muss, den Verfertigern der Steingeräte haben Vorbilder aus der Bronzeperiode vorgelegen. Dieselbe Erscheinung macht sich indess nicht nur bei Arbeiten aus weicherem Gestein, die aus der Ferne nach Rügen eingeführt sein können, sondern, was zu beobachten weit belehrender ist, auch bei Erzeugnissen geltend, die aus Feuerstein bestehen, und von denen wir annehmen müssen, dass Rügen ihre Heimatstätte ist. Wir besitzen solche, deren Formbildungen geradezu als geschickte Nachahmungen von Bronzewerkzeugen sich darstellen. Und wir finden darin den Beweis, dass auf unserer Insel noch in Stein gearbeitet wurde, als bereits Bronzen als Import ins Land kamen.

Ausser Gräbern und Werkzeugen, aus Flint oder anderem Gestein gearbeitet, gehören dem Kulturkreise der Steinzeit noch an: Thongefässe, Schmucksachen aus Bernstein, Näpfchensteine, vielleicht auch Opfersteine.

Was die erstgenannten, die Thongefässe, betrifft, so ist die Zahl der auf Rügen zu Tage gekommenen und erhaltenen nur gering. Der nachweislich aus Gräbern gekommenen sind nur wenige; diese roh gearbeitet und klein, meist nur faustgross. Welchen Zweck diese Gefässe gehabt haben, entzieht sich unserer Kenntnis. Als Aschenkrüge können sie nicht gedient haben, da die Leichen den Gräbern unverbrannt anvertraut wurden. Dagegen ist eine Anzahl sicher der Steinzeit angehörender Thongefässe in zum Teil schönen Formen und mit den für die Steinzeit charakteristischen Ornamenten aus einem Torfmoor beim Flecken Gingst geborgen. Unzweifelhaft haben diese Wirtschaftszwecken gedient.

Bernsteinschmuck ist hin und wieder in Gräbern gefunden, in Form von Perlen, kleinen Scheiben und Äxten.

Näpfchensteine sind grosse Granitblöcke, in deren Flächen regelmässige, kreisrunde, einige Millimeter tiefe näpfchenförmige Vertiefungen hineingeschliffen sind. Zweck und Bedeutung solcher Gebilde sind noch nicht nachgewiesen.

Da ich derartige Näpfchen an Steinen gefunden habe, die den grössten Hünengräber eingebaut sind (Lonvitz, Dwasieden), glaube ich ihre Entstehung der Steinzeit zuweisen zu können.

Sehr unklar ferner ist man noch über die sogenannten Opfersteine, über deren Bestimmung sowie über die Zeit ihrer Entstehung. Es giebt deren drei auf Rügen und zwar alle drei auf der Halbinsel Jasmund, zu Quoltitz, Gummanz und Nardevitz. Es sind mächtige Granitsteine, auf deren Oberfläche breite und tiefe Rinnen mit grossem Geschick ausgemeisselt sind. Diese Furchen werden für Blutrinnen gehalten, und es ist nicht unmöglich, dass sie für Opferzwecke gearbeitet wurden.

Mit der reichen Hinterlassenschaft der Steinzeit ist Rügens vorgeschichtliche archäologische Bedeutung in der Hauptsache erschöpft. Jedenfalls ist sie mit dem Aufhören der Steinkultur sehr gemindert. Wie bereits bemerkt, wird die Bearbeitung und Benutzung von Steingeräten sich auf der Insel noch lange erhalten haben, als auf dem Festlande bereits Metall Verwendung fand. Sichere Spuren von dessen Verarbeitung auf Rügen haben sich nicht gezeigt. Es sind, so weit bekannt, weder Gussformen,*) noch ist zur Verarbeitung bestimmtes Metall gefunden. Was an vorgeschichtlichen Bronzewerken dort zu Tage gekommen ist, wird von auswärts her eingeführt sein. Gegen eine auf Rügen der Steinzeit folgende Bronzezeit, wie sie in anderen Landschaften nachweisbar ist, d. h. gegen eine Periode, in welcher nicht nur Gegenstände aus Bronze in Gebrauch gewesen, sondern dort auch verfertigt worden, spricht die grosse Mannigfaltigkeit und Verschiedenheit der gefundenen Bronzeformen. Hätte Rügen eine eigentliche Bronzezeit in dem angegebenen Sinne, also mit eigener Production gehabt, so würden sich die vorkommenden Formen in einem engeren Kreise gehalten haben und ihrer weniger gewesen sein. Es sind unter den auf der Insel gemachten Funden wohl kaum zwei gleiche Formen

---

*) Dabei ist freilich zu berücksichtigen, dass für den Bronzeguss wohl meist verlorene Formen gedient haben werden.

vorgekommen, wie ich meine, ein Beweis dafür, dass die Sachen eingeführt sind, da im anderen Falle, bei Anfertigung im Lande Wiederholungen würden stattgefunden haben.

Diese Ansicht wird unterstützt durch die Thatsache, dass es keineswegs ausschliesslich einfache und leicht herstellbare Formen sind, die Rügen an Bronzewerken hergegeben hat, sondern zum Teil sind es Geräte, für welche die Gussformen einen hohen Grad von technischer Geschicklichkeit voraussetzen. Es sind gefunden Schwerter, Dolche, Äxte, Paalstäbe, Schaftcelte, Hohlcelte, Lanzenspitzen, Sicheln, Messer, Halsbergen (Diademe), Halsringe, Wulstenringe, Armringe, Nadeln und Spangen.

Das Provinzialmuseum zu Stralsund, welches wohl die Mehrzahl der auf Rügen ans Licht gekommenen der Bronzekultur angehörenden Funde besitzt, zählt deren 162, und zwar gehören solche der älteren wie der jüngeren Bronzezeit an. Ein grosser Teil dieser Gegenstände wird Gräbern entnommen sein; vielleicht die grössere Zahl ist aus Mooren oder aus der Erdoberschichte erstanden.

Gräber der Bronzezeit meist in Hügelform sind auf der Insel noch viele erhalten. Nicht selten sind diese Gräber in Gruppen vereinigt. So die sehenswerte Gruppe der schönen glockenförmigen Grabhügel zu Woorke, beim Kirchendorfe Patzig.*) Das grösste Kegelgrab auf Rügen ist der Dubberworth bei Sagard auf Jasmund.

Als mit dem Eindringen der Bronze in die Insel allmählich eine neue Kultur anhob, wird in erster Zeit die Bestattung der Toten noch in alter gewohnter Weise geschehen sein. Vor einigen Jahren wurde in der Stubnitz ein Grab geöffnet, in welchem die Leiche in hockender Stellung beigesetzt war, und neben ihr fanden sich Metallsachen, die der älteren Bronzeperiode zuzurechnen sind. In späterer Zeit dann kam die Sitte auf, die Leichen zu verbrennen, und es wurde nun die Asche in meist kunstlos geformten und wenig

---

*) Hart an der von Bergen nach Altenkirchen führenden Bahn.

sorgfältig gebrannten Thongefässen in den Hügelgräbern geborgen.

Die Benutzung und Bearbeitung des Feuersteins darf als eine autochthone Kultur angesehen werden, eingeführt von den ersten Menschen, welche die Insel bevölkert haben. Die Bronzekultur aber mit Inbegriff aller einzelnen ihr angehörenden Gegenstände ist eine fremde, durch Handel und Verkehr zugetragene. Bei der Mannigfaltigkeit der auf der Insel gefundenen Bronzealtertümer muss deren Import von sehr verschiedenen Seiten bewirkt sein. Kommt als Ausgangspunkt für die Steinzeit etwa Dänemark in Betracht, so behält dieses auch für die Einfuhr von Bronzen seine Bedeutung, dazu kommen dann aber auch südliche Einflüsse. Rügen bildet den Scheitelpunkt zweier sich schneidenden Linien, auf welchen fremde Erzeugnisse von Süden in das südbaltische Küstenland geführt wurden, einer südwestlichen und einer südöstlichen. Die südöstliche Linie brachte Zufuhr von Ungarn her, die südwestliche vom Rhein, und nicht allein für die Zeit, wo Bronze zur Verwendung hier im Norden kam, waren diese Linien wichtig, sondern in höherem Masse noch, als Eisen ein neuer Träger der Kultur wurde.

Die Eisenkultur trat hier zuerst unter Formen auf, die, von gallischen Eisenarbeitern ihren Ursprung nehmend, unter dem Namen der la Tène-Kultur zusammengefasst werden. Aus diesem Kulturkreise sind Thongefässe, kleines Eisengerät, wie Nadeln und Gewandheften, sowie einige Schmucksachen aus Bronze zu Tage gekommen. Die Urnen, welche neben der Asche und den Knochenteilen der verbrannten Toten die genannten Beigaben enthalten, sind zum Teil gut geformt, bisweilen ornamentiert und stark gebrannt. Sie stehen meist in ebenen Feldern in geringen Entfernungen von einander unmittelbar unter der Oberfläche des Bodens. So sind sie häufig gefunden, aber leider auch vielfach durch die Ackerbestellung und durch Anlage von Strassen vernichtet.

Auch die weitreichenden Einflüsse der römischen Industrie haben sich in einigen Arbeiten auf Rügen bemerkbar gemacht. Ausser Fibeln und Hängeschmuck sind dort eines der viel verbreiteten Siehe und einige Bronzeurnen gefunden. Eine im Museum zu Stralsund befindliche 9 cm hohe antike Metallfigur, Gestalt eines nackten Jünglings, ist schon im vorigen Jahrhundert aus einem Torfmoor gewonnen. Ob das germanische Volk, welches etwa um Christi Zeit die Insel bewohnte und dem die genannten Altsachen zugeführt worden, die Rugier waren oder eine andere der sieben Völkerschaften, die nach Tacitus ein gemeinsamer der Göttin Nerthus gewidmeter Cultus verband, ist heute noch eine unerledigte Frage.

Kann es nicht Wunder nehmen, dass die wechselnden Phasen, die in dem etwa fünfhundertjährigen Zeitraum, in dessen Mitte der Beginn unserer Zeitrechnung liegt, in der Kulturentwickelung eingetreten sind, auf Rügen nur geringe Spuren zurückliessen, so dürfte man doch erwarten, dass die Jahrhunderte, in denen der Völkerstamm der Wenden die Insel im Besitz hatte, ihren Stempel in zahlreichen Überresten dem Boden eingedrückt haben. Man könnte dies um so mehr erwarten, als Rügen zu der Zeit sehr stark bevölkert und überdies der Sitz einer weithin hochgehaltenen Cultstätte war. Es haben sich auch die unvergänglichen Erinnerungen an die wendische Bevölkerung in den vielen Ortsnamen — von je 100 sind 80 wendisch — auf der Insel erhalten. Sachliche Erinnerungszeichen indess aus der mehr als 600 Jahre langen wendischen Besiedelung Rügens sind in überraschend geringer Anzahl auf uns gekommen.

In erster Linie unter diesen stehen und imponierend wirken die Burgwälle, die in ihren Anlagen zum Teil vielleicht schon aus früherer Zeit datieren, dann aber in ihrer weiteren Gestaltung als wendische Befestigungen anzusehen sind. Sicher als solche dürfen die Tempelfestung Arkona, der Burgwall von Garz (Carenza), der Bugard und die sogenannte Herthaburg genannt werden, während die übrigen, wie der „Sattel auf dem Hengst" in der Stubnitz teils aus älterer Zeit stammen, andere, wie der Wall bei Werder, ebenfalls in der Stubnitz, jünger als die wendische Besiedelung sind.

Als den Wenden angehörig sind gefunden Thongefässe

und zahlreiche Scherben von solchen mit dem charakteristischen Wellenornament; ferner sogenannte Schläfenringe von Bronze, sowohl massiv wie auch hohl, kleine eiserne Geräte (Messer und Nägel), Gewicht und Wage und in grosser Zahl Spinnwirtel aus Thon.

Verbindungen der Insel mit dem Orient, wenn auch nur indirekte, während der wendischen Zeit vom neunten Jahrhundert an, werden durch das Vorkommen kufischer Münzen belegt. Ein derartiger Fund ist am Rugard gemacht. Für die Verbindung Rügens mit dem skandinavischen Norden am Schlusse der heidnischen Zeit aber besitzen wir ein schönes Zeugnis in dem prächtigen goldenen Schmucke, welcher der Zeit ums Jahr 1000 angehörend, in seinen sechzehn einzelnen Teilen in den Jahren 1872 bis 1874 auf der Insel Hiddensöe gefunden ist, und der heute im Stralsunder Museum als dessen kostbarstes Kleinod aufbewahrt wird.

# Ueber das Gesteinsmaterial der Rügen'schen und Neuvorpommer'schen prähistorischen Steinwerkzeuge.

Von W. Deecke, Greifswald.

Das Provinzialmuseum zu Stralsund hat wegen seiner reichen prähistorischen Schätze einen weiten, wohlbegründeten Ruf und wird alljährlich von Hunderten von Besuchern durchwandert, die sich an der Fülle von Steinwerkzeugen und der Mannigfaltigkeit jener ersten, einfachen Instrumente staunend erfreuen. Bei einem derartigen Besuche kam mir der Gedanke, diese musterhafte, reichhaltige Sammlung einmal auf ihr Gesteinsmaterial nach der geologischen Herkunft und der petrographischen Zugehörigkeit näher zu durchmustern, da, soweit ich weiss, nach dieser Richtung genauere und sichere Angaben in der Litteratur bisher nicht vorhanden sind. Die Sammlung eignet sich auch insofern sehr gut dazu, weil sie im Wesentlichen einem beschränkten Gebiete, nämlich Neuvorpommern und Rügen, entstammt und deshalb einen einheitlichen Charakter trägt. Herr Dr. Baier war auf meine Bitte so freundlich mir während 1½ Tag die Durchsicht der zahlreichen Steinwerkzeuge zu ermöglichen, und ich spreche ihm und Herrn v. Baensch dafür, sowie für manche Belehrung auf dem mir ferner liegenden Gebiete der prähistorischen Archaeologie meinen ergebenen Dank aus.

Der weitaus grösste Theil der im Museum aufbewahrten Steinwerkzeuge besteht aus Feuerstein und ist auf Rügen gefunden; aber auch Vorpommern hat, wie der umfangreiche Damgartener Fund darthut, zahlreiche Flintsachen geliefert. Zunächst erscheint dies durchaus natürlich, da ja die Rügener

Kreide in Lagen oder Bänken zahllose Feuersteinknollen birgt, die ein treffliches und nie ausgehendes Rohmaterial darboten. An mehreren Stellen der Insel z. B. bei Lietzow, Glowe u. a. a. O. hat man förmliche Werkstätten mit nach Tausenden zählenden Abfällen oder Splittern entdeckt, so dass sich wohl die Ansicht geltend machte, Rügen sei die Produktionsstätte solcher Werkzeuge für einen weiten Bezirk gewesen, und es seien durch Handel die fertigen Gegenstände von dort ausgebreitet worden. Dem schien nur eines zu widersprechen, nämlich das Aussehen der Flintwerkzeuge, welche fast alle hell sind, während der frische Rügener Feuerstein ein gleichmässig schwarzes oder dunkelgraues Aussehen besitzt. Da nun unter den losen, im Diluvium vorkommenden, sog. glazialen Geschieben sich an manchen Stellen weisse Feuersteine reichlich nachweisen lassen, die jünger als die Rügener Kreide und anstehend auf der Insel bisher nicht bekannt sind, lag die Vermuthung nahe, ob nicht diese das Material für die Bearbeitung abgegeben hätten, oder es war zu untersuchen, wodurch die dunklen Flinte die hellgraue bis weisse Farbe erlangt haben.

Ehe wir aber darauf eingehen, möchte ich einige Worte über die Entstehung der Feuersteine und ihre Verbreitung in den verschiedenen Horizonten der pommerschen Kreide vorausschicken.

Dass sie ihre Entstehung Schwämmen mit kieseligem Gerüst verdanken (Hexactinelliden, Lithistiden, Tetractinelliden), darüber dürfte, seit wir diese Thiergruppe fossil in allen an solchen Konkretionen reichen Sedimenten durchgehend nachzuweisen vermochten, kaum noch ein Zweifel bestehen. Die aus opalartiger, hyaliner Kieselsäure gebildeten Skeletelemente des Schwammkörpers, die Nadeln, erfuhren unter Einfluss der verwesenden Weichtheile nach dem Tode des Thieres eine weitgehende Auflösung. Die Kieselsubstanz verlor dabei ihre Form und konnte gelöst anderswohin geführt und anderswo abgesetzt werden, selbst in Muscheln oder Seeigeln, die keine Kieselsäure ausscheiden, aber durch das Vorhandensein von Hohlräumen oder durch ihre Verwesungsprodukte die Ablagerung dieser gelösten Substanzen begünstigten. Daher sind Terebrateln, Seeigel, auch Muscheln oft als Flintsteinkerne erhalten oder sitzen am Rande eines Feuersteinknollens, für dessen Bildung sie die Veranlassung waren. Auf Rügen trifft man aber wirkliche Spongienreste noch recht häufig in den Konkretionen. Denn viele der letzteren sind hohl und mit Kreide erfüllt, die in der Regel voll von unveränderten Kieselnadeln steckt; auch die Struktur des Schwammkörpers, sein Kanalsystem und seine Oeffnungen sind oft deutlich erhalten. Ferner sitzen büschelförmig in der Kreide die langen haarförmigen Wurzelnadeln der Kolonien, und die grossen ringförmigen Feuersteine, welche als natürliche Anker oder als Blumentöpfe auf der Insel mannigfache Verwendung gefunden haben, lassen sich als zusammengesunkene Becherschwämme deuten. Eine Feuersteinlage entspricht also in gewisser Weise einem Schwammrasen auf dem Meeresgrunde, der bei vollständiger Bedeckung mit dem sich absetzenden Kreideschlamm abstarb und sich auf der neuen Oberfläche bald wieder bildete.

Feuersteinknollen treten in der gesammten oberen pommorschen Kreide auf, im Oberturon, im Obersenon und im Danien. Das als weissliche thonige Kreide entwickelte Oberturon findet sich bei Lebbin auf der Insel Wollin, steckt in Hinterpommern an mehreren Stellen im Untergrunde, erscheint ferner auf den Kalkbergen bei Swinemünde, wo es auch in der Tiefe von 45 m unter Tag erbohrt ist, bei Peselin in der Nähe von Demmin, in der Uckermark, in der Prenzlauer Gegend und an vielen Punkten des östlichen Mecklenburgs. Die Feuersteine sind schwarz oder aschgrau, immer eigenthümlich augenartig gefleckt, resp. grau geflammt und umschliessen zahlreiche kleine Kreidebrocken, die dem Ganzen ein so bezeichnendes Aussehen verleihen, dass man solche turonen Feuersteine auf den ersten Blick von anderen zu unterscheiden vermag. Auf Rügen sind sie nur als Diluvialgeschiebe vorhanden und daher selten. In dem Museum habe ich unter den Tausenden von Werkzeugen ein einziges gefunden, das aus einem solchen Knollen hergestellt ist. Wegen der Kreideeinschlüsse eignet sich auch dieser Flint schlecht zur Bearbeitung und wurde daher wohl gleich verworfen.

Das Obersenon oder die Rügener Kreide birgt weiss
gerindete, innen dunkle bis schwarze Feuersteinknollen, die
oft merkwürdig homogen sind, aber vielfach alle möglichen
Thierreste umschliessen. Wo Bryozoen, Echinodermenreste
oder Foraminiferen eingebacken und mit verkieselt wurden,
erscheint der Stein auf dem Bruche weiss oder gelblich weiss
gefleckt. Kommt Kreide im Innern vor, so sind es meistens
grössere Partien, deren Herausfallen oder Auswaschung die
hohlen und durchlöcherten Konkretionen erzeugt. Bei der
Zerstörung der weichen Kreide durch den diluvialen Gletscher
gelangten die Knollen in die Grundmoränen, in die sog.
Geschiebemergel, und wurden mit diesen oder im Eise
eingefroren weit über Mitteldeutschland als erratische
Blöcke zerstreut. Die weisse Rinde hat fast dieselbe
Zusammensetzung wie das dunkel gefärbte Innere und
besteht im Wesentlichen aus Kieselsäure, nur geht ihr das
färbende Element' bitumöser Substanzen ab, ausserdem ist sie
lockerer und poröser. Sie fehlt wohl keinem Rügener Feuerstein, darf aber nicht als charakteristisch angesehen werden,
da die turonen Flintknollen sie gleichfalls besitzen, während
sie den gleich zu besprechenden Knollen des Danien mangelt.

Die grösste Mannigfaltigkeit zeigen aber die Feuersteine der
allerobersten Kreide, die nach ihrem Vorkommen am Sunde
in Dänemark den Namen Danien erhalten hat. In
den Saltholmskalken dieser Abtheilung kommen sammet-
schwarze, graue, weisse, pläuliche oder röthliche Varietäten
nebeneinander vor, völlig einfarbig schwarze, graue und weisse
neben buntgebänderten, gefleckten und gemaserten. Oft umschliessen sie zahlreiche Bryozoenkolonien und stammen dann
aus dem von solchen Thierresten zusammengesetzten, sog.
Limsten des Saltholmskalkes. Auf Rügen und in Vorpommern
ist das Danien wahrscheinlich weit im Boden verbreitet, muss
auch auf dem Grunde der Ostsee anstehen und ist möglicherweise bei Lubmin in 30 m Tiefe vor zwei Jahren erbohrt
worden. Als Geschiebe kommen die Kalke und ihre Feuersteine massenhaft im Diluvium vor und haben, wie die Stücke
der Stralsunder Sammlung zeigen, als Rohmaterial für Werk-

zeuge gedient. Am leichtesten sind die gefleckten und ge-
bänderten Stücke wieder zu erkennen. In weisser kieseliger
und bei Verwitterung abfärbender Kreidemasse stecken graue,
blaue oder bräunlichgraue unregelmässige Knollen, die dem
Gestein einen breccienartigen Charakter verleihen. Dahin
gehört ein Hohlmeissel des Tribsees'er Fundes, einige Stücke
von Wittow und Hiddensö. Da der Kalk oder die kieselige
Kreide immer innig mit dem Feuerstein verwachsen ist und
sich nicht wie bei den beiden bisher besprochenen älteren
Feuersteingruppen leicht vollständig loslöst, so machen, nachdem die Verwitterung etwas eingewirkt hat, alle aus solchem
Material hergestellten Instrumente den Eindruck, als seien sie
ganz oder theilweise aus Kreide verfertigt; sie sind matt,
rauh, kleben an der Zunge und färben weisslich ab. Ferner
ziehen unregelmässige bläuliche Adern oder Streifen durch
die graue Masse und heben sich dann auch an den Werkzeugen deutlich ab. In anderen Stücken liegen zahlreiche
weisse Bryozoenstengel, die ganz verkieselt sind, aber sich
von dem grauen Grunde durch ihre weisse Farbe abheben.
Ein Meissel im Stralsunder Museum ist aus solchen breccienartigen Gestein verfertigt. Die ganz weissen, einfarbigen
Flinte sind sicher unter den Gegenständen vertreten, aber
unter den vielen weissen Meisseln und Aexten schwer zu
erkennen, da man die Objekte nicht anschlagen mag, um
zu sehen, ob auch innen die helle Farbe vorherrscht; denn
wie gleich zu erörtern sein wird, kann der Rügener Feuerstein ebenfalls aussen weisslich bis weiss werden. Sehr häufig
sind Gegenstände aus diesem jüngsten Feuerstein der Kreide
in der Sammlung ebenfalls nicht, zählen aber doch nach
mehreren Dutzenden.

Schon oben wurde angedeutet, dass der schwarze obersenone Feuerstein in geringer Menge unter den Funden
vertreten scheint, obwohl dieselben z. Th. von Wittow und
Jasmund auf Rügen stammen, wo gerade diese dunkle Varietät
in zahllosen Knollen und Knanorn herumliegt oder in der
Kreide steckt. Die meisten Objekte sind hell bis dunkelgrau,
aschgrau, oft mit einem Stich ins Bläuliche, braun oder

gelb gefärbt, selten schwarz und graulich schwarz. Die meisten haben hellere oder dunklere Flecken, wobei rauchgraue Stellen auf hellerem Grunde am häufigsten vorkommen. Viele Gegenstände zeigen, wenn weiss gefärbt, einen an Porzellanglasur erinnernden matten Glanz, einige wenige tragen bläuliche bis violette unregelmässig vertheilte, wenig scharf begrenzte, vielmehr gegen die Umgebung verfliessende Flecken. Das sind alles Nüancen, die der frische Flint niemals aufweist, so dass ich früher auf den Gedanken gekommen bin, die Leute hätten die Knollen vor der Bearbeitung gebrannt und dadurch, indem aussen die dunkle organische Substanz zerstört wurde, die helle Farbe erzeugt. Bei zufällig durchgebrochenen Aexten und Meisseln erkennt man nämlich einen inneren dunklen Kern und bei anderen intakten Stücken leuchtet gewissermassen ein dunkler Grund durch die helle Rinde hindurch. Da aber der dunklere Kern die Umrisse der Objekte wiedergiebt, müsste die Erhitzung erst nach dem Zuhauen stattgefunden haben und könnte dann nur als eine Art Verschönerung anzusehen sein.

Um diese Frage zu lösen, habe ich homogene dunkle Splitter geglüht. Will man dies mit Erfolg ausführen, so ist das Stück erst über der Flamme vorzuwärmen und allmählig stärker zu erhitzen. Sonst zerspringt es unter lebhaftem Knall, indem das auf Rissen und in Poren befindliche Wasser bei plötzlicher Dampfbildung den Feuerstein auseinander sprengt. Ausser dem hygroskopischen Wasser enthält derselbe noch etwa 3 % gebundenes, das wohl auf beigemengten Opal zurückzuführen ist. Glüht man schliesslich den vorgewärmten Splitter im Gebläse, so entfärbt er sich ohne zu schmelzen und zu zerspringen vollständig, wird weiss oder hellgrau, ganz wie die Meissel und Beile, und beweist, dass in der That auf diese Methode lichte Farben erzeugt werden können. Interessant ist, dass die schwarzen Stücke mit grauen, helleren Flecken dabei ihre Färbung gerade umkehren. Die Hauptmasse wird hell, die hellen Flecken dagegen werden dunkel. Das hängt damit zusammen, dass in den letzteren, die auf Fossileinschlüssen beruhen, mehr organische Substanz steckt, dass wegen der dichteren Struktur, die ebenfalls mit den Versteinerungen zusammenhängt, diese kehligen Partikel weniger leicht und rasch verbrennen, vielmehr sich durch Entweichen der Wasserstoffatome aus dem Bitumen Kohle abscheidet und diese Stellen färbt. Es ist die gleiche Erscheinung, die man an hellen Kalken beobachtet, wenn sie aus dem Kalkofen unvollständig gebrannt herauskommen; sie sehen dann oft viel dunkler, sogar schwärzlich grau aus. Bei langem Erbitzen verschwindet schliesslich auch die Kohle und tritt Hellfärbung ein. Was nun gegen die Entstehung der weissen Rinde auf diesem Wege spricht, ist der Umstand, dass die Oberfläche solcher gebrannten Stücke bei aller Vorsicht mit kleinen Rissen zerspringt. An einem Stücke, aber nur an diesem einen, habe ich in Stralsund solche Sprünge gesehen. Bei allen anderen war die Oberfläche glatt, gleichmässig und heil, so dass das genannte Stück vielleicht einem Zufall seine Oberflächenstruktur verdankt. Diese Erhitzungsrisse, welche beim Abkühlen in Folge ungleichmässiger Zusammenziehung am leichtesten und trotz aller Vorsicht auftreten, reichen nicht tief ins Innere; sie könnten eventuell bei der Polirung der Objekte abgeschliffen sein. So liessen sich erforderlichen Falles zwar die weisse und graue Färbung, sowie die aschgraue Fleckung erklären, aber nicht die violetten Farbentöne, die, wo sie vorkommen, innig mit den weissen zusammenhängen und allmählig in diese übergehen.

Solche bunten Stücke sehen aus wie ein mattgewordenes Glas, das ja auch alle möglichen Farben annimmt und zwar in Folge von Anätzung, sei es durch Luft, sei es durch Sickerwasser oder Regen. Deshalb behandelte ich einen Feuersteinsplitter auf dem Wasserbade 2 Stunden mit Kalilauge und erhielt dabei aus dem normalen schwarzen Flint ein weisslich und bläulich angelaufenes Stück, das völlig den buntgefärbten Messern, Schabern und Beilen gleicht. Es wird nämlich bei diesem Prozesse nahe der Oberfläche die organische Substanz zerstört, ein Theil der Kieselsäure, wahrscheinlich der Opal, aufgelöst und eine weisse Rinde erzeugt, die an ganz dünnen Stellen jene bläulichen Töne durch Interferenz des Lichtes hervorruft. Bei längerer Einwirkung der Lauge überzieht sich das Stück mit einer zusammenhängenden kompakten, weissen Rinde, während innen ein dunkler Kern erhalten bleibt. Die Form ändert sich dabei nicht, die Masse bleibt scheinbar völlig intakt, die Ecken und Kanten scharf, so dass auch aller Wahrscheinlichkeit nach die weisse oder helle Farbe der Instrumente auf nachträgliche Anätzung zurückzuführen ist.

Natürlich kann es sich nicht um Einwirkung von Kali- oder Natronlauge handeln, sondern um den langsam wirkenden Einfluss des im Boden zirkulirenden Wassers und dessen Salzlösungen. Schon kohlensäurehaltiges Wasser, also z. B. Regen greift im Laufe langer Zeiträume ebenfalls den Feuerstein an, rascher freilich, wenn es aus dem Boden Alkalien und deren Salze aufgenommen hat. Sulfate und Chloride von Natrium und Kalium fehlen in keinem Bodenwasser, reichlicher aber ist Ammoniak vorhanden, theils frei, theils in gleichen Verbindungen, und trotz der Verdünnung müssen sie im Laufe vieler Jahrhunderte eine ähnliche Wirkung auf den Feuerstein erzielen, wie wir sie im Laboratorium durch konzentrirte Lösung, Erwärmung und kräftigere Agenzien in wenigen Stunden hervorbringen. Diese Werkzeuge haben dem Menschen gedient, sind also in der Nähe ihrer Niederlassungen in einen von Fäulnissstoffen durchzogenen Boden gelangt, in dem sich Ammoniak stetig entwickelte, oder sie wurden in Ackerkrume eingebettet, dem man Stickstoff-haltige Substanzen jahraus jahrein durch Dünger zuführte. Auch der Haidesand besitzt in Folge seiner humosen Beimengung genug derartige Agenzien, um schliesslich dieselbe Wirkung auszuüben. Bei ihm erleichtert ausserdem die rasche Durchtränkung mit Wasser und die ebenso rasche Austrocknung den Auslaugungsprozess, da in Folge dieser Faktoren das ammoniakalische Bodenwasser öfter und energischer einzudringen im Stande ist. Die schönsten weissen Stücke stammen in der That aus solchen Sanden der Oberfläche. Lagen sie auf derselben, so hat der Wind durch treibenden Sand an ihnen oft einen glänzenden Ueberzug geschaffen, der völlig wie Por-

zellan aussieht, und der in ähnlicher, freilich etwas anderer
Farbe an allen wind- und sandgeschliffenen Kieselgesteinen
wiederkehrt. Bemerkenswerth ist, dass das dickere Stielende
der Lanzenspitzen und dolchartigen Messer oft am besten von
der gesammten Oberfläche die ursprüngliche Farbe hervortreten lässt.

Es bleiben nun noch die braunen und gelben Varietäten
zu besprechen. Bei diesen ist der Uebergang in den normalen
schwarzen Feuerstein leichter zu konstatiren, da alle Zwischen-
stufen vorkommen. Häufig sind die Messer und Splitter am
Rande gelblich, in der dickeren Mitte deutlich schwarz. Fast
alle aus Torf oder torfigen Böden gewonnenen Stücke tragen
derartige Farbentöne, und es ist daher seit lange angenommen,
dass eingedrungene Humussäuren den Farbenwechsel bedingen.
Es könnten aber ebenso gut Eisensalze sein, die im Sickerwasser gelöst, sich in den mikroskopischen Poren ablagerten.
Um dies zu entscheiden, habe ich mehrere gelbe und braune
Splitter geglüht; bei diesem Prozesse hätten die humosen
Infiltrationen verbrennen, die gelben Eisenoxydulsalze in rothes
Eisenoxyd übergehen und sich dadurch kenntlich machen müssen.

Zu meiner Verfügung standen etwa 20 verschieden gefärbte Bruchstücke, die folgenden Prozessen unterworfen
wurden. Einige derselben habe ich durchgeschlagen und dabei
mehrfach gefunden, dass die gelbe Rinde kaum $1/2$ mm mass
und auf die äusserste Kruste beschränkt war. Bei anderen Stücken
war das gesammte Innere gefärbt, und zwar waren das ziemlich poröse Feuersteine, in welche Sickerwasser tief eindringen
konnte. Dann habe ich abgeschlagene Splitter geglüht. Die
meisten zersprangen selbst bei vorsichtiger Anwärmung, andere
wurden ziegelroth, wieder andere liefen erst braun an und
bekamen schliesslich schwarze Färbung. Grössere Splitter der
Rinde mit Salzsäure auf dem Wasserbade behandelt blieben
völlig unverändert. Natronlauge zersetzte die gelben Schichten,
so dass sie zu einem weissen Pulver wurden, aber auf dem
Boden des Tiegels hatte sich ungelöst die gelbbraune Substanz
als feines schlammiges Pulver abgesetzt. Gepulvert wurde die
Rinde durch Salzsäure vollständig entfärbt, und die Lösung

gab alle typischen Eisenreaktionen. Nach diesen letzteren, der Unlösbarkeit in Natronlauge, dem Roth- und Schwarzwerden darf man wohl schliessen, dass Eisenverbindungen die gelbe Farbe erzeugen. Von humosen Substanzen habe ich nichts konstatirt, obwohl ich das Pulver längere Zeit mit Alkohol und Aether kochte. Jedenfalls treten sie, wenn sie vorhanden sind, gegen die Eisenverbindungen zurück, von welchen übrigens beide Oxydationsstufen vertreten sind.

Ueber die gelbe Färbung der Sedimente hat neuerdings W. Spring[1]) interessante Untersuchungen gemacht, die z. Th. auch hier in Betracht kommen. Er zeigte, dass Eisen-oxydhydrat unter Beimischung eines anderen Oxydes bei Erwärmung, Druck oder in Lösungen leicht etwas Wasser abgibt und dann lederfarbig oder gelb wird, indem sich das Eisenoxyd mit dem anderen Oxyde verbindet. Diese Oxyde können Thonerde, Kalk, Magnesia, Wasser, Kieselsäure und Kohlensäure sein. Der neugebildete Körper ist ziemlich widerstandsfähig gegen Salzwasser und Einflüsse der Zeit und wird erst beim Glühen weinroth. Das stimmt Alles mit den Beobachtungen an den Feuersteinen. Auch habe ich wie Spring bei der Behandlung mit Salzsäure stets einen kleinen Gehalt von Thonerde bekommen, was unwahrscheinlich wäre, wenn die gelbe Farbe durch Limonit und kohlensaures Eisenoxydul allein bedingt wäre. Es gleicht zwar die gelbbraune Färbung derjenigen des Limonits, und manchmal mag auch letzteres wirklich das färbende Element sein. Dagegen spricht, dass solche Splitter oft völlig durchsichtig oder durchscheinend bleiben. Es ist daher wahrscheinlicher, dass irgend eine andere stark färbende Eisenverbindung zu Grunde liegt, möglicherweise selbst ein Eisensilikat, was sich aber nicht entscheiden lässt, da die bei der Behandlung mit Salzsäure in Lösung gegangene und stets gefundene Kieselsäure amorph in dem Feuerstein enthalten gewesen sein kann. Auffallend war das vollständige Zerknistern der Proben selbst bei vorsichtiger

---

[1]) Ueber die eisenhaltigen Farbstoffe sedimentärer Erdböden und über den wahrscheinlichen Ursprung der rothen Felsen. Neues Jahrb. für Miner. Geol. und Paläont. 1899. I. 47—72.

Erhitzung; es scheint als ob sich reichlich Wasser im Innern des Splitters ausscheidet und in Dampf verwandelt das Gestein zersprengt. Selbst schwach gefärbte Stücke, die äusserlich beim Glühen ihren Zusammenhang bewahrten, waren innen völlig zerrissen und von breiten Klüften durchsetzt, viel mehr als je eine ebenso behandelte Probe des frischen Rügener Feuersteins. Die Eisensalze sind zweifellos in den angewitterten und am Rande porös gewordenen Werkzeugen durch die Sickerwasser abgelagert und haben bisweilen den gesammten Stein durchtränkt, so dass derselbe bis ins Innere damit durchsetzt wurde. Bei anderen dichteren Varietäten sind sie auf den Rand beschränkt geblieben, und wo kompaktere Stellen vorhanden waren, konnten sie weniger eindringen, so dass hellere Flecken auf gleichmässig gefärbtem Grunde entstanden. Gelegentlich sind aber auch tiefer innen gelbe Flecken auf hellerem Grunde vorhanden, wenn an diesen Stellen die Struktur lockerer, als in der Umgebung war.

So ergibt sich denn als Resultat, dass nur sehr wenige Feuersteinwerkzeuge uns in der ursprünglichen Farbe vorliegen, dass die meisten heute ein anderes Aussehen besitzen als damals, wo sie angefertigt und gebraucht wurden. Sowohl die weisse oder hellgraue Färbung, als auch die gelbe und braune sind ein Produkt der Bodengewässer und ihrer Einwirkung auf die von der Erde umhüllten Instrumente und Bruchstücke. Wenn letztere ringsum diese Veränderungsrinde zeigen, müssen sie bereits als Fragmente in den Boden gelangt sein. Zugleich ist die gute Erhaltung der Rinde ein sicheres Kennzeichen für die Echtheit angebotener Stücke; denn Falsifikate werden die Rinde immer nur stellenweise und in unvollkommener Ausbildung besitzen.

Die übrigen Gesteine treten an Zahl bei weitem gegen die Feuersteine zurück. Es sind aber im Ganzen doch ziemlich viele der im Boden lose liegenden Diluvialgeschiebe verwandt worden und zwar mit Vorliebe zu grossen Stücken, zu Aexten von über 20 cm Länge, da so grosse einheitliche, rissfreie Feuersteine nur sehr selten sind. Dazu kam wahrscheinlich, dass diese langen, schweren Instrumente als Pflugschaare dienten und zu solchem Zwecke der Flint seiner Sprödigkeit wegen unbrauchbarer ist, weil er beim Anstossen an Steine leicht absplittert oder zerbricht. Eines der längsten und schwersten Instrumente des Museums besteht aus kleinkörnigem Amphibolbiotitgneiss, einer weitverbreiteten Geschiebeart, welche auch zu kleineren, ähnlichen Aexten an verschiedenen Punkten der Insel und Vorpommerns verarbeitet worden ist. Gegen 10 Stück liegen davon in der Sammlung. Selbst grober, augenartiger Gneiss hat vereinzelt zu solchen wenig kostbaren Stücken Verwendung gefunden. Die Mehrzahl der von mir durchgesehenen Aexte und Meissel besteht aber aus Dioriten, Diabasen und Amphiboliten und hält sich in geringeren Dimensionen nämlich zwischen 10 und 20 cm Länge. Dies ist wiederum durch die Natur der Gesteine bedingt, da erstens grosse Geschiebe schwer zu bearbeiten und zweitens selten vollkommen sprungfrei sind. Aber alle drei genannten Felsarten haben die eine wichtige Eigenschaft gemein, sie sind ungewöhnlich zähe und deswegen zu groben Arbeiten sehr brauchbar.

Die Amphibolite sind schwarz, schiefrig mit langsäulenförmiger, dunkelgrüner bis schwarzer Hornblende und in der Regel so geschlagen, dass die Hornblendefasern in der Längsrichtung liegen. Ob diese Instrumente eine gute Politur annehmen bezweifle ich, da die meisten viel zu grobfaserig sind. Vielleicht waren sie auch gar nicht geschliffen. Sehr zahlreich sind fein- resp. kleinkörnige Diorite in der Sammlung vertreten. Ihre Oberfläche ist wegen der verschiedenen Verwitterbarkeit der Hornblende und des weislichen Plagioklases , ausnahmlos rauh, und der letztere oft matt und schwach grünlichgelb gefärbt. 7—8 Aexte waren aus etwas gröberem Materiale hergestellt, das ich der grösseren Hornblendeeinsprenglinge wegen zu den unter den Geschieben unserer Gegend häufigen Augitdioriten rechne. Quarzführende Varietäten, die eine geringere Zähigkeit zu besitzen pflegen, habe ich nicht bemerkt.

Am meisten wurden aber die Diabase (Augit-Plagioklas Gesteine) benutzt und zwar die fein bis mittelkörnig entwickelten Stücke. In Folge der Verwitterung tritt die ophitische Struktur mit den dünnen weisslichen Plagioklasleisten in der dunkelgrünen Grundmasse fast immer deutlich hervor. Soweit sich ohne Dünnschliffe urtheilen lässt, möchte ich die Hauptmasse den olivinführenden Diabasen (Åsbydiabas z. Th.) zurechnen, um so mehr, als diese sich unter den Geschieben häufig in mässig grossen Blöcken finden. Viele jener Werkzeuge besitzen eine schmutzig oder dunkelgrüne Färbung, welche an Serpentin erinnert und wohl auch durch Serpentinisirung der augitischen Grundmasse entstanden ist. Einige, besonders eine durchgebrochene noch trefflich polirte Axt, zeigen gelbgrüne Farbentöne, deren Ursache Epidotbildung sein dürfte, womit, nämlich wegen der grösseren Härte des Epidots, die Erhaltung der Politur zusammenhängt. Seltener als diese Åsbydiabase sind Diabasporphyrite bearbeitet, am meisten noch solche mit centimetergrossen isolirten Eisensprenglingen von Plagioklas, wodurch diese Werkzeuge wie gefleckt erscheinen. Da eine mikroskopische Untersuchung nicht angestellt werden konnte, ist mit Sicherheit eine Diagnose zwar nicht zu stellen; die Gesteine sahen aber wie Labradorporphyre aus. Auch unter den Dioriten fanden sich 3 bis 4 porphyrische Varietäten, von dunkelgrauer Farbe mit einzelnen weisslichen grösseren Feldspathen und gehörten augenscheinlich zu Dioritporphyriten. Ein einziges Instrument ist aus Diabasmandelstein hergestellt und natürlich schlecht erhalten, da die Mandeln ausgewittert sind. Die im Diluvium nicht seltenen schwarzen, dichten, Basalt ähnlichen Diabasgeschiebe scheinen keine Bearbeitung erfahren zu haben, möglicherweise wegen ihrer Splittrigkeit.

Granite sind unter den Aexten ausserordentlich spärlich, da ich im Ganzen nur 3—4 Exemplare zählte, die aus einem solchen feinkörnigen Gestein verfertigt waren. Mittelkörnige Varietäten dienten zu Mahlsteinen, bei denen ja eine gewisse Rauhigkeit erwünscht ist und sich beim Granit durch Reiben mit anderen Steinen in Folge der verschiedenen Härte von Quarz und Feldspath immer wieder erneuert. Als Mahlsteine in diesen Wannen wurden alle möglichen faust- bis kopfgrossen, rundlichen Gesteinsstücke gebraucht, die als Mahl- oder Schleifkugeln im Museum haufenweise zusammengetragen sind. Unter ihnen herrschen mittel- und feinkörnige Granite neben verschiedenen Sandsteinarten vor. Feuerstein fehlt darunter, weil er sich zu diesem Zwecke seiner Splittrigkeit und Härte wegen gar nicht eignet.

Als Schleifplatten zum Poliren der roh zngeschlagenen Feuersteine hat man fast ausschliesslich quarzitische kambrische Sandsteine verwendet. Dieselben kommen in geeigneter Grösse häufig vor und zeichnen sich durch ihre rothe oder bräunliche Färbung, schwachen Fettglanz und gelegentlich durch bunte Streifung aus. Als Schleifmittel diente wohl Sand und zwar der reine Quarz (Dünen) Sand, mit dem auch die Löcher in die Aexte gebohrt sein werden. Da der Sand die gleiche Härte wie der Feuerstein hat, liess sich letzterer mit diesem damals einzig bekannten Mittel nicht durchbohren, so dass künstlich durchlöcherte Flintsachen kaum bekannt sind. Dagegen ist der Quarzsand härter als die Feldspathe, Augite und Hornblenden und konnte deshalb sehr wohl zu deren Durchlöcherung gebraucht werden; freilich ging die Bohrung langsam vor sich, weil die Härteunterschiede nur einen Grad der mineralogischen Skala betragen. Wenn dabei als Bohrer, wie angenommen wird, Knochen und zwar Röhrenknochen dienten, so ist dies auch nur eine Folge der dichten Struktur und grösseren Härte, welche z. B. die Laufknochen von Hirsch und Reh besitzen; denn diese Knochen, welche die gesammte Körperlast tragen, verlangen einen fast kompakten Bau in ihren äusseren Theilen und haben beinahe die Härte des Apatites (5) oder die der Augite und Hornblenden.

Alle übrigen Geschiebe sind nur vereinzelt in bearbeitetem Zustande vorhanden. Dahin gehört eine Axt aus Granitporphyr, 3—4 kleinere Exemplare aus grauem oder röthlichem Quarzporphyr, von denen ein Stück dem sog. Ostseeporphyre gleicht, welcher als Geschiebe in unserer Gegend oft vorkommt und aus dem Meeresgebiete nördlich von Gotland stammt. Ein Stück besteht aus dichter, schwarzer, durch Feldspatheinsprenglinge weiss gefleckter Smäländer Hälleflinta. Aus glimmerreichen, schiefrigen Hälleflinten (Långemäla Typus von Småland) sind einige Werkzeuge unregelmässigerer Gestalt und unbekannter Gebrauchsart angefertigt. Die Hälleflinten sind durchweg rissig und splittrig, so dass sie deshalb seltener brauchbare Bruchstücke liefern und aus diesem Grunde, ebenso wie die Quarzporphyre der Bearbeitung entgingen. Nur unter den Schlagsteinen, bei denen es ja nicht auf Grösse und bestimmte Form so sehr ankam, lassen sich die Hälleflinten etwas reichlicher nachweisen.

Zu einer **Axt** diente auch der durch Glaukonitkörnchen grün gefleckte untersenone **Arnagerquarzit**, welcher am Südrande Bornholms ansteht, als Rohmaterial. Dies als Konkretion in Grünsanden auftretende quarzitische Gestein ist sehr fest und widerstandsfähig, aber auf Rügen nur in vereinzelten Blöcken vertreten. Ebenso ist ein quarzitischer Kreidesandstein mit weissen Muscheltrümmern verwandt worden. Unerwartet selten findet man **Kieselschiefer**, von denen ich in der Sammlung nur 3—4 Exemplare konstatirte. Dieselben gehören dem Untersilur an, wo sie als dünne, schwarze, einheitliche Bänke dem Graptolithenschiefer eingelagert sind. Aus der geringen Härte erklärt sich dagegen einfach das Zurücktreten aller **Kalke** unter den Steinwerkzeugen; nur ein grosser Meissel von Wittow besteht aus glimmerreichem obersilurischem Kalkschiefer und ist arg zerstört, ein anderes Stück von viel kleineren Maassen (12 cm Länge) aus dichtem untersilurischem Kalke. Dafür sind unter den Spinnwirteln mehrere aus diesem Material vorhanden, das sich relativ leicht in die linsenförmige Gestalt bringen und durchbohren liess, sowie gegenüber den aus Thon hergestellten gebrannten Stücken die Dauerhaftigkeit voraus hatte. Aus dichtem Kalkstein erweist sich schliesslich ein Näpfchenstein mit eingegrabenen schlüsselförmigen Vertiefungen. **Gangquarze** und sehr dichte quarzitische Sandsteine des Kamorium lieferten die Feuerschlagsteine, bei denen ja die Härte das wichtigste Moment darstellt; und solange man noch mit anderen Steinen oder vielleicht mit Markasit Feuer schlagen musste, eignete sich der Feuerstein nicht als Anschlagstein, da er beim Schlagen zu sehr zersplittert und sich abnutzt, vor allem die Schlagrinne leicht zerstören würde, was bei dem zäheren Gangquarz weniger zu befürchten war.

Schliesslich sei noch erwähnt, was ja länger schon bekannt ist, dass die von einem Loch durchsetzten Kalkstöcke von Hydrozoenkolonien aus der Kreide (*Porosphaera globularis*) auf einen Faden aufgezogen, als erste einfache Halsketten dienten. Die Löcher in diesen Kugeln sind wohl dadurch entstanden, dass diese inkrustirend wachsenden korallenartigen

Thierstöcke einen Algenfaden umwuchsen, und letzterer natürlich später verweste. Man kann solche durchlöcherte Kolonien im Sande des Jasmunder Ufers oder in den Schlämmrückständen der Kreidefabriken leicht in vielen Exemplaren sammeln.

Ein kostbarer Schmuck war der Bernstein, von dem jahraus jahrein ansehnliche Mengen am Strande von Göhren und Binz angeschwemmt werden. Diese prähistorischen Bernsteinsachen haben durch das lange Liegen im Boden meistens eine dunkle Farbe angenommen, und sich mit einer rissigen, braunen, erdigen und bröcklichen Rinde umgeben, welche auch der in Ostpreussen durch Bergwerk gewonnene, sog. Landbernstein besitzt. Dem angespülten Seebernstein Rügens fehlt sie selbstverständlich, da sie beim Hin- und Herrollen durch die Wellen zerstört wird. Sie ist ein Zersetzungsprodukt gleich der weissen Rinde der Feuersteine und durch die Bodenwasser, vielleicht auch durch die Verwesungssubstanzen der Leichen erzeugt, denen der Schmuck beigegeben war.

Als Gesammtresultat dieser kursorischen Betrachtung ergibt sich, dass nur einheimisches Gesteinsmaterial zu den Steinwerkzeugen verwandt worden ist. Jedes fremde, etwa eingeführte Material fehlt durchaus. Der Boden barg ja in seinen nordischen Geschieben eine solche Fülle verschiedenartigen Rohstoffes, dass damit allen gegebenen Zwecken völlig genügt werden konnte. Wenn nun aber der Feuerstein so sehr bevorzugt ist, so lässt sich dies vielleicht aus den folgenden Gründen erklären. Erstens eignet er sich wegen seiner Sprödigkeit sehr gut zur Bearbeitung, dann liefert er scharfe Splitter, die als Lanzenspitzen, Pfeilspitzen, Messer, Schaber etc. gebraucht werden konnten, drittens findet er sich in unserem Gebiete überall, theils anstehend wie auf Rügen, theils als Diluvialgeschiebe in Sand und Kies. Diese allgemeine Verbreitung ermöglichte schliesslich die Ausbildung einer bestimmten, auf seine physikalischen Eigenschaften zugeschnittenen Technik, die einmal gefunden, weiter ausgebildet und vererbt werden konnte, während die in ihrem Verhalten gegen Bearbeitung von Stein zu Stein wechselnden Geschiebe eine grössere Erfahrung und Geschicklichkeit erforderten.

# VII.

# Aus der Geschichte zweier Dörfer in Pommern.

## Ein Beitrag zur pommerschen Heimatskunde.
### Von Geheimrat Dr. Al. Reifferscheid, o. ö. Professor der deutschen Philologie, Greifswald.

## II.

Bekannter als Fresendorf, das im ersten Abschnitt, VI. Jahresbericht, II. Teil, S. 44—62 behandelt worden, ist Lubmin, das sich als Ostseebad schon einen guten Ruf erworben hat. Seine Vergangenheit ist noch nicht völlig aufgehellt. Was sich aus Lubbemin, der ursprünglichen Form des Namens, über seine Anfänge folgern lässt, ist a. a. O. 45 schon angedeutet worden. Wie lange die Wenden sich hier gehalten haben, lässt sich nicht einmal vermutungsweise sagen. Mit Gewissheit kann man dagegen behaupten, dass das Meer dem Lubminer Gebiet im Laufe der Zeit wesentlichen Abbruch gethan hat. Vergleicht man den Umfang und die Nordgrenze des Gebietes auf der Karte A. Jernströms vom Jahre 1694, die mir Herr Gemeindevorsteher O. Schulz*) in Lubmin freundlichst zur Verfügung gestellt hat, mit den heutigen Verhältnissen, so gewahrt man, wie mächtig die See in diesen 200 Jahren vorgedrungen und wie viel sie vom unbewehrten Strande fortgerissen und fortgespült hat.**) Die Verheerungen der letzten zwei Jahre, 1898 und 1899, haben die Lubminer

---

*) Ihm verdanke ich auch die Kenntnis der für die Geschichte Lubmins wichtigen Kontrakte, sowie die der übrigen Urkunden, die dem folgenden zu Grunde liegen.

**) Vgl. im Anhang das „Fluhrregister (so!) über das Domanial-Bauerdorff Lubmin nach der Vermessung im Jahr 1801 und 1802."

aufs neue an ihre Pflicht erinnert, vor allem andern ihren Strand thatkräftig zu schützen, damit ihnen ihre Nachkommen nicht mit Recht den Vorwurf unverzeihlicher Sorglosigkeit machen.

Von Anfang an waren die Lubminer neben dem Ackerbau auf den Fischfang angewiesen. Je nach der Zahl ihrer Fischerkähne mussten sie der Stadt Greifswald, die seit 1270 ausschliesslich die Fischereigerechtigkeit im Bodden besass, eine Gebühr entrichten. Für das letzte Drittel des 14. Jahrhunderts kennen wir die Höhe des Betrages genau, er war so unbedeutend, dass er nur als Rekognitionsgebühr, nicht als eigentlicher Pachtzins aufzufassen ist.*) Die drei „hübschen Fräulein" in Greifswald zahlten damals für die Ausübung ihres ehrlosen Gewerbes dreimal mehr.

---

*) Das Memorabilienbuch der Stadt Greifswald, vgl. a. a. O. 45, gibt darüber erwünschte Auskunft. Im J. 1361 und 1362 heisst es zwar fol. 5ᶜ und fol. 9ᵃ ganz allgemein: „Item villani in Lubbemyn de pactu aquarum satisfecerunt." Für das Jahr 1368 erfahren wir die Zahl der Fischerkähne, fol. 37ᵃ: „Notandum quod hoc anno fuerunt in lubbemyn XIIII navicule dictae can, in vreyst vero due naviculae. Item in nighenhagen II.", für das Jahr 1372 auch die Höhe der Abgabe, fol. 54ᵃ: „Notandum quod hoc anno illi de lubbemyn de pactibus aquarum dederunt XXIIII sol., de nyenhagen II sol. et de vreest nihil." 1373 gaben die Lubminer XXII sol., fol. 58ᵈ, 1377 XXI „pro kaan", fol. 76ᵃ, 1375 brachte der Stadtbote Bobelin 30 sol: „Item bobelin portavit nobis de lubbemyn de pactibus aquarum XXX sol., fol. 62ᵃ, 1378 brachte er nur XXIII: „Notandum Bobelin praesentavit nobis XXIII sol. de pactibus aquarum in lubbemyn," fol. 79ᵈ. 1379 de lubbemyn dederunt kanepacht XXII sol." fol. 84ᵇ, 1381 bezahlten sie von ihren Netzen nur 14 sol. „de sageais in lubbemyn XIIII sol." fol. 95ᶜ, ebensoviel 1383 „de redditibus aquarum in lubbemyn XIIII sol." fol. 102ᵈ, 1388 nur 12: „Item aque pactus de lubbemyn XII sol.", fol. 122ᵈ, 1391 gar nur 9: „Item de lubbemyn pro waterpacht IX sol." fol. 134ᵈ, 1394 wieder 14: „Item de lubbemyn pro canepacht XIIII sol., fol. 144ᵈ, 1396 12: „Item de villa lubbemyn XII s.", fol. 154ᵈ. Ich gebe all dieses so genau nach dem Memorabilienbuch, weil Pyl, Geschichte des Cistertienserklosters Eldena, im Zusammenhange mit der Stadt und Universität Greifswald, I, 254 sagt: „Von den Bauern und Fischern des Dorfes Lubmin bezog die Stadt de pactu aquarum und de naviculis 13 Sch. Abgabe", was thatsächlich nie der Fall war.

In den berzeglichen Zeiten gehörte Lubmin den Herzögen.
Einer von ihnen vormachte es mit dem Dorfe Kraepelin dem
Kloster Eldena, was 1309 durch einen andern bestätigt wurde,
ohne dass das Kloster je in den wirklichen Besitz dieser Dörfer
gelangt zu sein scheint. Jedenfalls war es später wieder im
Besitze der Herzöge. Nach ihrem Aussterben fiel es an die
Krone von Schweden.

Es wurde als Domanialdorf behandelt und zuerst, wie es
scheint, für die schwedischen Könige bewirtschaftet, später den
in Lubmin wohnenden Vollbauern in Pacht gegeben. Der
älteste „Arrendecontract", der sich erhalten hat, stammt aus
dem Jahre 1768, vom 12. Februar. In diesem Jahre wurde
das Dorf mit der Heide auf 15 Jahre für vierhundert Reichsthaler verpachtet.

Von den Bestimmungen des Kontrakts sind die folgenden
besonderer Beachtung wert, die ich genau nach dem Original
mitteile.

„§ 1. Es überlässt die Kgl. Einrichtungs Commission
Nahmens Sr. Kgl. Majestät den Geniessbrauch des . . . Dorffes
Lubmin nebst aller dazu gehörigen Pertinentien, an Äckern,
Wiesen, Weiden, Gärten, Triften, Morästen, Brüchen, Seen,
Teichen, Bächen, Fischerey, Koppeln, niedrigen Jagd, nichts
davon ausgenommen, insofern von diesen benanten Stücken
bey dem Dorffe und dessen Pertinentien etwas verbanden, oder
solches nicht von der Kgl. Einrichtungs Commission besonders
verpachtet worden, in der Maasse, wie es Se. Königl. Majestät
genutzet haben, und sonst geniessen können, an die daselbst
wohnende Bauren und Kgl. Unterthanen, für eine jährlich
dafür zu erlegende Summa von Vierhundert Reichsthaler, in
guten 2 Groschen Stücken nach dem Leipziger Fuss von 1690
auf Funfzehn nach einander folgende Jahre, als von Ostern
1768 bis dahin 1783, um solches nach besten Können und
Vermögen, jedoch civiliter und Hausswirtlich zu geniessen und
zu gebrauchen.

§ 2. Sind die Banren verbunden, dieses Dorff und dessen
Pertinentien, an Gebäuden, Gräntzen, Scheiden, und sonst
habenden Gerechtigkeiten, nicht verschmälern zu lassen, den

vermerckten Eindrang so fort der Kgl. Regierung anzuzeigen, und inzwischen alle Usurpationes zu verhindern. Imgleichen versprechen sie dieses Dorf mit den dazu gehörigen Pertinentien in denen gehörigen Schlägen nach der Ordnung zu nutzen, die Brache jährlich als gute Hausswirthe düngen und bemisten, auch allen Mist von den Höfen fahren zu lassen, und während der Pacht-Jahre kein Futter, Heu, Stroh, Hecksel, Schoof*) oder Mist zu verkaufen, oder anders wohin verfahren zu lassen, und ebenwenig den Acker auszumergeln oder die etwa bey dem Dorfe und dessen Pertinentien befindliche Heyde anders als Hausswirthlich zu gebrauchen, sondern es allezeit also anzustellen, wie es diesem Dorfe nützlich, ihnen aber selbst rühmlich seyn kann.

§ 5. Die bishero im Amte gebräuchlich gewesene Fuhren, werden Künftig auf Anordnung der Kgl. Regierung, über sämtliche Domanial-particuln nach dem Hufen Stand vertheilet, und sind die Bauren dieses Dorfes zu Leistung solcher Fuhren verpflichtet. Auch sind sie schuldig, den in dem Dorfe oder dessen Pertinentien etwa wohnenden Müller, die Weide für 2 Pferde, 1 Füllen, 2 Kühe und 1 Haupt guss**) Vieh, wie auch 2 bis 3 alte Gänse und 2 bis 3 alte Schweine, worunter eine Zucht-Sau, und 6000 Stück Torf, wenn solcher auf dem Felde befindlich, und ohne Nachtheil der Einwohner des Dorfes zu entbehren stehet, nach des Kgl. Amts Anweisung zu stechen zu gestatten, und die künftig zu verfertigende Berichte von dem Zustande des Dorfes und dessen Pertinentien, jährlich bei arbitrairer Strafe bey der Kgl. Regierung einzureichen.

§ 6. Sind die Banren schuldig, so viel Vieh zu halten, als zu Bemistung der Äcker nötig ist, auch müssen‚*‚) sie ihre Äcker und Wiesen an andre nicht verheuren,†) mit andern auf das halbe Korn säen, oder Stroh und Futter verkaufen, sondern in allem der zu publicirenden Bauer-Ordnung nachleben.

§ 8. Die etwa bey dem Dorfe und dessen Pertinentien

---

*) Schoof = ausgedroschene Garbe, Strohbund.
**) guss = gust, noch nicht trächtig.
‚*‚) müssen = dürfen.
†) verbeuren = altem verhuren, verpachten.

befindlich seyende hohe Bäume, wo sie sind, und von was für Art sie seyu mögen, verbleiben zu der alleinigen Disposition der Krone, wie denn auch die Mastung in der sogenannten Hufen- und andern grossen Höltzung dem Domanio vorbehalten wird. Die Mastung von Sprang*) Eichen und Büchen, und in Rämeln**) oder kleinen zwischen denen Äckern und Wiesen befindlichen Höltzungen so woll, als von allen denenjenigen Bäumen die zwischen dem Strauche Holtze stehen, wovon der Geniessbrauch denen Bauren überlassen wird, haben sie zu geniessen.

Die vorhandene Weich Höltzung an Strauch und Bruch Holtz aber nutzen und disponiren dieselben unter folgenden Bedingungen frey und ungehindert; nemlich

a) dass das Strauch oder Bruch Holtz, nach verhältniss der Grösse, imgleichen des Tragbahren Grundes und Bodens, in eine gewisse, dem Contract anzufügende Anzal Kaveln vertheilet und nach der Ordnung gehauen wird, damit bei Endigung des Contracts die Kaveln gehörig abgeliefert werden können.

b) dass auf jeden Morgen des Haues 25 Hege Bäume gelassen, dahingegen wo der Grund zu Hege Bäumen untauglich ist (als in Kvat Busch und tiefen Brüchen) alles für das Beil weggehauen werde.

c) dass die gehauene Kavel, wenn sie Ellereu Busch ist, 2 Jahre, wenn sie viel mit Hasel-Sträuchen vermischet, 3 Jahre, und wenn sie ganz aus Haseln, oder anderen Sträuchen bestehet, welche durch das Vieh an ihrem Wachsthum gehindert werden können, 4 Jahr für allem Vieh geheget und mit demselben geschonet werde.

Unter diesen Bedingungen disponiren die Bauren, das jährlich zu hauende Holtz einer Kavel frey und ungehindert; versprechen aber dagegen, denen bishero publicirten, und Künftig zum Besten des Domanii zu publicirenden Holtzverordnungen nachzuleben, und die nach Verhältniss des habenden

---

*) Sprang = vereinzelt, versprengt stehend.
**) Rämel, vgl. Anhang 1, S. 128, = schmaler Streifen.

terrains durch Verordnungen zu determinirende Grösse der
Eichen oder Tannen Kämpe, innerhalb denen ersten 5 Jahre
auf dem Dorfe oder denen dazu gehörigen Pertinentien anzulegen und zum Wachsthum zu befördern. Wenn aber die
Bauren Eichen oder Tannen Kämpe nicht selbst bearbeiten,
besäen und zum Wachsthum befördern welten, so haben sie
solches nächstkommenden Michaelis bey der Kgl. Kammer
anzuzeigen, und alle Jahre so lange der Contract dauert, von
jedem 100 Reichsthaler jährlichen Ertrage 24 S. zu erlegen.
Übrigens sind sie für die richtige und gute Ablieferung der
Strauch und Bruch Höltzung in denen festgesezten Kaveln
verantwortlich.

§ 9. Das Torfstechen haben die Banren für sich und die
sonst zu dem Dorfe gehörige Leute frey, dass veräussern desselben aber ist ihnen gäntzlich bey willkührlicher Strafe untersaget.

§ 10. Die Pflantzung der Obst und Weiden Bäume muss
folgender Gestalt von denen Banren auf dem Dorfe beschaffet
werden: Nemlich, das ein jeder Voll Bauer, jährlich 5 Obst
Bäume, bis auf der Hoff Stelle 100 vorhanden, und 10 Weiden,
bis daselbst 200 sind, ein jeder halb Bauer 3 Obst Bäume, bis
deren 60 und 6 Weiden, bis 120, der Cossat 2 Obst Bäume,
bis deren 40 und 4 Weiden, bis deren 80 vorhanden sind, setze.
Die ausgegangene Bäume beyder Gattungen, werden jährlich
nachgesezt, unter Obst Bäume werden aber keine andern als
Apfel und Birn Bäume verstanden. Solten die Weiden auf
dem Dorffe und denen dazu gehörigen Pertinentien nicht wachsen
wollen, so wird ihnen nachgelassen, an deren Staat Abeelen,[*]
Eschen, Hagebüchen und andere Bäume zum Kröpfen[**] zu
pflantzen, in welchem Fall ein jeder Baum dieser 3 Arten oder
sonstige Bäume, ihnen für 2 Weiden gerechnet werden solle.
Selte dagegen bey der jährlichen Nachsicht befunden werden,
dass sie die hier festgesezte Anzahl von Obst Bäumen und
Weiden, oder in der letzteren Stelle andere Bäume nicht ge-
setzet und zum Wachsthum befördert haben solten; so erlegen

---

[*] Abeelen = Pappeln.
[**] kröpfen = köpfen, kappen.

dieselbe für jeden nicht gesezten und zum Wachsthum beförderten Obst Baum 16 S. und für jede nicht gesezte Weide 8 S. Strafe.

§ 11. Da ferner Steine auf den Äckern und in denen Triften vorhanden sind, setzen die Bauren von jedem 100 Reichsthaler Ertrag, jährlich eine halbe Ruthe Mauren, von 5 Fuss in der Anlage, 5 Fuss hoch und $1^1/_2$ Fuss in der ebern Breite. In Ermangelung der Steine, oder nach deren Verbrauch, sind sie schuldig an staat der Stein Mauren, von jedem 100 jährlichen Ertrage, eine Ruthe Swartz und Weisse Dornhecken, und wann dieselben nicht wachsen andere Hecken, oder einen so breiten und tiefen Graben mit einem Mahle dergestalt zu ziehen, dass das Vieh nicht andringen kann. Wird bey der jährlichen Besichtigung gefunden, dass diesem paragrapho nicht nachgelebet worden ist, so bezahlen die Bauren bey dem Vorrath der Steine für jede mangelnde Ruthe Mauren 1 Reichsthaler Strafe, und im andern Fall, für jede fehlende Ruthe an Hecken und Graben 24 S.

§ .12. Die Bauren stehen unter der Gerichtsbarkeit des Kgl. Amts und werden die Beschwerden über denenselben daselbst angebracht. Übrigens aber leben sie in allen Stücken lediglich denen Verordnungen der Kgl. Regierung, die ihnen entweder immediate oder durch das Kgl. Amt ertheilet werden, nach und können, wenn sie sich beschweret zu seyn glauben, bloss allein an Se. Kgl. Majestät selbst sich wenden."

In verkürzter Form führe ich noch einige Bestimmungen an, die in der ursprünglichen Fassung zu langatmig sind.

"Saltz Quellen und sonstige etwa zu entdeckende Mineralien" behielt sich die Krone im 13. § vor. Den Bauern sollte aber der „durch Anlegung solcher Wercke .. ihnen an dem Geniessbrauch verursachte und erweisaliche Schaden nach gehöriger Untersuchung und abgestattetem Berichte der Kgl. Regierung von Sr. Kgl. Majestät ersetzet werden.

Nach dem 14. § mussten die Bauern alle Lasten bei Friedens und Kriegs Zeiten tragen, ohne dass sie befugt gewesen wären etwas dafür zu fordern, oder an der Pacht abzuziehen. „Wenn aber, welches Gott gnädigst abwenden wolle, dieses Land mit Krieg heimgesucht werden solte, und die Bauren von diesem Derfe nicht soviel revenuen haben könnten, als die jährlich von ihnen für den Geniessbrauch zu bezahlende Summa ausmacht, so soll ihnen soviel nachgelassen werden, als der daran erlittene und rechtlich erwiesene Abgang sich beträget; wenn ihnen aber die gantze Ertrags Summe desjenigen Jahres worinn sie den Kriegsschaden gehabt haben, remittiret wird, so verschwinden alle dieserwegen etwa zu machende praetensiones."

„Alle und jede Unglücksfälle und casus fortuitos als Misswachs, Wind, Feuer, Wasser und Hagel Schaden, das allgemeine und besondere Viehsterben, Mäusefrass und dergleichen, sie mögen Namen haben wie sie wollen . . . übernehmen" nach § 15 „die Banren, ohne desfals eine Ersetzung zu fordern. In diesem Ende renunciren dieselben für sich und ihren Nachkommen hiedurch feyerlichst, allen ihnen dieserhalb in denen gemeinen Rechten und besonderen Gesetzen, Constitutionen, Reglements und Verordnungen, etwa zu statten kommenden Wohlthaten, Rechten und Ausflüchten . . . ." Nur „bey entstehenden Brand Schaden wird ihnen das erforderliche Bau Holtz aus Kgl. Heiden ohnentgeltlich verabfolget. Solte aber der Brand Schaden durch erweissliche Verwahrlosung derselben oder ihrer Dienstboten entstanden seyn, haben sie sich dieses Vortheils nicht zu erfreuen."

„Zur Sicherheit der Krone zahlen die Bauern (§ 16) das Assecurations Quantum von Vierhundert Reichsthalern . . . und geniessen davon jährlich die Landesüblichen Zinsen."

Die Pacht bezahlen sie voraus (§ 17) und zwar die eine Hälfte Ostern, die andere Hälfte Michaelis. „Die Zinsen des gethanen Vorschusses ziehen die Banren in dem allezeit darauf folgenden Oster Termin ab. Solten die Banren aber mit deren Abtrag in denen festgesetzten Terminen saumselig befunden werden, wie ihnen den unter keinerley Vorwand etwas zurückzubehalten zustehet: So soll bey deren Ausbleibung, oder bey entstehender Unsicherheit der Banren, durch die von der Kgl. Regierung dazu Verordnete, also bald die zureichliche Sicherheit der Bauren untersuchet, und im Fall dieselbe entweder wegen der Ertrags Summe oder sonst unsicher befunden werden solten, der Contract im ersten Fall, sofort als aufgehoben und geendiget angesehen, im andern Fall aber muss der Krone zureichliche Sicherheit gestellet werden, oder es soll über dieses Dorff und dessen Pertinentieu, sofort eine andere Disposition gemacht werden."

Den Kontrakt, für dessen Erfüllung „die Bauern alle für einen und einer für alle mit ihrem Vermögen, wo es zu finden ist," hafteten, unterschrieben „im Nahmen der gantzen Dorffschaft" „Michael Knepael, Jacob Fahl, Peter Janho."

Schon 1776 wurde ein neuer Kontrakt geschlossen, der Ostern 1803 ablief, wie aus einem Protokoll vom 5. Februar 1803 ersichtlich ist. An diesem Tage verhandelte der Kammerrat und Ritter Heintzig mit dem Oberjägermeister von Sodenstern und dem Kammerrat Schinkel über die Neuverpachtung. Vou einem öffentlichen Ausbot wurde abgesehen, „in dem eine solche Operation voraussetze, dass die einzelnen Höfe Lubmins in Ansehung ihrer Grundstücke von einander separirt wären, was bei den noch nicht hinlänglich bestimmten Separationsgrundsätzen zur Zeit nicht bewirkt werden könne," und weil man befürchtete, dass die bisherigen Pächter „durch Überbot abgetrieben würden und dann als Kgl. Unterthanen ein anderweitiges, für die hohe Krone aber mit Schwierigkeiten verbundenes Unterkommen begehren dürften."

So war beschlossen worden mit Lubmin „eben so zu verfahren, als in neueren Zeiten mit andern Bauerdörfern, namentlich Roddow, Katzow u. s. w. geschehen" und es den bisherigen Bewohnern „gegen eine etwanige Erhöhung der anschlagsmässigen Arrhende zu überlassen, doch nur auf 6 Jahre, weil theils diese Zeit zur zweimaligen Rund-Wirtschaftung dieses dreischlägigen Feldes hinreiche, theils nach Verlauf von 6 Jahren der grösste Theil der Bauerdörffer aus der Pacht fiele."

Die Bauern von Lubmin hatten „mittelst eingereichten Supplicats um Bestimmung ihrer künftigen Verhältnisse" gebeten. Es wurde ihnen eröffnet, dass der neue Pachtvertrag nach „Anleitung des jetzt über Lubmin errichteten Ertrags-

Anschlags, vorzüglich aber mit Beobachtung der vom Kgl. Forststaat zur Beförderung dortiger Tannenanlagen gemachten Vorschläge ausgefertigt" werden solle.

Es traten verschiedene Änderungen ein.

Das Pfandkapital von 2000 Rth., welches den Bauern bisher zu 5% verzinst worden, sollte als Pacht-Assecurat-Quantum einstehen bleiben, aber nur zu 4% verzinst werden.

Zur neuen Anbaute sollten nicht mehr als 12 Familien verstattet werden.

Die neue Anlage des Dorfes sollte gemeinschaftlich vom Kgl. Amt und vom Kgl. Forststaat reguliert werden. Es sollte dabei hauptsächlich darauf geachtet werden, dass die Häuser in einer dem Terrain anpassenden Lage, und so aufgerichtet würden, dass nebst einer angenehmen Wirkung auf das Auge und der höchst möglichen Sicherheit gegen Feuersgefahr, so wenig Flächenraum als möglich zu dem Dorfe verwandt, mithin an der Befriedigung desselben desto mehr erspart würde.

Während den Bauern bis dahin die niedere Jagd frei gestanden, sollte die Jagd fortan zur Disposition des Kgl. Forststaates verbleiben, so dass die Bauern sich alles Schiessens und Jagens zu enthalten hatten. Sie mussten auch darauf sehen, dass von Niemanden unbefugter Weise, am wenigsten mit Windhunden gejagt wurde.

Den Bauern insgesammt sollte jährlich eine Nutzeiche und eine Nutzbüche, jedem derselben 2 Fuder Sträuche und jedem Einlieger 1/2 Fuder, doch alles gegen Bezahlung verabfolgt werden.

In Betreff des Tannenanlageprojekts wurden die Bauern darauf aufmerksam gemacht, dass dazu 430 Morgen genommen werden sollten, ausser den vom Kgl. Amt vorgeschlagenen 246 Morgen 11 Ruthen noch aus den auf der Karte No. 5 und No. 6 bezeichneten Stück 108 Morgen 3 Ruthen und das Stück No. 7 von 75 Morgen 286 Ruthen. Von der Anstellung eines Holzwärters wurde Abstand genommen, dagegen sollte der Schulze die Aufsicht auf die Holzung übernehmen, und die Bauern einer für alle, und alle für einen für die durch ihr Verschulden darin verursachte Unordnungen und Schaden verantwortlich sein.

Die Forstdienste, zu denen die Bauern sich verpflichten mussten, sind gar nicht genauer angegeben, es heisst nur „die Bauern wurden mit den zu leistenden Forstdiensten bekannt gemacht." Wahrscheinlich war weder die Kgl. Kammer noch der Kgl. Forststaat im Klaren, zu welchen Frohnen sie die Bauern und Einlieger nötigen wollten.

Die beabsichtigte Erhöhung des Pachtzinses liess sich trotz aller Mühen, die die Herren sich gaben, nicht durchsetzen. Der Bericht im genannten Protokoll wirkt trotz seiner Kürze erheiternd.

Der Ertrag des Dorfes mit Inbegriff des Grundgeldes der 8 eigenthümlichen Katen und der Fischerei war zu 815 Reichsthaler 5 S. angeschlagen. Da die Arrhende aber stets über den Anschlag hinausgehe, sollten die Bauern sich ebenfalls zur Erhöhung des Anschlags verstehen und jeder etwa 100 Reichsthaler Pacht, alle zusammen also 1100 Reichsthaler geben. Die Bauern „betheuerten dagegen, wie die schlechte Beschaffenheit ihres Ackers, der hohe Steueransatz von 4 Hufen 15 Morgen ihnen eine jährliche Pacht von 1100 Reichsthalern unmöglich mache, wobei sie sich zu 820 Reichsthalern erbieten."

Das Protokoll fährt wörtlich fort: „Da sie ungeachtet zweckdienlichen Zuredens zu einem mehreren sich nicht verstehen zu können glaubten, ward ihnen angezeigt, wie die Kgl. Kammer dieses ihr Erbieten in Erwägung nehmen wolle, und sie mittlerweile abzutreten hätten.

Nachdem sie sich entfernt hatten, ward vom Herrn Kammerrath und Ritter Heintzig über dieses Erbieten der Bauern das Sentiment des Herrn Oberjägermeister von Sodenstern uud des Herrn Kammerraths Schinkel eingefordert, welche beide sich dahin erklärten, wie nach ihrer Überzeugung der Lubminer Acker nur in allewege mittelmässig, und der Steuer-Ansatz von 4 Hufen 15 Morgen bedeutend gross sey, und wenn gleich wegen der mancherley in einer Landwirthschaft möglichen Zufälle, und theils günstige, theils ungünstige Ereiguisse sich nicht genau bestimmen liesse, was die Bauern zu geben vermögten, so wäre doch eine etwanige Erhöhung ihres Boths noch von ihnen zu erwarten.

Sie wurden nun wiederum zum Vortritt gelassen und ihnen vom Herrn Kammerrath und Ritter Heintzig angedeutet, wie sie jährlich 900 Reichsthaler geben müssten.

Nachdem sie nun die vorigen Betheuerungen über die Unerzwinglichkeit einer solchen Arrhende wiederholt hatten, erbieten sie sich endlich zur Arrhende von 850 Reichsthaler."

Nachdem des General-Gouverneurs hohe Entscheidung eingeholt worden, wurde den Bauern am 7. Februar 1803 die Pacht zugeschlagen. Der Kontrakt wurde aber erst am 14. Mai 1804 geschlossen und zwar auf 6 Jahre von Ostern 1803 bis dahin 1809.

Während im ersten Paragraphen einfach von den Kgl. unterthänigen eilf Vollbauern die Rede ist, die in folgender Reihe aufgeführt werden: der Schulze Christian Schultz, die Bauern Christian Tabel, Claus Beu, Erdmann Jahnke, Jürgen Thurow, Jacob Vahl, Martin Franz, Christian Knaepel, Jacob Jürgens Witwe, Christian Peters und Adam Knaepel, lehrt der fünfte Paragraph, dass auf Vorschlag der Kgl. Kammer der Halbbauer Tabel und die beiden Kossaten Thurow und Franz den acht Bauern an Aeckern, Wiesen und Worthen*) gleich gemacht und die daher erforderliche nothwendige Vergrösserung ihrer Zimmer**) genehmigt worden.

Verpachtet wurden den genannten, ihren Erben und Erbnehmern die zu den 11 Vollbauerstellen gehörigen Grundstücke, nebst dem Ertrag aus der Fischerei und dem von den 12 Neuanbauenden zu erlegenden Grund- und Dienstgelde.*.*) Ferner

---

*) Worth, Wurth = Hofstätte, besonders eine eingezäunte. vgl. Anhang 1 Wurthländer.

**) Nach den weiteren Ausführungen des Kontrakts bedeutet Zimmer an dieser Stelle Scheune, Wagenschauer und Stall. Es bezeichnet noch heutzutage in niederdeutschen Gegenden auf dem Lande bald das Haus, bald den Stall, der auch genauer Viehzimmer genannt wird, aber nie die Stube.

.*.) In dem oben erwähnten Protokoll hiess es dagegen: „Das von diesen Neuanbauenden zu erlegende Grundgeld von 2 Rthlr. und Dienstgeld 24 S. wird an das Kgl. Amt bezahlt, wogegen die Bauern das Grundgeld der eigenthümlichen Katheu à 2 Rthlr. und das Dienstgeld à 24 S., sowie die Miethe des Hofkatheus à 3 Rthlr, zu geniessen haben."

wurde ihnen ausdrücklich zugesichert das Hütungsrecht sowohl auf den Spandowerhäger communen Wiesen als auf dem Fresendorfer Territorio. Sie sollten aber nicht befugt sein, wenn diese Befugnisse aufhören würden, deshalb weiter eine „Ersetzung" zu verlangen, als dass ihnen der nach Lubmin gehörige auf dem Fresendorfer Territorio belegene Acker zurückgeliefert werde.

Ausgenommen wurden von der Verpachtung „die zu den Tannen-Anlagen in der Lubminer Heide ausersehene Plätze und Terrains nach Maassgebuug der darüber von dem Landmesser Quistorp verfassten Charte nebst Beschreibung und Areal-Ausrechnung". „Der alleinige Gebrauch derselben" wurde „der hohen Krone" ausdrücklich vorbehalten. Die Lubminer Pachtbauern waren aber „schuldig und verbunden, die zum Behuf der neuen Holzanlagen übernommene Forstdienste und sonstige dahin abzweckende Einrichtungen und Verbindlichkeiten in der Maasse, als selbige in dem besonders abgefassten, dem Pachtkontrakte angeschlossenen Reglemente näher bestimmt und festgestellt worden, stets prompt und zweckmässig zu bewerkstelligen."

Dem Protokoll entsprechend verbleibt die Jagd zur Disposition des Kgl. Forststaates.

Der Kontrakt, der sich den früheren vom J. 1768 zur Grundlage genommen, zeigt manche bemerkenswerte Verschiedenheiten.

So erhielt der 4. Paragraph des alten ausser kleineren Veränderungen einen wichtigen Zusatz, der die Unfreiheit der Pachtbauern noch verschärfte. Er lautet:

„Wird denen Pachtbauern zur Verbindlichkeit gemacht und ernstlich aufgegeben, ihre Aecker und ganze Wirthschaft auf das Beste und Fleissigste selber zu besorgen, und besonders auf ihren Wehren nicht mehrere Dienstboten zu halten, als sie zu ihrer Arbeit höchst nöthig gebrauchen, und wenn ihre Kinder genugsam erwachsen sind, selbige bei sich im Dienste zu nehmen, und dafür fremde Dienstboten abzuschaffen, oder beim Kgl. Amte zu documentiren, dass selbige auswärts dienen, und ist nur im letzteren Fall ihnen zu gestatten, andere

Dienstboten, sowohl Knechte als Mägde, anzunehmen, und wird dem Kgl. Amte aufgetragen werden, hierüber genaue Aufsicht zu halten."

Nur scheinbar spricht dagegen der 7. Paragraph: „Den Pachtbauern ist unbenommen, falls jemand unter ihnen sein Wesen nicht wohl verstehet und seine Wirthschaft dergestalt vernachlässiget, dass er seines Theils die ihm obliegende Contracts-Verbindlichkeiten nicht erfüllen kann, einen andern tüchtigen Menschen, der jedoch ein zum Dorfe gehöriger Unterthan, oder in Ermangelung desselben ein anderer Domanial Unterthan, am liebsten aber Jemand von des Abgehenden nächsten Verwandten seyn muss, an seine Stelle zu setzen; jedoch muss, nebst Anzeige der Ursachen zu solcher Ab- und Einsetzung, allemal die Genehmigung Sr. hochfreiherrlichen Excellence und der Kgl. Kammer gesuchet werden, ohne welche eine solche Veränderung gar nicht statt hat. Wenn jemand von den Pachtbauern während der Contracts-Jahre mit Tode abgeht, soll die vacante Stelle mit einem von seinen Kindern, oder in Ermangelung derselben, einem der nächsten Verwandten des Verstorbenen wiederum besetzet werden. Die Pachtbauern thun dazu den Vorschlag bei Sr. hochfreiherrlichen Excellence und der Kgl. Kammer, welche sodann ihre Genehmigung nicht versagen werden, wenn Sie befinden, dass weder in Ansehung der Tüchtigkeit der vorgeschlagenen Person etwas zu erinnern, noch jemand von den nähern Angehörigen des Verstorbenen ohne gültige Ursache vorbei gegangen worden."

Man könnte in diesen Bestimmungen nur menschen-freundliche Absichten sehen wollen, sie erhalten ihre wahre Bedeutung durch den 9. Paragraphen, dessen Sprache keinen Zweifel an der völligen Unfreiheit in Lubmin noch im Jahre 1804 gestattet.

„Sollten während der Contracts-Jahre, und so lange die Bauern oder deren Erben die ihnen verpachteten Grundstücke besitzen werden, durch erweisliches Verschulden derselben Unterthanen von Abhänden kommen, sind selbige schuldig, solche entweder wiederum herbei zu schaffen, oder sie auch der Krone zu vergüten. Und da auch die Pachtbauern ihrer

Obliegenheit zu seyn erachten werden, in Vorkommenheiten dem Domanio während ihrer Pachtjahre nach Möglichkeit Unterthanen ohne künftige Ersetzung zu acquiriren, so soll dagegen, im Fall sie einen Abgang an Unterthanen erleiden sollten, denenselben gestattet seyn, jene durch diese der Krone zu ersetzen. Sollte auch bei danächstiger Ablieferung des Dorfes befunden werden, dass einige von den dazu gehörigen Unterthanen fehlten, sind die Pachtbauern schuldig, solche entweder wiederum herbei zu schaffen, oder hinlängliche Beweise beizubringen, dass die fehlenden Unterthanen ohne alles ihr Verschulden von Abhänden gekommen, widrigenfalls haben die Pachtbauern oder derselben Erben solche entweder durch annehmliche Personen zu ersetzen, oder sie auch in Gelde, die Mannsperson mit Funfzig Reichsthaler und die Frauensperson mit Fünf und Zwanzig Reichsthaler der hohen Krone zu vergüten. Die Freilassung des einen oder andern, auch der gesammten Unterthanen behalten Se. hochfreiherrliche Excellence und die Kgl. Kammer Sich gleichwohl vorkommenden Umständen nach in allewege bevor. Auch wird den Pachtbauern zur Verbindlichkeit gemacht, im Fall der Entweichung und des Ausbleibens der zum Dorfe gehörigen Unterthanen, sofort Sr. hochfreiherrlichen Excellence und der Kgl. Kammer davon die Anzeige zu machen, damit deshalb die zweckmässig nöthig befundenen Maassregeln genommen werden können."

Auch sonst zeigen sich wesentliche Beschränkungen und Verschärfungen gegenüber dem Kontrakt vom Jahre 1768.

§ 12, der dem § 6 des früheren Kontraktes entspricht, erhielt folgenden Zusatz: „Wenn zwar den Bauern keine gewisse Mühlen vorgeschrieben werden, wo sie ihr Korn mahlen lassen, so dürfen sie doch auf keinen andern als Kgl. Mühlen mahlen lassen, welches ihnen hiedurch bei Strafe der an die Kgl. Kammer zu entrichtenden Mahlmetze ausdrücklich auferlegt wird, und behält die hohe Krone Sich vor, nach Bewandnis der Umstände, und wo es zuträglich gehalten wird, neue Mühlen zu errichten."

Während den Bauern nach § 12 des alten Kontrakts gegen die Entscheidungen der Kgl. Regierung ein Rekurs an den

König selbst·erlaubt war, war ihnen diese Möglichkeit zu ihrem Rechte zu kommen durch die folgenden Bestimmungen des § 13 im neuen Kontrakt völlig benommen: „Die Kgl. Pachtbauern und alle übrigen Einwohner des Dorfes stehen überhaupt in allen Stücken unter der Jurisdiction des Kgl. Amts, sowie auch demselben oblieget, sowohl auf die ganze Wirthschaft und Haushaltung der Bauern und Kgl. Unterthanen beständig ein wachsames Auge zu haben, als auch besonders dahin zu sehen, dass die Obliegenheiten dieses Contractes genau erfüllet werden. Jedoch bleibet denenselben unbenommen, über die Entscheidungen des Kgl. Amts, wenn sie sich dadurch graviret finden, ihre Reschwerden höheren Orts vorzutragen, und werden selbige in Justizsachen beim Kgl. Hofgerichte, als der zweiten Instanz in foro justitiae, in ökonomischen und solchen Streitigkeiten aber, welche aus diesem Contracte entspringen, bei Sr. hochfreiherrlichen Excellence und der Kgl. Kammer angebracht, bis deren decision es lediglich verbleibet.“

Über die Rechte der Katenleute und über die gegenseitigen Verpflichtungen der Pachtbauern und der Katenleute handelt mit erwünschter Ausführlichkeit der 8. Paragraph.

„Die im Dorfe befindliche 8 eigenthümliche Katenleute bezalen jährlich an die Pachtbauern Zwey Reichsthaler Grund- und 24 S. Dienstgeld, und haben bei ihren Wohnungen einen Garten von Zwanzig quadrat Ruthen Grösse und die Gerechtigkeit, Eine Kuh, Ein Schwein, Vier bis Fünf Schaafe und Eine Gans mit dem Zuwachs auf der dortigen Weide gegen Erlegung des Hirtenlohns, nämlich Sechszehn Schillinge für Eine Kuh und Zwey Schillinge für Ein Schwein, zu halten. Wenn aber die Kuh alt wird, stehet ihnen frey, Ein Kalb aufzuziehen, und wenn solches milch wird, so müssen die Katenleute die alte Kuh abschaffen, auch nicht alle zugleich ein Kalb aufziehen, weil sonsten die Weide zu stark betrieben werden würde. Sind die Bauern schuldig, jedem dieser Einlieger so viel Acker, als zur Anpflanzung Sechs Scheffel Erdtoffeln erforderlich ist, zu bearbeiten und zu bedüngen, worauf der Katenbewohner die Sechs Scheffel Erdtoffeln darin pflanzet, behacket und bearbeitet, und wenn solche von ihm ausgegraben, fähret der Bauer solche nach dem Dorfe, und theilet sie zu gleichen Theilen mit dem Katenbewohner. Den Dünger, welchen der Katenmann von seinem Futter und Dank\*) hat, fähret der Bauer auf seinen Acker, und ist nach geendigter Erndte zwischen beiden das Korn und Stroh zu theilen.

Wenn ein Katenbewohner sich ein Fuder Heu kauft, so haben die Bauern ihm solches für billige Bezahlung anzufahren. Wenn die Katenbewohner sich Holz ankaufen, sind die Pachtbauern schuldig, ihnen solches gegen Bezahlung anzufahren, und zwar in der Entfernung von einer Meile, als von Carbow, für Einen Reichsthaler, und von Carlsburg für Einen Reichsthaler 32 Schillinge.

Jeder Katenbewohner kann sich auf der dortigen Feldmark Dreytausend Stück Torf stechen, welchen ihm die Pachtbauern, wenn er trocken ist, für eine Bezahlung von 6 bis 8 Schillinge für jedes Tausend vor seine Wohnung fahren.

Wenn einem Katenbewohner $^1/_4$tel Leinsamen von einem Pachtbauern gesäet wird, so leistet der Mann mit der Frau dafür in der Rockenerndte Zwey Diensttage.

Die zu den Bauerhöfen gehörigen Katenleute geben jährlich Drey Reichsthaler Miethe, und erhalten für ihre Dienste das landübliche Tagelohn. Übrigens geniessen sie alle dieselben Emolumente, wie die vorgedachten eigenthümlichen Katenbewohner.

Ebenfalls sind die Pachtbauern schuldig, den auf dem dazu bestimmten Terrain sich neu anbauenden Zwölf Familien die Erdtoffeln Pflanzung und andere Vortheile, wie den übrigen eigenthümlichen Einliegern, gegen die dafür bestimmte Abgaben zufliessen zu lassen.

Entstehen zwischen den Pachtbauern und Katenleuten wegen Besetzung des Katens, ihrer praestationen und Geniessungen Streitigkeiten, behalten Se. hochfreiherrliche Excellence und die Kgl. Kammer Sich vor, entweder Selbst, oder durch das Kgl. Amt selbige zu entscheiden."

---

\*) **Dank** = Seetang.

Sehr genaue Bestimmungen enthält der 17. Paragraph über die Rechte des Schulhalters in Lubmin.

„Der Schulhalter hat eine freie Wohnung, wobei ein Garten, und jeder Bauer bereitet für denselben Acker zu $^1/_2$ Scheffel Erdtoffeln, welche der Schullehrer pflanzet und bearbeitet, und nachdem solche von ihm ausgegraben, von den Bauern unentgeldlich zu seiner Wohnung gefahren werden. Den Dünger, welchen der Schulhalter von seinem Futter und Dank hat, fahren die Bauern auf ihren Acker, und theilen nach geendigter Erndte zwischen sich und dem Schulhalter das Korn und Stroh.

Beim Blanken-Wasser*) hat der Schulhalter eine Wiese, so zwey mahl gemähet wird, die er selbst bearbeitet, die Anfuhr des Henes geschiehet aber von den Bauern unentgeldlich.

Da auf der dortigen Feldmark kein Zugang an Brennholz ist, so sollen dem Schulhalter jährlich Vier Fuder Brennholz in Kgl. Hölzungen ohne Bezahlung überlassen werden, welche die Bauern unentgeldlich anzufahren haben.

Kann der Schulhalter sich Vier Tausend Stück Torf auf dortiger Feldmark stechen, und wenn solcher trocken, fahren die Bauern denselben unentgeldlich vor seine Wohnung.

Ferner kann derselbe eine Kuh, ein Schwein, vier bis fünf Schaafe und eine Gans mit dem Zuwachs frey auf der Weide halten, und bezahlet für die Kuh, das Schwein und die Schaafe kein Hirtenlohn, wogegen von den Kindern des Hirten kein Schulgeld erlegt wird. Die Gänse aber muss er selbst hüten lassen.

An Schulgeld erhält er von jedem Kinde wöchentlich $1^1/_2$ S., wenn solches lesen, wenn es aber schreiben lernet, 2 S. Sollte aber sich der Fall ereignen, dass Kinder, die keine Eltern haben, oder deren Eltern so unvermögend sind, dass sie das Schulgeld nicht bezahlen können, welches von dem Kgl. Amte zu untersuchen ist, so ist der Schulunterricht gratis zu leisten.

Das Schulwesen und die Erwählung eines Schulhalters ist allein von dem Kgl. Amte und dem Ehren-Pastor iu Wüster-

---

*) Vgl. Anhang 1 unter den Söllen.

husen abhängig, und die Pachtbauern haben damit nichts zu schaffen.

Sollte es die Nothwendigkeit erfordern, dass ein neues und grösseres Schulhaus erbauet werden müsste, so hat die Dorfschaft in Ansehung des Orts der Erbauung dagegen nichts einzuwenden. Das Holz sowohl zur Neubaute als zur Reparation des Schulhauses wird von der hohen Krone unentgeldlich angewiesen, die Anfuhr desselben und die Baukosten aber haben die Bauern zu beschaffen.

Von jeden Heringsboot wird im Frühjahr und im Herbste von dem ersten Fang am Kgl. Amte ⅜ Wall und so auch am Schulmeister unentgeldlich geliefert.

Wenn die Kgl. Regierung nöthig finden sollte, etwas zum Besten des Schulwesens zu verfügen, so sind die Pachtbauern gehalten, solche praestanda zu übernehmen, und sie als eine Contractsverbindlichkeit gehörig zu erfüllen."

Darauf folgt in demselben § die Bestimmung über die Rechte des Schulzen: „Dem Dorfschulzen ist ausser dem von jeher inne gehabten einen Morgen Acker an der Kraeselinschen Scheide wegen seiner nach der neuen Schulzenordnung vermehrten Obliegenheiten noch Ein halber Morgen Acker an dem Schulzen-Acker angemessen, auch besonders ein halber Morgen Wiesenwachs auf dem Spandowerhäger Territorio von den Lubminer Wiesen angewiesen worden."

Unter den Kontrakt schrieb, wie es scheint, der Ortsschulze seinen Namen und die Namen der übrigen Pachtbauern, alle Unterschriften sind nämlich von derselben Hand. Sie lauten: „Christia Schultz, Jacob Vahl, Christian Knepel, Cristian Tabbel, Clas Bäy, ErtMan Jahncke. Jürgen Tohrow, Martin Frantz, Jacob Jürgens Witwe, Peter Christian Peters, Adam Knepel."

Das dem Kontrakt beigefügte Reglement wegen der Neuanlage von Tannenkämpen, datiert vom 14. Mai 1804. Es zeugt für die zielbewusste Energie, mit der der Forststaat damals die Neubeforstung der durch die Kriege und frühere Sorglosigkeit entwaldeten Landstriche Vorpommerns betrieb. Dem Oberjägermeister von Sodenstern gebührt jedenfalls das Hauptverdienst an der Aufforstung der Lubminer Heide.[*)]

---

[*) ] Vgl. im Anhange No. 2.

Als die Franzosen 1807 die Provinz in Besitz nahmen, ging die Verwaltung sämtlicher Domainen in die Hände der französischen Behörden über, 1808 wurden verschiedene höhere französische Offiziere und Beamten mit den Domainen dotiert, Lubmin fiel nebst Spandowerhagen, Nonnendorf und sechs andern grossen Gütern dem Staatsrat Grafen Frechet zu, der bis 1811 im Genusse seiner Dotation blieb.

Im Namen Sr. Majestät Napoleon I., Kaiser der Franzosen, König von Italien und Protektor des Rheinbundes verpachtete der Kaiserliche Commissaire, Directeur des Domaines de la Pomeranie Suedoise Ruot unter dem 16. Mai 1809 Lubmin den 11 Pachtbauern auf 15 nach einander folgende Jahre, von Ostern 1809 bis zum 31. Dezember 1823 für 528 Reichsthaler, während die alte Pachtsumme 850 Reichsthaler betragen hatte. Die schlauen Bauern hatten also den Regierungswechsel für sich auszunutzen verstanden. Die Franzosen freuten sich nicht lange ihres Besitzes.

Durch ihre Unterschrift übernahmen den Kontrakt, der französich und deutsch abgefasst war und in vier Paragraphen alles Wesentliche enthielt, „sub hypotheca Bonorum in allen Punkten genau zu erfüllen: Christian Schultz, Clas Bäy, Martin Frans, Adam Knepel, Peter Christ. Peters, † (soll heissen Christ. Tabel), Christian Knepel, † (soll heissen Jürg. Turow), Ertman Jahncke, Jacob Jürgs, Peter Vahl."

Am 20. Oktober 1813, noch im Feldlager, beschloss Carl Johann Bernadotte „um Unserer Armee einen ausgezeichneten Beweis Unseres gnädigen Wohlgefallens über ihre Mitwirkung zu der Befreyung Europas von der allgemeinen Bedrückung zu geben, den Befehlshabern, dem Kriegs-Commissariat, dem Corps der Feld-Aerzte und den Unterofficieren und Soldaten, welche die Tapferkeits-Medaille erhalten haben, bey dem Theil Unserer Armee, welcher auf dem festen Lande an diesem Kampfe mit Theil genommen hat, eine jährliche Revenue von 43000 Reichsthalern Pommersch Courant aus Unsern in Pommern und Rügen belegenen Domanial-Gütern zuzusichern und zu verleihen, und dann dem damaligen Obristen, gegen-wärtigen General-Major und Ritter Unseres Schwerd Ordens,

E. Hederstierna davon 300 Reichsthaler, dem damahligen Major, gegenwärtigen Obrist Lieutenant in der Armee und Ritter Unseres Schwerd Ordens, C. H. Wrede 100 Reichsthaler, dem Major Charpentier 100 Reichsthaler und dem Major und Ritter Unseres Schwerd Ordens, G. A. Ulfsax 100 Reichsthaler."

Der König schenkte „ihnen für sich, ihren Kindern und Nachkommen auf ewige Zeiten zu einem völligen freyen und uneingeschränkten Privat-Eigenthum, jedoch auch mit allen darauf haftenden Verbindlichkeiten und mit allen sonst bisher stattgehabten Verhältnissen ... die bey den im Greifswalder Kreise belegenen Bauerdörffer Lazow und Lubmin ... vom Anfange des Contracts-Jahrs 1814 ... darüber gemeinschaftlich als über ein völlig freyes Eigenthum nach Gefallen zu schalten und zu walten befugt seyn, die Revenuen davon vom Anfange des Contracts-Jahrs 1814 gemeinschaftlich und in Verhältniss der Summe, die einem jeden ... zu Theil geworden.

Sie sollten aber gehalten sein, den „Pacht-Besitzern dieser Dörfer die ehemals darüber abgeschlossenen noch laufenden Contracte bis zum Ablauf derselben, völligen Inhalts nach zu erfüllen und ihnen bey dem Ablaufe des Contracts ... den bey dem Anfange der Pachtung contractsmässig erlegten Vorschuss zurückzubezahlen, auch von dem Bauerdorf Lubmin jährlich eine Summe von 14 Reichsthalern 12 S., welche als eine immerwährende Last auf diesem Gute gelegt wird, an die ... Dotation für diejenigen Unterofficiers und Soldaten Unserer Armee, welche in diesem letzten Kriege die Tapferkeits Medaille erhalten, jedesmahl am Schlusse des Jahres an den Director dieser Dotation auszubezahlen."

Nach einer Verfügung, die der Kronprinz Carl Johann auf Befehl des Königs aus dem Hauptquartier Lüttich, den 18. März 1814 an die Pommersche Kammer-Verfassung „in Betreff der an die Schwedische Armee dotirten Domainen" erlassen, und die den 22. Mai 1815 zur allgemeinen Kenntnis gebracht wurde, gehörten nur die Waldungen, welche den Pächtern nach ihrem bisherigen Kontrakt überlassen gewesen, den Donatairs, alle übrigen blieben fortdauernd Eigentum der Krone. Die Krone behielt sich dadurch ausdrücklich auch die Lubminer Waldungen als ihr Eigentum vor.

Der Schwedenkönig bestätigte, Stockholms Schloss, den 7. Juli 1814 die „zwischen den schwedischen Donatairen hinsichtlich der Verwaltung derer Dotationen in Pommern und auf Rügen übereingekommenen Gesellschafts-Regeln und Instructionen für eine Domainen Direction und für eine Domainen Administration", die im Anhange unter No. 3 mitgeteilt sind.

Nicht lange konnten die schwedischen Offiziere ihre Dotationen geniessen. Sie hatten kaum den ersten Jahresbetrag eingezogen, da wurde ihr ganzer Besitzstand in Frage gestellt. Bevor die Verhandlungen zwischen dem Könige von Preussen und dem Könige von Schweden wegen Abtretung des ehemaligen schwedischen Pommerns und der Insel Rügen, nach denen alle schwedischen Dotationen an die Krone Preussen zurückfallen sollten, zum Abschluss gekommen waren, beeilten sich die schwedischen Donatairs, darunter auch die neuen Herren von Lazow und Lubmin, ihre Schenkungen zu Gelde zu machen.

Generalmajor und Ritter E. Hederstierna schloss am 15. März 1815 mit den 11 Lubminer Pachtbauern einen Verkaufskontrakt, kraft dessen er und die übrigen Mitbesitzer Lubmins das Dorf den bisherigen Pächtern für 11 500 Reichsthaler verkauften. Bis Ostern 1815 mussten die Bauern die volle kontraktmässige Pacht bezahlen. Von da an sollten sie in den Besitz des Dorfes treten.

Sie durften die 2000 Reichsthaler, die sie an die Krone als Pfandkapital oder Vorschuss bezahlt hatten, in Abrechnung bringen. Bei der Unterschrift des Kontrakts mussten sie 3166 Reichsthaler 32 S. baar bezahlen. Davon wurden 2666 Reichsthaler 32 S. in versiegelten Beutel der Kgl. Renterei in Stralsund als Depositum übergeben. Sie sollten so lange dort liegen, bis die zu extrahirenden Proclamata abgelaufen seien und es sich ausgewiesen habe, dass sich Niemand mit Ansprüchen an das verkaufte Gut gemeldet habe.

Nach Ablauf der zu extrahirenden Proclamata und nach eingetretener Rechtskraft der darauf zu erlassenden Praeclusiverkenntnis sollten die Lubminer abermals 3166 Reichsthaler 32 S. und am Schlusse des Jahres 1815 den Rest, wieder 3166 Reichsthaler 32 S. zahlen, die beiden letzten „Pösten" aber mit 5 % vom Ostertermin ab.

285 Rth. durften von der letzten Summe abgezogen werden, wogegen die in der Dotationsurkunde bestimmte Abgabe von 14 Rth. 12 S. jährlich an die Dotation für die Unteroffiziers und Gemeinen, welche die Tapferkeits-Medaille erhalten, als ein immerwährendes Onus auf Lubmin verbleiben sollte.

Das Geschäft liess sich nicht so rasch erledigen, wie beide Teile es wünschen mochten. Die schwedischen Offiziere erhielten auf ihr Ansuchen noch 500 Rth. von den in Stralsund deponirten Geldern. Mehr auszuzahlen weigerten sich die Bauern, sie hatten Grund zu fürchten, dass der ganze Handel rückgängig gemacht werden würde.

Am 7. Juni 1815 war durch den zu Wien zwischen Schweden und Preussen abgeschlossenen Vertrag Neuvorpommern mit der Insel Rügen von Schweden an Preussen abgetreten worden, nachdem Dänemark durch den Vertrag vom 4. desselben Monats den durch den Kieler Friedensvertrag vom 14. Januar 1814 auf Pommern und Rügen erworbenen Rechten zu Gunsten Preussens entsagt hatte. Für diese Abtretung zahlte Preussen an Schweden 3 500 000 Th. Preussisch und an Dänemark 2 Millionen Th. Preussisch und 600 000 schwedische Bancothlr., die Schweden der dänischen Regierung noch schuldig geblieben war.[*] Es lag also der Gedanke nahe, dass Preussen alle Dotationsdomainen, die vor der Konvention verkauft worden, also auch das Domanialdorf Lubmin, zurückfordern und den Verkauf annullieren würde.

Dazu kam noch ein Einspruch, der von privater Seite erhoben wurde. Am 15. August 1815 machten die Erben des Apothekers Schildener in Greifswald geltend, „dass ihnen für ein der Kgl. Kammer vor mehreren Jahren von ihrem verstorbenen Vater gemachtes Darlehen von 20 000 Rth. Pommersch Courant auf Kapital und Zinsen ein Pfandrecht in den gesammten Domainen dieses Landes und deren Revenüen konstituirt, mithin auch das Gut Lubmin ein Objekt ihrer Rechte sei.“

---

[*] Vgl. F. v. Restorff, Topographische Beschreibung der Provinz-Pommern mit einer statistischen Übersicht. Berlin und Stettin 1827, S. 5.

Erst als der Generalmajor **Hederstierna** nach langen Verhandlungen in einem Revers vom 6. September 1815 unter Verpfändung seiner Habe und Güter den Lubminern versprochen hatte, sie gegen jedermanns Ansprache noth- und schadlos zu halten, und ihnen im Falle, dass der neue Landesherr den Handel nicht anerkennen würde, die gezahlten Gelder mit 5 % zurückzuzahlen, gestatteten sie, dass die übrigen deponirten 2166 Rth. 32 S. den Verkäufern verabfolgt wurden.

Im Spätherbste 1819 kam die Sache zum Abschluss. Nach Massgabe eines Reskriptes des preussischen Finanzministers vom 24. Juli 1819 ernannte die Regierung in Stralsund eine Kommission zur Regulierung der in der dritten Hand sich findenden Dotationsdomainen. Diese Kommission bestehend aus dem Regierungsrath **Hagemeister** und dem Forstmeister v. **Pachelbel** machte unter Zuziehung des Landmessers **Quistorp** des Jüngeren im Greifswalder Kreise den Anfang und begann mit Lubmin, wohin sie sich am 30. August begab. In Begleitung des von dem Forstmeister dazu beorderten Försters **Kruse** von Gladrow und des Oberförsters **Brusch** von Bodenhagen schritt man zuerst mit den bisherigen Pachtbauern*) zur Besichtigung des Theiles der Heide, die bereits mit Tannen besäet, und der beiden Tannenkämpe am Warsiner Wege und an der Kraeseliner Scheide, dann verhandelte man mit den Bauern.

Endlich kam man zu folgendem Ergebnis:

1. Die Bauern behalten das früher von ihnen gepachtete Domanialgut Lubmin so zu einem ihnen zuständigen Privateigenthum, wie es die darüber von Sr. Majestät dem Könige von Schweden ertheilte Schenkungsurkunde bestimmt.

---

*) In dem Protokoll sind sie unter folgenden Namen aufgeführt: „der Schulz Christian Schulz, die Bauern Peter Vahl, Christian Knepel, Joh. Joch. Bohl, Jürn Beu, Erdmann Jahnke, Jürngen Thurow, Martin Franz, Jacob Jürgens, Peter Christian Peters, Adam Knepel." Das Protokoll unterschrieben von den Bauern nur Christian Schultz, Peter Vahl, Peter Christian Peters, Jacob Jürgens, Johan Jochim Bohl, Erdmann Jahnke, die übrigen machten, da sie des Schreibens unkundig waren, nur + + +.

2. Sie leisten als die jetzigen Eigenthümer des Gutes Lubmin auf immerwährende Zeiten für sich und die zukünftigen Besitzer des Dorfes auf alle diejenige Holzreichung aus Domanialforsten Verzicht, wozu sie sonst nach ihrem ehemaligen Pachtkontrakt und auch in Bezug auf die Schenkungsurkunde selbst Ansprüche zu machen befugt gewesen.

3. Die seit der Verpachtung von Lubmin im Jahre 1804 von der Lubminer Feldmark bis jetzt mit Tannen besäte Fläche von etwa 100 Pommerschen Morgen Grösse (= 251 Morgen 152 ☐ R. Magdeburger) und die beiden andern etwas erwachseneren Tannenkämpe an dem Warsiner Wege, 7 Morgen 104 Quadratruthen Pommersch gross, und an der Kraeseliner Scheide, 7 Morgen 148 Quadratruthen gross, bleiben nach Massgabe der Schenkungsurkunde dem Fiskus ohne alle Einschränkung vorbehalten.

Daraufhin zahlten die Lubminer am 4. Oktober 1819 an den Bevollmächtigten der schwedischen Donatairs des Dorfes Lubmin, den Schlosshauptmann, Regierungsrath und Ritter von Westrell den ganzen Rest des kontraktsmässigen Kaufgeldes mit 6048 Reichsthalern 16 S.

Die jährliche Abgabe von 14 Reichsthalern 12 S., die der Fiscus für sich in Anspruch nahm, hätten die Bauern gerne mit einem Kapital von 280 Thalern abgelöst. Erst Ende des Jahres 1823 erfüllte sich ihr Wunsch, sie hatten aber am 29. Dezember des Jahres in Stralsund als „Ablösungsgeld für die dem Fiscus jährlich zu zahlenden 14 Rth. 12 S. Pachtgelder (!) 322 Rth. 9 Groschen 9 Pfennig nicht mehr noch weniger" zu bezahlen.

Die Tannenkämpe hatten sie schon früher in ihren Besitz gebracht: am 29. Dezember 1820 zahlten sie „die erste Hälfte des Kaufgeldes für die ihnen reinverkauften Tannenkämpe" mit 1589 Rth. 14 Gr. 3 ₰, wann sie die andere Hälfte entrichtet, ist nicht mehr ersichtlich.

Acker, Wiese, Wald und Weide blieb bis zum Jahre 1846, bis zur sogenannten Separation, im Gemeinbesitz. Die Benutzung war eine genossenschaftliche. Jeder arbeitete für die Gesamtheit und vermehrte dadurch seinen eigenen Gewinn. Als die Bevölkerung zunahm und die Interessen Einzelner sich störend in den Vordergrund drängten, schritt man zur Verteilung des gemeinsamen Besitzes. Bei der bedeutenden Verschiedenheit der Güte des Bodens war sie recht schwierig. Ihre gerechte Durchführung wurde noch erschwert durch unstatthafte Beeinflussung der Kommission, die mit der Verteilung betraut war. Selbst bei den Beamten vermochte in den früher schwedischen Teilen Pommerns die stramme preussische Mannszucht nur langsam zur Geltung zu kommen. Die von den Schweden übernommenen Beamten waren, wie sich der Volksmund ausdrückt, meistens hohl, d. h. Bestechungen leicht zugänglich. Von ihrer schrankenlosen Willkür liessen sich recht schlimme Beispiele erzählen. Man sollte sie aufzeichnen und veröffentlichen, um den gedankenlosen Lobrednern der „guten schwedischen Zeit" das Handwerk zu legen.*)

Noch lange nach der Verteilung machten sich in Lubmin die Einflüsse Einzelner zum Schaden des Ortes oft geltend, die Gemeinde war lange ohne jede Vertretung. Erst im letzten Jahrzehnt ist der Bann gewichen und der unheilvolle Einfluss des Mannes gebrochen, der nur andern Pflichten auferlegte und den man nach seinem Lieblingsworte: „Du solltest" (= „schüste") zusammen mit seinem Vornamen „Peter Schüste" nannte. Sein Andenken ist kein gesegnetes.

Seitdem hebt sich Lubmin, das seine ungemein günstige Lage ausnutzend, als Seebad mit den älteren Badeorten an

---

*) Wie gering zum Beispiel das Interesse der Schweden im allgemeinen für die Universität in Greifswald war, zeigt sich deutlich aus folgender Äusserung des Generalsuperintendenten von Schwedisch-Pommern und Rügen, Procanzlers und ersten Professors der Theologie Gottlieb Schlegel an Chr. G. Schütz (vgl. den von F. K. J. Schütz herausgegebenen Briefwechsel von Chr. G. Schütz II, 431). v. J. 1798: „Ueberhaupt ist die hiesige Universität bei aller Mühe, die angewandt wird, teils durch die Lage eingeschränkt, teils durch die Schweden belästigt, welche weder Einsicht von deutschen Wissenschaften, noch nteresse für eine deutsche Akademie haben." Diese Worte erschliessen erst das volle Verständnis des Widmungsschreibens desselben Schlegel an den General-Gouverneur von Schwedisch-Pommern und Rügen, Ph. J. B. Freiherrn von Platen vor der „Beschreibung des gegenwärtigen Zustandes der Kgl. Universität zu Greifswald", Berlin und Stralsund 1798.

der Ostsee in eifrigen Wettbewerb getreten ist. Der lebhafte Wellenschlag, der nur selten nachlässt, der prächtige, sich weithin erstreckende Kiefernwald mit anmutigen Dünenhügeln sind Vorzüge, die es vor vielen voraus hat. Sonst muss freilich noch sehr viel geschehen, bis Lubmin von innen und von aussen sich so umgestaltet hat, dass es allen berechtigten Anforderungen seiner Badegäste zu entsprechen vermag. Möge die Badeverwaltung sich den stetig wachsenden Aufgaben und den immer ernster werdenden Pflichten gewachsen zeigen und vor allem bedenken, dass Stillstand Rückschritt ist, besonders wenn er schon vor namhaften Erfolgen sich einstellt. Selbst das parta tueri ist eine Kunst, die mit Hingabe und grosser Sorgfalt geübt sein will.

Seit der Eröffnung der Kleinbahn Greifswald—Wolgast ist Greifswald sehr leicht, Lubmin nicht so leicht und bequem zu erreichen, obgleich der diesjährige Sommerfahrplan dem vorigen gegenüber schon wesentliche Verbesserungen aufweist. Wäre bei Berechnung des Fahrpreises die Luftlinie, wie es anfangs verlautete, massgebend gewesen, so würde die Kleinbahn sich ohne Zweifel schon jetzt grösserer pecuniärer Erfolge zu erfreuen gehabt haben. Wirkliche Besserung wird wohl auch hierin erst durch eine ständige Dampferverbindung zwischen Greifswald und Lubmin erreicht werden, die allerdings erst möglich sein wird, wenn Lubmin endlich den Fischerhafen erhält, den es zu seiner Weiterentwicklung, und da Entwicklung Leben ist, zu seinem Leben notwendig bedarf. Dann bildet sich hoffentlich ein edler Wetteifer zwischen Eisenbahn und Dampfschiffahrt um die Gunst des Publikums. Möchte Lubmin bis dahin solche Fortschritte gemacht haben, dass es den älteren Ostseebädern mit Ehren an die Seite treten kann.

# Anhang.

## 1.

### Flnhr - Register über das Domanial - Bauerdorff Lubmin nach der Vermessung im Jahr 1801 und 1802.

| | | M. | □R. | Summarischer Inhalt. M. | □R. |
|---|---|---|---|---|---|
| | **An Acker der Bauern.** | | | | |
| A | Der Strandschlag . . . . . . . | 136 | 165 | | |
| B | Der Koppelschlag . . . . . . . | 150 | 50 | | |
| C | Der Kirchenschlag . . . . . . | 156 | 214 | | |
| | **An Acker der Cossaten.** | | | 443 | 129 |
| E a | Am Strandschlage . . . . . . . | 17 | 129 | | |
| E b | Am Koppelschlage . . . . . . . | 1 | 259 | 19 | 88 |
| | **An Wurthländern der Bauern.** | | | | |
| F 1 | | 0 | 115 | | |
| F 2 | | 0 | 60 | | |
| F 3 | | 0 | 123 | | |
| F 4 | | 0 | 145 | | |
| F 5 | | 0 | 174 | | |
| F 6 | | 1 | 24 | | |
| F 7 | | 0 | 190 | | |
| F 8 | | 0 | 274 | 4 | 205 |
| | **An Wurthländern der Cossaten.** | | | | |
| G 1 | | 2 | 31 | | |
| G 2 | | 1 | 129 | 3 | 160 |
| | **An wüsten Acker.** | | | | |
| D 1 | Im Strandschlage am sieden*) Lande | 7 | 262 | | |
| D 2 | Im Kirchenschlage . . . . . . | 1 | 100 | | |
| D 3 | Im Kirchenschlage . . . . . . | 6 | 150 | | |
| D 4 | Im Kirchenschlage . . . . . . . | 0 | 215 | 16 | 127 |
| | Latus | | | 437 | 109 |

*) sled = niedrig.

|  |  | M. | □R. | M. | □R. |
|---|---|---|---|---|---|
|  |  |  |  | Summarischer Inhalt. | |
|  | Transport |  |  | 487 | 109 |
|  | **An Wiesen.** |  |  |  |  |
| W 1 | Im Strandschlage das Honigsoll*) | 0 | 60 |  |  |
| W 2 | Im Koppelschlage das Pfenningssoll | 0 | 90 |  |  |
| W 3 | „ „ das Bohlensoll . | 0 | 75 |  |  |
| W 4 | „ das Osterboelensoll | 0 | 140 |  |  |
| W 5 | „ der Ramitzer Teich | 3 | 20 |  |  |
| W 6 | „ die alte Koppel . | 7 | 65 |  |  |
| W 7 | „ der Kattenstart | 0 | 190 |  |  |
| W 8 | „ der Kröpelinsche Teich . . . . . . . . | 8 | 60 |  |  |
| W 9 | Im Kirchenschlage a. Klingbeerssoll | 0 | 30 |  |  |
| W 10, 11 | „ „ 2 Wieseflecken . | 0 | 40 |  |  |
| W 12 | „ die Klinz . . . | 0 | 130 |  |  |
| W 13, 14 | „ „ Wiese und kl. Langensoll . . . . . . . | 0 | 114 |  |  |
| W 15 | Im Kirchenschlage das grosse Langensoll . . . . . . . | 0 | 290 |  |  |
| W 16 | Im Kirchenschlage eine Wiese . . | 0 | 20 |  |  |
| W 17 | „ „ das 7 Ruth. Soll | 0 | 120 |  |  |
| W 18, 19 | „ „ 2 Wiesensolle | 0 | 20 |  |  |
| W 20 | „ der Pfahler . | 7 | 290 | 30 | 254 |
| W 21 | ~ Wiese am Dorfe | 4 | 20 |  |  |
| W 22 | „ Wiese am Dorfe | 0 | 145 | 4 | 165 |
|  | **An Söllen.** |  |  |  |  |
| φ | Im Strandschlage 2 Sölle . . . . | 0 | 25 |  |  |
| φ | Im Kirchenschlage 5 Sölle . . . | 5 | 177 |  |  |
| φ | In der Weide das Blankwasser . | 1 | 220 | 7 | 122 |
|  | **An Weide.** |  |  |  |  |
| G | Die Nachtkoppel . . . . . . . | 40 | 74 |  |  |
| H 1 | Haide mit Knirk bewachsen (incl. der Mööre . . . . . . . | 92 | 201 |  |  |
| H 2 | Haide mit Knirk bewachsen . . | 58 | 274 |  |  |
| H 3 | Kahle Haide (incl. des Moors) . . | 133 | 277 |  |  |
| H 4 | Niedrige grasigte Weide . . . . | 300 | 105 |  |  |
|  | Latus |  |  | 530 | 50 |

---

*) Soll bedeutet ursprünglich Schlamm, dann Sumpf, Pfütze stehendes Wasser in Feldniederungen. Mit der Zeit kann aus einem ursprünglichen Soll Wiesenland, urbares Land werden; da die Stelle die Bezeichnung Soll behält, so erhält das Wort im Flurnamen scheinbar auch die Bedeutung Wiesenland, urbares Land.

| | | M. | □R. | Summarischer Inhalt. | |
|---|---|---|---|---|---|
| | | | | M. | □R. |
| | Transport | | | 530 | 50 |
| H5 | Niedrige ebene Haide . . . . . | 57 | 67 | | |
| H6 | Sanddünen und Haideberge. . . | 135 | 001 | | |
| H7 | Sanddünen vom Grase gänzlich entblösst . . . . . . . | 75 | 286 | 894 | 85 |
| | **An Hölzung.** | | | | |
| I1 | Ein Tannencamp in der Haide . | 7 | 104 | | |
| I2 | Ein Tannencamp am Warsinschen Kirchwege. . . . . . . | 7 | 148 | | |
| I3 | Ein Buschremel im Strandschlage | 0 | 30 | 14 | 282 |
| | **An Koppeln am Dorfe.** | | | | |
| K1 | | 2 | 25 | | |
| K2 | | 1 | 157 | | |
| K3 | | 0 | 280 | | |
| K4 | | 0 | 130 | | |
| K5 | | 2 | 85 | | |
| K6 | | 1 | 166 | | |
| K7 | | 0 | 256 | 9 | 199 |
| | | | | 1449 | 16 |
| K† | Zwei Kathenstellen und Gärten in der Haide . . . . . . . | 0 | 105 | | |
| | sämmtliche Wege durch die ganze Fluhr . . . . . . . . | 9 | 19 | | |
| X | Das Ufer der See . . . . . . | 14 | 112 | | |
| Y | Das nach Lassow gehörige Terrain Haide . . . . . . . . | 83 | 50 | 56 | 286 |
| | | | | 1506 | 2 |

Mit Vierow, Cröplin, Stevelin, Warsin, Lassow und Pritzwalde vermischt liegende salze Wiesen, nach Lubmin gehörig.

| | | M. | □R. | M. | □R. |
|---|---|---|---|---|---|
| In der Cavel-Wiese a . . . . . . . . | | 3 | 36 | | |
| „ „ „ „ b . . . . . . . . | | 8 | 98 | | |
| „ „ „ „ c . . . . . . . . | | 21 | 227 | 33 | 61 |
| In der Thun-Wiese d . . . . . . . . | | 5 | 224 | 5 | 224 |
| In den Hauven e . . . . . . . . | | 4 | 103 | | |
| „ „ „ f . . . . . . . . | | 5 | 52 | 9 | 115 |
| Up de Caveln belegen g . . . . . . | | 4 | 148 | | |
| „ „ „ „ h . . . . . . | | 0 | 187 | | |
| „ „ „ „ i . . . . . . | | 3 | 268 | 9 | 8 |
| | Summa | | | 57 | 143 |

Recapitulation

| | | |
|---|---:|---:|
| Lubminer Feldmark . . . . . . . . . | 1506 | 2 |
| Salze Wiesen . . . . . . . . . . . | 57 | 143 |
| | 1563 | 145 |
| hiervon nach Lassow gehörig | 33 | 50 |
| bleibt zu Lubmin . . . . . | 1530 | 95 |

Joach. Quistorp.

NB. Dorfplatz und die Hofstellen sind nicht speciell vermessen und daher nicht mit berechnet.

~~~~~~~~~~

## 2.
### Reglement der Neuanlage von Tannenkämpen in der Lubminer Heide.
### Stralsund, 14. Mai 1804.

Von Sr. Kgl. Majestät zu Schweden etc. etc. etc. zum Pommerschen Staat verordnete General-Statthalter und Kammer.

Als bei Gelegenheit der Verpachtung des im Amt Wolgast belegenen Domanial Bauerdorfes Lubmin zur Anlegung bedeutender Tannenhölzungen von dem Oberjägermeister-Amte Vorschläge gemacht, und als ausführbar und höchst nützlich vorgestellet, selbige auch mit Zuziehung des Kgl. Amts von Sr. hochfreiherrl. Excellence und der Kgl. Kammer, nach Ausweisung des am 5. Februar des abgewichenen Jahres abgehaltenen Protokolls, erwogen und überall genehmiget und festgestellet worden, und dann zur Ausführung dieser als nützlich angerühmten Einrichtung von dem Oberjägermeister-Amte zugleich die dazu unentbehrlichen Forstdienste aufgegeben, und den Lubminer Pachtbauern in der Art eine Contracts-Verbindlichkeit auferleget worden sind: so haben Se. hochfreiherrliche Excellence und die Kgl. Kammer für nöthig erachtet, zur Sicherheit und Ordnung dieser abzuleistenden Forstdienste und zur Norm sowohl für die Dienstpflichtige, als den Kgl. Forststaat und das Kgl. Amt nachfolgende Punkte festzusetzen.

§ 1. Die in Lubmin wohnende Eilf Vollbauern und die sämmtlichen dortigen Einlieger, nicht bloss diejenigen, welche in eigenthümlichen, und die so in den zu den Bauerhöfen gehörigen Katen wohnen, sondern auch die Neuanbauende sind schuldig, zum Behuf der neuen Tannenanlagen die Dienste nachfolgender Maassen zu verrichten.

§ 2. Was die Anordnung dieser Forstdienste angebet: so hat der Kgl. Forststaat sich dieserhalben jedesmahl, wenn sie erforderlich und nöthig sind, an das Kgl. Amt zu wenden, welches dann nicht zu unterlassen hat, auf das promteste zu den verlangten Diensten die zweckmässige Verfügung und Ordres an die Pachtbauern und Einlieger zu erlassen, wogegen dem Kgl. Forststaat über die Art und Weise der Arbeit selbst die Aufsicht und Disposition ohne irgend einiges Zuthun des Kgl. Amts zustehet.

§ 3. Wenn Tannäpfel vorhanden sind und solches von dem Förster dem Kgl. Amte angezeiget wird, so liegt jedem Pachtbauern ob, innerhalb der Ziese sechs Scheffel, und jedem Einlieger drey Scheffel gehäufter Maasse, jenseits der Ziese, jedoch nicht anders, als aus der Netzebauder Heide, oder dem Rubenowschen Tannenkamp, die Hälfte an guten frischen Tannenäpfeln zu pflücken, und selbige bis zur Aussaat, zu Lubmin oder an einem andern Orte besstens zu erhalten und aufzubewahren, wovon aber alsdenn das Oberjägermeister-Amt benachrichtiget werden muss.

§ 4. Jeder Pachtbauer muss, wenn es vom Kgl. Forststaat verlanget wird, auf der Lubminer Feldmark drey Morgen zum Holzanbau umpflügen, den Acker gehörig mürbe machen, und zur Besaamung völlig vorbereiten. Sollte das zu besaamende Holz-Terrain nicht nöthig gewesen seyn zu pflügen, so muss doch jeder Bauer drey Morgen mit Tannenäpfeln besäen, und die gesammte Bauerschaft muss die ganze Aussaat zur Ausklengelung des Saamens gehörig eggen, wenn es auch für jeden mehr als der bestimmte Flächeninhalt wird, indem sie nicht nöthig gehabt haben, das Pflügen und Eggen vor der Aussaat zu beschaffen. Wenn sich auf dem zu besaamenden Terrain und ausserdem Feldsteine finden sollten, sind selbige von dem Holz-Terrain vor der Besaamung wegzuschaffen, damit selbige nicht zum Gebrauch verlohren gehen, sondern zu

Steinbrücken oder zu Steinmauern verwendet werden können. Sollten die Pachtbauern nicht Genüge haben, aus dem zu besaamenden Holz-Terrain die Steine wegzuschaffen; so stehet dem Kgl. Amte frei, darüber anderweitig zu disponiren. Im Fall der Pachtbauer das Land schlecht pflüget, so ist er schuldig, ein neues eben so grosses Feld, als das Schlechtgepflügte, in demselben Jahre umzupflügen und gehörig zu bereiten. Für jeden zu pflügen verabsäumten Morgen werden fünf Reichsthaler Strafe erlegt. Um Michaelis hat der Förster dem Kgl. Amte das umzupflügende Terrain anzuzeigen, auf welchem, nachdem selbiges in Eilf Theile repartiret, und durchs Loos unter die Pachtbauern vertheilet worden, die Arbeit innerhalb sechs Wochen völlig beschaffet werden muss. Sollte der Fall eintreten, dass gewisse Stellen zum zweiten mahl umzupflügen erforderlich wären, so werden alsdann zwei Morgen für einen gerechnet. Was der Bauer umackert, ist selbiger auch schuldig zu eggen und zu besaamen: und wenn zu Letzterem keine Arbeiter verpflichtet sind, so müssen selbige, so bald es ihnen auf Requisition des Försters vom Kgl. Amte angesaget wird, bei fünf Reichsthaler Strafe dabei anfangen, und die Arbeit nach Möglichkeit befördern und vollenden.

Jeder Einlieger ist verbunden, die von ihm gepflückten Tannenäpfel auf einer vom Kgl. Forststaat zu bestimmenden Stelle innerhalb der Ziese gleichfalls auszusäen, und auf dem Lubminer Felde dahin zu transportiren, woselbst sie ausgesäet werden sollen.

Das Hinfahren derselben nach andern Feldmarken geschiehet durch die Pachtbauern.

Daferne die Einlieger das Aussäen der Tannenäpfel unterlassen würden, sind die Pachtbauern schuldig, es an ihrer Statt zu bewerkstelligen, und muss der säumig gewesene Einlieger für jeden Scheffel Acht Schillinge Strafe bezahlen; es wäre denn dass selbiger erweislich daran, durch Krankheit behindert worden. Die Pachtbauern, welche die Arbeit für die säumigen Einlieger verrichten, erhalten für jeden ausgesäeten Scheffel zwey Schillinge.

§ 5. Bei einer successiven Instandesetzung und untadelhafter Unterhaltung der durch das anzulegende Holzrevier führenden Wege sowohl, als zur Erbauung der nöthigen Steinbrücken über die Wasserläufe, wie auch an sonstigen Stellen auf der Heide und Weide, wo mit der Zeit Brücken nothwendig sind, leisten die Bauern die Fuhren und die Einlieger die Handarbeiten.

§ 6. Wenn es erforderlich ist, dass Zäune und Reckwerke um die Holzanlagen oder Verdeckungen auf selbigen angelegt und unterhalten werden: so sind gleichfalls die Pachtbauern die Fuhren zur Anschaffung des Holzes, und die Einlieger die Handarbeiten zu leisten schuldig.

Da in diesem Jahre beinahe alles Reckwerk aufgestellet werden muss, was bey der ganzen Holzanlage nothwendig ist: so sind die Pachtbauern schuldig, zu dieser ersten Instandesetzung in diesem ganzen Jahre ein Theil der Handarbeiten zu leisten. Falls von dem Reckwerk diebischer Weise etwas entwandt, oder durch Nachlässigkeit der Aufsicht vom Vieh beschädigt wird, so ist die ganze Dorfschaft dafür verantwortlich, und verbunden, den Abgang aus eigenen Mitteln anzuschaffen.

§ 7. Den Pachtbauern lieget auch ob, die zu den Lubminer Tannenanlagen erforderliche Aepfel oder Saamen im Wolgaster Amte zusammen zu fahren, und bis zur Aussaat aufzubewahren. Im Fall die von den Lubminern gepflückten und aufbewahrten Tannenäpfel daselbst nicht ausgesäet werden sollten, sind selbige schuldig, sie nach einem zu bestimmenden Orte innerhalb vier Meilen zu liefern. Daferne sie das Pflücken der Tannenäpfel unterlassen, sind sie schuldig, beim Holzgerichte ohne Wiederrede 24 S. für jeden Scheffel zu erlegen, und sollen ihnen in dem Fall, da von ihnen ein Scheffel für zwei angenommen worden, in eben dieser proportion die Strafe für die verabsäumte Arbeit gerechnet werden, welche sie sodann doppelt bezahlen müssen. Sollte sich jedoch in einem Jahre der Tannenäpfel-Wuchs so geringe befinden, dass die Leute über die Gebühr durch Zusammenschaffung der Aepfel beschweret würden: so hat der Dorfschulze sich deshalb bei

dem Kgl. Amte zu melden, welches, nachdem es sich gehörig
vou dem Grunde oder Ungrunde der Angabe überzeugt hat,
der Dorfschaft einen Erlassschein auf die ganze Masse, oder
einen Theil derselben ausstellen wird.

§ 8. Jeder Einlieger ist verbunden, um oder auch in
den Holzanlagen 4 Ruthen 6 Fuss breite und 3 Fuss tiefe
Gräben anzufertigen, oder auch die gedoppelte Ruthenzahl alter
Gräben von gleicher Qualität aufzuräumen, oder verhältnissmässig etwas auszurahden,*) oder umzuhacken, und den Auswurf
nach Verlangen auf einer oder der andern Seite zu machen,
und auch auseinander breiten.

Gleichfalls sind die Einlieger schuldig, auf andern innerhalb der Ziese belegenen Gütern, Wald- oder Einschlussgräben
anzufertigen, in welchem Fall ihnen eine Ruthe für zwei gerechnet werden soll. Wenn kleinere oder grössere als 6 Fuss
breite und 3 Fuss tiefe Gräben aufzuräumen sind, oder neu
anzulegen nöthig: so wird die Zahl der Ruthen nach dem
cubischen Inhalt dieser Gräben in Verhältniss mit der obbe-
schriebenen, entweder vermehrt oder vermindert, und wird
darnach die Zahl der Ruthen bestimmt. Wenn die Einlieger
bei offenem Wetter zu diesen Gräben aufgefordert werden,
und es nicht in der Erndte oder zur Zeit des Heeringsfanges:
so muss die Arbeit innerhalb 14 Tagen tüchtig beschaffet,
widrigenfalls aber der Förster befugt sey, andere Arbeiter für
Bezahlung anzunehmen, und die Gräben anfertigen zu lassen,
in welchem Fall die dazu Verpflichteten den doppelten Werth
des von dem Förster bezahlten Arbeitslohns letzterem zu er-
statten haben. Auf den Fall, dass die Arbeiter durch Krankheit verhindert werden, und nicht mehr als 2 bis 3 Einwohner
krank sind, liegt den Gesunden ob, für die Kranken die Arbeit
zu übernehmen, ohne dass desfalls irgend eine Nachrechnung
stattfindet.

§ 9. Wenn gleich ein ganzer zur Besaamung ausgesetzter
Ort nicht auf einmahl angesäet werden kann, so müssen doch
diejenigen Stellen, welche das Oberjägermeister-Amt durch den

---

*) ausrahden = ausroden.

Förster bezeichnen, und dass solches geschehen, dem Dorfschulzen bekannt machen lassen wird, von der Stunde an, da solches geschiehet, mit dem Vieh gänzlich verschonet werden, damit die Sandschollen sich vor der Besaamung noch, wenns möglich, etwas festsetzen, und nicht durch das beständige Betreiben mit dem Vieh in Flüchtigkeit erhalten werden. Wenn es nöthig befunden werden sollte, dass Stellen vor dem Umpflügen abgebrandt werden, so ist der Schulze mit der Dorfschaft schuldig, dieses Geschäft zu besorgen, daferne nicht vorher den Einwohnern erlaubt worden, das auf solchen Stellen vorhandene Heidekraut zur Feurung auszuhacken oder abzumähen.

Da schon mit der Besaamung eines Theils von den zu Holzanlagen ausgesetzten Terrain in diesem Jahr der Anfang gemacht worden ist, wohin nicht leicht anderes Vieh, als das nach Lubmin gehörige kommen kann; so wird, falls sich eine Spur finden lassen sollte, dass das Lubminer Vieh auf der neuen Tannenanlage gewesen, wenn es gleich nicht selbst von dem Förster angetroffen worden, der Schulze und die ganze Dorfschaft hiedurch verantwortlich gemacht, allen daher entstandenen Schaden und Nachtheil zu vergüten.

<hr />

## 3.

## Gesellschaftsregeln und Instruktionen betr. die Verwaltung der Donationen in Pommern und auf Rügen.*)

Stockholm, 7. Juli 1814.

König Karl von Schweden an den Reichsherrn, General Freiherrn Adlerkreuz.

> (Bestätigung der Gesellschaftsregeln und Instruktionen für eine Domainendirektion und für eine Domainenadministration betr.)

---

*) Nach Müllers gleichzeitiger Uebersetzung des schwedischen Originals.

Carl, mit Gottes Gnaden der Schweden, Norwegen, Gothen und Wenden König etc. etc., Herzog zu Schleswig, Holstein etc. etc.

Unsere besondere Gunst und gnädiges Wohlwollen, mit Gott dem Allmächtigen, Betrauter Mann, Herr Freiherr, einer der Herren des Reichs, General, Staatsrath, Chef des General-staahes, Ritter und Kommandeur Unserer Orden, Ritter vom grossen Kreuz Unseres Schwerdtordens, Ritter vom grossen Adler Orden der französischen Ehren-Legion, Ritter des Preussischen Schwarzen- und Rothen-Adler Ordens, so wie Ritter vom Kaiserl. Russischen St. Georgs Orden 2. Klasse!

Wir haben Uns in Gnaden Euer unterthäniges Gesuch vom 2. dieses, um Unsere gnädige Bestättigung der, zwischen den Schwedischen Donatairen, hinsichtlich der Verwaltung derer Donationen in Pommern und auf Rügen, übereingekommenen Gesellschafts Regeln und Instructionen für eine Domainen Direction und für eine Domainen Administration, und damit diese Handlungen eine für sämmtliche Theilnehmer geltende Kraft bekommen mögten, vortragen lassen.

Unter Bezeugung Unseres gnädigen Beifalls über das von Euch in solcher Massen Vorgetragene, haben wir in Gnaden beiliegende Gesellschafts Regeln und Instructionen, jedoch mit der Bedingung genehmigen und feststellen wollen, dass die-jenigen Güter und Pertinenzien, welche zu Pensionen für die Unteroffiziere und Soldaten angeschlagen sind, in aller Hin-sicht unter dieser Gesellschaft und deren Gesetze mit einbe-griffen sind.

Wir empfehlen Euch Gottes Allmächtiger besonderer Gnade.

Stockholms Schloss, d. 7. July 1814.

gez. Carl.

gegengez. von Brinckmaun.


## Gesellschafts-Regeln.

### § 1.

Sämmtliche der Schwedischen Armee in Pommern und auf Rügen geschenkten Domainen bleiben das erste, oder das jetzige 1814. Jahr unter einer gemeinschaftlichen Aufsicht und

Verwaltung in der Art, dass jeder Interessent an seinem Theil am Gewinn und Verlust Theil nimmt.

### § 2.

Zur gemeinschaftlichen Verwaltung dieser Güter in Pommern wird ein Administrator ernannt, und zu dessen vorgesetzter höchsten Behörde, als Organ für die Interessenten und zur Verwaltung des Ganzen eine Domainen-Direction erwählt. Für Beide werden besondere Instructionen gegeben werden.

### § 3.

Sämmtliche Theilnehmer wählen für dies Jahr einen Domainen Administrator in Pommern und stimmen im Verhältniss zu ihren Antheilen.

### § 4.

Sämmtliche Interessenten wählen unter sich und im Verhältniss zu ihren Antheilen eine Direction von 9 Mitgliedern, nemlich ein von jedem Donations-Grade, ein vom Kriegs-Kommissariat und ein vom Korps der Feldärzte, welche sich diesem Geschäft ohne Vergeltung unterziehet. Sobald die Armee wieder in ihre Heimath gekommen sein wird, soll die Direction ihren Sitz in Stockholm haben.

### § 5.

Zur Wahrnehmung der Rechte wählt der Administrator einen Gesetzkundigen Bevollmächtigten in Pommern, welcher, gegen eine billige Remuneration, auf die Rechte der Donatairs wacht.

### § 6.

Andere allgemeine Ausgaben sind: das Lohn für die Bedienung der Direction mit 1 pro Cent und die Gebühr für den Administrator mit 5 pro Cent vom jährlichen Einkommen der Donationen.

### § 7.

Alle die Geldpöste, welche der Direction überschickt werden, sollen quartaliter zusammen gelegt, und ohne Berücksichtigung, worauf diese besonders eingeflossen, unter sämmtliche Interessenten im Verhältniss zu eines Jeden Antheil, vertheilt werden.

## § 8.

In allen Donations-Angelegenheiten haben die Theilnehmer und der Administrator sich an die Direction, und nicht unmittelbar an einander zu wenden.

## § 9.

Es soll einem jeden Interessenten unbenommen sein, ohne an die Direction gemachte desfallsige Mittheilung, Antheile in den Donationen zu kaufen oder zu verkaufen; nachdem dieses etwa geschehen, sind jedoch sowohl der Käufer als Verkäufer verpflichtet, solches der Direction gemeinschaftlich anzuzeigen.

## § 10.

Keiner darf seinen Antheil in einem Gute verkaufen, ohne solchen zuvor den übrigen Theilhabern darin für das was ein anderer dafür gebothen, auch angebothen zu haben. Derjenige, welcher den grössten Antheil in einem Gute hat, hat das Vorkaufsrecht. Haben 2 oder 3 gleich grosse Antheile und wollen alle den Verkäufer auskaufen, so entscheidet dann das Loos unter diesen. Keiner kann gezwungen werden, gegen seinen Willen den Theil der übrigen Interessenten zu nehmen.

## § 11.

Die Gesellschaft geht ungestört zum Jahres Schluss vor, was auch für Verhandlungen noch vorher über die unter ihrer Vereinigung einbegriffenen Güter und Pertinenzien abgeschlossen werden können.

## § 12.

Gegen den Schluss dieses Jahres sollen die Theilnehmer am Sitzort der Gesellschaft zusammen treten, um die Verwaltung der Direction genau zu prüfen, und zu beschliessen, in wie ferne die Gesellschaft länger fortbestehen soll, und um abzumachen, welche nöthige Veränderung etwa in derselben vorzunehmen.

## § 13.

In dieser Gesellschaftsvereinigung soll die Direction die Interessenten einen Monat zuvor zusammen rufen, damit selbige sich dann erforderlichen Falls durch einen Bevollmächtigten vertreten lassen können.

### § 14.

Sollten unvorhergesehene Ereignisse eine ausserordentliche Zusammenrufung der Gesellschaft nothwendig machen, so kann die Direction solche, 14 Tage nach geschehener Bekanntmachung in der allgemeinen Zeitung, aussetzen.

### § 15.

Ein jeder Donatair, welcher beim jedesmaligen Schluss der Gesellschafts-Zusammenkunft seine Theilnahme daran für die Zukunft nicht abgesagt hat oder absagt, wird angesehen, als wolle er darin fortfahren, und muss im Falle er vom Gesellschafts Ort abwesend, sich den Beschluss der Anwesenden gefallen lassen. Doch ist er nicht länger als ein Jahr, nach der Zusammenkunft der Gesellschaft, an die Haltung des getroffenen Uebereinkommens gebunden.

### Instruction für die Domainen Direction.

### § 1.

Die Direction besteht aus 9 Mitgliedern, wovon jeder eine Stimme hat. Es müssen wenigstens 5 der Mitglieder gegenwärtig sein, um einen bindenden Beschluss zu fassen.

Bei gleichen Stimmen hat der Wortführende ein entscheidendes votum.

### § 2.

Die Direction soll darauf wachen, dass den Gesellschafts-Regeln in aller Hinsicht nachgelebt wird, und das entschiedene Recht zur Abmachung derjenigen Zwiste haben, welche in Hinsicht der rechten Ausführung ihrer Gesetze entstehen können.

### § 3.

Die Direction hat das Recht, von wegen der sämmtlichen Donatairs, die Verwaltung über ihre Donationen zu führen, den Gesellschafts-Regeln gemäss, die Vertheilung des Gewinstes oder Verlustes anzuordnen, so wie allein dem Administrator vorzuschreiben, die Güter zu verpachten, zu verkaufen oder was sonst sein mag.

## § 4.

Die Direction ist berechtigt, die Rechnungen des Administrators und alles was zur Administration gehört zu prüfen, so wie auch darüber zu wachen, dass die eingezogenen Arrende-Gelder zeitig und mit Berücksichtigung auf vortheilhafte Konjuncturen übersendet werden.

Ebenso hängt es von der Direction ab, sich von dem Administrator für seine Geschäftsführung einen Bürgen stellen zu lassen.

## § 5.

Die Geldpöste, welche er für Rechnung der Gesellschaft übersendet, müssen von 2 Mitgliedern der Direction quittirt werden, oder von dem, welchen die Direction dazu bevollmächtiget.

## § 6.

Für die richtige Vertheilung und Uebersendung der quartaliter eingegangenen Gelder, ist die Direction nach Massgabe des § 7 der Gesellschafts-Regeln verantwortlich.

## § 7.

Wenn ein Interessent sich zum Kauf oder Verkauf eines Antheils meldet, muss die Direction hiervon den Administrator in Kenntniss setzen und diejenigen Wege vorschreiben, welche hiedurch erforderlich werden.

Dasselbe ist zu beobachten, wenn ein Interessent anzeigt, dass er bereits eine andere Donation gekauft oder verkauft hat.

## § 8

Im Fall der Administrator inzwischen stirbt oder zur Fortsetzung seines Geschäftes ausser Stand gesetzt wird, hat die Direction das Recht einen andern anzunehmen.

## § 9.

Im Allgemeinen und in dem Falle, dass etwas nicht in dieser Instruction oder in den Gesellschafts-Regeln durch Verordnungen bestimmt, hat die Direction in Hinsicht der Verwaltung der Güter, dasselbe Recht, was die Eigenthümer selbst nur haben können.

### § 10.

Die Direction wählt sich ihre Bedienung selbst und legt der Gesellschaft am Jahres Schluss Rechnung ab.

## Instruction für den Administrator der Donationen der Schwedischen Armee.

### § 1.

Der Administrator ist in Beziehung auf die Verwaltung der Güter und das Verhalten der Pächter gegen ihn, als Inhaber der Rechte der Besitzer anzusehen.

### § 2.

Er erhält seine Befehle nur von der Domainen Direction und darf den Anforderungen einzelner Interessenten nicht genügen. In allen Donations-Angelegenheiten hat er nur mit der Direction allein zu correspondiren nöthig.

### § 3.

Dieser sendet er quartaliter mittelst speziellen Verzeichnisses die eingegangenen Arrende-Gelder ein, sowie auch einen Amtsbericht über das in dieser Zeit Vorgefallene. Die vollständig belegte Schlussliquide für die ganze Geld-Erhebung hat er beim Jahres Schluss einzureichen.

### § 4.

Als Geld-Einnehmer stellt er bei der Direction einen Bürgen für 10000 Rth. Pemm. Cour. oder nach dem Erachten der Direction auch weniger.

### § 5.

Dem Administrator liegt es ob, auf das Beste der Theilhaber, sowohl beim Kauf als Verkauf ihrer Donationen bedacht zu sein, so wie auch dem Käufer diejenigen Kauf-Verhandlungen und anderen Documente, welche das verkaufte Grundstück betreffen und sich etwa in seiner Verwahrung befinden, gehörig zu überliefern oder zur Hand zu halten.

### § 6.

Er darf nur allein nach Vorschrift der Direction neue Kontracte über diejenigen Güter schliessen, deren Pachtung zu Ende geht.

## § 7.

Ihm steht es frei einen geschickten Advokaten zur Wahrnehmung und Vertheidigung der Rechte der Donatairs bei etwa
entstehenden Rechtsstreitigkeiten zu wählen oder anzunehmen.

## § 8.

Diejenigen Personen, welche der Administrator etwa zu
seiner Assistenz in diesem seinem Geschäfte braucht, muss er
selbst lohnen, und erhält er als Wiedervergeltung ein für alle
Mal 5 pro Cent von der Summe, welche von sämmtlichen
Donationen eingeht.

# VIII

# Die älteste Stadtbeschreibung von Greifswald.

## Von J. E. Metzner, Greifswald.

Die älteste uns überkommene Beschreibung der Stadt Greifswald stammt aus dem Ende des 16. Jahrhunderts.

Am Ausgang desselben stand das Schulwesen der Stadt Greifswald in hoher Blüte. Dies war das Werk des Magisters Lucas Takke, der in 30 jähriger Amtsthätigkeit als Rector die Stadtschule im grauen Kloster leitete. Seine pädagogische Befähigung ist schon des öfteren gewürdigt worden, von seiner literarischen Thätigkeit zeugen mehrere Schulbücher, sowie einige Gelegenheitsgedichte. Ihm verdanken wir auch die älteste „Beschreibung der Stadt Greifswald". Es ist gewiss, dass dieselbe bereits im Jahre 1593 verfasst wurde, während das uns erhaltene Manuscript[*]) ein später gemachter Auszug ist. Derselbe findet sich (gedruckt von Hieronymus Joh. Struck 1753) in Dähnerts Pommerscher Bibliothek und lautet in freier Uebertragung aus dem Lateinischen folgendermassen:

Greifswald hat seinen Namen von einem alten, „der Wald" genannten Dorfe, an dessen Stelle die Stadt gegründet wurde, wie auch aus Saxo Grammaticus ersichtlich, der gelegentlich einen Hafen gleichen Namens erwähnt. Dass die Gegend, wo die Stadt liegt, einst bewaldet gewesen, bezeugen die hohen Eichen des benachbarten Rosenthals, wie auch riesige Baumwurzeln, die man im Boden der Stadt und ihrer Umgebung findet. Den ersten Teil des Namens führt die Stadt nicht, wie man allgemein annimmt, von dem Vogel Greif, der hier nistete, sondern von dem ihr aus besonderer Gnade verliehenen

---

[*]) Lucae Taccii Rect. Scholae Gryph. Oratio Mscr. de Urbe Pomeranorum Gryphiswaldensi de an. 1607.

herzoglichen Wappen oder von der berühmten, aus dem alten Henetervolke stammenden und in dieser Gegend ansässigen Adelsfamilie der Greifen, von der auch die pommerschen Herzöge ihren Stammbaum herleiten. Beide führen den Greif im Wappen und ihnen zu Ehren wurden nach diesem Emblem mehrere pommersche Städte benannt: Greifenberg, Greifenhagen und auch Greifswald. Die älteste Besiedlung dieser Stadt geschah durch Sachsen. Als die Ureinwohner, Slaven und Heneter, von Heinrich dem Löwen vernichtet oder vertrieben waren, wanderten Niedersachsen, teilweise von den Pommernfürsten selbst ins Land gerufen, in diese und die benachbarten Gebiete ein und gründeten viele Städte. Der eigentliche Stifter Greifswalds war der Abt des benachbarten Klosters Hilda, der im Jahre 1233 einige von seinen eigenen Ländereien abtrat und es dadurch den Kolonisten ermöglichte, die Stadt anzulegen. Das Kloster selbst war schon 22 Jahre früher von den pommerschen Herzögen und dem Rügenfürst Jaromar gestiftet worden. Als die Stadt später an Einwohnerzahl und Wohlstand wuchs, konnte sie der Abt nicht mehr in Botmässigkeit halten und trat sie deshalb an Herzog Barnim unter der Bedingung ab, dass ein jeder Bürger jährlich einen silbernen Pfennig zum ewigen Gedächtnis ans Kloster zahlen sollte. Diese Abgabe währte aber nicht lange; die Bürger wurden durch die Zunahme ihres Reichtums übermütig, entzogen sich der geistlichen Steuer und nannten die Mönche spottweise „die Scharnobben",*) sodass sich der Abt bewogen fühlte, die Stadt ganz dem Herzog zu Lehn zu geben. Und so blüht unsere Stadt seit ihrer Gründung bis heute bereits 374 Jahre.

Greifswald liegt günstig in der Mitte von vier benachbarten Städten; nämlich vier Meilen von Stralsund, Anklam und Demmin, drei Meilen von Wolgast entfernt. Es zieht sich in fast ganz flacher Gegend ein langgestrecktes Oval bildend von Osten nach Westen hin. Von der Stadt aus hat man nach allen Seiten über die rings sich ausbreitende Ebene eine

---

*) Scharnobbe, häufiger Scharnbulle, heist der Mist- oder Rosskäfer, Scarabäus stercatorius. Scharn niederd. = Mist.

weite Fernsicht. Im Süden und Norden ist sie von Feldern und Sümpfen umgeben, im Westen wird sie durch einen Teich voll süssen Wassers geschützt, der reich an wohlschmeckenden Fischen ist und durch seine Wasserkraft mehrere Mühlräder in Bewegung setzt. Gegen Sonnenaufgang flutet die Ostsee; in sie ergiesst sich aus dem eben erwähnten Teich ein Abfluss, „das Rick" genannt, der den Export und Import von Kaufmannsgütern ausserordentlich begünstigt. Hier nahe der Meeresküste und dem Flussufer liegt das Mönchskloster Hilda.

Die Häuser der Stadt sind meist in einem altertümlichen und einfachen Stile erbaut und tragen mehr der Bequemlichkeit als der Schönheit Rechnung. Doch vermisst man besseren Geschmack und künstlerische Ausführung nicht gänzlich. Denn manche Privathäuser sind wirklich prächtig und geräumig und auch einzelne öffentliche Gebäude, wie das Rathaus und das Universitätsgebäude, zeigen einen reicheren Baustil. Drei Kirchen liegen innerhalb der Ringmauern: Die Nicolaikirche, mitten in der Stadt, hatte einst einen sehr hohen, weithin sichtbaren Turm, der mit einem Teil des Chorgewölbes 1515 durch einen heftigen Sturm zusammenstürzte und erst in den Jahren 1604—7 wiederaufgebaut wurde. Dann die Kirche der heiligen Jungfrau Maria im östlichen und die Jacobikirche im westlichen Stadtgebiet. Ausserhalb der Mauern stehen ebenfalls drei Gotteshäuser: Die heilige Geist-, St. Georgs- und St. Gertrudskapelle. Die ersteren beiden beziehen aus Dörfern, Aeckern und anderen Gütern, welche durch die Freigebigkeit der Bürger in frommer Einfalt einst gestiftet wurden, ein sehr reichliches Jahreseinkommen, das zum Unterhalt der Armen und Siechen in den dazu gehörigen Hospitälern bestimmt ist. Wenigstens sollte es dazu verwendet werden; ob es aber geschieht, ist eine grosse Frage. Es geht das allgemeine Gerücht, dass der unersättliche Geiz und die verwerflichste Habsucht von Leuten, die nie genug bekommen können, das Gut der Armen unterschlage und für sich verbrauche, den Bedürftigen aber nur wenige Heller hinwerfe. Die Gertrudenkapelle ist noch jetzt, sogar im Ausland, durch ein Wunder berühmt: als einst ein frevelhafter Priester mit dem Bilde der heiligen

Gertrud einen Wettlauf um das Opfergeld unternahm, wurde er zur Strafe dafür vom Teufel geholt. Zwei Mönchsklöster sind in der Stadt. Das fast ganz zerfallene Dominikanerkloster an der nördlichen Stadtseite trat der hochwohledle Rat mit Zustimmung des erlauchten Herzogs Philipp an die Universität ab. Diese liess aus früher ihr gewordenen Schenkungen der pommerschen Städte und Ritterschaft an Stelle der Ruinen neue Gebäude errichten, die einigen Studenten und dem aufsichtsführenden Professor zur Wohnung dienen; auch die akademische Geschäftsleitung befindet sich dort. Das Franciskaner- Minoriten- oder Bettelmöuchskloster steht jetzt unter der Aufsicht und Verwaltung des Rates, der seine Stadtschule darin untergebracht hat. Ausserdem liegen zwei ziemlich geräumige und gut gebaute Häuser nicht weit von der Domkirche, von denen das eine, früher die Propstei, jetzt dem durchlauchtigsten Herzog gehört, im andern, der früheren Dekanei, der Generalsuperintendent von Pommern und Rügen seine Wohnung hat. In der Nähe liegt auch das grosse Universitätsgebäude, welches im Jahre 1597 wiederhergestellt und prächtig ausgebaut wurde. Das Grundstück gehörte einst der nach dem Zeugnis alter Dokumente und Grabsteine hochberühmten Patrizierfamilie Letzenitz. Als der letzte Sprosse dieses Geschlechtes in jungen Jahren starb und sein gesamtes Erbe an Dr. Heinrich Rubenow, seinen Onkel und Vormund, fiel, bestimmte dieser jenen Hof zur Gründung eines Akademiegebäudes und trat sein Eigentumsrecht unter gewissen Bedingungen in einer öffentlichen Ratssitzung an die Universität ab. Das Rathaus, ein stattlicher Bau aus alter Zeit, liegt an einem viereckigen, genügend geräumigen Marktplatz und enthält mehrere, im modernen Geschmack welscher Meister kunstvoll gewölbte Hallen. Die Stadt hat im ganzen zehn Thore: das östliche Mühlen-, das südliche Fleischhauer-, das nach Westen führende Fettethor; 6 andere gehen gegen Norden zu dem vorüberfliessenden Ryck hin und heissen nach den Strassen, deren Ausgänge sie bilden, das Steinbecker-, an welchem die Landstrasse nach Stralsund beginnt, das Fischstrassen-, das Böckstrassen-, das Knopstrassen-, das Brügstrassen- und das Kohstrassenthor. Das Zehnte, seit alten Zeiten englische Pforte genannt, ist jetzt geschlossen und soll früher zur Einfuhr fremder Waren am bequemsten gelegen gewesen sein.

Die Stadt zerfällt in die Altstadt und Neustadt; erstere liegt östlich um das Rathaus und den Marktplatz herum, letztere westlich davon. Glaubwürdige Leute geben als Grund dieser Einteilung felgendes an. Als Stralsund, dessen Bau a. 1209 der Rügenfürst Jaromar begonnen und sein Sohn Witzlaus erst 1230 vollendet hatte, in kurzer Zeit an Reichtum und Macht ungeheuer zugenommen hatte, machten die Lübecker, welche sich dadurch geschädigt glaubten, 1277 unvermutet einen Einfall und zerstörten die neue Stadt vollständig. In Folge dessen soll ein grosser Teil seiner Bewohner nach Greifswald übergesiedelt sein. Aber da unsere Stadt damals nicht im Stande war, eine solche Menge Volks aufzunehmen, so sahen sich die Bürger nach reiflicher Erwägung genötigt, diesen Bezirk, der jetzt die Neustadt heisst, zum Stadtgebiet hinzuzuschlagen und den Stralsunder Flüchtlingen zur Ansiedlung zu überlassen. Als aber 20 Jahre später Stralsund wieder aufgebaut wurde, suchten jene ihren früheren Wohnsitz, der für den Geschäftsverkehr günstiger gelegen, wieder auf, sodass die Neustadt nur unvollständig bebaut blieb. Darum hauptsächlich soll sie noch gegenwärtig so öde und wüst sein. Dazu kommt, dass vor ca. 150 Jahren infolge häufiger Feuersbrünste, die durch menschliche Bosheit oder irgendeinen unglücklichen Zufall entstanden, die hier stehenden Häuser vernichtet wurden. Da den Bewohnern meist die Mittel zum Wiederaufbau fehlten, so konnte die Neustadt ihre alte Grösse und Blüte nie wieder erreichen. Daher finden sich in ihr meist nur niederige Hütten, Scheunen, Ställe uud anmutige Gärten. Gerade uud breit sind die Strassen und dem Verkehre wohl dienlich. Die Stadtfelder sind ausgedehnt und recht fruchtbar. Eiu Teil derselben, nämlich 20 Hägerhufen, jede zu 60 Morgen, schenkte der Abt von Hilda den ersten Ansiedlern. Den Rest erwarb die Stadt durch Tausch und Kauf. Die Aecker des Dorfes Martenshagen, dessen Ruinen südlich der Stadt noch sichtbar sind, tauschten die Bürger gegen das Dorf Loissin im Lande Wusterhusen, das sie vom Camminer Bischof gekauft hatten, von dem genannten Abte ein, erwarben dazu die Felder, die nach dem dort stehenden Dreibein oder Galgen gewöhnlich „die Galgenkamp" genannt werden, nebst andere, am Fettenthor gelegene, und verteilten das so gewonnene Stadtfeld auf die einzelnen Häuser. Nicht weniger fruchtbar sind auch die Gärten, von denen ebenfalls auf jedes Haus ein gleicher Anteil kommt. Daher ist bei uns an Obst, Gemüse und andern zur täglichen Nahrung notwendigen Dingen kein Mangel; nur Weinstöcke gedeihen der Winterkälte wegen nicht.

Zu unserer Väter Zeiten lagen nördlich vor der Stadt mehrere Salzwerke, die sich im erblichen Besitz von Patrizierfamilien befanden und von denen heute nur noch Spuren übrig geblieben sind. Das Wasser, das dort aus seichten Brunnen heraufgepumpt und kunstgemäss gesiedet wurde, lieferte ein Salz, welches dem von Lüneburg an Güte gleich kam. Aber der Holzmangel und die hohen Holzpreise bewogen die Besitzer den Betrieb einzustellen. Die Stadt hat nämlich kein Holz, doch wird von auswärts soviel eingeführt, dass der gewöhnliche Bedarf gedeckt wird. Weiter besitzt die Stadt in der Nachbarschaft wie auch im übrigen Pommern viele Dörfer, die nicht nur reich an Wiesen und fruchtbaren Aeckern, sondern auch bei der Nähe des Meeres durch den Fischfang gewinnbringend sind, sodass der Rat jährlich grosse Einkünfte aus ihnen zieht, die er der Stadtkasse überweist. Auch bieten manche Güter den Ratsmitgliedern und Patriziern Gelegenheit zu ergiebigen und bequemen Jagdausflügen. Die Gemeinde ist nicht nur schuldenfrei, sondern auch im Stande, andern Städten pecuniär zu Hülfe zu kommen; die meisten Bürger sind reich an Gut und Geld, das sie ererbt oder durch Handel und andere ehrliche Hantirung erworben haben. Die Luft ist der Gesundheit zuträglich, rein, nicht stürmisch noch nebelig; ihre lebhafte Bewegung bewirkt, dass bösartige Krankheiten seltener auftreten. Es ist seit einer langen Reihe von Jahren mit Sicherheit beobachtet werden. dass bei uns die Pest oder andere epidemische Seuchen niemals so heftig gewütet haben, wie in den Nachbarstädten. Die Bewohner sind, wie bereits oben bemerkt, Nachkommen der alten Sachsen und zwar fast sämtlich Eingeborene oder „Autochthonen", wie einst die Athener von sich rühmten. Die Patrizier besonders können meist ihren Stammbaum von grauen Zeiten herleiten und mit Leichtigkeit eine lange Ahnenreihe aufzählen. Ich glaube kaum, dass sich in einer der Nachbarstädte soviele alte Geschlechter finden wie bei uns. Vor allen alt und berühmt ist die Kannegiesser'sche Familie, welche, wie alte Grabsteine beweisen, bereits vor mehr als 200 Jahren in hohem Ansehen stand. Von ihr stammen mütterlicherseits die Erich, Voss, Bünzow, Schwarz, und von diesen wieder die Schmieterlow, Engelbrecht, Corswant, Völschow u. a. Die übrigen Honoratioren, Handwerker aller Art und die gewöhnliche Volksmasse sind eingeboren oder zugewandert, fast alle aber deutscher Abstammung mit Ausnahme weniger Schotten und Holländer, die sich hier wie in den benachbarten Städten niedergelassen haben.

Etwas noch über die Gottesfurcht, den Gehorsam gegen die Regierung, die Achtung vor der Obrigkeit und das gegenseitige Einvernehmen der Bürger untereinander zu sagen oder zu schreiben, halte ich für unnötig, da die Erfahrung lehrt, dass diese Dinge veränderlich sind und täglich wechseln. Ich komme nunmehr zu den Schulen, von denen die Stadt zwei, eine Hochschule und eine Gemeindeschule unterhält. Erstere wurde von dem erlauchten Herzog Wartislaus IX. auf Anregung des berühmten und hochgelehrten Herrn Dr. Heinrich Rubenow, Bürgermeister der Stadt, begründet, vom Papst Calixtus und dem römischen Kaiser Friedrich III. mit vielen Privilegien ausgestattet und vom hohen Landesherrn mit reichen jährlichen Einkünften, die zu Stipendien dienen sollten, freigebig beschenkt. Ihre Einweihung geschah durch Henning, den Bischof von Cammin, der samt seinen Nachfolgern vom Papst und Kaiser zum Kanzler der Hochschule bestellt wurde, im Jahre 1456 am Tage des Evangelisten Lukas, am selben Tage, an dem auch a. 1405 die Universität Wittenberg mit feierlichem Gepränge eingeweiht worden war. Der erste Rector war Herr Heinrich Rubenow, beider Rechte Doctor, städtischer Bürgermeister und herzoglicher Rat, der selbst öffentlich als Lehrer auftrat und, da er Ueberfluss an Gut und Geld reichlich besass, das Meiste zur Erhaltung der Hochschule beitrug. Aber dieser hervorragende und um die Universität hochverdiente Mann wurde 7 Jahre später, als er beim Herzog in Ungnade gefallen und unter der Missgunst seiner Feinde im Rat zu leiden hatte, auf Anstiften derselben oder doch mit ihrem Vorwissen von einem schändlichen Mordbuben 1463 im Greifswalder Rathaus erschlagen. Der Mörder war ein Bürger der Stadt und gehörte der Schlächterzunft an. Und wenn auch die ersten Jahre ihres Bestehens für die Universität nicht gerade ungünstige waren, so traf sie doch einige Zeit später ein unbegreiflich trauriges und unheilvolles Verhängnis, sodass sie von Professoren und Studirenden wenig besucht, ja beinahe ganz verlassen war, bis der durchlauchtigste Herzog Philipp frommen Angedenkens ihrem weiteren Sinken Einhalt gebot und mit hülfreicher Hand dem gänzlichen Verfall vorbeugte. Er beschenkte sie aufs freigebigste mit neuen Einkünften, woraus das Gehalt für die Professoren bezahlt und unbemittelte Studirende unterstützt werden sollten und vermehrte die Zahl der Lehrkräfte erheblich.

Die Gemeinde- oder Elementarschulen waren bei uns bis vor ungefähr 80 Jahren mit den Hauptkirchen vereinigt. Aber der einsichtsvolle Rat fasste den wahrhaft weisen und nützlichen Entschluss, dieselbe zu einer einzigen Schule für die Bürgerkinder umzuschaffen und wies dieser als passenden Unterkunftsort das Minoriten- oder Bettelmönchskloster an. In dieser Ratsschule unterrichteten früher höchstens vier Schulmeister, jetzt aber sind fünf Hauptlehrer mit bescheidenem Gehalt angestellt: ein Rector, ein Conrector, ein Subrector, ein Cantor und ein Unterlehrer; ihnen sind die Küster der drei Kirchen und der Schreiblehrer beigeordnet, welcher den Kindern das Schönschreiben lehren soll. Daraus geht hervor, dass die Bürgerkinder in dieser Schule genügende Kenntnisse und eine anerkennenswerte Bildung erlangen könnten, wenn sie sich nicht durch die schlechten Beispiele anderer oder durch eigenen unzeitigen Freiheitsdrang verleiten liessen, der Schulzucht zu entfliehen und zum grossen eigenen Nachteil wie

zum Schaden des ganzen Gemeinwesens zur Universität zu
eilen, bevor sie noch in der Grammatik und anderen Elementar-
Wissenschaften einen festen Grund gelegt haben. —

Zu diesem ersten Versuch einer Topographie Greifswalds
sei kurz bemerkt, dass die Ableitung des Namens der Stadt
sowie die Angabe des Gründungsjahres nicht den historischen
Thatsachen entsprechen. Auch die Tradition von der Besiedlung
der damaligen Neustadt zwischen Weissgerberstrasse und Fettenthor durch geflüchtete Stralsunder ist durch neuere Untersuchungen (Fock, Pyl) als unhaltbar zurückgewiesen worden.
Im übrigen malt uns der Greifswalder Rector ein noch ganz
mittelalterliches Gemeinwesen: die kleine, aber reiche Stadt
liegt im Schutz ihrer Mauern und Thore, durch Wall und
Graben, Wasser und Sumpf gesichert. Der westlich der Stadt
erwähnte grosse „Boltenhägener Teich" war durch eine Auf-
stauung des Ryck entstanden und ist jetzt in Wiesen und
Koppeln umgewandelt. Die „englische Pforte" bildete den
Ausgang der Papenstrasse; ein elftes und zwölftes Thor an
der Hunnen-, sowie am östlichen Ende der Langefuhrstrasse,
letzteres das „Hemelike dor" genannt, sind nicht erwähnt.
Alle diese altertümlichen Thore und Pforten wurden im Anfang
dieses Jahrhunderts, als der Sinn für die gothische Baukunst
verschwunden war, abgebrochen und durch Thore im Renais-
sancestil ersetzt, welche jetzt bis auf das Steinbeckerthor auch
schon wieder entfernt sind, um dem Verkehr grösseren Raum
zu gewähren.*) Wie die alten Umwallungen gefallen sind,
so ist auch keine Spur mehr von den drei vor den Mauern
gelegenen Kirchen und den dazu gehörenden Gebäuden erhalten geblieben. An das uralte Gewerbe der Salzgewinnung
auf dem Rosenthal erinnert noch der Name der Salinenstrasse.
Die schon zu Takkes Zeiten ausser Betrieb gesetzten Salz-
brunnen liess der kaiserliche Oberst Perusi, der sich mit
allen Kräften auf eine Belagerung durch die Schweden vor-
bereitete, noch einmal in Stand setzen. Sie wurden nachher
noch mit geringem Vorteil ausgebeutet und endlich, als die
Concurrenz des besseren Steinsalzes immer mächtiger wurde,

*) Pyl, Geschichte der Greifswalder Kirchen I. p. 232 Anm. 2.

Anfangs der siebenziger Jahre ganz aufgegeben bis auf einen, der die dem Kurhaus nötige Soole liefert. Auf dem Grundstück des ehemaligen Dominikanerklosters, wo nach Takkes Bericht Wohnungen für Studenten und Professoren erbaut waren, erhebt sich jetzt die grosse Klinik und die Anatomie. Dort stand noch bis in die neuste Zeit eine mächtige, alte Linde, im Volksmunde „Mönchen-Linde" genannt; sie fiel vor einigen Jahren einem Erweiterungsbau zum Opfer. In der Mühlenstrasse lag das Kloster, die Kirche und der Kirchhof der Franciskaner, die nach der Farbe ihrer Ordenskleidung auch „graue Mönche" hiessen. 1556 überliess dieser Orden das graue Kloster der Stadt mit allem Zubehör, doch mit der Klausel, dass der Rat Alles restituiren solle, falls in der christlichen Religion eine andere Reformation erfolge. Hier wurde die aus den Kirchenschulen vereinigte Stadtschule, die Elementar-, Bürger- und Gelehrtenschule zugleich war und aus der das Greifswalder Gymnasium hervorgegangen ist, untergebracht, trotzdem die alterschwachen Klostergebäude einzustürzen drohten und wirklich teilweise einfielen. Erst 1793 wurden sie abgetragen und an ihrer Stelle ein neues Schulhaus erbaut, das 1799 vollendet wurde. Das Einkommen der Lehrer an der Stadtschule bestand damals zunächst in baarem Gehalt, dann in dem Schulgeld, das sie vierteljährlich untereinander teilten, sowie in Gebühren von kirchlichen Feierlichkeiten, namentlich von Begräbnissen und war den damaligen Lebensverhältnissen, so lange man „umb einen Schilling sundisch in öffentlicher Herberg an Essen und Trinken Gott und genug kriegte", wohl entsprechend. Nun aber sank im 16. Jahrhundert der Wert des Geldes durch die Silbereinfuhr aus Amerika bedeutend und alle Lebensbedürfnisse erfuhren eine Preissteigerung, sodass Takke mit gutem Recht den Gehalt einen unzureichenden nennen konnte. Der Rat erkannte auch die Berechtigung dieser Klage an und gewährte den Schullehrern eine Gehalterhöhung.[*])

Dass der Rector sich über die Gottesfurcht, den Gehorsam gegen die Obrigkeit und die Eintracht der Bürger untereinander

---

[*]) Lehmann, Geschichte des Gymnasiums zu Greifswald. p. 88·

so vorsichtig äussert, zeugt von seiner Klugheit, denn mit
diesen Dingen war es im Mittelalter und damals in Greifswald
nicht besser bestellt, als in irgend einer andern Hansestadt,
wie die fortwährenden Zwistigkeiten der Gemeinde mit dem
Rat, der gesamten Bürgerschaft mit dem Landesherrn, den
Nachbarstädten, den geistlichen Behörden und dem Kloster zu
Eldena genugsam lehren. Thomas Kantzow freilich stellt
um 1540 den Greifswaldern ein besseres Zeugniss aus, wenn
er sagt: „Gripswold ist zum meerenteil eine gemawerte Stadt
und etwas weniger denn Stettin. Die Bürger seint auch mehr
der Kauffmannschaft und Segelation zugethan, wan den Studiis,
darumb leydet die Universitet nicht wenig Hinderung ires
Gedeyns. Es ist uberaus gute Zehrung daselbst, und nicht so
gar ein ubermütig Folck wie in andern Stetten."

Lucas Takke, „Vater der·Jugend, Licht und Stütze der
Schule genannt", starb am 7. Oktober 1612.

Wir lassen nachstehend den lateinischen Text folgen.

### De urbe Gryphiswaldia.

Urbs Gryphiswaldia nomen habet ab antiquo pago, Germanice
der Wald vocato, qui urbi condendae locum dedit, sicut ex Saxone
Grammatico patet, qui portus Waldensis alicubi meminit. Et terram
hanc, ubi urbs sita est, olim silvestrem fuisse, testantur altissimae
quercus in Valle Rosarum urbi vicina, item vastae arborum radices
in ipsis locis tam urbis quam agrorum subterraneis. Praenomen
Gryphis vero non, ut vulgo opinio fert, a Gryphis avibus, qui hic
nidificare et habitare consueverunt, sed ab insignibus Gryphi, quibus
peculiari quadam concessione Principum donata fuit vel a nobili et
celeberrima Gryphorum familia, quae e vetusta Gente Heneta oriunda
hasce oras incoluit, e qua et Pomeraniae Duces suam originem ducunt,
et eadem insignia retinent. Atque in herum gratiam et honorem
plures aliae civitates Pomeraniae ab illis denominatae sunt ut Gryphen-
berg, Gryphenhagen et Gryphiswalde. Condi coepit haec urbs a Saxo-
nibus, qui partim, ab Henrico Leone pulsis et magna ex parte deletis
veteribus colonis Slavis et Henetis, in Pomeraniam et vicinas Pro-
vincias translati, partim ab ipsis Pomeraniae Principibus accersiti,
has sedes occuparunt et multas in Pomerania civitates aedificarunt.
Primus fundator Gryphiswaldiae fuit Abbas Monasterii vicini Hildensis,
qui Anno 1233 concessis aliquot suae ditionis agris primis conditoribus
copiam urbis fundandi fecit, cum ipsum monasterium ante 22 annos
a Pomeraniae Ducibus et Jaromaro Rugiae principe conditum fuisset.

Progressu tempore, cum Abbas ipsam urbem et civium multitudine et epum copia luxuriantem in officio continere non posset, concessit eam Barnimo Principi, hac tamen conditione, ut singuli cives quotannis argentum in perpetuam eius rei memoriam exsolverent, quod tamen non diu duravit. Nam cives epum affluentia elati hanc Monachorum exactionem et imperium detrectarunt, eos contumelioso nomine „die Scharnobben" appellarunt, quibus Abbas motus eam totam in Barnimi potestatem tradidit. Atque ita haec urbs anno 1233 primum fundata floruit in hunc usque 1607 annum per 374 Annos.

Sita est Gryphiswaldia loco satis opportuno in medio quatuor vicinarum adiacentium civitatum. Quatuor enim milliaribus a Stralsundio, Anclamo et Demmino, tribus vero a Wolgasto distat. Tota ferme in plano sita est, et satis longe tractu figura pene ovali ab oriente in occidentem extenditur. Accomodus ex ea propter planitiem late protensam in quamcunque partem patet prospectus. Atque a meridie quidem et septentrione latis campis et paludibus cingitur. Ab occidente stagno, aquis dulcis scatente et pisces non ingrati saporis alente, ac molarum aliquot rotas (non tamen ultra 4, ad summum 5, ad minimum 3) suo decursu circumagente munitur. Ab ortu Mari Balthico adiacet, in quod rivulus, vulgo „das Ried" dictus ex stagno versus septentrionem prolabitur, exportandis ac importandis mercibus apprime utilis. In hac parte versus ortum prope ad maris oras, et rivuli dicti ripam, Monasterium Hildense situm suum habet.

Aedificia antiquam gravitatem quae magis necessitudinem quam splendorem et luxum magna ex parte referunt. Nec enim illis deest suus ornatus, mundicies, et elegantia. Nam multae privatorum domus etiamnum hodie supersunt, pro veteri illa simplicitate satis amplae et splendidae. Publica etiam visuntur, non pauca, magnifice exstructa, ut Curia, Collegium etc. Templa intra moenia tria sunt. Nicolaitanum in media urbe olim altissima turri conspicuum, quam Anno Christi 1515 ventorum tempestas una cum testudinis aliqua parte abstulit, quae tamen Anno Christi 1604, et 1605, et 1606, uti et 1607 reaedificata est, ut testatur experientia, rerum magistra. 2) Divae virginis Mariae sacrum in parte orientali, 3) Jacobaeum versus solem occidentem. Extra urbis moenia totidem sunt: 1) Spiritus Sancti, 2) Divi Georgii et 3) Divae Gertrudis, quorum duo priora reditus annuos ex pagis aliquot, nec non agris et aliis bonis civium liberalitate quondam pio studio collatis, amplissimos habet, qui in Pauperum vicinas singulis inhabitantium aediculas usus conferuntur; conferri debebant quidem, sed num conferantur, magna adhuc est quaestio: Fama communis est, quod Pauperes accipere oporteret, hoc aliorum Harpyarum intercipiat avaritia et deglutiat sacrilega voracitas [vel num ex asse conferantur in dubio est: Plerumque enim fit, ut quod pauperes capere oportet, insatiabilis Harpyarum intercipiat avaritia et deglutiat sacrilega voracitas vel ramenta obiiciat pauperibus.] Gertrudis fanum nunc pene collapsum antiquo ablati quondam a Diabolo cuiusdam illins fani Provisoris seu Diaconi fraudulenter cum Divae Gertrudis imagine, sive statua propter certam aliquam pecuniae summam cursu certantis, miraculo apud exteras etiam gentes huc usque claret.

Monasteria duo habet, quorum alterum, quod Dominicani incoluerunt in occidentali urbis parte funditus pene dirutum beneficio illustrissimi Principis Philippi et consensu Amplissimi senatus urbani, Academia et superioribus annis plerisque tam civitatibus quam nobilibus Pomeraniae sumptum liberaliter conferentibus, novis aedificiis ex eorum ruinis instructis, aliquot studiosis, et uni ex Professoribus, eorum Inspectori, nec non Oeconomo Universitatis locum praebet. Alterum Franciscanorum seu Fratrum Minorum seu Mendicantium olim domicilium, nunc senatus urbani tutelae ac patricinio subiacet, qui illud iam scholae triviali destinarunt.

Sunt praeterea duae satis amplae et eleganter exstructae domus non procul ab Ecclesia collegiata quarum altera olim fuit Domiciliam Praepositi, nunc illustrissimum Principem cognoscit Dominum. Altera fuit Decani, quae iam Dominum Superintendentem Generalem Pomeraniae et Rugiae incolam fovet.

Ab his non longe abest Collegii domus ampla et de novo iam magnifice exstructa et reparata anno 1597. Area illa quondam fuit Lezeniziorum clarae et celebris in hac urbe familiae, sicut scripta et monumenta vetusta in templo utroque testantur. Verum cum ultimus eius familiae seu gentis haeres adolescens decederet et universa eius hereditas ad consulem urbanum Dominum D. Henricum Rubenovium, eius avunculum et tutorem devoluta esset, ipse hasce aedes ad Academiae fundationem destinavit, eorumque proprietatem seu dominium certis conditionibus adiectis in publico consessu totius Senatus urbani, sicut adhuc moris est, universitati resignavit.

Curia, structura pro veterum more non ineleganti conspicua, foro quadrato, et undiquaque acclivi satisque patenti adiacet et conclavia intrinsecus aliquot novo Italorum Architectorum studio opere concamerato artificiose elaborata continet. Portas omni numero decem habet, quarum Prima Orientem spectat et vocatur das Mühlen-Thor. Secunda Meridiem respiciens vocatur das Fleischhauer-Thor. Tertia ad Occidentem ducens vocatur das fette Thor. Sex reliquae versus septentrionem ad praeterlabentem rivulum ducentes a singulis plateis, quibus exitus praebent, denominantur, ut 4) das Steinbeckerstrassen-Thor, recta Sundium ducens, 5) das Fischstrassen-Thor, 6) das Böckstrassen-, 7) das Knopstrassen-, 8) das Brügstrassen-, 9) das Kohstrassen-Thor. Decima nunc plane clausa Anglorum (unde et olim nomen habuit) mercibus importandis antiquitus commodum locum dedisse fertur.

Dividitur haec urbs in veterem et novam. Vetus sita est in Parte Orientali circa curiam et forum. Nova autem versus occidentem. Huius divisionis haec adfertur a fide dignis ratio. Cum Sundium anno 1209 a Jaromaro, Rugiae Principe aedificari coeptum annoque demum 1230 a filio eius Witzlav perfectum brevi tempore opibus et potentia in immensum accrevisset, atque Lubecenses inde sibi aliquid decussurum rati, anno 1277 clam irruptione facta, totam illam civitatem incendiis misere devastassent, promiscue civium multitudine, maxima ex parte huc se contulisse dicitur. Verum cum urbs nostra tum temporis tanto advenarum numero impar esset recipiendo, incolae communicato consilio de amplificanda urbe, necessitate ita cogente, hanc partem, quae nunc nova civitas dicitur, adiecerunt, eamque vicinis suis (Stralesundensibus exulis) occupandam, et aedificia sibi in ea exstruenda concesserunt. Caeterum 20 annis post, cum Sundium reaedificari coeptum esset, atque illi pristinam sedem, tanquam negationi exercendae oportuniorem repeterent, novamque hanc urbem inchoatam quidem, sed imperfectam relinquerent, primam huic solitudini ac vastitati causam dedisse creduntur. Accessit huc, quod ante annos plus minus 150 sive hominum iniuria, sive alio quodam fato crebris incendiis vastatae hoc in loco fuerint aedes. Cum enim horum inhabitatoribus necessarii ad reaedificationem sumptus non suppeterent, non potuit haec urbs nova pristinum statum vel splendorem recuperare. In hoc itaque loco veteri humiles tantum casae horrea ac mapalia, cum amoenissimis hortis reperiuntur, atque ita haec pars ab aedificiorum innovatione novae urbis nomen accepit.

Plateas rectas habet et satis latas et amplas. Agros porro satis multos et non mediocri fertilitate donatos possidet. Horum partem aliquam, 20 nempe mansos, quorum singuli 60 ingera continent, Abbas Hildensis primis eius conditoribus concessit. Reliquam ipsa civitas cum permutationis tum emptionis iure sibi acquisivit. Pro agris enim S. Martini (cuius adhuc rudera Meridiem versus conspicuuntur) oppidani pagum Loizin in territorio Wusterhusano, ab Episcopo Camminensi emptum, eidem Abbati, permutatione facta, tradiderunt, et Campos, vulgo die Galgen-Kamp a furca vel patibulo cognominatos, cum aliquot aliis, pingui portae contiguis, a quibusdam Nobilibus, civitatis incolis, coemerunt et in singulas domus distribuerunt. Neque minor est hortorum, quos itidem singulae ferme domus, pari conditione, proprios habent, foecunditas, quae facit, ut nulla apud nos sit fructuum, quae in arboribus nascuntur, item olerum et aliarum rerum ad victum quotidianum necessarium, penuria. Vineae hic propter frigoris hyberni inclementiam non sunt.

Fuerunt etiam Patrum memoria extra urbis moenia in parte septentrionali salinae aliquot Patritiis quibusdam haereditariae, quarum vestigia adhuc hodie sunt reliqua, ex quarum non adeo profundis

lacunis extractae aquae et ex arte coctae Sal genuerunt, Lune-
burgico bonitate nihil cedens. Verum lignorum penuria et caritas ab
eius coquendi studio possessores cessare coegit. Lignis enim solis
haec urbs destituitur, quae tamen aliunde tanta copia adferuntur,
ut necessariis omnium usibus sufficiant.

Civitas vero etiam ipsa pagos habet in vicinia ut si quae alia in
tota Pomerania, et multos et proprios non modo pratis et fertilibus agris
divites, sed et piscium captura propter maris propinquitatem lucrum
facientes ex quibus proventus non exiguos senatus quotannis percipit
et in Fiscam publicum recondit. Quidam etiam horum venationis
commoditatem et cum utilitate coniunctam voluptatem Senatoribus et
patritiis praebent.

Curia non solum nemini aere alieno est obstricts, sed et aliarum
quoque civitatum indigentia subvenire potest, et cives plerique opibus
ac pecunia partim haereditario iure accepta, partim negotiatione et
aliis modis honestis parta abundant. Auram habet haec civitas satis
commodam et salubrem, non impuram, non turbidam aut nebulosam,
cuius temperaturam admodum iuvat transpiratio propter planitiem
liberrima, quae ad multos morbos vitandos non parum adiumenti
praestat. Illud certe a longa annorum serie est observatum, nunquam
tantam esse apud nos pestilentiae aut aliorum morborum epidemicorum
violentiam, quanta in vicinis urbibus sentitur.

Incolas huius urbis, quod attinet, hi, quod et ante a nobis dictum
est, veterum Saxonum sunt progenies, indigenae pene omnes et αὐτόχ-
θονες, quo nomine se olim Athenienses iactitarunt. Patritii maxime,
quibus facillimum est, a longa Maiorum serie primam stemmatis sui
originem extendere, et Maiorum nomina recensere. Vix enim ullam
urbem in vicinia esse arbitror, in qua tot ac tam antiquae Patritiorum
familiae reperiantur, quot in hac nostra multos iam anuos florentes
conspicuuntur. Pervetusta et celebris prae aliis est Kannengiesserorum
prosapia, quae ante annos plus quam ducentos (ut ex antiquis monu-
mentis liquet) floruit. Ex hac promanarunt Ericii, Vossii, Bünsovii,
Schwarzii, quoad maternum genus. Ex his vicissim propagati Schmiter-
lowii, Engelbrechtii, Corschwantii, Volschowii etc. Reliqua multitudo
tam civium honoratiorum et opificum omnis generis, quam infimae
plebis, partim indigenae sunt, partim alienigenae, Germani tamen pene
omnes, exceptis paucis Scotis et Batavis, qui hic, ut in vicinis urbibus,
suas sedes fixerunt.

Ceterum de pietate erga Deum reverentia erga Ministerium, de
oboedientia erga magistratum, de mutua concordia incolarum nihil
libet dicere vel scribere, dum experientia evincit, ea esse mutabilia
et de die in diem mutari. Venio itaque ad Scholas, quarum haec
urbs fovet binas, alteram universalem, alteram vero particularem.

Illa nempe ab Illustrissimo Principe Wratislao IX. instinctu Clarissimi et Doctissimi viri Domini D. Henrici Rubenovii, Consulis huius Reipublicae Primarii instituta, et multis privilegiis a Calixto, summo Pontifice et Friderico III. Imp. Rom. ornata et multis annuis reditibus ad numeranda stipendia ab Illustr. Principe donata est. Facta est autem prima inauguratio ab Henningo, Episcopo Camminensi (quem cum suis sucessoribus Pontifex et Imperator Cancellarium et Conservatorem eius constituerunt) anno 1456 ipso die Lucae Evangelistae, quo et Wittenbergensis Academia anno 1405 celebri pompa est introducta. Primus huius Rector fuit D. Henricus Rubenovius I. U. D. Consul urbanus et Ducis Consiliarius, qui et ipse publice in ea docuit, et cum opihus ac divitiis afflueret, plurima ad eius conservationem contulit. Verum hic praestantissimus Vir et de Academia praeclare meritus, septem annis post, cum et Principi coepisset exosus haberi, et Collegarum invidia premeretur, his vel procurantibus vel dissimulantibus a sceleratissimo nebulone et parricida, qui fuit hic civis et lanio, in curia Gryphiswaldensi interfectus est anno 1463. Etsi initia huius Academiae non omnino se male haberent: elapsis tamen aliquot annis nescio quod fatum huic Scholae admodum grave et funestam adeo eam afflixit, ut et professoribus et Studiosis Adolescentibus penitus orbata, tantam non omnino desolata iaceret, donec Illustr. Princeps Philippus piac memoriae denuo iamiam illi collapsurae fulcra subiiceret eamque quasi porrecta mann humo vicissem erigeret. Novis enim reditibus, ex quibus et stipendia docentibus persolverentur et discentes tenuioris fortunae alerentur, liberalissime eam donavit et honas literas ac artes in ea profitentium numerum auxit.

Scholae triviales, sive particulares ante annos circiter 30 plures, et quidem singulis templis adiunctae apud nos fuerunt. Verum eas prudentissimus Senatus gravi sane et utilissimo consilio coniunxit, et in Scholam unicam, quam civium libri frequentarent, constituit, eius locum satis oportunum in Monasterio Fratrum Minorum seu Medicantium, assignavit, in quem quidem usum primitus instituta fuisse eiusmodi collegia, quae in Aegypto primo omnium condi coeperunt. circa annum Christi 360 historiae testantur. Praeceptores Amplissimus Senatus in sua Schola urbana Primarios ante quidem saltem quatuor, nunc quinque, mediocribus stipendiis alit, Rectorem, Conrectorem, Subrectorem, Cantorem et Hypodidascalum, quibus adiuncti sunt trium templorum custodes et nunc artis scribendi Magister, qui literas eleganter pingere pueros doceat. Ex quibus liquet, civium liberos in hac Schola fructus non poenitendos facere posse, atque ad frugem aliquam se dignam pervenire, nisi vel aliorum malis exemplis invitati, vel per sese libertatis praeter modum avidi, manum ferulae nimis cito subducerent, et nondum etiam bene iactis Grammaticae et inferiorum artium fundamentis, ad Academism cum magno tam suo proprio quam publico totius civitatis detrimento properarent.

# IX

# Die Flora der Insel Bornholm.

### Ein pflanzengeographischer Vergleich
### von Professor Dr. J. Winkelmann, Stettin.

Die geologische Beschaffenheit der Insel Bornholm ist in den Schriften der Geographischen Gesellschaft schon öfters Gegenstand der Besprechung gewesen. Der III. Jahresbericht (1889) enthält die Beschreibung einer Excursion der erwähnten Gesellschaft am 15.—18. Juni 1886, worin auch von Prof. Fischer in kurzen Zügen der Flora gedacht wird; der IV. (1891) einen Abriss der Geologie von Johnstrupp und eine Abhandlung von Cohen und Deecke über das krystalline Grundgebirge der Insel. Herr Prof. Credner stellte mir diese Abhandlungen zur Verfügung, wofür ich ihm auch hier den herzlichsten Dank abstatte. Sie sind mir von grossem Nutzen gewesen.

Ein mehrtägiger Aufenthalt auf dieser Insel im Juli des vorigen Jahres gab mir Gelegenheit, die Flora derselben einigermassen kennen zu lernen. Eine genauere Beschreibung erscheint in der Deutschen Botanischen Monatsschrift, hier will ich mich nur auf eine allgemeine Schilderung beschränken. Mein besonderes Augenmerk hatte ich auf die Moosflora gerichtet.

Die geographische Beschaffenheit der Insel setze ich als bekannt voraus.

Meine Wanderung ging von Hammeren aus, umfasste besonders den nördlichen Theil, von Allinge aus die Ostküste über Teign, Helligdomen, Gudhjem, Svaneke, Nexö, wobei Streifzüge seitlich westwärts auf die Höhe, wie zur Kirche Rö, unternommen wurden. Von Nexö aus ging ich nach Bodilskirke, südwestlich davon gelegen, wo Herr Lehrer Bergstedt wohnt, der bedeutendste Kenner der Inselflora. Herr Schulinspektor Petersen in Allinge hatte mich an diesen empfohlen. Herr

Bergstedt stammt aus Schleswig, hat die Domschule (jetzt Domgymnasium) in Colberg besucht und viele Reisen in Deutschland gemacht. Ich wurde von dem alten Herrn in der liebenswürdigsten Weise aufgenommen, er legte mir auch verschiedene botanische Schriften über die Pflanzenwelt der Insel vor. Obenan steht 1) das klassische Haandbog i den Danske Flora von Joh. Lange, 1886—88 erschienen. 2) Deichmann, Branth und Rostrup: Lichenes Danicae in Botanisk Tidsskrift. Kjoebenhavn 1869. 3) Bryologia Danica von Jensen. Kjoebenhavn 1856. 4) Conspectus Hepaticarum Daniae von Jensen. Bot. Tids. 1866. 5) Bornholms Flora von Bergstedt. Sie enthält eine Aufzählung der Characeen, Gefässcryptogamen und Phanerogamen und ist abgedrukt in der Bot. Tids. 1873, Bind 13 und im Journal de Botanique, Tome XIII, Copenhague 1883, auch als Abdruck (Soertryk) erschienen in Kjoebenhavn, Hagerups Boghandel. Der Verfasser verehrte mir einen solchen Abdruck. Was die kleine Abhandlung noch werthvoller macht, ist eine beigegebene Karte der Insel, auf der die Standorte seltener oder für die Flora besonders eigenthümlicher Pflanzen bezeichnet sind.

Herr B. war so freundlich, nachmittags mit mir einen ausgedehnteren Ausflug zu unternehmen, indem er mich zuerst in dem flachen wiesenartigen Gelände herumführte, wo ich seltene Orchideen (Herminium Monorchis), Binsen (Schoenus nigricans) und Riedgräser (Carex Hornschuchiana) fand. Nirgends bemerkte ich Symphytum officinale, eine der gemeinsten Pflanzen Pommerns an Wiesengräben; sie fehlt auf Bornholm, nur in der Nähe von Gärten verwildert. Dann überschritten wir die von Nexö nach Rönne führende Landstrasse, erstiegen den nördlichen Abfall des Höhenzuges, die Paradisbakker (Hügel), das Quellgebiet der Öle Aa, wo ich Sumpfmoose (Sphagna) zu finden hoffte. Von diesen waren nur wenige bekannte Arten vorhanden, dafür aber entdeckte ich ein neues Bryum, welches Herr Ruthe-Swinemünde Bryum Bornholmense getauft hat. Ich hatte es als Br. erythrocarpum mitgenommen, welchem es auch täuschend ähnlich ist. (Die Beschreibung wird in der „Hedwigia" erfolgen.)

Ich hatte versprochen am nächsten Tage wiederzukommen, wurde aber durch kaltes stürmisches Wetter abgehalten und fuhr nach Aakirkeby, von wo ich nach Almindingen (Gemeingut) hinaufging. Dort hatte ich das Glück ein neues Lebermoos, eine Scapania, aufzufinden, welches Herr Warnstorf-Neuruppin mir zu Ehren Scapania Winkelmanni benannte.

Nach einigen Stunden Aufenthalt fuhr ich mit der Abendpost nach Rönne, besichtigte am folgenden Vormittage die Umgegend und den Strand (wo ich eifrig nach Polygonum Rayi suchte, aber vergeblich), ging dann nach Hasle, von dort auf der Landstrasse nach Johns Capel und an den Strandabhängen bis dicht vor Hammershuus, wo ich am Strande den Eingang ins Paradisdal fand und so wieder zu meinem freundlichen Gasthofe nach fünftägiger Abwesenheit zurückkehrte. Ich hatte also zwei Drittel der Insel durchstreift, ausgenommen das südliche flache Gelände, welches ich mir vielleicht für diesen Sommer aufspare. Für die Namen der Pflanzen benutze ich Garcke's Flora von Deutschland.

Dem Pflanzenkenner muss gleich beim Betreten der Insel die Blumenfülle, sowie die gesättigte Farbe der Blüthen auffallen. Es betrifft dies besonders den nördlichen Theil an beiden Küsten, der West- und Ostküste, wo die Abhänge, trotzdem das Heidekraut vorwiegt, vier Characterpflanzen zeigen in weiss, gelb, blau und roth: Filipendula hexapetala, Hieracium umbellatum, Campanula persicifolia und Geranium sanguineum. Es ist wohl möglich, dass die erhöhte Farbenpracht durch die feuchte etwas salzhaltige Seeluft verursacht wird. Welch einen herrlichen Anblick müssen diese Anhöhen gewähren, wenn das Heidekraut in Blüthe steht. Dieselbe Blumenfülle bemerken wir ferner an den Wegrändern, den Seitengräben der Landstrasse von Hammeren nach Allinge, an den Wegen von Rönne nach Hammeren, jedoch an der Westseite der Insel mehr als an der Ostseite, wodurch die vorhin geäusserte Ansicht eine gewisse Bestätigung erhält, indem die vorherrschend westlichen Winde durch den nord-südlich gehenden Höhenzug aufgehalten werden.

Eine fernere Eigenthümlichkeit der Insel ist die Rosenfülle; alle Wege sind mit Rosenbüschen bedeckt (ich bemerkte nur Rosa canina und tomentosa, aber nicht rubiginosa, welche auch bei Bergstedt fehlt; sie liebt einen lehmig-sandigen Boden, der hier zu fehlen scheint), die in ihrer überreichen Blüthenfülle einen gar lieblichen Anblick gewähren. Die ganze Umgegend erhält dadurch gleichsam ein viel freundlicheres Aussehen. Bei uns säubert man sorgfältig jeden Platz von den „Dornen", wo das Vieh weidet, hier lässt man sie stehen und weiter wachsen, zur Freude aller Vorübergehenden. Ich möchte die Insel gleichsam die Roseninsel nennen. Die Liebe zur Blumenwelt scheint ein Characterzug der Bewohner zu sein, kein Fenster in den kleinen Städten oder Fischerdörfchen war ohne Blumen. Auch die Pflege des Waldes und die Anpflanzungen sind darauf zurückzuführen.

An den Abhängen der Ostseite tritt eine neue Pflanze auf, die ich an der Westseite nicht bemerkt habe; es ist Anthyllis Vulneraria var. Dillenii, die durch ihre rothen Blüthen sofort auffällt. Umgekehrt sah ich Tetragonolobus siliquosus hauptsächlich an der Westseite, soll aber nach Bergstedt auch im südlichen Theile verbreitet sein.

Ueber die Blüthezeit einiger Pflanzen eine kurze Bemerkung. Mit unserer Stettiner Flora verglichen blüht dort Alles ungefähr 14 Tage später, aber auch merkwürdige Abweichungen habe ich beobachtet. Mein Aufenthalt wehrte vom 10.—16. Juli. Orchis mascula war kurz verblüht, hier blüht die Pflanze in der zweiten Maihälfte, Orchis sambucina noch blühend, der Rübsen wurde geerntet, die Süsskirsche war noch völlig unreif, Ulex europaeus bei Rönne und Spartium scoparium bei Nexö in voller Blüthe, hier im Mai. In den Anpflanzungen von Pinus austriaca bei Nexö waren die männlichen Kätzchen an den Maitrieben noch nicht vertrocknet. Man sieht hieraus, wie viel schon die um ungefähr $1\frac{1}{2}$ Grad nördlichere Lage der Insel ausmacht.

Bevor ich auf einen Vergleich der Flora Bornholms mit der Norddeutschlands eingehe, möchte ich mit einigen Worten der Waldverhältnisse gedenken.

Einen eigentlichen Wald wie in Norddeutschland giebt

es dort nicht, ausser im Mittelpunkt der Insel an der höchsten
Stelle; es ist dies das Staatsgebiet Almindingen (d. h. Gemeingut), welches durch seine kuppenartigen Berge uud felsigen
Schluchten an manche Gegend in Thüringen erinnert. Das
ganze Gebiet ist durch Anpflanzungen erweitet und wird sorgfältig geschont. Die vorherrschenden Bäume sind hier die
Rothbuche Fagus silvatica und die Fichte Picea excelsa,
ausserdem auch die beiden Eichen Quercus pedunculata und
sessiliflora, letztere vorherrschend, verschiedene Ulmen, Ahorn,
Linde und die Süsskirsche Prunus avium. Sonst finden wir
nur einzelne Waldstellen im Norden, an der Westküste zwischen
Hasle und Rönne, dann bei der Kirche Rö und im südlichen
Gebiete. Einem Baume vor allen möchte ich das Heimaths-
recht znerkennen, der Fichte, welche auf dem Granitrücken
und in den Thälern der von diesem herabfliessenden Bäche
vorherrscht, wie auf den Gebirgen Mitteldeutschlands. Wo
die Kiefer Pinus silvestris auftritt, im Norden, an der Westküste, an einigen Stellen im Innern und im nördlichen Theile,
in Almindingen, scheint sie mir nur angepflanzt zu sein, wenn
auch andrerseits ihr Vorkommen in den Dünen südlich von
Hasle für ihr Indigenat spricht. Auf dem dürren Dünensande
nimmt der Baum auch dieselbe vertrocknete und kümmerliche
Gestalt an wie vielfach auf den Dünen Pommerns und West-
preussens.

Ich möchte die einzelnen dort Wald oder Unterholz
bildenden oder vereinzelt auftretenden Bäume kurz zusammenstellen.

1) Pinus silvestris, Kiefer, wohl nur, wie schon erwähnt,
angepflanzt in kleineren Beständen, ebenso Pinus maritima,
Strandkiefer, an der Ost- und Westküste. Pinus austriaca in
der Form nigricans besonders schön gedeihend in Anpflanzungen
südlich von Nexö.

2) Abies pectinata, Weisstanne, nur angepflanzt.

3) Picea excelsa, Fichte oder Rothtanne, allgemein
verbreitet, aber nur im bergigen Gelände.

4) Larix europaea, Lärche, nur angepflanzt, besonders im
nördlichen Theile.

5) Iuniperus communis, Wacholder, ist wohl heimisch.

6) Betula verrucosa, Hängebirke, ist heimisch, besonders im nördlichen Theile.

7) Alnus glutinosa, Schwarzerle, an allen tiefer gelegenen und feuchten Stellen, besonders in den Bachthälern. A. incana Grauerle nur angepflanzt.

8) Carpinus Betulus, Weissbuche, scheint heimisch zu sein, als Mischling an allen bewaldeten Stellen zu finden.

9) Corylus Avellana, Haselnuss, gemein.

9) Fagus silvatica, Rothbuche, nur angepflanzt; bildet im nördlichen Theile Mischbaum, ein grösserer Bestand nur in Almindingen, im südlichen ganz fehlend.

11) Quercus pedunculata, Sommereiche ist heimisch, in den meisten Waldflecken.

12) Quercus sessiliflora, Wintereiche, hauptsächlich in Almindingen.

13) Ulmus montana, in der Umgegend der Ruine Hammershuus und besonders an der Ostküste.

14) Ulmus effusa und campestris nur augepflanzt und Mischbaum an kleineren Waldstellen.

15) Populus alba, monilifera, nigra, pyramidalis, balsamifera, candicans nur angepflanzt, tremula gemein, hier und da auch canescens.

16) Fraxinus excelsior, Esche, besonders an der Ostseite.

17) Tilia parvifolia besónders im Granitgebiete.

18) Acer platanoides ebenso, pseudoplatanus nur angepflanzt.

Wie sehr der Bewohner bestrebt ist, dem Waldmangel abzuhelfen, sehen wir aus den Anpflanzungen in der Nähe der Ortschaften, besonders bei Nexö und Rönne. Die Liebe zur Pflanzenwelt prägt sich auch hierin aus, und man sucht auch das Erreichte zu schützen; es fallen die angebrachten Verbote des „Radelns und Rauchens in den Plantagen" um so mehr auf, weil man, ausser in Almindingen, auf Bornholm kaum einen Wegweiser sieht.

Die Flora der Insel gleicht im allgemeinen unserer norddeutschen, doch fehlen manche bei uns eingeschleppten, jetzt

ganz gemein gewordene Pflanzen. In allen Häfen der Ostseeküste ist jetzt Diplotaxis tenuifolia völlig eingebürgert, auf
Bornholm fehlt die Pflanze, obgleich Nexö und Rönne manchen
anderen Einwandrer, wie Lepidium campestre und Matricaria
discoidea zeigen; Erigeron canadense auf sandigem Boden hier
überall, ist dort unbekannt; ebenso fehlt das so berüchtigte
Franzosenkraut Galinsoga parviflora, das uns Peru bescheert
hat und wohl die grösste Plage in unsern Gärten und der
Aecker in der Nähe von Ortschaften ist. Die Zierde unserer
Dünen, die Orchidee Epipactis rubiginosa fehlt, sie könnte
wohl in der Dünengegend zwischen Rönne und Hasle einen
geeigneten Standort finden. Die lästige Wasserpest, Elodea
canadensis ist von Bergstedt nicht angeführt, ich fand sie südlich
vou Svaneke in einer Meeresbucht, wenn auch nur in geringer
Menge, sicherlich durch einen Vogel verschleppt.

Das grösste pflanzengeographische Wunder der Insel ist
Anemone apennina L. var. pallida Lge, welche an einigen
Stellen nördlich und westlich von Svaneke, also an der Ostseite
vorkommt. Wenn nicht ein so bedeutender Kenner wie Joh.
Lange, der Verfasser der Danske Flora, das Vorkommen
bestätigt hätte, müsste man es für einen Irrthum halten. Aber
derartige pflanzengeographische Räthsel giebt es auch in
Deutschland.

Es möge nun eine Aufzählung derjenigen Pflanzen folgen,
welche den mitteldeutschen Gebirgen eigenthümlich sind;
Asplenum Adiantum nigrum, Picea excelsa, Sesleria
coerulea, Colchicum autumnale, Leucojum aestivum, Orchis
ustulata, Platanthera viridis, Epipactis microphylla, Gymnadenia albida, Ulmus montana, Thalictrum simplex z. Th.,
Barbaraea praecox, Sisymbrium Irio, Hesperis matronalis (ob
wild?), Draba muralis, Sedum album, Prunus avium, Rosa
inodora, Rosa resinosa Sternh. = R. ciliato-petala Besser
(Tirol, Karst), Cotoneaster vulgaris, nigra, tomentosa (letztere
Art im Paradisdal bei Hammershuus. In dem alten Burggraben
befindet sich ein Pflanzenwuchs, den man für eine verwilderte
Cultur und cultivirte Wildniss zugleich halten kann; ob daher
die Pflanze heimisch, wage ich nicht zu entscheiden. In

demselben Thale fand ich im Dickicht Rosa cinnamomea, Pirus
scandica auf den inneren Granitgelän den völlig wild, auch angepflanzt an Landstrassen, Anthyllis Vulneraria var. Dillenii, Geranium lucidum, Hypericum hirsutum, Impera-
toria Ostruthium, Primula acaulis, Mentha rotundifolia,
Melampyrum silvaticum, Sambucus racemosa, Inula Conyza,
Filago apiculata, Gnaphalium dioicum var. hyperboraeum.
Echinops sphaerocephalum (ob wild?), Hieracium caesium
häufig auf dem Granitrücken. Auch diese Pflanze ist nur
alpin. Nach Lange Haandbog kommt sie auch in Schleswig
vor, doch hat sie Prahl (Kritische Flora von Schleswig-
Holstein) nicht gefunden. Bergstedt führt Hieracium gothicum
an, wohl nach Lange Haandbog, nach dem sie auch auf der
cimbrischen Halbinsel verbreitet sein soll. Prahl hat diese
Art dort eifrig gesucht und die Pflanze, welche er dafür
gehalten, Uechtritz zur näheren Untersuchung übergeben; dieser
hielt sie aber nur für ein „kleines schmalblättriges, wenig-
köpfiges H. tridentatum Fr. (zu H. laevigatum Willd. gehörig),
durch die äussere Tracht an H. gothicum erinnernd." Sollte
es mit der Bornholmer Ferm vielleicht ebenso sein? ich habe
sie nicht getroffen. Aber warum sollte andrerseits nicht auch
H. gothicum dort vorkommen, wo H. caesium vorhanden ist,
und sollten dies vielleicht noch Reste aus der Gletscherzeit sein?

Andrerseits dürfte es nicht unangebracht sein, auch einiger
anderer Pflanzen, von denen manche Allerweltspflanzen sind,
zu gedenken, die sich auf Bornholm nicht finden. Ausser den
vorher angeführten möchte ich noch folgende nennen: Bromus
sterilis und tectorum, während unsere Seltenheit, B. commutatus,
im S.O. verbreitet ist; Epipactis rubiginosa und Arabis arenosa,
zwei Characterpflanzen unserer Dünen, die ich zwischen Rönne
und Hasle vermuthete, aber nicht fand. In den Wiesengräben
fehlt Polygonum mite, an den Bergabhängen Pulsatilla pratensis.
Das Fehlen von Rosa rubiginosa ist auch merkwürdig. Auf
den Heiden sehen wir nicht Genista pilosa und tinctoria, welche
mehr oder weniger sandigen Boden verlangen, während dort
die Heideflora auf granitischer Unterlage sich entwickelt; aus
demselben Grunde fehlt auch Ononis spinosa. Für Ledum

palustre ist kein Moorboden vorhanden, während in dem gegenüber liegenden Schweden diese Pflanze verbreitet ist, andrerseits Empetum nigrum wieder sich vorfindet. Von den Labiaten fehlen: Ajuga genevensis, Scutellaria hastifolia, Lamium maculatum, Salvia pratensis, obgleich die für diese Pflanzen geeigneten Oertlichkeiten nach meinem Dafürhalten wohl vorhanden sind. Euphrasia literalis hatte ich auf den Strandwiesen zwischen Svaneke und Nexö erwartet. Auch das Fehlen von Campanula patula ist merkwürdig, da sein an denselben Standorten vorkommender Vetter, Campanula persicifolia mit sehr grossen Blüthen geradezu häufig ist. Von Compositen fehlen die beiden schon erwähnten Erigeron canadense und Galinsoga parviflora, ebenso Carduus nutans und Lactuca Scariola.

Von der Moosflora habe ich in der kurzen Zeit mir kein vollständiges Bild machen können; finde ich doch in der Umgegend von Stettin, die ich seit 30 Jahren hierin untersuche, jedes Jahr immer wieder Neues. Aber auch auf Bornholm erinnern wieder manche Moose an die mitteldeutschen Gebirge. Dicranoweisia Bruntoni an einer nassen Granitwand im Paradisdal, Frullania fragilifolia in Almindingen, Bryum alpinum ebenda. Räthsel gab es auch in dieser Pflanzengruppe. Während Schistidium maritimum auf Steinen an der Küste häufig kleine Polster bildete, fand ich ein solches auch in Almindingen, also im Mittelpunkte der Insel, bei der Lilleberg auf freiliegendem Granit.

Auf Flechten habe ich nicht geachtet, da ich mich mit dieser Abtheilung des Pflanzenreiches wenig beschäftigt habe.

Wohl selten hat mir ein botanischer Ausflug soviel Anregung und Belehrung gebracht, wie der nach Bornholm; und sollte ich so glücklich sein noch einmal dorthin zu kommen, so werde ich einen längeren Aufenthalt nehmen. Da ich noch einige Untersuchungen auf Wollin und Usedom ausführen wollte, musste ich fort, aber schwer wurde mir der Abschied von der schönen Insel, ihren freundlichen Ortschaften und liebenswürdigen Bewohnern.

# II.
# Mitteilungen aus der Gesellschaft.

---

## Die Vereinsjahre 1898—1900.

# I. Sitzungen und Exkursionen in den Vereinsjahren 1. April 1898—1900.

**Sitzung am 10. Mai 1898.** Herr Professor Dr. Deecke: „Skizzen aus dem Volksleben und der Verwaltung Italiens."

**XV. Exkursion vom 31. Mai—3. Juni 1898** nach den Inseln Bornholm und Christiansöe.

**Sitzungen am 12., 19. und 26. Juli 1898.** Herr Professor Dr. Credner: „Über den Kaukasus, Baku und seine Naphtha-Vorkommen, die Halbinsel Krim etc." auf Grund seiner Reise 1897. (Projektionsvorträge)

**Sitzung in Wolgast am 12. Oktober 1898.** Herr Professor Dr. Credner: „Über seine vorjährige Reise durch Russland."

**Sitzung in Anklam am 15. Oktober 1898.** Herr Professor Dr. Credner: „Im Lande der Osseten."

**Sitzung am 15. November 1898.** Herr Privatdocent Dr. Bruinier: „Der Panslavismus und seine historische Entwicklung."

**Sitzung am 24. November 1898** (gemeinschaftlich mit der Abteilung Greifswald der Deutschen Kolonial-Gesellschaft). Herr Professor Dr. Credner: 1. „Die deutschen Erwerbungen in Ostasien: Schantung und Kiautschou." 2. „Ein Besuch der im Bau begriffenen Jungfrau-Bahn."

**Sitzung am 15. Dezember 1898.** Herr Professor Dr. Biermer: „Nationalökonomische Streifzüge durch England" I.

**Sitzung am 6. Januar 1899.** Herr Privatdocent Dr. G. Huth-Berlin: „Über seine im Auftrage der

Kaiserl. Akademie der Wissenschaften zu Petersburg im Jahre 1897 ausgeführte Reise nach Ost-Sibirien."

**Sitzung am 16. Februar 1899.** Herr Pastor Dabis-Gristow: „Über seine Reise nach Palästina im Herbst 1898." (Projektionsvortrag.)

**Sitzung in Wolgast am 4. März 1899.** Herr Prof. Dr. Credner: „Plantagenbau in den Deutschen Kolonien."

**Sitzung am 16. Mai 1899.** Herr Professor Dr. Biermer: „Nationalökonomische Streifzüge durch England." II.

**XVI. Exkursion vom 23.—27. Mai 1899** nach Gothenburg, den Trollhättan-Fällen, dem Götakanal, dem Wenersee, Seeland und Kopenhagen.

**Sitzung am 11. Juli 1899.** Herr Professor Dr. Credner: „Die Küsten der Insel Rügen, ihr Aufbau und ihre Entstehungsgeschichte." (Projektionsvortrag.)

**Sitzung am 18. Juli 1899.** Herr Professor Dr. Credner: „Die geologische Thätigkeit des Windes." (Projektionsvortrag.)

**Sitzung am 25. Juli 1899.** Herr Professor Dr. Credner: „Die geologische Thätigkeit des Wassers." (Projektionsvortrag.)

**Sitzung am 1. November 1899** (gemeinschaftlich mit der Abteilung Greifswald der Deutschen Kolonial-Gesellschaft). Herr Professor Dr. Körte: „Deutsche Arbeit in Anatolien." (Mit Lichtbildern.)

**Sitzung am 17. November 1899.** Herr Dr. Gerhard Schott-Hamburg: „Über den Verlauf und die wichtigsten geographischen Ergebnisse der „Deutschen Tiefsee-Expedition 1898/99."

**Sitzung in Wolgast am 18. November 1899.** Derselbe Vortragende über dasselbe Thema.

**Sitzung am 15. Dezember 1899.** Herr Professor Dr. E. von Drygalski-Berlin: „Die bisherigen Ergebnisse der Südpolarforschung und die Aufgaben der Deutschen Südpolar-Expedition."

**Sitzung am 24. Januar 1900.** Herr Dr. Georg Wegener-Berlin: „Über seine Reise durch Ceylon und Indien."

**Sitzung in Wolgast am 25. Januar 1900.** Derselbe Vortragende über dasselbe Thema.

**Sitzung in Stralsund am 23. Februar 1900.** Herr Professor Dr. Credner: „Gletscher und Eiszeiten."

**Sitzung in Anklam am 19. März 1900.** Herr Prof. Dr. Credner: „Über Wüstenbildung."

# II. Verzeichnis der Mitglieder
## während des XVIII. Vereinsjahres 1899|1900.

### Vorstand.

Professor Dr. Rudolf Credner, erster Vorsitzender.
Landgerichtsrat Dr. Bewer, zweiter Vorsitzender.
Direktor Dr. Schöne, erster Schriftführer.
Optiker und Mechaniker W. Demmin, zweiter Schriftführer.
Kaufmann Otto Biel, Schatzmeister.
Lehrer Gichr-Eldena, Bibliothekar.

### Ehrenmitglieder.

Dr. Frithjof Nansen, Professor an der Universität in Christiania.
Dr. Alfred Kirchhoff, „ „ „ „ „ Halle a./Saale.

### A. Ordentliche Mitglieder.

#### a. Einheimische.

1. Abel, Julius, Buchdruckereibesitzer und Verlagsbuchhändler.
2. Albert, Referendar.
3. Albrecht, Bernhard, Rentier.
4. Altmann, Wilhelm, Dr., Privatdocent, Universitäts-Bibliothekar, jetzt in Berlin.
5. Appelmann, Ludwig, Rentier.
6. Arndt, Karl, Rentier.
7. Arndt, Rudolf, Dr. med., Professor an der Universität.
8. Bahls, Hermann, praktischer Zahnarzt.
9. Ballowitz, Emil, Dr. med., Prosektor und Professor an der Universität.
10. Bamberg, Gustav, Buchhändler.
11. Bartels, August, Kaufmann.
12. Bartens, Gustav, Weinhändler.
13. Bärwolff, Ernst, Kaufmann.
14. Bärwolff, Ferdinand, Kaufmann.
15. Bath, Königl. Land-Bauinspektor.
16. Bauernfeind, Heinrich, Inspektor.
17. Beckmann, Viktor, Kaufmann.
18. Beer, Kaufmann.

19. von Behr, Karl, Königl. Landrat des Kreises Greifswald.
20. Benecke, Schmiedemeister.
21. Bengelsdorff. Erich, Leutnant a. D., Eisenbahn-Stations-Assistent.
22. Bernheim, Dr. phil., Professor an der Universität.
23. Bewer, Rudolf, Dr., Landgerichtsrat.
24. Biel, Bruno, Kaufmann.
25. Biel, Otto, Kaufmann.
26. Bier, Dr. med., Professor an der Universität, Direktor der chirurgischen Klinik.
27. von Bilow, Malte, Rittergutsbesitzer.
28. Bischof, Karl, Lehrer.
29. Blank, Christoph, Lehrer.
30. Blecher, Dr. med., Stabsarzt.
31. Bode, August, Professor, Oberlehrer am Gymnasium.
32. Bonnet, Robert, Dr., Professor an der Universität.
33. Bosse, Friedrich, Lic. theol. et Dr. phil., Professor an der Universität.
34. Brandtner, Verwaltungs-Inspector.
35. Braun, Wilhelm, Uhrmacher.
36. Bruncken, Buchhändler.
37. Brüsewitz, Ernst, Lehrer an der Kaiserin-Augusta-Victoria-Schule.
38. Buddee, Karl, Landgerichts-Direktor.
39. Buechler, Franz, Oberlehrer an der Kaiserin-Augusta-Victoria-Schule.
40. Burau, Louis, Ingenieur.
41. Burmeister, Ernst, Fabrikbesitzer.
42. Busse, Otto, Dr. med., Privatdocent an der Universität.
43. Castner, Emil, Rentier.
44. Cleppien, Ernst, Kaufmann.
45. Cleppien, Theodor, Kaufmann.
46. Cohen, Emil, Dr. phil., Professor an der Universität.
47. Cohn, Hermann, Kaufmann.
48. Credner, Rudolf, Dr. phil., Professor an der Universität.
49. Dalmer, Johannes, Lic. theol., Professor, Privatdocent an der Universität.
50. Dauch, Julius, Kaufmann.
51. Dautwiz, Franz, Dr. med., Stabarzt.
52. Deecke, Wilhelm, Dr. phil., Professor an der Universität.
53. Demmin, Wilhelm, Optiker und Mechaniker.
54. von Dewitz, Oskar, Gymnasial- und Universitäts-Zeichenlehrer.
55. von Dittfurth, Major und Bataillons-Kommandeur.
56. Droysen, Richard, Rechtsanwalt und Notar.
57. Düsing, Eduard, Schlossermeister.
58. Egner, August, Kaufmann.

59. Eichhoff, Dr., Direktor des Molkerei-Instituts.
60. Elgeti, Paul, Dr. med., praktischer Arzt.
61. Engwer, Max, Buchhalter.
62. Ernst, Telegraphenmeister.
63. Fielitz, August, Kaufmann und Rathsherr †.
64. Fischer, August, Oberlehrer an der Kaiserin-Augusta-Victoria-Schule.
65. Fischer, Regierungs-Baumeister, jetzt in Königsberg.
66. Fischmann, Wilhelm, Hôtelbesitzer.
67. Fismar, Albert, Pianoforte-Fabrikant.
68. von Forstner, Gustav, Freiherr, Oberstleutnant a. D.
69. Francke, Walter, Dr., Professor, Oberlehrer am Gymnasium.
70. Frölich, Wilhelm, Königl. Baurat a. D.
71. Frommhold, Georg, Dr., Professor an der Universität.
72. Gabbe, Friedrich, Kaufmann.
73. Gäde, Arnold, Kaufmann.
74. Gäde, Eduard, Rentier.
75. Gaude, Wilhelm, Altermann der Kaufmannschaft.
76. Gercke, Alfred, Dr., Professor an der Universität.
77. Gesterding, Konrad, Dr., Polizeidirektor und Universitätsrichter.
78. Giehr, Ewald, Lehrer.
79. Goeze, Edmund, Dr., Königl. Garteninspektor am Botanischen Garten der Universität.
80. Göritz, Karl, Gymnasial-Vorschullehrer.
81. Graul, Hermann, Rector der Bürger- und Volksschulen und Königl. Orts-Schulinspektor.
82. Grawitz, Paul, Dr., Professor an der Universität.
83. Grube, Franz, Kaufmann.
84. Grünwald, F., Kaufmann.
85. Gustavs, Ernst, Lehrer.
86. Haas, Friedrich, Stadt-Baumeister.
87. Haeberlin, Alfred, Staatsanwaltschaftsrat.
88. Haeckermann, Heinrich, Rechtsanwalt und Notar.
89. von Hausen, Max, Königl. Kurator der Universität, Geh. Regierungs-Rat.
90. Haussleiter, Johannes, D. theol. et phil., Professor an der Universität.
91. Heimann, Julius, Kaufmann.
92. Heyn, Pastor an St. Jacobi.
93. Herzfeld, Landgerichts-Rat.
94. Hinrichs, Ernst, Brauereibesitzer.
95. Hochheim, Dr. med., Assistenzarzt.
96. Hoerich, Richard, Rathsherr.

97. Hoffmann, Egon, Dr. med., Professor, Privatdozent an der Universität.
98. Hoffmann, Hauptmann und Kompagniechef.
99. Holtz, Ludwig, Assistent am Botanischen Museum der Universität.
100. Hübschmann, erster Staatsanwalt.
101. Jaede, Wilhelm, Kaufmann.
102. Jarmer, Gustav, Rentier.
103. Jhlenfeldt, Michael, Rentier.
104. Kaerger, Ernst, Apothekenbesitzer.
105. Kaestner, Rentier.
106. Kanoldt, Karl, Rentier und Ratsherr.
107. von Kathen, Karl, Rentier.
108. Kersten, Heinrich, Maurer- und Zimmermeister.
109. Kessler, Konrad, Dr., Professor an der Universität.
110. Kettner, Ewald, Ratsherr.
111. Kindt, Emil, Dr. med., praktischer Arzt.
112. Kirchhoff, Gustav, Justizrat, Rechtsanwalt und Notar.
113. Köbke, Fritz, Universitäts-Oberpedell.
114. König, Eisenbahn-Direktor.
115. König, Walter, Dr., Professor an der Universität.
116. Konrath, Matthias, Dr., Professor an der Universität.
117. Körte, Alfred, Dr., Professor an der Universität.
118. Kosinski, Kuratorial-Sekretär.
119. Krahn, Karl, Lehrer.
120. Krause, Oscar, Professor, Oberlehrer am Gymnasium.
121. Kremm, Berthold, Apothekenbesitzer.
122. Kroll, Wilhelm, Dr., Professor an der Universität.
123. Kropatscheck, Friedrich, Lic. theol. et Dr. phil., Privatdocent an der Universität.
124. Krückmann, Paul, Dr., Professor an der Universität.
125. Kuhlo, Kaiserl. Postdirektor.
126. Kujath, Max, Buchhändler.
127. Kunze, Karl, Dr., Bibliothekar an der Universitäts-Bibliothek.
128. Kupfer, Johannes, Apothekenbesitzer.
129. Kutzner, Richard, Dr. med., praktischer Arzt.
130. Lässig, Richard, Mittelschullehrer.
131. Lawin, Lehrer.
132. Leick, Bruno, Dr. med., Oberarzt der medicinischen Klinik und Privatdozent a. d. Universität.
133. Lieberkühn, Landgerichtsrath.
134. von Lieres und Wilkau, Diakonus an St. Marien.
135. Limpricht, Heinrich, Dr. phil., Professor a. d. Universität, Geh. Regierungsrath.
136. Lechel, Ernst, Königl. Steuer-Inspektor und Kataster-Kontrolleur.

137. Loeffler, Friedrich, Dr. med., Professor a. d. Universität, Geh. Medizinalrath.
138. Lorenz, Eduard, Königl. Baurath a. D.
139. Löwe, Wilhelm, Bäckermeister.
140. Lüder, Bahnmeister.
141. Lühder, Pastor.
142. Lütgert, Wilhelm, Lic. theol., Professor a. d. Universität.
143. Magdeburg, Kaufmann.
144. Mansfeld, Kgl. Regierungs-Baumeister.
145. Märtens, Friedrich, Kaufmann.
146. Martin, August, Dr. med., Professor an der Universität, Direktor der Frauenklinik.
147. Medem, Rudolf, Dr. Professor, Landgerichtsrath, Privatdozent a. d. Universität.
148. Medem, Gerichtsassessor.
149. zur Megede, Georg, Hauptmann und Kompagniechef.
150. Mehl, Wilhelm, Rathsherr.
151. Möller, Hermann, Dr., Professor, Privatdozent an der Universität.
152. Möller, W., Gymnasial-Vorschullehrer.
153. Mosler, Fr., Dr. med., Professor a. d. Universität, Geh. Medizinal-Rath.
154. Müldener, Robert, praktischer Zahnarzt.
155. Müller, Emil, Kaufmann.
156. Müller, Heinrich, Agent.
157. Muswieck, Emil, Kaufmann und Konsul.
158. Naatz, Franz, Gymnasiallehrer.
159. Neumann, Heinrich, Bäckermeister.
160. Nowacki, Gerichtsassessor.
161. Ollmann, Paul, Rechtsanwalt und Notar.
162. Paesch, Otto, Kaufmann.
163. Paul, Versicherungs-Inspektor.
164. Peemüller, J., Rentier.
165. Peiper, Erich, Dr. med., Professor an der Universität.
166. Perlberg, Leopold, Uhrmacher.
167. Pernice, Herbert, Dr., Landrichter.
168. Pescatore, Gustav, Dr. jur., Professor an der Universität.
169. Peters, Otto, Rentier.
170. Peters, Paul, Kaufmann und Konsul.
171. Pietschmann, Richard, Dr., Professor an der Universität, Direktor der Universitäts-Bibliothek.
172. Plötz, Hugo, Schlossermeister.
173. Poggendorff, Robert, Dr. med., praktischer Arzt.
174. Preuner, August, Dr., Professor Geh. Regierungs-Rath.
175. Prollius, Max, Fabrikbesitzer.

176. Prützmann, Karl, Rentier.
177. von Quednow, Oberstleutnant a. D.
178. Radicke, Hans, Juwelier.
179. Rassmus, Joh., Dampfmühlenbesitzer.
180. Rassow, Johannes, Dr., Oberlehrer am Gymnasium.
181. Rehmke, Johannes, Dr. phil., Professor an der Universität.
182. Reifferscheidt, Alexander, Dr. phil., Professor an der Universität, Geh. Regierungsrath.
183. Reinbrecht, Königl. Musikdirektor.
184. Reiter, Postkassierer.
185. Retze, Dr. med., Assistenzarzt an der Universitäts-Augenklinik.
186. Richarz, Franz, Dr., Professor an der Universität.
187. Rietz. Hermann, Pastor emer.
188. Rodbertus, Max, Kaufmann.
189. von Roëll, Konstantin, Oberstleutnant a. D., Rathsherr.
190. Rosemann, Rudolf, Dr. med., Privatdozent an der Universität.
191. Röttger, Brunnenbaumeister.
192. Schade, Wilhelm, Oberpost-Sekretär.
193. Scharff, Gerhard, Dr., Rechtsanwalt.
194. von Schewen, Leo, Major a. D.
195. Schirmer, Otto. Dr. med., Professor an der Universität, Direktor der Universitäts-Augenklinik.
196. Schlüter, Karl, Obertelegraphist a. D.
197. Schmidt, Hermann, Dr., Syndikus a. D.
198. Schmidt, Max, Dr., Professor, Oberlehrer am Gymnasium.
199. Schmidt, Paul, Kaufmann.
200. Schmidt, Königl. Kreisbauinspektor.
201. Schmöle, Josef, Dr., Privatdozent an der Universität.
202. Schoene, Alexander, Dr., Direktor der Kaiserin-Auguste-Viktoria-Schule.
203. Schorler, Friedrich, Kaufmann.
204. Schorler, Rudolf, Kaufmann.
205. Schultz, Paul, Amtsgerichtsrath.
206. Schultze, Richard, Dr., Bürgermeister.
207. Schultze, Viktor, D., Professor an der Universität, Konsistorialrath.
208. Schultz-Schultzenstein, Dr. med., Assistent am pathologischen Institut.
209. Schulz, Christian, Lehrer.
210. Schulz, Hugo, Dr. med., Professor an der Universität, Geh. Medizinal-Rat.
211. Schünemann, Hermann, Oberlehrer am Gymnasium.
212. Schuppe, Wilhelm, Dr. phil., Professor an der Universität, Geh. Regierungs-Rat.
213. Schütt, Franz, Dr., Professor an der Universität.

214. Schwanert, Hugo, Dr. phil., Professor a. d. Universität, Geh. Regierungs-Rat.
215. Schwartze, Amtsrichter.
216. Seeck, Otto, Dr., Professor an der Universität.
217. Semmler, Wilhelm, Dr., Professor, Privatdozent an der Universität
218. Siebs, Theodor, Dr., Professor an der Universität.
219. Siemssen, Rittergutsbesitzer.
220. Selger, Bernhard, Dr. med. und Professor an der Universität.
221. Spruth, August, Schiffsrheder, Konsul und Ratsherr.
222. Spruth, Heinrich, Architekt.
223. Stampe, Ernst, Dr. jur., Professor an der Universität.
224. Steffen, Gustav, Versicherungs-Inspektor.
225. Steinhausen, Rechtsanwalt.
226. Stengel, Emanuel, Dr., Professor an der Universität.
227. Stoeckicht, Franz, Kaufmann.
228. Stoepler, Julius, Fabrikant chirurgischer Instrumente.
229. Stoerk, Felix, Dr. jur., Professor an der Universität.
230. Stolp, Karl, Steuer-Sekretär.
231. Strache, Gustav, Kaufmann.
232. Strübing, Paul, Dr. med., Professor an der Universität.
233. Struif, Josef, Pfarrer.
234. Study, Eduard, Dr., Professor an der Universität.
235. Sumpf, Arnold, Ratsherr.
236. Süss, Leutnant.
237. Temming, Dr., Oberlehrer an der Kaiserin-Augusta-Viktoria-Schule.
238. Tessmer, Robert, Zollrendant.
239. Tews, Lehrer.
240. Thiede, Dr., Professor, Oberlehrer am Gymnasium.
241. Thiele, Paul, Mittelschullehrer.
242. Thomé, Wilhelm, Dr., Professor an der Universität, Geh. Regierungs-Rat.
243. Tilmann, Otto, Dr., Professor an der Universität.
244. Tress, Lehrer.
245. Ulmann, Heinrich, Dr. phil., Professor an der Universität, Geh. Regierungs-Rat.
246. Vauk, Johannes, Gymnasial-Vorschullehrer.
247. Voigtel, Landgerichts-Präsident.
248. Waentig, Heinrich, Dr., Professor an der Universität.
249. Wagner, Max, akademischer Forstmeister.
250. Wallis, Dr., Syndikus.
251. Walter, Julius, Kaufmann.
252. Wangrin, Hermann, Kaufmann.
253. Warns, August, Hôtelbesitzer.

254. Weber, Eisenbahn-Stations-Vorsteher.
255. Wegener, Philipp, Dr., Gymnasial-Direktor.
256. Wegner, Forst-Assessor.
257. Weidmann, Max, Regierungs-Baumeister.
258. Weismann, Jakob, Dr. jur., Professor an der Universität.
259. Wenzel, Karl, Konditor.
260. Wessel, Dr. med., Assistenzarzt.
261. von Winterfeldt, Ernst, Pastor emer.
262. Witte, Oberpostassistent.
263. Wobbe, Otto, Weinhändler.
264. Wolf, Alfred, Major a. D.
265. von Wolffradt, Wilhelm, Direktor der Greifswalder Kleinbahnen.
266. Zehle, Dr., Oberlehrer an der Kaiserin-Augusta-Viktoria-Schule.
267. Zimmer, Heinrich, Dr., Professor an der Universität, Geh. Regierungs-Rat.
268. Zobler, Heinrich, Photograph.
269. Zobler, Max, Kaufmann.
270. Zöckler, Otto, D. theol. et phil., Professor an der Universität, Konsistorial-Rat.
271. Zumbroich, Dr. med., Assistenzarzt, jetzt in Kiel.

## b. Auswärtige.

### 1. In der Umgegend von Greifswald.

272. Andersen, Gutspächter, Nieder-Hinrichshagen bei Miltzow.
273. Asmus, Königl. Oberamtmann, Wampen bei Greifswald.
274. Asmus, Rittergutspächter, Gross-Kiesow bei Greifswald.
275. Basüner, Gutspächter, Gross-Schönwalde bei Greifswald.
276. Graf Behr, Mitglied des Herrenhauses, Behrenhoff.
277. Graf Behr, Bandelin bei Gützkow.
278. Graf Bismarck-Bohlen, Mitglied des Reichstages, Carlsburg bei Züssow.
279. Dabis, Pastor, Gristow bei Jeeser.
280. Drewitz, Theodor, Gutspächter, Helmshagen bei Greifswald.
281. Gebhard, Hauptmann a. D., Rittergutsbesitzer, Wahlendow bei Buddenhagen.
282. Giehr, Karl, Lehrer an der Landwirthschaftsschule in Eldena in Pommern.
283. Hasenjaeger, Robert, Professor, Oberlehrer a. d. Landwirthschaftsschule in Eldena in Pommern.
284. Hasert, Pastor in Reinberg bei Miltzow.
285. von Homeyer, Rittergutsbesitzer, Wrangelsburg bei Züssow.
286. Kolbe, Gutspächter, Pentin bei Gützkow.
287. Krüger, Königl. Domänenpächter, Schmietkow bei Poggendorf.
288. Lüder, Königl. Domänenpächter, Mannhagen bei Miltzow.

289. Modrow, Hauptmann a. D., Königl. Domänenpächter, Gustebin bei Wusterhusen in Pommern.
290. Modrow, Leutnant a. D., Gutspächter, Kemnitzerhagen bei Kemnitz in Pommern.
291. Möller, Karl, Gutspächter, Dargelin bei Dersekow.
292. Mönnich, Rittergutsbesitzer, Schlatkow bei Quilow.
293. Rossow, Klostergutspächter, Krebzow bei Züssow.
294. Schubarth, Pastor in Kemnitz in Pommern.
295. Schultze, akademischer Förster in Potthagen bei Greifswald.
296. Sellier, Gutspächter, Friedrichshagen bei Eldena in Pommern.
297. Sievers, Königl. Oberamtmann, Grubenhagen bei Greifswald.
298. von Spalding, Rittmeister a. D., Rittergutsbesitzer, Gross-Miltzow bei Miltzow.
299. von Vahl, Rittergutsbesitzer, Klein-Zastrow bei Dersekow.
300. Wallis, Rittergutspächter, Stilow bei Kemnitz in Pommern.
301. Weissenborn, Rittergutsbesitzer, Loissin bei Kemnitz in Pommern.
302. Weitzel, Gutsbesitzer, Altenhagen bei Miltzow.

### 2. In Wolgast und Umgegend.

303. Almenröder, Referendar.
304. Baltzer, Tierarzt.
305. Bartels, J. C., Kapitän.
306. Bentzien, J. Gutsbesitzer.
307. Bentzien, Karl, Kaufmann.
308. Berg, Karl, Kaufmann.
309. Beyer, Senator.
310. Blandau, Kaufmann.
311. Blohm, Kaufmann.
312. Breese, Gerichtssekretär.
313. Burmeister, Karl, Kaufmann.
314. Byer, Ludwig, Kaufmann.
315. Cleppien, Franz, Buchhändler.
316. von Corswant, Rittergutsbesitzer auf Crummin bei Bannemin auf Usedom.
317. Darm, Buchhalter.
318. Eggerss, Königl. Amtsrat, Ziemitz bei Wolgast.
319. Eichstedt, Rechtsanwalt und Notar, Justizrat.
320. Fäcks, I. C., Kaufmann.
321. Faigle, G. Fabrikdirektor.
322. Fiebelkorn, Amtsgerichtsrat, jetzt in Hannover.
323. Firnhaber, Konsul.
324. Friedemann, Musikdirektor.
325. Geissler, Obersteuer-Kontrolleur.
326. Gentzke, Karl, Kaufmann.
327. Gundlach, Fabrikdirektor.

328. Heinrichs, M. Baumeister.
329. Hoffmann, Redakteur.
330. Holst, I., Kapitän.
331. Holtz, Spediteur.
332. Homann, Erich, Kaufmann.
333. Jurisch, C. A., Apothekenbesitzer.
334. Kasch, Hôtelbesitzer.
335. Kadow, Lehrer.
336. Kosbadt, Stadthauptkassen-Rendant.
337. Kosbahn, Karl, Kaufmann.
338. Kowalewsky, Direktor.
339. Kröcher, Dr., Direktor der Wilhelmsschule.
340. Kross, H., Bankier.
341. Krüger, Kaufmann.
342. Kunze, R., Fabrikant.
343. Lange, Ernst, Kaufmann.
344. Lange, I., Bäckermeister.
345. Maerker, H., Kaufmann.
346. Mantzke, Oberpost-Assistent.
347. Matz, Rechnungsrat.
348. Mehnert, Professor, Oberlehrer an der Wilhelmsschule.
349. Nagel, Dr. med., praktischer Arzt.
350. Nahmmacher, Gutsbesitzer, Schalense bei Wolgast.
351. Neumann, Aug., Kaufmann.
352. Neumann, Gustav, Kaufmann, Seebad Zinnowitz.
353. Neumann, Fr., Konsul.
354. Norden, Dr., Amtsrichter.
355. Ohrloff, Dr. med. praktischer Arzt.
356. Paeler, Königl. Amtsrat, Voddow bei Cröslin.
357. Pake, Fabrikdirektor.
358. Papke, F. I., Kaufmann.
359. Peemüller, Fr., Kaufmann.
360. Peters, Rentier.
361. Peters, Fr., Zimmermeister.
362. Peters, I., Architekt.
363. Petersdorff, Stadtkämmerer.
364. Pulwer, Heinrich, Kaufmann.
365. Ramdohr, Stadtsekretär.
366. Rammelt, Rechtsanwalt.
367. Rassow, Albert, Kaufmann.
368. Rassow, Ernst, Kaufmann.
369. Riemer, Fabrikdirektor.
370. Rosemann. Kaiserl. Postdirektor.
371. Rothbart, Otto, jun., Kaufmann.

372. Rust, W., Kaufmann.
373. Sack, Hôtelbesitzer.
374. Saegert, Wilhelm, Kaufmann.
375. Schmidt, Helmut, Fabrikbesitzer.
376. Schömann, Königl. Amtsrat, Pritzier bei Wolgast.
377. Schütze, Lehrer, Seebad Zinnowitz.
378. Schulz, Karl, Stadthauptkassen-Kontrolleur.
379. Schwabe, August, Hôtelbesitzer, Seebad Zinnowitz.
380. Schwabe, Otto, Fabrikbesitzer.
381. Schwarz, Senator.
382. Schwerin, Gerichtssekretär.
383. Sontag, I. D., Kaufmann.
384. Sontag, Photograph.
385. Sternberg, Badedirektor, Seebad Zinnowitz.
386. Stoldt, Oberlehrer an der Wilhelmschule.
387. Strelow, Heinrich, Juwelier.
388. von Stumpfeldt, Referendar.
389. Stüwe, A., Zimmermeister.
390. Trogisch, Regierungs-Assessor, Oberzollinspektor.
391. Unruh, Dr. med., praktischer Arzt.
392. Wallis, Fabrikbesitzer.
393. Wegner, Senator.
394. Wellmann, Referendar.
395. Wentzel, Kaufmann.
396. Wiesner, Dr. med., praktischer Arzt, Sanitätsrat.
397. Wilhelmy, E., Kaufmann.
398. Winguth, G., Kaufmann.
399. Wirth, Professor, Oberlehrer an der Wilhelmsschule.
400. Witte, Senator.
401. Zastrow, Lehrer, Seebad Zinnowitz.
402. Zecck, Wilhelm, Kaufmann.
403. Ziemer, Lehrer.

### 3. In Anklam.

404. Albrecht, Ernst, Kaufmann.
405. Blumenthal, Buchhändler.
406. von Bredow, Oberleutnant, Lehrer an der Kriegsschule.
407. Brüggemann, Fr., Kaufmann.
408. Drebes, Dr.
409. Droysen, Max, Kaufmann.
410. Förster, Direktor der Zuckerfabrik.
411. Gross, Hauptmann, Lehrer an der Kriegsschule.
412. Halle, Kaufmann.
413. Hecker, Karl, Kaufmann.
414. Horn, Heinrich, Kaufmann.

415. Horn, Martin, Kaufmann.
416. Klein, Fritz, Kaufmann.
417. Klein, L., Rentier.
418. Klingbeil, Stadtrat und Stadtkämmerer.
419. Kretschmer, Max, Photograph.
420. Lauer, Dr. med., praktischer Arzt.
421. Mehlhorn, Kaufmann und Konsul.
422. Meinhardt, Dr. med. praktischer Arzt.
423. Münter, Fabrikbesitzer.
424. Ploetz jun., Kaufmann.
425. Reimsfeld, Kreistierarzt.
426. Rietschier, Oberleutnant, Lehrer an der Kriegsschule.
427. Schade, Rechtsanwalt.
428. Scheel, W. Dampfmühlenbesitzer.
429. Schleyer, Emil, Zimmermeister.
430. Schwebcke, Hermann, jun., Kaufmann.
431. Struck, Gustav, Brauereidirektor.
432. Thurmann, Dr. med., praktischer Arzt.
433. von Troschke, Freiherr, Königl. Landrath.
434. Waterstradt, Otto, Kaufmann.
435. Winkler, Amtsgerichtsrat.
436. Wolff, Apothekenbesitzer.
437. Wolter, Hermann, Buchhändler.
438. Wunderlich, Oberleutnant, Lehrer an der Kriegsschule.

### 4. In Stralsund.

439. von Arnim, Hauptmann der Gendarmerie-Brigade.
440. von Baensch, Ratsarchivar.
441. Baier, Rudolf, Dr., Archivar.
442. Bosien, Bau-Supernumerar,
443. Brausewaldt, Paul, Uhrmacher.
444. Daenell, Geheimer Rechnungsrat.
445. Dankwardt, Karl, Kaufmann.
446. Deneke, Dr. med., Regierungs- und Medizinalrat.
447. Dudy, Kaiserl. Bankbuchhalter.
448. Friedrich, Landmesser †.
449. Göritz, Hôtelbesitzer.
450. Grönhagen, Karl, Ingenieur.
451. Grube, Heinrich, Kaufmann.
452. Haase, Regierungssekretär.
453. Hagemeister, Rechtsanwalt.
454. Hoffmann, Major und Bezirkskommandeur.
455. Hornburg, Dr., Pastor.
456. Kirchhoff, Omar, Ratsherr.
457. Krause, Rudolf, Photograph.

458. Kühn, Kaufmann.
459. Lerche, Rechnungsrat.
460. Lorgus, Königl. Garten-Inspektor.
461. Mantzel, Pastor.
462. Oldenroth, Franz, Kaufmann.
463. Paetow, Regierungsrat.
464. Ritter, Paul, Kaufmann.
465. Roese, Prof., Dr., Direktor des Realgymnasiums.
466. Schröder, R. Kaufmann.
467. Schwabe, Malte, Fabrikbesitzer.
468. Siemon, Ferdinand, Kaufmann.
469. Wohlbrück, F., Kgl. Reg.-Baumeister.
470. Wollner, Dr., Gewerbeinspektor, jetzt in Koblenz.

### 5. Im sonstigen Pommern.

471. Abshagen, Rittergutspächter, Moisselbritz bei Patzig auf Rügen
472. Bergmann, Amtsrichter in Grimmen.
473. Berndt, Max, Ziegeleibesitzer in Ueckermünde.
474. Bethke, Apothekenbesitzer in Ferdinandshof.
475. Bieck, Hugo, Kaufmann in Lassan.
476. Biel, Dr. med., praktischer Arzt in Bergen auf Rügen.
477. Blelfeld, Fabrikbesitzer, Bellin bei Ueckermünde.
478. Brandt, Generallandschafts-Kalkulator, Stettin.
479. Briest, F., Gutsbesitzer, Boltenhagen allod. bei Grimmen.
480. Briest, Dr. med., praktischer Arzt, Bärwalde in Pommern.
481. Brunnemann, Rechtsanwalt und Notar, Neustettin.
482. Buchholz, Fritz, Lehrer, Bärwalde in Pommern.
483. Busch, Paul, Kaufmann in Stettin.
484. Buschan, Dr. med., Stettin.
485. Caesar, Amtsrichter in Bergen auf Rügen.
486. Dähn, Königl. Fischmeister a. D., Putbus auf Rügen.
487. Dennig, H., Rittergutsbesitzer, Juchow bei Neustettin.
488. Douzette, Louis, Professor, Landschaftsmaler, Barth in Pommern.
489. Fabricius, Rittergutspächter, Passow bei Görmin.
490. Faulhaber, Dr. med., Oberstabsarzt, Demmin.
491. Franck, Dr. med., praktischer Arzt, Bergen auf Rügen.
492. Fuhrmann, Dr., Gerichts-Assessor, Stettin.
493. Geise, R., Kaufmann in Ueckermünde.
494. Grame, Bankvorsteher, Stettin.
495. Haensel, Rechtsanwalt, Bergen auf Rügen.
496. Hecke, Paul, Dr. med., praktischer Arzt in Jarmen.
497. Henning, Regierungs-Assessor a. D., Rittergutsbesitzer, Carnin.
498. Henschel, Architekt und Maurermeister in Pasewalk.
499. Hüneke, Kaufmann in Demmin.
500. Jacoby, Rechtsanwalt, Bergen auf Rügen.

. Jacoby, Siegfried, Direktor, Pasewalk.

501. Jasmund, Chr., Maurermeister in Bergen auf Rügen.

503. Kelbel. Königl. Forstmeister, Neu-Pudagla bei Ueckeritz auf Usedom.

504. Kersten, Bürgermeister, Bergen auf Rügen.

505. Knütter, Apothekenbesitzer in Grimmen.

506. Koch, Hôtelbesitzer in Sassnitz auf Rügen.

507. Krakau, Landmesser und Ingenieur, Stettin.

508. Krakau, Gustav, Hauptamts-Assistent, Stettin.

509. Kroll, Königl. Forstmeister, Eggesin bei Ueckermünde.

510. Krüger, Ernst, Zimmermeister in Ueckermünde.

511. Krusemark, Kaufmann in Bergen auf Rügen.

512. Landgrebe, Dr. med., praktischer Arzt, Kreisphysikus, Neustettin.

513. Lehmann, Dr. med., praktischer Arzt in Stettin,

514. Leidhold, F. M., Kaufmann in Barth in Pommern.

515. Lene, Gustav, Hôtelbesitzer in Binz auf Rügen:

516. Lorentz, Max, Zimmermeister in Ueckermünde.

517. Lundberg, Ad. B., Generalagent, Stettin.

518. Margendorff, Dr. med., praktischer Arzt, Stettin.

519. Matthies, Amtsrichter in Bergen auf Rügen, jetzt in Pinneberg.

520. Matthies, Rittergutsbesitzer, Buschenhagen bei Cummerow.

521. Mau, Gutspächter, Bugewitz bei Ducherow.

522. May, Fr., Fabrikdirektor, Bredow bei Stettin.

523. Meyer, Professor, Gymnasial-Oberlehrer in Stettin.

524. Milde, Paul, Kaufmann in Löcknitz.

525. Mohrmann, Direktor der Zuckerfabrik in Jarmen.

526. Moll, Dr., Seminar-Oberlehrer in Franzburg.

527. Möller, Apothekenbesitzer in Ueckermünde.

528. Müller, Rittergutspächter, Borgstedt bei Grimmen.

529. Müller, Pastor, Swantow bei Garz auf Rügen.

530. Nitz, C., Regierungs-Landmesser, Neustettin.

531. von Noëll, Regierungsrat, Köslin.

532. Ohlf, Maurermeister in Demmin.

533. Peters, Königl. Domänenpächter, Hövet bei Velgast.

534. Rethfeldt, Dr., Oberlehrer am Gymnasium in Stolp in Pommern.

535. Roedtke, Paul, Kaufmann in Stettin.

536. Rohden, Amtsrichter in Ueckermünde.

537. Rudolph, Oberlehrer am Königl. Gymnasium in Pyritz.

538. Rustemeyer, Friedrich, Güterdirektor, Dominium Geiglitz bei Regenwalde.

539. Sause, Bürgermeister in Ueckermünde.

540. Scheunemann, Rechtsanwalt und Notar, Neustettin.

541. Schlapp, Pastor, Brandshagen bei Stralsund.

542. Schließ, Königl. Amtsrat, Göhren auf Rügen.

543. Schneider, Landgerichtsrat in Stettin.
544. Schneider, Kataster-Kontrolleur in Ueckermünde.
545. Schultze, Königl. Oberförster. Rothemühl bei Ferdinandshof.
546. Schulz, Dr., Zahnarzt in Pasewalk.
547. Schulze, Hauptmann a. D., Amtsvorsteher in Crampas-Sassnitz auf Rügen.
548. Schwarz, Kaiserl. Bankvorsteher in Neustettin.
549. Settegast, Dr. med., praktischer Arzt, Kreisphysikus, Bergen auf Rügen.
550. Sochazewer, Hermann, Dampfsägewerkbesitzer, Kattenberg bei Torgelow.
551. Sochatzky, Oberleutnant a. D., Pasewalk.
552. Sponholz, Bürgermeister in Lassan.
553. Strübing, Rittergutsbesitzer, Freesen bei Trent auf Rügen.
554. Trost, Otto, Dr., Stettin.
555. Wegener, Karl, Kaufmann in Pasewalk.
556. Wendt, Albert, Baumeister in Barth in Pommern.
557. Wichmann, O., Kaufmann in Wollin in Pommern.
558. Wiegand, Forstassessor in Ueckermünde.
559. Wilcke, Albert, Rentier, Neustettin.
560. Witte, Fürstl. Förster, Insel Vilm bei Lauterbach auf Rügen.
561. Wulff, Hauptmann a. D., Rittergutsbesitzer, Pensin bei Demmin.

## 6. Ausserhalb Pommerns.

562. Assmann, Amtszimmermeister, Gross-Lichterfelde bei Berlin.
563. Awe, Wilhelm, Senator a. D., Rentier in Rostock.
564. Baumgart, Major, Stade.
565. Bergmann, Rittergutsbesitzer, Wolde bei Grossenhain, Lausitz.
566. Bindemann, Dr. Berlin.
567. Binting, Dr., Rechtsanwalt in Landsberg a/W.
568. von Blomberg, Freiherr, Neu-Bauhof bei Stavenhagen in Mecklenburg.
569. Braun, Fabrikbesitzer, Zerbst.
570. Credner, Karl, Amtmann, Gross-Görschen bei Lützen.
571. Demmin, E., Stadttierarzt in Zerbst.
572. Deus, Arthur, Dr., Berlin.
573. Dornheckter, Königl. Kreisschulinspektor in Prechlau in Westpreussen.
574. Eilers, Hermann, Rentier, Berlin.
575. Felix, Dr., Professor an der Universität in Leipzig.
576. Firnhaber, Dr. med., praktischer Arzt, Charlottenburg.
577. Förster, Fabrikbesitzer, Rostock.
578. Freytag, Hauptmann, Köln am Rhein.

579. Gartmann, Landwirt, z. Zt. Einjährig-Freiwilliger in Neuhaus in Westfalen.
580. Gartzen, Hofapotheker, Rostock.
581. Gast, Hofbuchhändler, Zerbst.
582. von Gaza, Leutnant, Koburg.
583. Groepler, Rechtsanwalt, Dessau.
584. Grünberg, Dr. med., praktischer Arzt, Berlin.
585. Halbfass, Professor, Dr., Oberlehrer am Gymnasium in Neuhaldensleben, Provinz Sachsen.
586. Henri d' Hargues, Direktor, Berlin.
587. Harms, A., Bankdirektor, Zwickau in Sachsen.
588. Heine, erster Assistenzarzt an der Königl. Universitäts-Ohrenklinik in Berlin.
589. Henneberg, Dr., Bibliothekar an der Königl. Universitäts-Bibliothek in Berlin.
590. Hintze, Leutnant im Pionier-Bataillon Nr. 18, Berlin, Kriegsakademie.
591. Höde, Dr. med., praktischer Arzt, Zerbst.
592. Jäckel, Dr. med., Oberstabsarzt, Graudenz.
593. Joachimi, Gerichts-Assessor, Dessau.
594. Jordan, W., Dr. jur., Berlin.
595. Iversen, Ferd., Oberrossarzt, Remontedepot Hardebeck bei Brockstedt in Holstein.
596. Kalinke, Kultur-Ingenieur, Lissa in Posen.
597. Kehrbach, Dr., Professor in Berlin.
598. Kipke, Brauerei-Direktor, Breslau.
599. Kolbe, A., Referendar, Charlottenburg.
600. Krahn, Architekt, Wilmersdorf bei Berlin.
601. Kuthe, Dr. med., praktischer Arzt in Berlin.
602. Kuthe, Arnold, Architekt in Berlin.
603. Landgrebe, Ober-Regierungsrat, Kassel.
604. Lücke, P., Königl. Oberbergrat, Halle a. S.
605. Maschke, Dr., Berlin.
606. Meissner, Rechtsanwalt, Aschersleben.
607. Mensel, H., Ober-Ingenieur in Berlin.
608. Mirisch, Max, Kaufmann in Berlin.
609. Nahmmacher, Rittergutsbesitzer, Lewetzow bei Teterow in Mecklenburg.
610. Nattermöller, Major a. D., Rostock.
611. Nitschke, Dr., Landesrat, Merseburg.
612. Otto, Ernst, Baumeister, Gross-Lichterfelde bei Berlin.
613. Philippi, Dr., Amtsrichter, Kirchhain, Niederlausitz.
614. Postlep, Rechnungsrat, Zerbst.
615. Pulsak, Zimmermeister in Berlin.

616. von Putkammer, Hauptmann, Liegnitz,
617. Reck, Kaiserl. Postdirektor, Weimar.
618. Refardt, Rechtsanwalt, Zerbst.
619. Reimann, Alexis, Fabrikbesitzer, Berlin.
620. Riemschneider, Dr., Kammergerichts-Referendar, Berlin.
621. Schmidt, Direktor der höheren Töchterschule in Osterode in Ostpreussen.
622. Schmidt, Fabrikbesitzer, Kommissionsrat, Zerbst.
623. Schöffel, E., Fabrikbesitzer in Berlin.
624. Schemann, Hans, Rentier, Rostock.
625. Schuchard, Dr. med., praktischer Arzt in Halle a./S.
626. Seer, Kaufmann in Charlottenburg.
627. Senckpiehl, Dr., Referendar, Berlin.
628. Senckpiehl, Baumeister, Landsberg a./W.
629. Siecke, Max, Kaufmann in Berlin.
630. Sitzenstock, Rentier, Zerbst.
631. Sochaezwer, L., Dr., Gerichts-Assessor, Berlin.
632. Stachelhausen, Schlossapotheker, Zerbst.
633. Thiel, Post-Sekretär, Köln am Rhein.
634. Thiele, Oskar, Kaufmann, Berlin.
635. Thomae, Arthur, Architekt, Berlin.
636. Vaditz, Karl, Portrait-Maler, Zerbst.
637. Winkler, H., Kaufmann, Berlin.
638. Ziervogel, Berg-Assessor, Halle a./S.
639. Zimmer, Dr. med., praktischer Arzt, Berlin.

### B. Ausserordentliche Mitglieder.

Als ausserordentliche Mitglieder gehörten der Gesellschaft an:

1. Damen-Mitglieder . . . . . . . . . . . . . . . . . . . 91
2. Studierende hiesiger Universität in beiden Semestern. . . . 166
3. Verein junger Kaufleute . . . . . . . . . . . . . . . 20

zusammen 277

Die Gesamtzahl der zahlenden Mitglieder der Gesellschaft betrug also im Vereinsjahr 1899/1900 916; ausserdem waren noch 46 Lehrerinnen zum Besuch der Projektionsabende berechtigt.

Im Vereinsjahre 1900/1901 (vom 1. April 1900 an) traten bis jetzt (Ende Juli) der Gesellschaft als ordentliche Mitglieder bei:

1. Boas, Forstassessor, Köslin.
2. Brandt, Oberlandgerichtsrat, Kiel.
3. Braun, Hugo, Architekt, Charlottenburg.
4. Dewold, Vice-Konsul, Swinemünde.

5. Festerling, G., Kaufmann in Bergen auf Rügen.
6. Francke, Christian, Oberlehrer an der Landwirthschaftsschule zu Eldena in Pommern.
7.. Haupt, Apothekenbesitzer in Greifswald.
8. Henke, W., Kaufmann, Landsberg a./W.
9. Henning, Georg, Zimmermeister. Berlin.
10. Herrmann, Benno, Architekt, Berlin.
11. Herrmann, Ernst, Architekt, Berlin.
12. Heuer, Otto, Maurermeister, Charlottenburg,
13. Herzke, Hans, Kaufmann in Barth in Pommern.
14. Hoffmann, Lehrer, Berlin.
15. Kroner, Dr., Gerichts-Assessor, Wittstock an der Dosse.
16.. Paetsch, Baumeister in Berlin.
17. Pahl, Baugewerksmeister in Greifswald.
18. Peltzer, Förster in Zehlendorf bei Berlin.
19. Pelkmann, Dr. med., praktischer Arzt, Demmin.
20. Prym, Dr. med., Bonn.
21. Reiter, Friedrich, Küster, Berlin.
22. Sandhop, Dr. med., praktischer Arzt, Brätz in Posen.
23. Schmidt, Franz, Zimmermeister, Charlottenburg.
24. Schmidt, Johannes, Zimmermeister, Charlottenburg.
25. Schmidt, Oswald, Zimmermeister, Charlottenburg.
26. Schultze, Diakonus, Sagard auf Rügen.
27. Schütte, Landrichter, Köslin.
28. von Schütz, Königl. Forstmeister, Abtshagen bei Grimmen.
29. Schwing, Pastor in Demmin.
30. Stephan, Regierungs-Civilsupernumerar in Stralsund.
31. Thiele, Dr. jur., Referendar, Wittstock an der Dosse.

Als ausserordentliche Mitglieder gehören der Gesellschaft im Sommer-Semester 1900 78 Studierende der hiesigen Universität an.

Den Vorstand der Gesellschaft bilden auch im Vereinsjahre 1900/1901 die auf Seite 172 aufgeführten Herren.

In dem Tauschverkehr der Gesellschaft sind erhebliche Veränderungen seit der letzten Berichterstattung nicht eingetreten, Die Zahl der Gesellschaften, Institute und Redaktionen, von denen die Geographische Gesellschaft während der Vereinsjahre 1898—1900 regelmässige Zusendungen erhalten hat, beträgt 194.

Die Bibliothek der Gesellschaft zählt zur Zeit etwa 1350 Bände.

# III. Übersicht über die von der Gesellschaft veranstalteten Exkursionen:

| | Jahr | Ziel | ordentl. Mitglieder | ausserordentl. Mitglieder (Studierende) | im Ganzen |
|---|---|---|---|---|---|
| | | | **Teilnehmerzahlen:** | | |
| I. | 1882 | Insel Möen | 43 | 34 | 77 |
| II. | 1883 | Insel Bornholm | 41 | 45 | 86 |
| III. | 1885 | Insel Möen | 36 | 44 | 80 |
| IV. | 1886 | Insel Bornholm | 31 | 39 | 70 |
| V. | 1887 | Insel Hiddensöe. | 45 | 35 | 90 |
| VI. | 1889 | Inseln Möen, Seeland, Kopenhagen | 44 | 129 | 173 |
| VII. | 1890 | Göteborg, Trollhätta-Fälle, Wenersee | 44 | 46 | 90 |
| VIII. | 1892 | Insel Vilm | 98 | 52 | 150 |
| IX. | 1892 | Insel Bornholm | 36 | 44 | 80 |
| X. | 1893 | Helsingborg, Kullen, Seeland, Kopenhagen | 65 | 132 | 197 |
| XI. | 1894 | Holsteinsche Schweiz, Kiel, Nordostsee-Kanal (im Bau), Lübeck | 109 | 43 | 152 |
| XII. | 1895 | Insel Möen, Arkona | 39 | 69 | 108 |
| XIII. | 1896 | Danzig, Marienburg, Weichseldelta, Pomerellen | 100 | 30 | 130 |
| XIV. | 1897 | Schonen, Kullen, Seeland, Kopenhagen | 95 | 130 | 225 |
| XV. | 1898 | Insel Bornholm, Christiansöe | 97 | 73 | 170 |
| XVI. | 1899 | Göteborg, Trollhättan, Wenersee, Halleberg, Kopenhagen. | 100 | 135 | 273 |

Die Gesamtzahl der Teilnehmer an den bisherigen Exkursionen beziffert sich danach auf 2141, darunter 1081 Studierende der Universität Greifswald als ausserordentliche Mitglieder.

Das Ziel der XVII. Exkursion (1900) bildeten die Föhrdenküste Schleswig-Holsteins, Insel Sylt, Kiel-Holtenau, Holsteinsche Schweiz. Zahl der Teilnehmer 169, darunter 66 Studierende.

Arco

ut

Uebersichtskarte
über
die Heimathsgebie
der
Rügenschen Diluvialges

⊡ *Muthmassliches Heimathsge*
⊡ *sicher nachgewiesenes*

# VIII. Jahresbericht

der

# Geographischen Gesellschaft

zu

# Greifswald

## 1900—1903.

V VIII

## Im Auftrage des Vorstandes

herausgegeben

von

## Prof. Dr. Rudolf Credner.

**Mit 3 Karten, 16 Tafeln und 3 Profilen im Text.**

**Greifswald.**
Verlag und Druck von Julius Abel.
1904.

Für den Inhalt der Aufsätze
sind die Herren Autoren allein verantwortlich.

———

Die Fortsetzung des Aufsatzes des Herrn Dr. Elbert über „die
Entwicklung des Bodenreliefs von Vorpommern und Rügen"
(S. 141 ff.) erscheint nebst Karten und weiteren Tafeln im nächsten
Hefte dieser Jahresberichte.

Der Herausgeber.

# Inhalt.

## I. Aufsätze.

## II. Mitteilungen aus der Gesellschaft.

# I. Aufsätze.

# I.

# Das Eiszeit-Problem.

## Wesen und Verlauf der diluvialen Eiszeit.

### Ein Vortrag

### von

### Rudolf Credner, Greifswald.

Vorbemerkung. Der nachstehende Aufsatz bildete den Inhalt
der Antrittsrede des Verfassers gelegentlich der Übernahme des
Rectorats der Universität Greifswald am 15. Mai 1901.

Ausser einer Orientierung über den derzeitigen Stand der Eis-
zeitfrage und den Anteil geographischer Forschung an
deren Lösungsversuchen, bezweckte der Vortrag, im Anschluss an die
— hier in Wegfall gebliebenen — Einleitungsworte, in welchen das
Verhältnis der Geographie zu ihren Nachbar-Disziplinen kurz erörtert
war, die Vorführung eines typischen Beispiels jener zahlreichen
Probleme, deren Lösung nur durch Zusammenarbeit mehrerer
Wissenschaften, im vorliegenden Falle der Geologie und Geographie, gefördert werden kann.

Von einer specialisierten Quellenangabe ist mit Rücksicht auf
den Vortrags-Character des Aufsatzes abgesehen. Der Fachmann wird
die benutzte Litteratur auch so leicht herauserkennen.

Ihren wichtigsten Charakterzug erhält die Eiszeit, wie es
schon der von dem Botaniker Schimper in den dreissiger Jahren
des vorigen Jahrhunderts zuerst eingeführte Name ausdrückt,
durch die der heutigen gegenüber ungleich grossartigere Entwicklung der festländischen Eismassen, des Gletschereises.
War es auch nicht, wie Ludwig Agassiz unter dem ersten
Eindruck der weiten Verbreitung der Eiszeitspuren annehmen
zu müssen glaubte, eine riesenhafte Eiskappe, die sich von
den Polarregionen aus, Alles unter sich begrabend, bis in

tropische Breiten ausgebreitet haben sollte, so war doch die damalige Ausdehnung des Eises eine gewaltige. Die meisten Hochgebirge der Erde, wie unsere Alpen, die Pyrenäen, der Kaukasus, Himalaya und Karakorum, das Felsengebirge und die Sierra Nevada Nordamerikas, die patagonischen und chilenischen Anden Südamerikas, die Neuseeländischen Alpen starrten in jener Zeit von gigantischen Eisströmen, die, wie sich an den Spuren verfolgen lässt, die Thäler hunderte, ja bis über 1000 m hoch hinauf erfüllten und sich z. B. auf der Nordseite der Alpen bis in die Breite von München, als mächtige Eispanzer weit über das Vorland ausbreiteten. Aber nicht nur diese auch noch gegenwärtig, wenigstens in ihren höheren Teilen mit Gletschern ausgestatteten Gebirge, auch jetzt völlig eis- und schneefreie, wie unsere deutschen Mittelgebirge, vor allem Wasgau, Schwarzwald, Riesengebirge, bildeten in jener Zeit Centren von Vergletscherungen und erzeugten Eisströme, die z. B. im Wasgau und Schwarzwald den heutigen Alpengletschern an Grösse zum mindesten gleich kamen. Namentlich aber bedeckten ungeheure Inlandeismassen in einer Mächtigkeit von durchschnittlich über 1000 m von der skandinavischen Halbinsel und den Gebirgen der britischen Inseln ausstrahlend, das gesamte nördliche Europa, die Hälfte fast des Areals unseres Kontinentes, bis zum Rande des mitteldeutschen Gebirgslandes und weit bis in die centralen Teile Russlands hinein, und in noch riesenhafterer Ausdehnung, um fast 10 Breitegrade weiter nach Süden reichend, also auf Europa übertragen bis etwa in die Breite von Lissabon und Sicilien, den gesammten Osten und das Innere Nordamerikas, ein Gebiet fast von der Grösse ganz Europas. Lange Zeit glaubte man das eiszeitliche Phänomen ausschliesslich auf die höheren Breiten beider Hemisphären beschränkt. Geographischen Forschungsreisenden, in erster Linie Hans Meyer, W. Sievers, A. Hettner verdanken wir die für die Deutung der Genesis der Erscheinung überaus wichtige Entdeckung sicherer Spuren desselben auch unter niederen Breiten, ja selbst unmittelbar unter dem Aequator, so namentlich an den Vulkanriesen Ostafrikas, am Kilimandjaro bis mehr als 1000 m unter dessen gegenwärtige Gletschergrenze und am benachbarten Kenia. Unzweifelhafte alte Glacialspuren in Gestalt von Moränen, Rundhöckern, Gletscherschliffen und Glacialschotter sind ferner aus den Tropen Südamerikas bekannt geworden, durch Sievers in der Cordillera de Merida in Venezuela und in der Cordillera von Santa Marta in Columbia, durch Stübel am Vulkan El Altar in Ecuador, durch Hettner in der Cordillera Real von Bolivia, durch A. Agassiz in der Umgegend des Titicacasees und durch Hauthal in den Gebirgszügen des nördlichen Argentiniens. Die diluviale Vergletscherung ist also ein über die ganze Erde verfolgbares Phänomen.

Ein derartiges Anwachsen der Eisströme hat aber zur Voraussetzung, dass auch der das Nährmaterial der Gletscher liefernde Schnee in jener Zeit eine ungleich ausgedehntere und massenhaftere Verbreitung besessen hat, als gegenwärtig, dass gleichzeitig die untere Grenze der Region ewigen Schnees, die Schneelinie, beträchtlich tiefer hinabreichte. Schon die Thatsache der damaligen Vergletscherung jetzt schneefreier und der allein gletschererzeugenden Firnregion weit entrückter Gebirge, wie derjenigen Mitteldeutschlands liefert dafür den strikten Beweis. Solche Gebirge aber sind nicht nur hier, sondern auf der ganzen Erde, in der alten und neuen Welt, unter hohen und niedern Breiten angetroffen. Auch die Depression der Schneegrenze ist somit, wenn auch in lokal verschiedenem Masse, eine allgemeine gewesen. Den ungefähren Betrag derselben festzustellen, dürfte mit Hülfe einer von J. Partsch eingeführten Methode als gelungen zu betrachten sein. Danach lag die damalige Schneegrenze auf der ganzen Erde durchschnittlich etwa 1000 m niedriger als gegenwärtig.

Aber nicht nur in der ungleich ausgedehnteren Bedeckung mit ewigem Schnee, Gletschern und Inlandeis zeigte das damalige Antlitz der Erde fremdartige Züge, auch abseits dieser Gebiete begegnet uns ein von dem jetzigen völlig abweichendes Landschaftsbild. Eine alpine Flora und Fauna hatte sich entsprechend der Depression der Schneeregion über das mitteldeutsche Gebirgsland ausgebreitet, arktische Tundra mit ihren Moosen und Flechten, mit Zwergbirke und Zwergweide reichte weit in das Gebiet der heutigen mitteleuropäischen Wald-region bis tief nach Deutschland hinein. Namentlich aber zeigten Erdstriche, die gegenwärtig unter einem excessiven Trockenklima schmachten und des belebenden Wassers fast völlig entbehren, die regenarmen Steppen- und Wüstenlandschaf-ten, untrügliche Spuren einer in jener Vorzeit viel reichlicheren Bewässerung. Mitten in der ausgesprochensten Wüstenland-schaft der jetzt fast regenlosen Sahara treffen wir wohl-entwickelte Thäler, also Werke der erodierenden Thätigkeit von Flüssen. Tiefe Schluchten in den jetzt wüstenhaften Fels-platten Palästinas, Trockenthäler mitten in der grossen Viktoria-Wüste im Innern von Australien und in der Atakama-Wüste in Südamerika, mächtige Geröllablagerungen in der Kalahari und in den Wüsten Centralasiens bekunden das frühere Vor-handensein wasserreicher, transport- und erosionskräftiger Flüsse und Ströme, wo jetzt weithin jedes fliessende Wasser fehlt. Am auffälligsten aber tritt uns dieser Contrast zu den heutigen hydrographischen Verhältnissen an den für diese Steppen- und Wüstenlandschaften charakteristischen abfluss-losen Binnenseen entgegen. Sie alle zeigen in ihrer Umgebung die sichersten Merkmale eines früher ungleich höheren Wasser-standes. Hoch über dem jetzigen Spiegel des Kaspischen Meeres und Aralsees sowohl, wie des Toten Meeres, an sämtlichen abflusslosen Seen des äquatorialen und südlichen Afrika, an denen Inneraustraliens ebenso wie Argentiniens, des bolivianischen Hochlandes und des Westens der Vereinigten Staaten hat man alte Seeterrassen und Strandlinien angetroffen, bis zu denen, oft 100 und mehr Meter höher als gegenwärtig, die jetzt zum Teil bis nahe zum Austrocknen zusammenge-schrumpften Seen vormals mit Wasser erfüllt waren. Wohin wir uns also wenden, überall treten uns Beweise einer ungleich bedeutenderen Wasserbedeckung in einer der Jetztzeit kurz vorangegangenen Periode entgegen.

Dass diese Periode reicherer Bewässerung — man hat sie als „Pluvialzeit" bezeichnet — zeitlich mit der Vereisungs-periode zusammenfällt, darüber kann ein Zweifel nicht bestehen. Schon die Abhängigkeit der Gletscher und abflusslosen Seen von den nehmlichen klimatischen Faktoren spricht dafür. Beide sind, wie Brückner betont, in ihrer Grösse durchaus eine Funktion des Niederschlags, welcher sie nährt, und der Wärme, welche durch Verdunstung oder Abschmelzung an ihnen zehrt. Anwachsen und Schwinden beider ist vom Klima in gleichem Sinne beeinflusst. Thatsächlich lassen sich auch überall da, wo abflusslose Seen und vergletscherte Gebirge benachbart sind, wie im tropischen Afrika und Südamerika, die Spuren des vormaligen Seehochstandes und gleichzeitiger starker Gletscherentwicklung nebeneinander verfolgen. Überdies ist der strenge geologische Beweis für ihr zeitliches Zusammenfallen an mehreren Seen am Fusse der Sierra Nevada in Nordamerika erbracht worden. Derselbe Zeitabschnitt der Erdgeschichte, die Diluvialperiode ist es also, in welcher Gletscher, Depression der Schneelinie und Höhe des Wasserstandes der abflusslosen Seen jenes Maximum ihrer Entwicklung erreichten.

So alt das Problem der Eiszeit ist, so alt ist auch die Frage, ob das Eintreten derselben ein einmaliges oder ein sich periodisch wiederholendes gewesen ist. Die Aufgabe, diese Frage zu lösen, fiel ausschliesslich der geologischen Forschung zu. Sie hat dieselbe in letzterem Sinne entschieden. In sämtlichen genauer untersuchten Glacialgebieten der alten sowohl wie der neuen Welt, der Nord- ebenso wie der Südhemisphäre hat man nämlich beobachtet, dass zwischen je zwei Moränen, also Ablagerungen rein glacialen Ursprunges, Bildungen eingeschaltet sind, die nicht unter Gletschern entstanden, vielmehr fluviatiler, lacustrer oder mariner Entstehung sind und zum Teil Reste von Pflanzen und Tieren führen, deren Charakter beweist, dass zur Zeit ihrer Existenz ein von dem heutigen nicht wesentlich verschiedenes Klima geherrscht haben muss. Es haben also — diese Thatsache steht fest — in der Diluvialzeit Perioden gewaltigen Gletscherwachstums, Glacialzeiten, mit Interglacialzeiten abgewechselt, innerhalb deren, wie aus der Verbreitung der während derselben entstandenen Ablagerungen hervorgeht, die Gletscher bis annähernd in ihre jetzigen beschränkten Grenzen zurückgewichen sind, das norddeutsche Inlandeis bis weit nach

Skandinavien hinein, die Alpengletscher bis hoch hinauf in das Gebirge. Dabei handelt es sich nicht um rasch aufeinanderfolgende Vorstösse und Rückzüge, sondern um Vorgänge von ausserordentlich langer Dauer. Dafür spricht schon die gewaltige Ausdehnung, welche nicht nur die Gletscher, wie z. B. der bis Lyon reichende Rhonegletscher, sondern namentlich auch die Inlandeispanzer Nordeuropas und Nordamerikas erreichten.

Zahlenmässig freilich, also nach Jahrhunderten oder Jahrtausenden, ist die Dauer der Glacial- und Interglacialzeiten nicht festzustellen. Nur aus Werken, welche nachweislich im Laufe derselben entstanden sind, zumal wenn sie Erzeugnisse von Kräften sind, die wir heute noch in Wirksamkeit sehen und in ihren Fortschritten kontrolieren können, vermögen wir uns eine wenigstens annähernde Vorstellung von der Länge der während jener Ereignisse dahingegangenen Zeitläufe zu verschaffen. Derartige diluvialzeitliche Werke und Vorgänge sind uns in grosser Zahl bekannt, so z. B. interglaciale Thäler von 100 und mehr Meter Tiefe aus dem französischen Centralplateau, dem Alpenvorland und den Vereinigten Staaten, an anderen Stellen Strandverschiebungen und beträchtliche Veränderungen in der Verteilung von Wasser und Land. Auch die Lagerungsstörungen des Kreidegebirges unserer Ostseeinsel Rügen, die für den malerischen Effekt der Steilküste Jasmands so bedeutungsvollen Verwerfungen der dortigen Kreideschollen, fallen in eine, und zwar die jüngste Interglacialzeit, in die Zeit zwischen den beiden letzten Vergletscherungen. Ferner aber hat sich in jeder der Interglacialzeiten, wie es die denselben entstammenden pflanzlichen Reste beweisen, eine zum Teil wiederholte vollständige Wandlung des Pflanzenkleides der eisfrei gewordenen Flächen vollzogen. Einer sich nach dem jedesmaligen Rückzuge des Eises zunächst einstellenden arktischen Tundren-Vegetation, ist eine Wald-Vegetation gefolgt, ihr wieder, wenigstens in der letzten Interglacialzeit, eine, der heutigen Südost-Russlands ähnliche Steppenlandschaft, und der gleiche Wechsel, nur in umgekehrter Reihenfolge musste sich jedesmal beim allmählichen Herannahen der neuen

Vereisung vollziehen (Brückner). Welch ausserordentlich lange Zeiträume setzen derartige Wandelungen und Wanderungen der Vegetation allein innerhalb einer einzigen Interglacialzeit, also nur eines Bruchteils der gesamten Diluvialperiode voraus! Sie alle, Thalbildungen, Strandverschiebungen, tektonische Dislocationen, Wandlungen des Klimas und der Pflanzen- und Tierwelt vollziehen sich auch noch gegenwärtig, wie unendlich langsam aber und im einzelnen kaum merklich! Wir haben keinen Grund zu der Annahme, dass dieselbe in jener Vorzeit in wesentlich rascherem Masse vor sich gegangen wären.

Gehen wir noch einen Schritt weiter. Eine Reihe triftiger Gründe — die Zeit verbietet mir, sie augenblicklich näher zu erörtern — spricht für die Annahme, dass die Dauer jeder der einzelnen Interglacialzeiten wenigstens ebenso lang, wahrscheinlich aber bedeutend länger gewesen sein muss, als diejenige der Postglacialzeit, also des seit der letzten Vereisung bis heute verflossenen Zeitabschnittes. Diese Postglacialperiode aber umfasst nach Massgabe der innerhalb derselben stattgehabten Umgestaltungen der Erdoberfläche ganz gewaltige Zeiträume, Zeiträume, in denen, um nur dies eine uns nächstliegende Beispiel anzuführen, unsere Ostsee infolge wiederholter Hebungen und Senkungen besonders der skandinavischen Halbinsel im Maximalbetrage von nahezu 280 Metern, erwiesenermassen 3 vollständig verschiedene Entwicklungsphasen durchlaufen hat, nämlich aus einem Eismeerarm in einen Süsswassersee, dann wieder in ein Brackwassermeer umgebildet worden ist, ehe sie ihre heutige Gestaltung und Beschaffenheit angenommen hat. Auch heute noch dauern die diesen Wandlungen zu Grunde liegenden Niveauveränderungen an den skandinavischen Küsten fort. Ihr derzeitiger Maximalbetrag beziffert sich nach den Untersuchungen Holmströms an den Ufern des bottnischen Meerbusens auf 1 cm jährlich, also auf bloss 1 m in 100 Jahren! Alles das erweckt in uns wenigstens eine Ahnung von dem Zeitmass, welches wir zur Beurteilung der Dauer der diluvialen Eiszeiten und der mit ihnen wechselnden Interglacialzeiten anzulegen haben, eines Phänomens, von dessen letzten Phasen auf dem Boden Mitteleuropas schon der Mensch Zeuge gewesen ist.

Über die Zahl der diluvialen Glacial- und Interglacialzeiten gehen die Ansichten noch auseinander. Für Norddeutschland ist eine mindestens dreimalige Ausbreitung des skandinavischen Inlandeises mit zwei dazwischen liegenden Interglacialzeiten festgestellt. Die gleiche Zahl galt bis vor kurzem
auch für das Alpengebiet, bis es im Jahre 1898 dem um die Er-
forschung der dortigen Glacialphänomene besonders verdienten
Wiener Geographen Albrecht Penck gelungen ist, noch eine vierte,
älteste Vergletscherung und damit eine weitere dritte Interglacialzeit wahrscheinlich zu machen. Wichtiger als die end-
gültige Zahl der Glacialinvasionen ist für uns die Beobachtung,
dass an denselben ausser den Gletschern auch die erwähnten
abflusslosen Seen teilgenommen haben. Die sorgfältigen Untersuchungen der einschlägigen Verhältnisse an den diluvialen
Vorläufern des Great Salt Lake und seiner Nachbarn, dem
Lake Bonneville und Lake Lahontan durch die amerika-
nischen Geologen Gilbert und Russel haben nämlich ausser
Zweifel gestellt, dass auch diese Seen in vollkommener Har-
monie mit der Vereisung Nordamerikas, gleichzeitig und
gleichsinnig mit deren Schwankungen mehrere Perioden eines
Hochstands und solche beträchtlichen Tiefstands, ja vollständiger Austrocknung durchlaufen haben.

So beginnt sich das Bild von dem Wesen und dem
Gange der Ereignisse der diluvialen Eiszeit aus dem Wirrsal
der Einzelerscheinungen allmählich klarer und schärfer abzu-
heben. Nicht ein katastrophenartig unvermittelt über die Erde
hereingebrochenes, einmaliges Ereigniss erscheint sie uns mehr,
sondern als ein von bestimmten Gesetzen beherrschtes klima-
tisches Phänomen, ein System mehrerer periodisch wiederholter
grosser Schwankungen des Klimas unseres Planeten. Worin
aber diese klimatischen Oscillationen eigentlich bestanden, in
welchen Grenzen sie sich bewegt haben, darüber herrschte
bis vor kurzem noch völlige Unklarheit. Alle jene für dieselben zeugenden Vorgänge können sowohl durch Schwankungen
ausschliesslich der Temperatur als auch durch solche bloss der
Niederschläge, endlich auch durch gleichzeitige Änderungen
beider Faktoren bewirkt sein. Jede dieser Modalitäten hat

man denn auch für die Deutung des Glacialphänomens in
Anspruch genommen, gelangte dabei aber zu den wider-
sprechendsten Resultaten. Während die Einen zur Erklärung
der riesenhaften Entwicklung der Inlandeisdecken Kältegrade
von enormer Höhe annehmen zu müssen glaubten, wurde von
anderer Seite die Ansicht vertreten, dass gerade umgekehrt
während der Zeiten der Eisvorstösse höhere Temperaturen
geherrscht haben müssen als jetzt, da nur unter dieser Voraussetzung Verdunstung, Luftfeuchtigkeit und Niederschläge
die erforderliche Steigerung hätten erfahren können, um derartige Eismassen entstehen zu lassen. Andere wieder maassen
den Temperaturverhältnissen keinerlei oder doch nur untergeordnete Bedeutung bei, suchten vielmehr die Ursache der
Eisvorstösse ausschliesslich in einer beträchtlichen Vermehrung
der Niederschlagsmengen. Alle diese Erklärungsversuche aber
bewegten sich im Rahmen von blossen Spekulationen. Eine
festere Basis hat die Forschung erst gewonnen, seitdem man
begonnen hat, die eiszeitlichen Erscheinungen nicht mehr als
etwas ganz einzig und isolirt Dastehendes zu betrachten,
sondern dieselben im Zusammenhange mit dem heutigen
Gletscherphänomen zu erfassen und die an diesem wirksamen,
also kontrolierbaren atmosphärischen Vorgänge zum Ausgangspunkt für die Beurteilung der damaligen Klimazustände zu
machen. Durch diese Anknüpfung an gegenwärtige Verhältnisse aber ist die Glacialfrage in unmittelbaren Connex mit
der Geographie und deren Forschungsgebiet getreten und
Geographen, vor allen Albrecht Penck, Eduard Richter und
Eduard Brückner sind es denn auch gewesen, welche in
diesen von der Glacialforschung eingeschlagenen Bahnen mit
glücklichem Erfolg weitergearbeitet haben. Penck besonders
gebührt das Verdienst, zuerst die in dieser Richtung grund-
legende Thatsache betont zu haben, dass das diluviale Eiszeit-
phänomen seinem Wesen nach durchaus der heutigen Gletscherentwicklung verwandt, nur graduell von dieser verschieden
ist, dass es nur eine Potenzierung, eine excessive Steigerung
derselben darstellt. Wie heute, waren auch in der Eiszeit,
um nur wenige Punkte der Ausführungen Pencks hervorzuheben,

die Gletscher in ungleichem Maasse entfaltet; nicht sämtliche höheren Gebirge der Erde, sondern nur die auch noch heute dank ihrer klimatischen Lage mit Bezug auf Gletschererzeugung begünstigten, waren damals vergletschert; Gebiete dagegen, die wie Sibirien oder die ostasiatischen Monsunregionen gegenwärtig von einem gletscherfeindlichen, excessiven Klima beherrscht sind, haben auch keinerlei Spuren einer diluvialen Vereisung aufzuweisen. Wie der Entwicklungsgrad der Gletscher gegenwärtig in Europa von Westen nach Osten, in der neuen Welt in umgekehrter Richtung abnimmt, in ganz entsprechender Weise macht sich dort auch eine Abnahme des diluvialen Eisphänomens geltend, wie ferner heute die südliche Wasser-Halbkugel vermöge ihres oceanischen Klimas der Gletscherbildung mehr Vorschub leistet als die nördliche Landhemisphäre; so war es auch in der Eiszeit. Ja. bis ins Einzelne lässt sich dieser Parallelismus zwischen einst und jetzt verfolgen. In der Jetztzeit wie in der Glacialperiode zeigen sich die Alpen stärker vergletschert als die Pyrenäen, die Westalpen stärker als die Ostalpen. Von den mitteldeutschen Gebirgen erzeugten Wasgan und Schwarzwald, auch heutzutage erheblich schneereicher, viel gewaltigere Eisströme als das schneearme Riesengebirge und die Tatra. Die imposañteste Inlandeisdecke der Diluvialzeit, diejenige des kanadischen Nordamerikas fällt mit einer der auch jetzt noch schneereichsten Gegenden der Erde, den südlichen Hudsonbai-Ländern zusammen, und nicht mit Unrecht ist betont worden, dass eine verhältnismässig geringe Temperaturverminderung genügen würde, die dortige, jetzt nur winterliche Schneedecke zu einer dauernden, allmählich ins riesenhafte anwachsenden zu machen und ein neues Inlandeis entstehen zu lassen.

Aber nicht bloss der Verbreitung und dem Grade der lokalen Entfaltung nach, auch in ihren periodischen Schwankungen bildet die eiszeitliche Vergletscherung ein Analogon des heutigen Gletscherphänomens. Dass auch an den gegenwärtigen Gletschern noch Oscillationen, wenn auch unendlich geringfügigerer Art stattfinden, dass sie zeitweise anschwellen und vorstossen, dann wieder abschmelzen und zurückweichen, war hinlänglich bekannt, dass diesen Schwankungen eine gewisse Periodizität zu Grunde liege, wurde seit langem vermutet. Heute wissen wir, dass eine solche thatsächlich vorhanden ist. Damit nicht genug. Durch Robert Sieger war ermittelt worden, dass auch an zahlreichen abflusslosen Seen noch gegenwärtig Oscillationen stattfinden. An diese Beobachtung knüpfte Eduard Brückner an. An der Hand eines erheblich erweiterten Materials verfolgte er die zeitliche Aufeinanderfolge dieser Wasserstands-Schwankungen an nicht weniger als 45 Seen aus allen Erdteilen und gelangte zu dem Resultat, dass auch sie rhytmisch erfolgen, nämlich einer durchschnittlich 35jährigen Periode unterworfen sind, und in dieser im Wesentlichen gleichzeitig auf der ganzen Erde in ihren Hoch- und Niedrigwasserstand eintreten. Mit diesen Perioden der Seespiegel-Schwankungen aber decken sich — und darin beruht die grosse Tragweite ihres Nachweises — diejenigen der Gletscher-Oscillationen, auch bei ihnen tritt, wie E. Richter speziell für die Alpengletscher nachweisen konnte, im Mittel der letzten drei Jahrhunderte eine Periode von 35 Jahren deutlich zu Tage, die Zeiten des Seeschwellens fallen mit denen der Gletschervorstösse, diejenigen des Seenrückgangs mit solchen des Schwindens der Gletscher zusammen. Was wir als eine charakteristische Erscheinung der Diluvialzeit kennen gelernt haben, die grossen intermittierenden Schwankungen der Gletscher und abflusslosen Seen als Ausdruck des Wechsels von Glacial- und Interglacialzeiten, begegnet uns in kleinem Maasstabe, dem Charakter nach aber vollkommen identisch, in den heutigen Gletscher- und Seen-Oscillationen der 35jährigen Periode wieder. Gewiss hat angesichts dessen der Schluss eine hohe Berechtigung, dass allen diesen Schwankungen, den diluvialen sowohl wie den jetzigen, auch ihrer Natur nach gleiche, nur dem Grade nach verschiedene klimatische Ursachen zu Grunde liegen dürften. Diese für die heutigen Oscillationen festzustellen und ihrem Wesen und Betrage nach aufzudecken, ist wiederum Eduard Brückner in seiner grundlegenden Arbeit über „Klimaschwankungen" gelungen. Durch sorgfältigste Untersuchung der Aufzeichnungen zahlreicher über die ganze Erde verbreiteter meteorologischer Stationen, ergänzt durch den genauen Verfolg einer Reihe anderer klimatisch bedingter Erscheinungen gelangte er zu dem Resultat, einmal, dass in der That auch das Klima der Erde im Laufe der letzten Jahrhunderte von derselben 35jährigen Periode wie die Gletscher- und Seeschwankungen beherrscht wird, und zweitens, dass diese Klimaschwankungen darin bestehen, dass innerhalb jeder dieser Perioden auf der ganzen Erde im wesentlichen gleichzeitig die Jahrestemperaturen bis zu einem Maximum steigen und bis zu einem Minimum sinken — der Betrag dieser Temperaturschwankungen beträgt im Mittel für die ganze Erde $\frac{1}{2}$—$1^0$ C. —, dass ferner als Folge dieser Temperaturveränderungen auch Luftdruck und Winde und mit ihnen die Niederschläge periodischen Veränderungen unterworfen sind. Auf den Landflächen sind die kalten Hälften der 35jährigen Perioden gleichzeitig durch reichere Niederschläge, die warmen dagegen durch Trockenheit ausgezeichnet. Erstere sind die Zeiten des Gletscher- und Seenwachstums, letztere diejenigen des Schwindens beider Phänomene. Nach allem Dem dürfen wir wohl mit Fug und Recht an erster Stelle Temperaturschwankungen und im Gefolge derselben Veränderungen der Niederschlagsmengen, jedoch solche „höheren Grades" als jetzt, auch als Ursache für die diluvialen Glacial- und Interglacialzeiten annehmen. Für die Richtigkeit dieser Annahme liegen zahlreiche Anhaltspunkte vor. Zunächst rücksichtlich des Hauptfaktors, der Luftwärme. Die Entwicklung einer Waldvegetation, lokal sogar einer Steppenvegetation während der Interglacialzeiten hat das gleichzeitige Herrschen eines gemässigt warmen, dem jetzigen gegenüber zeitweise sogar heissen excessiven Klimas zur Voraussetzung. Anderseits beweisen die zahlreichen Funde arktischer Pflanzen- und Tierreste an den verschiedensten Stellen des norddeutschen Diluviums und ebenso der Schweiz, dass in der Diluvialperiode zeitweise auch beträchtlich niedrigere arktische Temperaturgrade bestanden haben müssen. Reste nordischer Tierformen, die man in den Mittelmeerländern bis nach Süditalien, Sicilien und der Insel Rhodus gefunden hat, bekunden auf das sicherste, dass dieses Eintreten niederer Temperaturen nicht etwa nur

ein lokales gewesen ist, sondern mit einer allgemeinen Wärme-
verminderung, einer Verschiebung der Isothermen gegen den
Äquator in Verbindung gestanden hat. In dem Meere bei
Palermo lebten in einem Abschnitt der Diluvialzeit Muschel-
tiere, die sich heute nur in der Nordsee und noch weiter
nördlich finden. Gewisse pflanzen- und tiergeographische Züge
der vorderindischen Halbinsel und des äquatorialen Central-
afrika beweisen ferner, dass diese Temperaturerniedrigung sich
selbst auf die Tropen erstreckt hat. Erhebliche Schwankungen
der Temperaturen sind also für die Diluvialzeit mit Sicherheit
anzunehmen. Ebenso liegen aber auch für Oscillationen der
damaligen Niederschlagsmengen hinlängliche Anzeichen vor.
Es mag an dieser Stelle genügen, auf das mit den Glacialzeiten synchrone Eintreten von Pluvialzeiten ausserhalb der
Vereisungsgebiete hinzuweisen, und an das im Gegensatz dazu
in den Interglacialzeiten erfolgte Zusammenschrumpfen der abflusslosen Seen des nordamerikanischen Westens zu erinnern.

Selbst über das Mass der damaligen Klimaschwankungen,
wenigstens der Temperatur, sind wir in der Lage, uns eine
Vorstellung zu verschaffen. Das Mittel dazu bietet die durch
Partsch's Methode ermöglichte Feststellung des ungefähren
Betrages der eiszeitlichen Depression der Schneelinie gegenüber
ihrer heutigen Lage. Wie erwähnt, betrug dieselbe durchschnittlich etwa 1000 m. Nun entspricht im mittleren Europa
je 100 m Erhebung eine Wärmeabnahme von $0,59^0$ C.,
also etwas über $1/2^0$. Die damals um 1000 m tiefere Lage
der Schneegrenze würde danach, vorausgesetzt dass diese
Depression ausschliesslich einer Temperaturerniedrigung auf
Rechnung zu setzen wäre, auf eine solche von nicht ganz $6^0$
gegenüber der heutigen schliessen lassen. Nun ist aber die
Lage der Schneelinie keineswegs allein von der Wärme abhängig,
mehr als durch die Temperatur wird sie durch die Menge des
Schneefalls bedingt; es muss deshalb der damals grössere
Niederschlagsreichtum zweifellos auch erheblichen Anteil an der
Depression der Schneelinie gehabt haben. Eine um $6^0$ nie-
drigere Jahrestemperatur wäre also der alleräusserte Grad von
Kälte, den wir für die Eiszeit in Anspruch zu nehmen brauchen.

Gerade deshab aber ist seine Feststellung von Wichtigkeit, weil sie uns vergewissert, dass die eiszeitliche Kälte keineswegs eine so exorbitante gewesen ist, wie man vielfach anzunehmen geneigt ist. Unter Zugrundelegung dieser Schlussfolgerung hätte damals, wie M. Neumayr betont hat, im äussersten Fall z. B. Wien ungefähr die heutige Jahreswärme St. Petersburgs gehabt, Berlin und Leipzig wären um 1° kälter gewesen als St. Petersburg, München wäre etwa mit Hammerfest im nördlichen Norwegen zu vergleichen gewesen. Das sind aber extreme Annahmen. Der wirkliche Betrag der eiszeitlichen Temperaturerniedrigung gegen jetzt dürfte unter Berücksichtigung der erwähnten Mitwirkung der gesteigerten Niederschlagsmengen an der Depression der Schneelinie auf kaum mehr als 3—4 Grad zu veranschlagen sein. Das bedeutet eine Temperaturdifferenz gegen heute, die nur 3—4 mal grösser gewesen wäre, als das von Brückner gefundene Maximum der Wärmeschwankungen innerhalb der jetzigen 35jährigen Periode. Mit einer derartigen Auffassung scheint allerdings auf den ersten Blick die riesenhafte Entwicklung der Inlandeisdecken Nordeuropas und Amerikas unvereinbar zu sein. Der Widerspruch aber löst sich, wenn wir mit Forel berücksichtigen, dass Gletscher und Inlandeis, einmal im Entstehen begriffen, selbst den Keim zu weiterem Wachstum in sich tragen. Durch ihre abkühlende Wirkung auf die umgebende Luft werden sie, je mehr sie sich vergrössern, zu um so wirksameren Condensatoren der atmosphärischen Feuchtigkeit. Die Schneefälle, ursprünglich auf die Firnmulden der Gletscher und die Ursprungsgebiete des Inlandeises beschränkt, sammeln sich bei deren Vorwachsen auf ihnen selbst an, liefern beständig neues Nährmaterial und tragen so zu deren Mehrung und Weiterentwicklung zu schliesslich ganzen Vereisungen bei. Wenn uns Forel weiter zeigt, wie gegenwärtig schon ganz geringfügige Oscillationen der klimatischen Faktoren, Schwankungen der Temperatur von dem Bruchteil eines Grades oder der Niederschläge von nur wenigen Prozenten bereits erhebliche Veränderungen an den Eismassen der Alpengletscher hervorbringen, so bestärkt uns auch diese Wahrnehmung in der

Vorstellung, dass die Witterungserscheinungen der Glacialzeit bei Weitem nicht so unerhört extrem gewesen zu sein brauchen, um die damaligen Gletscher und Inlandeismassen so riesige Dimensionen annehmen zu lassen.

Wie — so schliessen wir mit Supan und Günther — die täglichen und jährlichen Schwankungen des Klimas die einfachsten Formen der das Wechselspiel der klimatischen Faktoren regelnden Periodizitäten sind, und wie sich deren nächst höherer Grad in den Brücknerschen 35 jährigen Perioden ausspricht, so giebt es allem Anschein nach Oscillationen noch höherer Ordnung von stets sich verlängernder Dauer und gesteigerter Intensität, die in letzter Instanz nur noch in nach Zahlen nicht mehr ausdrückbaren geologischen Zeiträumen zur Geltung kommen. Klima-Oscillationen dieser Art scheinen diejenigen der Eiszeit zu sein. Welche Ursachen allerdings diesen mächtigeren Klimaschwankungen zu Grunde liegen — dieser Frage stehen wir heute noch ratlos gegenüber. Die Bezugnahme auf die Jetztzeit, die uns bis hierher so gute Dienste geleistet hat, lässt uns im Stich: auch die Ursache der jetzigen, 35 jährigen Klimaschwankungen entzieht sich unserer Kenntniss bis heute vollkommen. Nur vermutungsweise dürfen wir äussern, dass die Endursache vielleicht in der Wärmespenderin unserer Erde, in der Sonne liege, und in Oscillationen der Strahlungsstärke derselben beruht, vielleicht auch in Änderungen des Verhaltens der Erdatmosphäre zur Ein- und Ausstrahlung infolge zeitweise stärkerer Anreicherung derselben mit Kohlensäure oder Wasserdampf, wofür Svante Arrhenius und De Marchi neuerdings plädieren — aber Alles dies sind noch blosse Vermutungen. Die Lösung des Problems der Eiszeit bleibt der Zukunft vorbehalten. Trotzdem aber ist die Arbeit der letzten 20 Jahre nicht vergebens gewesen. Einen wichtigen Schritt vorwärts bedeutet es schon, dass über den Gang der eiszeitlichen Ereignisse und deren Natur in der Hauptsache Klarheit geschaffen ist, und dass damit eine sichere Grundlage gewonnen ist, auf welcher künftige Forschungen nach den Ursachen der Eiszeit weiter zu bauen vermögen. Namentlich mit drei jetzt feststehenden Thatsachen wird jede brauchbare Theorie rechnen

müssen: erstens, mit der Allgemeinheit des Vereisungs-
phänomens auf der ganzen Erde, zweitens mit der mehrfachen
periodischen Wiederkehr desselben, und drittens mit dessen
gleichzeitigem Eintritt auf der Nord- und Südhemisphäre, in
höheren Breiten wie am Äquator. Von den zahlreichen bisher
aufgestellten Hypothesen wird diesen Thatsachen keine einzige
gerecht. Nicht nur die verschiedenen Versuche, die diluvialen
Vergletscherungen durch lokale Ursachen zu erklären, auch
die ungleich wichtigere Gruppe, welche gewisse kosmische Vorgänge, nämlich Veränderungen der Excentricität der Erdbahn, der
Schiefe der Ekliptik und der Lage der Erdaxe zum Ausgangspunkt hat — alle diese Hypothesen scheitern an dem Umstand, dass sie keine allgemeine, sondern nur eine alternierende
Vergletscherung der beiden Erdhälften zur Voraussetzung haben.
Eine Vorfrage aber wird vor allen weiteren Erklärungsver-
suchen zunächst ihre Beantwortung finden müssen, die nämlich,
ob die Eiszeit eine auf die Diluvialperiode beschränkte Erscheinung war, oder ob sie sich periodisch auch in älteren Zeiten
der Erdgeschichte wiederholt hat? Gewichtige Anzeichen
sprechen für eine Lösung der Frage in letzterem Sinne.
In den verschiedensten Ländern der Erde und in Formationen
verschiedensten Alters vom Cambrium bis zum Tertiär sind
Ablagerungen angetroffen worden, Conglomerate namentlich
und Breccien, welche ihrem ganzen Habitus nach auf glaciale
Entstehung schliessen lassen und von einer Anzahl von Geologen mit damals herrschenden Eiszeiten in Verbindung gebracht sind. Der hervorragende englische Glacialforscher
James Croll glaubt sich bereits zu dem Schluss berechtigt,
dass jede grosse Erdperiode ähnlich wie die quartäre von
einer Reihe von Eiszeiten und Interglacialzeiten heimgesucht
worden sei. Noch aber stehen dieser Annahme mehrfach
wiederkehrender Vergletscherungen in früheren Perioden nam-
hafte Geologen zweifelnd gegenüber. Erst wenn hier Klarheit geschaffen ist, wird die Zeit gekommen sein, in welcher
man mit Aussicht auf Erfolg der endgültigen Lösung der Frage
nach der Ursächlichkeit der Eiszeiten näher treten kann.

# Zum 20jährigen Bestehen

### der

# Geographischen Exkursionen

### der

### Geographischen Gesellschaft
### zu Greifswald,

von deren Leiter[1])
Prof. Dr. Rudolf **Credner**, Greifswald.

Mit einer Übersichtskarte der Exkursions-Routen.

Die Geographische Gesellschaft zu Greifswald blickt in
diesem Jahre auf das 20jährige Bestehen einer für ihre Wirksamkeit charakteristischen und gleichzeitig für ihre Entwicklung
bedeutungsvoll gewordenen Institution zurück, derjenigen
nämlich ihrer „Geographischen Exkursionen".

Der Plan, solche gemeinschaftliche Ausflüge in ihr Arbeits-
programm aufzunehmen, trat bereits bald nach der am 7. März
1882 erfolgten Konstituierung der Gesellschaft hervor. Von
vornherein hatte dieselbe neben Förderung heimatlicher
Landes- und Volkskunde es als ihre Hauptaufgabe betrachtet,
„das Interesse für die Erdkunde thunlichst zu beleben". In dieser
Richtung den zur Erreichung dieses Zweckes zunächst vor-
gesehenen Veranstaltungen, Sitzungen mit Vorträgen und
Diskussionen, Anlage einer Bücher- und Kartensammlung,

---

1) In dankenswertestem Masse hat sich derselbe auf sämtlichen
Exkursionen der gütigen Unterstützung seitens der stellvertretenden Vor-
sitzenden, des Herrn Prof. Dr. Bernh. Minnigerode und nach dessen
1896 erfolgtem Tode des Herrn Dr. Bewer, gegenwärtig Oberlandes-
gerichtsrat in Köln zu erfreuen gehabt.

Herausgabe einer Zeitschrift, Schriftenaustausch mit verwandten Vereinen, ergänzend an die Seite zu treten, erschienen gemeinschaftliche Exkursionen besonders geeignet. Sollten doch dieselben den Mitgliedern[1]) Gelegenheit bieten, unter fachmännischer Führung interessante Teile der Ostseeländer in ihrer Eigenart nach Landesnatur und Bevölkerung kennen zu lernen und sich gleichzeitig durch den Augenschein mit dem Wesen und der Thätigkeit der an der Ausgestaltung der Erdoberfläche wirkenden Kräfte vertraut zu machen.

Als förderndes Moment für die Ausführung des Planes kam hinzu, dass die Lage Greifswalds nahezu auf der Mitte der deutschen Ostseeküste Exkursionsziele nach den verschiedensten Richtungen, nach Osten und Westen sowohl wie nach Norden, nach Dänemark und Südschweden in günstigster Verteilung darbietet, dass ferner das am Orte zur Verfügung stehende Dampfermaterial auch entferntere und sonst nur umständlich und unter grösserem Kostenaufwand erreichbare Küstengebiete und Inseln als Zielpunkte zu wählen gestattete.

So traten im Sommer 1883 die Greifswalder geographischen Exkursionen ins Leben. Neunzehn derselben haben seitdem stattgefunden, sämtlich unter erfreulichster Beteiligung seitens der ordentlichen und ausserordentlichen Mitglieder des Vereines. Den in den ersten Jahren wiederholt aufgesuchten näheren

---

[1]) Von Anfang an ist hierbei auf die Studierenden der Universität Greifswald besonders Rücksicht genommen worden, welche der Gesellschaft in jedem Semester in grösserer Zahl als ausserordentliche Mitglieder (Semesterbeitrag 1 Mk.) beizutreten pflegen, im Sommersemester 1902 z. B. 173 = 20°/₀ der Immatrikulierten. Insbesondere wurden den Studierenden der Geographie seitens des Vorstandes erhebliche Vergünstigungen gewährt, um denselben die Beteiligung an den Exkursionen möglichst zu erleichtern. Ausserdem aber bestehen für dieselben noch besondere akademische „geographische Exkursionen", derer in jedem Sommersemester 6—8 stattzufinden pflegen und die zumeist die nähere Umgebung Greifswalds, die Insel Rügen, Vorpommern und dessen Grenzgebiete zum Ziele haben. Einige derselben sind in neuerer Zeit speziell zu Terrain-Aufnahmen (unter Leitung eines Vermessungs-Beamten) sowie zu Demonstrationen mit den wichtigsten nautischen Instrumenten im Greifswalder Bodden verwendet worden.

Zielen, den Inseln Möen und Bornholm, haben sich im Laufe
der Jahre weiter entfernte angereiht: nach Osten haben sich
die Exkursionen bis auf das Mündungsgebiet der Weichsel,
nach Norden und Westen sogar über die Grenzen der Ostsee
hinaus, dort bis nach Göteborg und dem Wenersee, hier bis
auf die Westküste Schleswig-Holsteins und die Insel Sylt ausgedehnt.[1]) Damit sind aber die nach Massgabe der Grösse
und Einrichtung der in Greifswald zur Verfügung stehenden
Dampfer[2]) in Betracht kommenden Exkursionsziele der Hauptsache nach erschöpft. Wiederholungen von Ausflügen, wie
solche bisher zwar auch, aber doch immer nur abwechselnd
mit neuen Exkursionen stattgefunden haben, werden in Zukunft
die Regel bilden müssen.

Angesichts dieses Wendepunktes in dem Entwickelungs-
gange der Exkursionen der Geographischen Gesellschaft zu
Greifswald mag es gestattet sein, einen zusammenfassenden
Rückblick auf die bisherigen neunzehn Ausflüge zu werfen
und — wenn auch nur in tabellarischer Kürze — alles das
übersichtlich zusammenzustellen, was auf denselben zu
beobachten Gelegenheit geboten war und von dem
Leiter zu Demonstrationen, sei es für die Gesamtheit
der Teilnehmer, sei es für grössere oder kleinere
Gruppen derselben benutzt worden ist.

---

1) Vgl. die beigefügte Übersichtskarte.

2) Für die Exkursionen nach Göteborg (1890 u. 1899) haben
bereits grössere Stettiner Dampfer gechartert werden müssen.

# I. Übersicht über die Exkursionen nach Ziel und Beteiligung.

| | Jahr | Ziel | Teilnehmer-zahlen: | | |
|---|---|---|---|---|---|
| | | | ordentliche Mitglieder | a. o. Mitglieder (ñd. der Univ. Greifsw.) | im Ganzen |
| I. | 1883 | Insel Möen . . . . . . . . | 43 | 34 | 77 |
| II. | 1884 | Bornholm . . . . . . . . | 41 | 45 | 86 |
| III. | 1885 | Insel Möen . . . . . . . . | 36 | 44 | 80 |
| IV. | 1886 | Bornholm . . . . . . . . | 31 | 39 | 70 |
| V. | 1887 | Hiddensöe . . . . . . . . | 45 | 35 | 80 |
| VI. | 1889 | Insel Möen, Stevnsklint (Seeland) | 44 | 129 | 173 |
| VII. | 1890 | Göteborg, Trollhättan-Fälle, We-nersee . . . . . . . . | 44 | 46 | 90 |
| VIII. | 1892 | Insel Vilm . . . . . . . . | 98 | 52 | 150 |
| IX. | 1892 | Bornholm . . . . . . . | 36 | 44 | 80 |
| X. | 1893 | Helsingborg, Kullen, Seeland, Kopenhagen . . . . . . | 65 | 132 | 197 |
| XI. | 1894 | Holstein. Schweiz, Kiel, Nordost-see-Kanal (im Bau), Lübeck . | 109 | 43 | 152 |
| XII. | 1895 | Insel Möen, Arkona . . . . | 39 | 69 | 108 |
| XIII. | 1896 | Danzig, Marienburg, Weichsel-delta, Frische Nehrung, Pome-rellen . . . . . . . . | 100 | 30 | 130 |
| XIV. | 1897 | Schonen, Kullen, Seeland, Ko-penhagen . . . . . . . . | 95 | 130 | 225 |
| XV. | 1898 | Bornholm, Christiansöe . . . | 97 | 73 | 170 |
| XVI. | 1899 | Göteborg, Trollhättan, Wenersee, Halleberg, Kopenhagen . . | 100 | 135 | 235 |
| XVII. | 1900 | Insel Sylt, Ost-Schlesw.-Holstein | 101 | 67· | 168 |
| XVIII. | 1901 | Bornholm, Christiansöe . . . | 88 | 84 | 172 |
| XIX. | 1902 | Süd-Schweden (Schonen), Hel-singborg, Kullen, Malmö, Lund, Falsterbo . . . . . . . . | 116 | 163 | 279 |
| | | | 1328 | 1394 | 2722 |

Die Gesamtzahl der Teilnehmer an den bisherigen Exkursionen beziffert sich somit auf 2722, und zwar 1328

ordentliche Mitglieder des Vereins und 1394 Studierende
der Universität Greifswald als ausserordentliche Mitglieder.

In der Zusammensetzung der Exkursions-Teilnehmer
nach Heimat und Wohnort hat sich im Laufe der Jahre
insofern eine Wandelung vollzogen, als zu den sich in den
ersten Jahren fast ausschliesslich aus Greifswald und Vorpommern rekrutierenden Teilnehmern. entsprechend der von
Jahr zu Jahr wachsenden Ausdehnung des Mitgliederbereichs
und der gesteigerten Beteiligung der Greifswalder Studenten-
schaft immer mehr Angehörige ausservorpommerscher Landes-
teile hinzugekommen sind.

So entstammten z. B. von den 279 Teilnehmern an der
vorjährigen Exkursion (1902)

den Provinzen Pommern . . . . . . . . . . 108
            Brandenburg-Berlin . . . . . . . 43
            Westpreussen . . . . . . . . . 9
            Ostpreussen . . . . . . . . 3
            Posen . . . . . . . . . . . 10
            Schlesien . . . . . . . . . . 14
            Sachsen . . . . . . . . . . . 17
            Hannover . . . . . . . . . . 2
            Westfalen . . . . . . . . . 15
Hessen-Nassau . . . . . . . . . . . . . 2
dem Kgr. Baiern . . . . . . . . . . . . 5
dem Kgr. Sachsen . . . . . . . . . . . . 6
Mecklenburg . . . . . . . . . . . . . 10
Anhalt . . . . . . . . . . . . . . . 13
den übrigen Deutschen Staaten . . . . . . . . 10
Österreich-Ungarn . . . . . . . . . . . 5
Schweiz . . . . . . . . . . . . . . 2
Russland, Serbien, Verein. Staaten je . . . . . . 1

# II. Informatorische Massnahmen auf den Exkursionen.

Vor Aufzählung der einzelnen Exkursionen und der auf
ihnen zur Anschauung gebrachten Erscheinungen und Gegenden
mögen zunächst einige Massnahmen im Zusammenhang dargelegt werden, welche im Wesentlichen auf sämtlichen
Exkursionen, wenn auch naturgemäss auf denen der ersten

Jahre nicht in der später allmählich erzielten Vervollkommung, zu Informations-Zwecken für die Teilnehmer getroffen worden sind.

So wurde zuvörderst stets ein möglichst vollständiges Kartenmaterial, also Übersichtskarten des Exkursionsgebietes, Seekarten der befahrenen Meeresteile, Spezialkarten und geologische Karten der Exkursionsziele sowie der auf der Fahrt passierten Küstenstriche an Bord mitgeführt und den Teilnehmern in geeigneter Weise zur Einsichtnahme behufs Orientierung zur Verfügung gestellt, zum Teil überdies dank der Liberalität der Verlagshandlung Julius Abel-Greifswald in handlichen Reproduktionen an dieselben zur Verteilung gebracht.

Regelmässig stand ferner, namentlich in den letzten Jahren, eine grössere Zahl von dem „Geographischen Apparat" der Universität gehörigen Instrumenten z. B. für Höhenmessung (Fortin'sches Reisebarometer, Hottingersches Aneroid, Hypsothermometer), für hydrographische Untersuchungen (verschiedene Arten von Loten, Thermometer, Wasserschöpfapparat, Secchi'sche Scheibe, Forel'sche Farbenskala etc.), sowie für meteorologische Beobachtungen zur Verfügung, und wurden zu Demonstrationen und soweit thunlich zu praktischen Versuchen benutzt.

Zu Besprechungen der hydrographischen Verhältnisse der Ostsee, deren Salzgehalt, Strömungen, sowie der Morphologie und Entstehungsgeschichte des Ostseebeckens gab jede der Fahrten mehr oder weniger ausgiebige Veranlassung.[1])

Über die meisten Exkursionen, soweit es sich nicht um einfache Wiederholungen früherer handelte, wurden zusammenfassende Berichte veröffentlicht und den Teilnehmern behufs

---

1) Die anfänglich auf mehreren Exkursionen durchgeführte Errichtung besonderer Sektionen, einer allgemein geographischen, einer geologischen, botanischen uud zoologischen, jede unter Leitung von Fachvertretern, ist später wieder fallen gelassen worden, um den einheitlichen, spezifisch geographischen Charakter der Veranstaltung besser zu wahren. Zu Spezialstudien in genannten Richtungen bot sich dem Einzelnen dank fast jedesmaliger Anwesenheit von Fachmännern auf jenen Gebieten auch ohne jene Gliederung in Sektionen hinreichend Gelegenheit.

Festigung und Vertiefung der empfangenen Eindrücke zu-
gestellt. Den gleichen Zweck verfolgte endlich die seit einer
Reihe von Jahren getroffene Massnahme, dass die auf den
Exkursionen durch jedesmal beteiligte Fachphotographen aufgenommenen Photographien den Teilnehmern durch zum Zwecke
der Auswahl veranstalteten Umlauf von Probebildern zugängig
gemacht wurden. Die Zahl allein der von fachmännischer
Seite aufgenommenen Bilder geographisch und geologisch
instruktiver Objekte der Exkursionsgebiete stellt sich auf mehrere
Hunderte. Abzüge derselben sind in möglichster Vollständigkeit
der Sammlung des Geographischen Apparats der Universität
Greifswald einverleibt worden.

## III. Die einzelnen Exkursionen.

Vorbemerkung: Ausser Ziel und Zeit ist in nachstehender
Zusammenstellung zur Orientierung über den Gang der
Exkursionen und über die berührten Gebiete auch die
jedesmalige Route kurz angedeutet.

Unter der Rubrik „Demonstrations-Objekte"
sind nur die hauptsächlichsten, zu Demonstrationen seitens
des Leiters für die Allgemeinheit oder grössere Gruppen
der Teilnehmer herangezogenen Erscheinungen und
Gegenstände aufgenommen. Objekte von Spezialstudien
Einzelner sind in nachstehender gedrängter Übersicht in
Wegfall geblieben. Ebenso wurden auch Wiederholungen
von Beobachtungen auf früheren Ausflügen bei der
Skizze der späteren vielfach nicht wieder erwähnt.

Die Routen der einzelnen Exkursionen sind auf
der beigefügten Übersichtskarte mit roten Linien eingetragen und durch die iu nachstehender Aufzählung
angegebenen Zahlen kenntlich gemacht.

### 1. Exkursion.

(Ronte 1 der Karte.)

Ziel: Insel Möen.

Zeit: 2. und 3. Juli 1883.

Route: Greifswalder Bodden, Strelasund, Barhöft, Gellen

(Hiddensöe), Möen (Liselund, Stege, Steilküste von Hoie-Möen, Dronningstol), Rückfahrt wie Hinfahrt.

Demonstrations-Objekte: Obersenone Schreibkreide von Möen, Petrographische Beschaffenheit, Fossilien, Entstehung, Feuersteinknollen, Lagerungsstörungen an der Steilküste (damals nach Johnstrup noch als glaciale Stauchungserscheinungen betrachtet). Entstehung und Modellierung der Steilküste durch Brandung und Atmosphärilien. Diluviales Deckgebirge, erratische Blöcke, diluviale Steilküste bei Liselund. Abflusslose Wannen und Sölle im Diluvium (damals nach Puggard als Erdfälle betrachtet).

Alluviale Neulandbildungen: vermoorte Meeresbucht bei Borre, „Haken" am Gellen (Hiddensöe), Sandbänke des „Bocks" bei Barhöft.

Siedelungsformen auf Möen.

## 2. Exkursion.
### (Route 2 der Karte.)

Ziel: Insel Bornholm.

Zeit: 30. Juni bis 2. Juli 1884.

Route: Greifswalder Bodden, Peenemündung, Insel Ruden, Greifswalder Oie, Bornholm (Rönne, Hasle, Hammerhus, Sandwig, Allinge, Helligdomen, Almindingen, Rönne). Rückfahrt wie Hinfahrt.

Demonstrations-Objekte: Grundzüge des orographischen und geologischen Baus der Insel. Aufschlüsse im Granit bei Rönne, Kaolinisierungsprozess, Diabasgänge im Granit (Jonskirke u. a. O.), verschiedene Verwitterung beider, Terracottenthone, jurassisches Kohlenlager bei Hasle. Glacialerscheinungen: typische Rundhöckerlandschaft, Gletscherschliffe auf Granit und Kalkstein, Lokalfacies der Grundmoräne, geschliffene und geritzte Geschiebe, Identifizierung erratischer Blöcke.

Granitsteilküsten bei Hammerhus und Helligdomen, Brandungsterrasse, Klippen-, Grotten-(„Öfen"-), Buchtbildung, Riesenkessel auf der Brandungsterrasse.

Hünengräber, Steinkreise, Runensteine, Burgwälle.

Bornholmer Rundkirchen, Ruine Hammerhus. Siedelungsformen. Besichtigung der Kaolinwerke und Terrakotten-
fabriken in Rönne, der Leuchtturmeinrichtung, Signal-
station, meteorologischen Station auf Hammeren.

### 3. Exkursion.
#### (Route 3 der Karte.)

Ziel: Insel Möen.

Zeit: 11. und 12. Juli 1885.

Route: Hinfahrt wie 1883. Rückfahrt um Rügen (Arkona,
Jasmund).

Demonstrations-Objekte: wie 1883. Auf der Rückfahrt
Vergleich zwischen den Lagerungsstörungen der Schreib-
kreide und der Steilküstenformen Möens einerseits,
Jasmunds anderseits.

### 4. Exkursion.
#### (Route 4 der Karte.)

Ziel: Insel Bornholm.

Zeit: 15.—18. Juli 1886.

Route: wie 1884.

Demonstrations-Objekte: wie 1884, nur erweitert durch
Ausdehnung der Exkursion auf neue Punkte der Granit-
steilküste.

### 5. Exkursion.
#### (Route 5 der Karte.)

Ziel: Hiddensöe, verbunden mit Rundfahrt um die Insel
Rügen.

Zeit: 3. Juli 1887.

Route: Strelasund. Stralsunder Fahrwasser zwischen Hiddensöe
und Rügen. Kloster auf Hiddensöe. Dornbusch. Vitte
(Gellen). Arkona. Westküste Jasmunds. Nordpehrd.
Thiessow.

Demonstrations-Objekte: Panorama des westlichen Rügens
und seiner Binnengewässer vom Dornbusch aus. Diluviale
Steilküste des Dornbusch (60 m), Modellierung derselben
durch die Atmosphärilien. Unterer und Oberer Geschiebe-

mergel, Kreideschollen im Diluvium, Fluvioglacialgebilde, Abrasionserscheinungen, Saigerung des Steilküsten-Detritus. Alluviale Neubildungen. Haken des „Gellen" und „Altbessin". Dünenstrand bei Vitte. Riffbildung vor demselben, Verbreiterung des Hakens durch Moorbildung auf dessen Innenseite. Sturmflutwirkungen (Durchbruch durch den Gellen südlich Plogshagen, Stätte des Hiddensöer Goldfundes).

## 6. Exkursion.
### (Route 6 der Karte.)

Ziel: Insel Möen und Stevnsklint auf Seeland.

Zeit: 11. und 12. Juli 1889.

Route: Hinfahrt wie 1883 und 1885. Durch Sturm wird die Landung auf Möen und Stevnsklint vereitelt, statt dessen aber Kopenhagen angelaufen. Am 12. Möen erreicht. Rückfahrt durch Strelasund.

Demonstrations-Objekte: Die an Ort und Stelle geplante Vorführung des Unterschiedes der Lagerungsverhältnisse der Kreide von Möen (stark disloziert) und Stevnsklint (ungestört horizontal) und der dadurch bedingten Kontraste der Oberflächengestaltung beider Gebiete (Möen äusserst reich gegliedertes Hügelgelände mit abwechslungsreicher Steilküste, Stevnsklint einförmiges Plateau mit mauerartiger Steilküste) konnte infolge Vereitelung der Landung auf Stevnsklint nur im Vorbeifahren von der See aus vorgenommen werden. Sonst wie 1883.

## 7. Exkursion.
### (Route 7 der Karte.)

Ziel: Göteborg, Trollhättan-Fälle, Wenersee.

Zeit: 23.—28. Mai 1890.

Route: Swinemünde, Kopenhagen, Frederiksborg, Marienlyst, Helsingör, Göteborg, Trollhättan, Wenersborg, Halleberg; zurück auf demselben Wege.

Demonstrations-Objekte: Südskandinavische Landschaftstypen, a) Grundmoränen-Landschaft des östlichen Seelands, b) Schärenküsten-Landschaft vor Göteborg, e) Rund-

höcker- und d) Tafelberglandschaft von Vestergötland.
Aufschlüsse im Cambrium und Silur des Halleberges.
Decke von Diabas. Säulenförmige Absonderung derselben. Schlucht- und Thalbildung. Durchbruchsthal
von Lilleskog. Schutthalden am Fusse ¦des Hallebergs.
Ättestupor. — Stromschnellen und Wasserfälle (Troll-
hättanfälle und Hufwudnäsöfall), Erosions- und Evor-
sions-Erscheinungen (Jättegrytar, Riesentöpfe). Lachs-
leitern; technische Verwertung der Wasserkraft für zahlreiche industrielle Etablissements. Götakanal: Geschichte,
Schleusenanlagen, Felsschleusenkammern, Treppen-
schleusen von Akersvass. Kanalverkehr, Kanalfahrzeuge,
Holzflösserei.

Anbau- und Siedelungs-Verhältnisse in der Rund-
höcker- und in der Schärenlandschaft. Stadtlage Göte-
borgs. Einfluss holländischer Kolonisten auf die dortigen
Strassen- und Kanalanlagen, Hafenverkehr, Schiffswerfte.

Besichtigung von Göteborg (u. a. des Botanischen
Gartens), Wenersborg (naturhist. Museum), Helsingör
(Kronenborg, Stätte der früheren Sundzoll-Erhebung),
Schloss Frederiksborg (Gotdorfer Himmelsglobus von 1657,
Reminiscenzen an Tycho de Brahe), Kopenhagen (u. a.
des ethnographischen und des altnordischen Museums).

## 8. Exkursion.
### (Route 8 der Karte.)

Ziel: Insel Vilm bei Putbus (Rügen).

Zeit: 26. Mai 1892.

Demonstrations-Objekte: Diluviale „Inselkerne“ durch
Nehrungen mit einander verwachsen. Diluviale Steilufer,
Blockstrand, Steinriffe als Residuen zerstörter Geschiebe-
mergel-Inseln; Wandersande, Hakenbildung.

## 9. Exkursion.
### (Route 9 der Karte.)

Ziel: Insel Bornholm.

Zeit: 7.—9. Juli 1892.

Route und Demonstrations-Objekte wie 1886.

### 10. Exkursion.

(Route 10 der Karte.)

Ziel: Vorgebirge Kullen, Helsingborg, Kopenhagen.

Zeit: 23.—26. Mai 1893.

Route: Strelasund, Hiddensöe, Sund, Insel Hven, Helsingborg, Kullen, zurück Helsingborg, Helsingör, Ostküste Seelands, Kopenhagen, Röskilde, Ostküste Rügens.

Demonstrations-Objekte: Schollengebirgslandschaft Schonens. Ausnahmestellung Schonens nach stratigraphischem Aufbau und Tektonik gegenüber dem übrigen Schweden. Urgebirgshorste (Kulien, Hallandsos), Granite des Kullen von Diabasgängen durchsetzt. Verwitterungserscheinungen an beiden. Wirkungen des Spaltenfrostes am Granit (Schutthalden), Thalschluchten sowie Grotten und Buchten der Steilküste erzeugt durch Auswitterung von Diabasgängen. — Grabenbrüche (Skjeldervik). — Glacialerscheinungen am Kullen: Rundhöcker, Gletscherschliffe, Tail von Glacialschutt auf der Leeseite des Kullen. — Granitsteilküsten, Brandungswirkungen. Verschiedene Intensität derselben je nach Grad der Zerklüftung des Granits. Isolierte Felspfeiler. Bucht- und Grottenbildung. Abrundung und Zerkleinerung des Küstendetritus durch die Brandung.

Salzgehalt des Kattegat, Ober- und Unterströmung im Sund. Reiches Pflanzen- und Tierleben im Kattegat gegenüber dem der Ostsee. Eisenhaltige und salinische Quellen in Helsingborg und Ramlösa. Besichtigung von Helsingborg (Hafenbauten, industrielle Etablissements), Helsingör (Hafen, Werfte, Sundverkehr), Kopenhagen (wie früher), Röskilde (Dom, Mutterkloster von Eldena bei Greifswald).

### 11. Exkursion.

(Route 11 der Karte.)

Ziel: Der Nordostsee-Kanal (damals im Bau begriffen).

Zeit: 15.—19. Mai 1894.

Route: Strelasund, Zingst, Darss, Mecklenburgische Küste.

Neustädter Bucht, Neustadt in Holstein, Eutin, Grems-
mühlen, Plöen, Kiel, Holtenau, Kanalfahrt bis Rendsburg,
Neumünster, Grünthaler Brücke, Segeberg, Lübeck, Trave-
münde, Warnemünde, Rostock, Stralsund, Greifswald.
Demonstrations-Objekte: Boddenküste, Föhrdenküste
(Kieler Föhrde, Entstehung, Ablenkung der Eidermündung
durch die Endmoräne der Kieler Föhrde nach H. Haas.)
Dünenküste bei Travemünde und Warnemünde.

Ostholsteinische Moränenlandschaft („Holsteinische
Schweiz"), Überblick über dieselbe von Brunskoppel,
Seen derselben (Grundmoränenseen, Moränenstauseen,
Evorsionsseen, Sölle). Haidesandlandschaft des hol-
steinischen Mittelrückens (Rendsburg — Neumünster —
Grünthal). Unterschied derselben gegen die Moränenland-
schaft nach Bodenbeschaffenheit, Entstehung, Vegetation,
Anbau- und Siedelungsformen. . -

Profile durch das Diluvium an den bis 30 m tiefen
Kanaleinschnitten. Gliederung des holsteinischen Diluviums. Gypsberg bei Segeberg, Grundgebirgshorst, Erdfälle in der Umgebung. .

Besichtigungen: a) der biologischen Station in Plöen,
der Fischzuchtanstalt in Gremsmühlen, b) des Nord-
ostsee-Kanals unter Führung von Regierungs-Beauf-
tragten; Kanalmuseum in Holtenau (Vortrag des Herrn
Reg.-Baumeister Fincanzer über den Kanalbau, Sammlung
von Plänen und Profilen, von Funden während des Baues,
Moorfunden), Schleusen bei Holtenau, Reste des alten
Eiderkanals, Hochbrücken von Lewensau und Grünthal,
Drehbrücke bei Rendsburg, Arbeiten am Kanal bei
Grünthal (Trocken- und Nassbagger), Arbeiterkolonien;
c) des Kieler Hafens und der Kaiserlichen Werft; d) der
Städte, Kiel, Lübeck, Rostock, Stralsund.

## 12. Exkursion.
### (Route 12 der Karte.)
Ziel: Insel Möen und Vorgebirge Arkona.
Zeit: 4.—6. Juni 1895.

Route: Strelasund, durch die Meeresstrassen zwischen Möen, Falster und Seeland (Grönsund, Masnedsund, Vageström, Ulvsund nach Stege, Hoie-Möen, Steilküste Möens Klint vom Sommerspir bis Liselund, zurück über Stege, Grönsund nach Arkona, Ostküste Rügens, Greifswald.

Demonstrations-Objekte: Sundlandschaft der westbaltischen (dänischen) Inseln. Die Sunde und ihre flussartig gewundenen Rinnen als Erosionsprodukte der eiszeitlichen Schmelzwasser. Tektonischer Ursprung der früher auf glaciale Stauchungen zurückgeführten Lagerungsstörungen der Schreibkreide von Möen analog denjenigen Rügens. Brüche und Verwerfungen, Schollengebirgsbau, Horste des westbaltischen Grundgebirges. Wannen- und Sollreihen der Moränenlandschaft auf der Höhe des Klints durch die Tektonik des Grundgebirges bedingt. Lokale Stauchungen der oberen Kreidepartien; Injektionen von Glacialdiluvium in der Kreide.

Fortschritte der Steilküstenzerstörung seit den früheren Besuchen, verursacht durch Felsstürze, Schluchtenerweiterung, Uferrutschungen infolge von Unterwaschungen.

Quellen am Fusse des Klints (Schicht- und Kluftquellen), recente Kalktuffbildung an deren Mündung.

Weiteres wie auf den früheren Möen-Exkursionen.

Arkona: Kreidehorst, gegliedert durch sekundäre SO-NW Verwerfungen. Wiederspiegelung dieses staffelförmigen Schollenbaues des Grundgebirges in terrassenförmigen Stufen und reihenförmig angeordneten Senken an der Oberfläche des Deckdiluviums. Phasen der Schluchtbildung und Felspfeiler-Isolierung an der Kreidesteilküste. Thalbildung durch Ausräumung und Rutschungen eines Diluvialkeils zwischen zwei Kreideschollen. Rasche Rückwärtsverlängerung der Schlucht gegen den Leuchtturm, Blockstrand, Feuersteinstrand, Steinriffe, Burgwall „Swantewits Burg".

Leuchtturmeinrichtung, selbstregistrierender Pegel, Sturmwarnungssignalstation.

## 13. Exkursion.

(Route 13 der Karte.)

Ziel: Danzig und Umgebung, Marienburg.[1]).

Zeit: 26.—29. Mai 1896.

Route: Greifswalder Bodden, Düneninsel Ruden, Greifswalder Oie, Rügenwalde, Bahnfahrt nach Zoppot, Oliva, Danzig, Dirschau, Marienburg, Weichselfahrt nach Schiewenhorst, Weichselmünde, Zoppot, Stolpmünde, per Dampfer zurück nach Greifswald.

Demonstrations-Objekte: Dünenlandschaft Hinterpommerns und der Frischen Nehrung; Geschiebemergellandschaft der Küstenzone Hinterpommerns (Schlawe — Lauenburg); Moränenlandschaft Pommerellens; Deltalandschaft der Weichselniederung (Stromregulierungen, Deichbauten, Schleusenanlagen, Durchstich bei Schiewenhorst, Weichseldurchbruch bei Plehnendorf); Haffküste (Frisches Haff).

Besichtigung von Danzig (Sammlungen des westpreussischen Provinzial-Museums unter Führung des Herrn Professor Dr. Conwentz, Häfen, Werfte, Bernsteinindustrie, Artushof u. a.), der Dirschauer Weichselbrücke, der Marienburg.

## 14. Exkursion.

(Route 14 der Karte.)

Ziel: Helsingborg und Kullen.

Zeit: 8.—11. Juni 1897.

Route und Demonstrations-Objekte wie 1893.

## 15. Exkursion.

(Route 15 der Karte.)

Ziel: Inseln Bornholm und Christiansöe (Ertholmene).

Zeit: 31. Mai bis 3. Juni 1898.

---

1) Infolge in letzter Stunde eingetretener Behinderung des Leiters übernahm der damalige stellvertretende Vorsitzende Prof. Dr. B. Minnigerode (†) auf dieser Exkursion die Führung.

Route: wie 1892.

Demonstrations-Objekte: wie 1892. Neu: Bornholm ein
Horst des westbaltischen Schollengrundgebirges. Smaland-
ische und hercynische Brüche bedingen die rhombische
Gestalt der Insel. Die Senke des Hammersees im
Norden der Insel ein Grabenbruch. Schärengruppe
Ertholmene.

Rönne Bank und Adlergrund ein Tail von Glacialschutt
auf der Leeseite des Bornholm-Horstes.

Museum in Rönne (geologische und praehistorische
Lokalsammlungen), Bautasteine bei Almindingen, Fels-
zeichnungen (Helleristninger) bei Allinge.

### 16. Exkursion.

(Route 16 der Karte.)

Ziel: Göteborg, Trollhättan-Fälle, Wenersee, Halle-
Hunneberg.

Zeit: 23.—27. Mai 1899.

Route: wie 1890, nur über Sassnitz direkt nach Göteborg.

Demonstrations-Objekte: vervollständigt gegen 1890 durch
eine besondere Fahrt durch den Skjärgaard nach Styrsö
(Entstehung der Schären und Fjärde durch positive
Strandverschiebung. Gehobene marine Muschelbänke auf
Styrsö), ferner durch eingehendere Besichtigung des Hallebergs und der Rundhöckerlandschaft bei Göteborg; endlich
durch Vornahme einer Anzahl hydrographischer Untersuchungen im Kattegat mit Instrumenten des „Geogra-
phischeu Apparats" der Universität Greifswald.

### 17. Exkursion.

(Route 17 der Karte.)

Ziel: Schleswig-Holstein, Insel Sylt.

Zeit: 5.—10. Juni 1900.

Route: Greifswald (per Bahn) Rostock, Warnemünde, Fehmarn-
Belt, Laaland, Langeland, Arö, Flensburger Föhrde,

Glücksburg, Flensburg, Hoyerschleuse, Insel Sylt, Keitum, Westerland, Wenningstedt, Rothes Kliff, Listerland, zurück Flensburg, Sonderburg (Alsen), Düppler Schanzen, Kiel, Holtenau, Lewensau, Plöen, Brunskoppel, Eutin, Neustadt, Greifswald.

Demonstrations-Objekte: Breitling (boddenartige Erweiterung der Warnow-Mündung), Flensburger Föhrde (durch die letzte Eisinvasion umgestaltetes interglaciales Flussthal, Staumoräne am inneren Ende der Föhrde).

Landschaftszonen Schleswigs: a) Moränenlandschaft der Ostküste, Endmoränen-Zug, Seenarten, Anbauverhältnisse, Waldformen („Horste" und „Rehmen"), Knicks. b) Haidesandlandschaft des Mittelrückens, „Sandr" der letzten Eiszeit, alte Schmelzwasserrinnen, Binnendünen. Siedelungs- und Anbauverhältnisse, Unterschied derselben von denen in a. c) Marschlandschaft der Westküste Grenze von Geest und Marsch, Übergangsgebiete; Kooge (Polder), Eindeichung, Schleusenvorrichtungen. Siedelungs- und Wirtschaftsformen. d) Das Watt; Gezeitenphänomen; Watt bei Ebbe und bei Flut; Sedimentbildung durch die Gezeiten (Klei-, Schlickboden, „Sande"); Gezeiten-Erosion (Prielen, Baljen, Leys, Tiefs, Lister Tief = 42 m), Halliginsel Jordsand. e) Zone der nordfriesischen Inseln: Sylt. Geologischer Bau der Insel. Kerne von Tertiär (Miocän), Deckdiluvium. Aufschlüsse in beiden am Rothen Kliff. Angelagerter Marschstreifen. Dünen teils der Diluvialplatte aufgesetzt (Westerland, Höhe des Rothen Kliff), teils seitlich, nach Nord und Süd hin hakenförmig angelagert (Lister Land, Hörnum). Entstehung der Dünen, Sicheldünen (Barchane), Abstammung des Materials von zerstörten miocänen Kaolinsanden, Formen der Dünen, innere Struktur, Wanderdünen, Verschüttung bez. Verlegung ganzer Dörfer (Rantum u. a.) der Westküste, Dünenvegetation. Deflationserscheinungen im Dünengelände (Dreikanter, Facettengerölle, getrübte Glasscherben, Dünenkessel, Windtische, Leisten- und Rippenbildung). — Hemmende Wirkung des Seewindes auf die

Baumvegetation, Schutzmassregeln gegen erstere und gegen die Dünenwanderung. — Brandung am Aussenstrand. Strandversetzung des Küstendetritus. Kliffbildung an den Inselkernen (Rothes Kliff, Keitum). Ausgeworfene Torfstücke (Tuul) und Baumreste Beweise für Küstensenkung (nach Meyn). Landverlust in historischen Zeiten; untergegangene Dörfer (Alt-Rantum u. a.) — Praehistorische Grabstätten: Steinkammern, Hünengräber, Reihengräber. — Friesische Hausform, innere Einrichtung. Vogelkojen, Austernbänke.

Von Kiel aus berührte die Exkursion früher bereits besuchte Gebiete (vgl. oben 11. Exkursion 1894).

Besichtigung: der Stadt Flensburg (Werfte, Denkmäler von 1848/50), des Seebades Westerland, der Düppeler Schanzen, Kiels (wie früher).

Besuch des Geographischen Instituts der Univ. Kiel und seiner Sammlung nautischer Instrumente unter Führung des Herrn Prof. Dr. Krümmel.

## 18. Exkursion.
### (Route 18 der Karte.)

Ziel: Insel Bornholm und Christiansöe.
Zeit: 25.—27. Mai 1901.
Route und Demonstrations-Objekte wie 1898.

## 19. Exkursion.
### (Route 19 der Karte.)

Ziel: Südschweden (Schonen).
Zeit: 20.—24. Mai 1902.
Route: Wie 1897, aber erweitert durch Besuch von Malmö, Lund, Falsterbo und Skanör.
Demonstrations-Objekte: am Kullen wie 1897, vervollständigt durch Panorama über den ganzen Horst und die Schollengebirgslandschaft Schonens vom Bore Kullen (180 m). Sekundäre Grabenbrüche in der Medianlinie des Kullen mit Grabenseen. Umfahrung des Vorgebirges.

Neu: Besichtigung von Malmö (Hafenanlagen), Lund und seiner Universität und Sammlungen. Halbinsel Falsterbo, alluvialer Landansatz, Dünen, Dünenwanderung Versandung von Baulichkeiten. Ehemalige Bedeutung von Skanör und Falsterbo (im 13.—14. Jahrhundert) als Fischerei- und Handelsplätze. „Schonische Märkte." „Schonenfahrer-Kompagnien." Ruine Falsterbohus einziger Rest dieser Blütezeit.

---

Am Schlusse dieses gedrängten Rückblickes auf die bisherigen Exkursionen ist es deren Leiter eine angenehme Pflicht, allen den zahlreichen Förderern der Ausflüge auch an dieser Stelle nochmals seinen herzlichsten Dank auszusprechen. Dieser Dank gilt ausser den oben (S. 1) erwähnten Vorstandsmitgliedern zuförderst sämtlichen Teilnehmern, deren Entgegenkommen und verständnisvollem Eingehen auf die getroffenen Dispositionen der ausnahmslos wohl gelungene, durch nichts getrübte Verlauf der Exkursionen wesentlich mit zu verdanken ist, — er gilt ganz besonders auch den zahlreichen in den in- und ausländischen Exkursionsgebieten gewonnenen Freunden, sowie den staatlichen und städischen Behörden und Korporationen, die durch Rat und Tat sowohl die wissenschaftlichen Zwecke der Ausflüge gefördert, als auch deren äusseren Verlauf durch festliche Veranstaltungen zu einen vielfach so glänzenden und allen Teilnehmern unvergesslichen gemacht haben. Wenn sich der Leiter trotz der mühsamen und zeitraubenden Vorbereitungen und trotz der oft aufreibenden Häufung von Obliegenheiten bei der Führung selbst doch von Jahr zu Jahr immer wieder zur Veranstaltung neuer Fahrten veranlasst fühlte, so bildete hierzu neben den fachlichen geographischen Zwecken gerade das der Institution allerseits entgegengebrachte Interesse die Haupttriebfeder.

So haben denn im Laufe der ersten 20 Jahre des Bestehens der Geographischen Gesellschaft zu Greifswald 19 Exkursionen stattgefunden, mehr als 2700 Interessenten, darunter fast 1400 Studierende der pommerschen Hochschule haben an denselben teilgenommen und Gelegenheit gehabt einen Einblick

zu gewinnen in das Walten der Naturkräfte und in die Eigenart und das Werden der bereisten Länderteile. Die für den
Leiter besonders erfreuliche zahlreiche Beteiligung von bereits
im Amte befindlichen, namentlich aber zukünftigen Lehrern
der Geographie rechtfertigt die Hoffnung, dass die Exkursionen
dank der auf ihnen gebotenen lebendigen Eindrücke und
Anregungen wie zur Förderung der Wertschätzung unserer
Wissenschaft, so auch zur Hebung und Belebung des erdkund-
lichen Schulunterrichts beigetragen haben.

# Volksdichte und Siedelungsverhältnisse der Insel Rügen.

Von Dr. R. Krause in Leipzig.

Mit einer Karte und Tabellen.

Die Insel Rügen, die grösste und landschaftlich reizvollste aller deutschen Inseln, ist in neuerer Zeit nach verschiedenen Seiten hin behandelt worden. Mit ihrem geologischen Bau und ihrer eigenartigen Oberflächengestaltung und Entstehungsgeschichte befassen sich die Arbeiten von R. Credner,[1]) mit ihrer geologischen Zusammensetzung diejenigen von W. Deecke.[2]) Die klimatischen Verhältnisse, speziell von Putbus, fasst die Abhandlung von A. Gülzow[3]) ins Auge, während L. Holtz[4]) die Vegetation der Insel Rügen und Dr. R. Baier[5]) ihre prähistorischen Beziehungen beleuchtet. Die vorliegende Arbeit stellt sich die Aufgabe, eine bisher noch nicht behandelte Frage zu erörtern: nämlich die Beziehungen der Volksdichte und der Siedelungen zu den geographischen Verhältnissen Rügens. Die Anregung dazu ist namentlich gegeben durch die insulare Lage, durch die reiche horizontale Gliederung, die mannigfaltige Oberflächengestaltung und die verschiedenartige Beschaffenheit des Bodens der Insel Rügen. Sie erhebt sich aus der flachen Ostsee, „nicht aber, wie etwa die Insel Bornholm oder andere Ostseeinseln als eine kompakte Land-

---

1) R. Credner: Rügen, eine Inselstudie, Forschungen zur deutschen Landes- u. Volkskunde. Stuttgart 1893.

2) W. Deecke: Geologischer Führer durch Pommern. Berlin 1899.

3) A. Gülzow: Das Klima von Putbus. 3. Jahresbericht der geogr. Gesellschaft zu Greifswald 1889.

4) L. Holtz: Die Flora der Insel Rügen. — 5) Dr. R. Baier: Zur vorgeschichtlichen Altertumskunde der Insel Rügen. Beide ersch. im 7. Jahresbericht der geogr. Gesellschaft zu Greifswald 1900.

masse, sondern als ein durch Buchten und Bodden und dazwischen vorspringende Landzungen ausserordentlich reich
gegliedertes, an manchen Stellen förmlich zerstückeltes und
zerlapptes Landgebilde, dessen mannigfaltige Küstenentwickelung
keine andre der deutschen Inseln auch nur annähernd erreicht."[1])
Besonders augenfällig wird diese reiche Horizontalgliederung
Rügens, wenn wir seinen Flächeninhalt in Beziehung setzen
zur Länge der Küstenlinie der Insel und ausserdem zur Vergleichung einige andre Inseln heranziehen.

| Insel | Grösse qkm | auf je 1 km Küsten-linie kommen qkm | auf je 1 qkm kommt eine Küstenlinie von km |
|---|---|---|---|
| Rügen | 967,72 | 1,67 | 0,59 |
| Usedom-Wollin | 689,19 | 1,57 | 0,64 |
| Fehmarn | 185 | 2,32 | 0,43 |
| Bornholm | 583,67 | 5,64 | 0,17 |

Hinsichtlich ihrer Oberflächengestaltung liegt das Haupt-
charakteristikum der Insel Rügen in dem reichen Wechsel
zwischen hochaufragenden Hügellandschaften einerseits und
vollkommen flachen und ebenen Landstrichen andrerseits. Die
ersteren, als Inselkerne bezeichnet, stellen die älteren Teile
der Insel dar, die ihre Entstehung im wesentlichen während
der diluvialen Eiszeit gefunden haben, die letzteren dagegen
sind erst äusserst jugendliche postglaciale Bildungen, die hauptsächlich durch die Meeresbrandung jenen älteren Inselkernen
angegliedert sind und dieselben schliesslich zu dem heutigen,
bei allem Reichtum der Gliederung doch einheitlichen Insel-
gebilde vereinigt haben. Wie ihrer Entstehung nach, so unterscheiden sich beide auch durch ihre Zusammensetzung. Die
Inselkerne sind im wesentlichen aus glacialen Ablagerungen
aufgebaut und zwar hauptsächlich aus Geschiebemergeln, also
den Grundmoränen eiszeitlicher Vergletscherungen, sowie deren
Auswaschungs- und Ausschlämmungsprodukten: geschichteten

---

1) R. Credner: Lage, Gliederung u. Oberflächengestaltung der
Insel Rügen. 7. Jahresbericht d. geogr. Gesellschaft zu Greifswald. S. 2.

diluvialen Sanden, Kiesen und Thonen. Demgegenüber bestehen die alluvialen Neulandbildungen, die die Verbindungs-
strecken zwischen den einzelnen Inselkernen abgeben, und die
Haken aus vorwiegend sandigem Material, herrührend von der
Zerstörung der Steilküsten und dem dort durch die Brandungs-
welle sortierten und an der Küste entlang transportierten Sand-
teilchen, die vielfach zu Dünen aufgebaut sind oder, von
vegetabilischen Wucherungen durchsetzt, in Form von Mooreu
auftreten, die noch jetzt immer weiter in die inneren Seen
uud Bodden der Insel vorwachsen und das Bild einer typischen
Grundmoränenlandschaft, als welche die Insel Rügen zu bezeichnen ist, vervollständigen helfen.

Der verschiedenartigeu Zusammensetzung seines Bodens
entsprechend, weist Rügen in seinen verschiedenen Teilen auch
einen auffälligen Wechsel in der Fruchtbarkeit seines Bodens
auf, die in zahlreichen Abstufungen vom fruchtbarsten Boden,
den Deutschland überhaupt besitzt, bis zu völliger Unfruchtbarkeit mancher Landstrecken herabsinkt.

Alle diese Erscheinungen rechtfertigen die Erwartung,
dass auch in Bezug auf die Siedelungen und die Volksdichte
der Insel Rügen interessante Beziehungen sich ergeben werden.

# I. Methode der Arbeit.
## A. Die Karte.

Die beigegebene Karte ist nach den von der preussischen
Landesaufnahme im Massstabe von 1 : 25000 herausgegebenen
Messtischblättern, ferner nach den im Massstabe von 1 : 100000
vorliegenden Generalstabskarten,[1] auf die sich vorkommende
Messungen stützen, und endlich nach der grossen Karte von
Rügen im Massstabe von 1 : 75000, herausgegeben von G.
Müller, Kartograph bei der preussischen Landesaufnahme,
gezeichnet worden. Von einer Wiedergabe der Reliefver-
hältnisse ist, ausgenommen der Unterscheidung von Steil- und
Flachküsten, abgesehen worden, da die Höhenunterschiede der

---

1) Beide aus der Kartensammlung des geogr. Seminars der Universität Leipzig.

Insel, im höchsten Falle 161 m beim Dorfe Hagen auf Jasmund, für die Besiedelung nicht wesentlich in Betracht kommen. Dagegen sind die von Wald, Wiesen und Mooren eingenommenen Flächen wegen ihres Einflusses auf die Verteilung der Bevölkerung durch besondere Signaturen hervorgehoben worden, ebenso die Hauptstrassen und Eisenbahnlinien der Insel.

Bei der Darstellung der Bevölkerungsdichtigkeit konnten wir uns der statistischen oder der geographischen[1]) Methode bedienen. Erstere, bisher häufiger angewendet, besteht darin, durch Division der Einwohnerzahl eines Bezirkes durch seinen Flächeninhalt die Bewohnerzahl der Flächeneinheit, z. B. eines □-Kilometers zu ermitteln und dann den Bezirk mit einer entsprechenden Signatur zu versehen. Bei Anwendung dieser statistischen Methode erscheint also die Bevölkerung gleichmässig über das ganze Gebiet des betreffenden Bezirkes verteilt. Gerade darin aber liegt ihr Fehler, weil sie ein der wirklichen Verteilung der Bevölkerung nicht entsprechendes Bild giebt, namentlich auch den charakteristischen Anhäufungen der Bevölkerung in Dörfern und Städten nicht Rechnung trägt.[2]) Anders bei der von uns angewandten geographischen Methode, die sich besonders für kleinere Gebiete, wie Rügen es ist, gut eignet, und die dahin geht, die einzelnen Wohnplätze in den Vordergrund zu stellen und sie ihrer Bevölkerungszahl nach abzustufen. Die Karte enthält darum sämtliche Siedelungen, sodass auch alle isolierten Gebäude, wie Mühlen, Fabriken, Fischer- und Güterkathen, die getrennt von der geschlossenen Ortschaft liegen, auf der Karte eingetragen sind. An den einzelnen Siedelungen wurde weiter durch besondere Signaturen die Grössenabstufung nach der der Karte beigegebenen Erläuterung zum Ausdruck gebracht. Gleichzeitig wurde, um ein thunlichst genaues Bild der Anlage der Ansiedelungen und ihrer Anpassung an geographische Verhältnisse zur Darstellung zu bringen, wenigstens für die

---

1) Neukirch bezeichnet sie als die relative und die absolute Methode. K. Neukirch: Studien über die Darstellbarkeit der Volksdichte. Braunschweig 1897.

2) F. Ratzel: Anthropogeographie II, S. 190. Stuttgart 1891.

grösseren Ortschaften[1]) auch ihre Form wiedergegeben. Die zur Besiedelung weniger geeigneten oder teilweise ganz unbrauchbaren Gebiete, wie Wälder, Wiesen, Haiden und Torfmoore erhielten zur Unterscheidung von den Äckern und Gärten, die wir in den weissen Flächen der Karte vor uns haben, ihre eignen Signaturen. Bei der Einzeichnung der zu den einzelnen Gütern gehörigen, aber von ihnen oft ziemlich weit entfernt liegenden Kathenhäuser konnte nur deren Lage, nicht aber ihre Einwohnerzahl berücksichtigt werden, da die Verteilung derselben auf das Gut und auf die zu ihm gehörigen Güterkathen aus der Statistik nicht erhellt. Die Grösse ist deshalb in der den Gutshof selbst bezeichnenden Signatur zum Ausdruck gebracht worden, in der stillschweigenden Voraussetzung, dass die dadurch oft hoch erscheinende Volkszahl eines Gutes hauptsächlich aus der Zahl der Gutsarbeiter in den umliegenden Kathenhäusern resultiert.

Eine wünschenswerte Ergänzung der Karte zu geben, sind die beigefügten Tabellen bestimmt; sie ermöglichen namentlich, die speziellen Verhältnisse jeder Siedelung zu ersehen.

## B. Die Tabellen.

Diese Tabellen enthalten dementsprechend teils direkte statistische Angaben, teils daraus berechnete wichtige Verhältnisse über die Grösse, Einwohnerzahl, Volksdichte, Ausdehnung der Äcker, Wiesen und Wälder, Fruchtbarkeit des Bodens, Umfang des Bodenbaues und Höhenlage der Siedelungen. Sie stützen sich auf das vom Königl. statistischen Bureau bearbeitete Gemeindelexikon für die Provinz Pommern, von dem die Ausgaben über die Volkszählung vom 1. Dezember 1885 und 1895[2]) benutzt wurden, und zwar ist ersteres hauptsächlich deswegen herangezogen worden, weil es die Gliederung des Grundbesitzes nach Acker, Wiese und Wald nebst den Grundsteuerreinerträgen enthält. Die für die Tabellen gewählten Bezirke mussten nun möglichst klein sein, um einerseits

---

1) Bei mehr als 100 Einw.

2) Die neuesten Volkszählungsergebnisse lagen mir bei Abfassung dieser Abhandlung leider noch nicht vor.

thunlichst gleichmässige geographische Verhältnisse innerhalb jedes Bezirkes zu erhalten, andrerseits aber so beschaffen sein, dass sie die Benutzung des statistischen Materials, das nur politischen, nicht aber natürlichen geographischen Verhältnissen Rechnung trägt, für diese Bezirke gestatten. Als solche möglichst kleine Bezirke, die diesen Anforderungen entsprechen, sind, wie bei neueren Arbeiten dieser Art[1]) über andre Gebiete, die Gemeindegemarkungen gewählt worden. Soweit diese von den Bewohnern intensiv genutzt werden können, sei es als der Raum, den die Häuser der Einwohner einnehmen, oder als die Äcker, Gärten und Wiesen der Gemarkung, die den Einwohnern den Lebensunterhalt gewährt, sind sie der Lebensboden, auf dem die Gemeinde erwachsen ist und muss als solcher den Ausgangspunkt der Berechnungen bilden. Es folgt hieraus aber zugleich, dass Flächen bei den Berechnungen ausgeschieden werden müssen, die, obgleich politisch zu der betreffenden Gemeinde gehörig, doch wegen ihrer Bodenbeschaffenheit nichts oder nur wenig zum Lebensunterhalt der Bevölkerung beitragen und darum unbewohnt oder nur minimal bevölkert sind. Ein Unterlassen dieser Massregel wird sowohl die Fruchtbarkeit des Bodens als auch die Volksdichte in einer Gemeinde ungünstiger erscheinen lassen, als es in Wahrheit der Fall ist. Derartige Bodenstrecken sind im allgemeinen, wie schon erwähnt, die Waldungen, Sümpfe, Wiesen, Moore und Haiden.[2]) Auf Rügen indessen sind die drei letzten Bodenkategorien, die Wiesen, Torfmoore und Haiden für die Gemeinden doch in dem Sinne von nicht zu unterschätzendem Nutzen, als erstere bei genügender Verfestigung saftige Weiden bilden, die Moore zur Gewinnung von Torf ausgebeutet werden und das Haideland vielfach für Kartoffel- und Getreidebau Verwendung findet. Sie wurden deshalb bei den Berechnungen mit einbegriffen. Das Gleiche gilt auch von den Sümpfen, aus dem Grunde allerdings nur, weil die Statistik nicht die Möglichkeit an die Hand giebt, jene freilich wertlosen Gebiete auszuschalten.

---

1) z. B. E. Friedrich: Die Dichte der Bevölkerung im Regierungsbezirk Danzig. Danzig 1895.

2) s. S. 41.

Dass die Waldungen, die anderwärts durch ausgedehnte
Holzindustrie einer wenn auch nicht gerade zahlreichen Bevölkerung Unterhalt gewähren,[1] hier auf Rügen bei den Berechnungen ausgeschlossen sind, findet darin seine Erklärung,
dass einmal die ausgedehnten Waldungen der Insel bisher
irgend welche Industrie nicht haben entstehen lassen, dass sie
andrerseits fast durchweg dem Fiskus und einigen Grossgrund-
besitzern gehören[2]) und so dem Verfügungsrecht und der
Ausnutzung der Gemeinden entzogen sind und nur von einzelnen
Förstern und Waldarbeitern bewohnt werden.

Grosse Städte, die man bei Volksdichteberechuungen
auszuschalten pflegt, um nicht die Durchschnittsdichte des
ganzen Gebietes unverhältnismässig zu erhöhen, sind auf der
Insel Rügen nicht vorhanden. Die einzigen Städte Rügens,
Bergen und Garz, sind ihrem Charakter nach reine Land-
städtchen uud ragen weder durch die absolute Zahl ihrer Einwohner, noch durch die Volksdichte ihres Gebietes wesentlich
über andere Gemeinden empor, wie Rügen überhaupt keine
Ortschaft aufweist, die auch nur 4000 Bewohner hätte.[3])

Ein wichtiger im folgenden noch eingehender zu würdigender
Faktor für das Verständnis der wirtschaftlichen Verhältnisse
Rügens ist die Fruchtbarkeit des Bodens. Sie gelangt in
unsern Tabellen durch die „Fruchtbarkeitsziffer" zum
Ausdruck. Die Bedeutung dieser Bezeichnung ergiebt sich
aus folgendem: Die Fruchtbarkeit spiegelt sich wieder im
Grundsteuerreinertrag, der auf je 1 ha Acker oder Wiese
entfällt. Indessen würde die einfache Beifügung der Grund-
steuerreiuerträge für jeden einzelnen Bezirk eine Vergleichung
der Bezirke untereinander nicht zulassen wegen der verschiedenen Verteilung des Grund und Bodens der Bezirke auf
Acker- und Wiesenland uod dem oft sehr weit auseinander-
gehenden Grundsteuerreinertrag von jenen beiden Nutzflächen.
Die Einführung der Fruchtbarkeitsziffer hilft diesem Übelstand

---

1) So in Mitteldeutschland und den Alpen.
2) Fiskalische Waldbezirke sind die Stubnitz, Mönchgut. Mölln-
Medow, der Gelm und der Bug.
3) Bergen steht mit 3848 Einw. obenan.

ab. Diese Zahl wurde auf folgendem Wege berechnet: Durch Multiplikation des Ackerlandes mit dem Grundsteuerreinertrage von 1 ha desselben wurde zunächst der Reinertrag aller Äcker einer Gemeinde bestimmt, worauf ebenso mit dem Wiesenland verfahren wurde. Beide Summen addiert, ergaben den Grundsteuerreinertrag alles intensiv, d. h. als Acker oder Wiese verwerteten Bodens, während schliesslich durch Division dieser zuletzt erhaltenen Summe durch das gesamte Acker- und Wiesenareal die erwähnte Fruchtbarkeitsziffer gewonnen wurde, die also angiebt, wie hoch sich im Durchschnitt der Grundsteuerreinertrag von 1 ha des intensiv bewirtschafteten Bodens jeder Gemeinde beläuft.

Zur weiteren Charakteristik der Bodenproduktivität dient die Rubrik „Extensität der Bebauung".[1] Sie bringt zum Ausdruck, wieviel Prozent des Gesamtareals jeder Gemeinde intensiv als Acker und Wiese genutzt werden. Bei Berechnung beider Ziffern ist aus den früher angegebenen Gründen[2] das Waldareal vom Gesamtgebiet jeder Gemeinde vorher in Abzug gebracht worden.[3]

Die den Tabellen in einer besonderen Rubrik beigefügten Höhenangaben sind den Messtischblättern entnommen.

# II. Verteilung der Bevölkerung.

## A. Die Volksdichte.

Die Einwohnerzahl der 967,72 qkm grossen Insel Rügen betrug nach der Zählung vom 1. Dezember 1895 46723, sodass nach Abzug des Waldareals im Betrage von 115,75 qkm 55 Einwohner auf 1 qkm kommen, die Volksdichte Rügens

---

1) E. Friedrich: Die Volksdichte im Regierungsbezirk Danzig, bedient sich dieser beiden Ziffern.

2) s. S. 42 u. 43.

3) Die nach Addition des Acker-, Wiesen- und Waldlandes am Gesamtgebiet der Gemeinde noch fehlenden und teils nur wenige Prozente betragenden Strecken entfallen teils auf die Fläche, die der Wohnplatz selbst bedeckt, teils auf Verkehrswege und event. das vorhandene und nicht näher bestimmbare Ödland.

also 55 beträgt,[1]) eine Zahl, mit der Rügen eine der niedrigsten Dichtestufen in der ohnehin dünn bevölkerten Provinz Pommern einnimmt.

Betrachten wir zunächst die Volksdichte der Insel im allgemeinen, so stellt sich ein dichter besiedelter Osten und Südosten einem dünner bewohnten Westen und Nordwesten gegenüber. Die Grenze zwischen beiden bildet die alte und bedeutungsvolle Landstrasse und jetzige Haupteisenbahnlinie Rügens von Altefähr über Bergen, Lietzow und Sagard nach Krampass-Sassnitz. Die dichte Aneinanderdrängung volkreicherer Siedelungen im Südosten gegenüber dem Nordwesten tritt auf der Karte deutlich hervor.

Ein Überblick über die einzelnen Abschnitte Rügens, wie dieselben durch das tiefe Eingreifen des Meeres von Westen und Osten her sowie durch das inselartige isolierte Aufragen der Inselkerne entstehen, lässt weiter erkennen, dass auf jedem dieser einzelnen Abschnitte Bezirke mit stärkerer Verdichtung hervortreten. Bei diesen Dichtecentren kommen im wesentlichen zwei Arten in Frage, die wir als Binnen- und Küstencentren bezeichnen. In dem eigentlichen Rügen knüpft sich das Dichtecentrum an die Hauptstadt Bergen, also ein Binnencentrum. Auf der Halbinsel Wittow haben wir in den Hafenplätzen Wiek und Breege zwei solcher Bevölkerungscentren an der Küste, auf Jasmund desgleichen zwei in den Häfen Sassnitz-Krampass und Polchow, während als Dichtecentrum im Innern hier Sagard, dort Altenkirchen ins Auge fallen. Küstencentren im Süden und Westen der Insel bilden Lauterbach, Altefähr und Schaprode, Binnencentren Vilmnitz, Putbus, Kasnevitz, Garz, Rambin, Trent u. a. m.

Handelt es sich in den bisherigen Küstencentren um hohe Volksdichte auf Grund von Hafenorten, so knüpft sich an andern Stellen der Küste eine stärkere Verdichtung der Bevölkerung an die Fischerdörfer und Badeorte der Insel. Von ersteren sind besonders zu erwähnen die Fischerdörfer Vitte,

---

1) Im ganzen Reiche beträgt die Volksdichte nach Abzug des Waldes 130 (bei Einschluss desselben 97), im Königreich Preussen 119, in Westpreussen 74,4, in Ostpreussen 65,7 und in Pommern nur 65.

Neuendorf und Plogshagen auf Hiddensöe, Dranske und Vitte auf Wittow, sowie sämtliche Dörfer auf Mönchgut, während von den Badeorten vor allem Lohme, Krampass-Sassnitz,[1]) Binz, Sellin, Göhren und Thiessow in Betracht kommen. Meist sind die Fischerdörfer zugleich auch Badeorte, eine strikte Ausnahme machen nur Vitte und Dranske auf Wittow. Der Unterschied zwischen den Küstencentren, die Häfen sind, einerseits und den Fischerdörfern und Badeorten andrerseits ist in der unterschiedlichen Beziehung der beiden Gruppen von Küstencentren zum Hinterlande zu suchen, mit dem die Fischerdörfer und Badeorte in viel lockerem Zusammenhange stehen als die Hafenplätze.

Andere Verdichtungsgebiete, die scheinbar zufällig inmitten Strecken geringerer Volksdichte auftreten, werden an späterer Stelle Beachtung finden.

Ausgehend von der mittleren Volksdichte von 55, lassen sich auf der Insel Rügen mit Vorteil 9 verschiedene Dichtestufen unterscheiden.

| | | | |
|---|---|---|---|
| 1. Stufe | 1—10 | | |
| 2. „ | 11—20 | | |
| 3. „ | 21—30 | Einw. auf 1 qkm | |
| 4. „ | 31—50 | | |
| 5. „ | 51—60 | = mittlere Dichtestufe | |
| 6. „ | 61—100 | | |
| 7. „ | 101—300 | | |
| 8. „ | 301—501 | | |
| 9. „ | über 500 | | |

Eine Volksdichte von mehr als 1000 weisen Sassnitz und Putbus auf.

Von den 303 selbständigen Gemeindeverbänden der Insel haben 230 oder 75,9% aller Gemeinden eine geringere Dichte als die mittlere, 6 = 2% kommen der durchschnittlichen Volksdichte fast gleich, während 67 oder 22,1% sie überschreiten.

Legen wir die Art der Gemeinden zu Grunde, so ergiebt

---

1) Krampass-Sassnitz nimmt als Hafen u. Badeort eine Doppelstellung ein.

sich für die beiden Städte eine Bevölkerungsdichte von 327,7, für die Landgemeinden eine solche von 141,2 und für die Gutsbezirke nur eine Dichte von 22,1.

Ausgehend von den genannten Dichtestufen, erhalten wir folgendes Bild: Zur niedrigsten Dichtestufe gehören ausschliesslich Gutsbezirke und zwar meist solche, die einen ausgedehnten Forst mit umfassen, bewohnt von wenigen Forstbeamten und Waldarbeitern, die nebenbei noch einigen Ackerbau auf dem mageren Boden treiben. Diese erste Stufe umfasst 20 Gutsbezirke; die zweite, 11—20 Einwohner pro qkm, 90 Verwaltungseinheiten, nämlich 4 Landgemeinden und 86 Gutsbezirke. 7 Landgemeinden und 76 Güter bilden die 3. Dichtestufe. Wie aus dem bedeutenden Übergewicht der Gutsbezirke hervorgeht, ist die Bevölkerung in diesen Gebieten im wesentlichen eine ackerbautreibende. Auch umfassen die 2. und 3. Stufe mehr Gemeinden als alle höheren Dichtestufen zusammengenommen, ein deutlicher Hinweis auf die dünne und gleichzeitig ziemlich gleichmässige Verteilung der rügenschen Bevölkerung.[1])

Schon die 4. Stufe zählt trotz des hier grösser gewählten Dichtigkeitsintervalls nur 37 Gemeinden.

Für die 5. Stufe, diejenige mittlerer Dichte mit 6 Verwaltungsbezirken, ist wieder nur ein Intervall von 10 Einwohnern gewählt worden, damit sie sich des besonderen Interesses halber, das gerade sie beansprucht, scharf von den übrigen Dichtestufen absondert. So zeigt sie uns, dass schon bei der mittleren Volksdichte die Landgemeinden an Zahl das Übergewicht gewinnen über die Gutsbezirke (4 Landgemeinden stehen hier nur 2 Gutsbezirke gegenüber), eine Erscheinung, die auf den folgenden höheren Dichtestufen noch deutlicher hervortritt. Sodann liefert uns gerade diese mittlere Dichtestufe den Beweis dafür, dass die verschiedenartigsten Bedingungen doch gleiche Volksdichte zu erzeugen vermögen. Neben Woorke und Karow, zwei Landgemeinden ohne Waldareal in sehr fruchtbarer Gegend, gehört hierher auch der aus

---

1) s. S. 51.

mehreren einzelnen Gütern gebildete Gutsbezirk Preetz mit nur mässig fruchtbarem Boden und ebenfalls ohne Waldungen, während aus dem Waldgebiet der Stubnitz die Forsthäuser und Arbeiterwohnungen des Forstgutbezirkes Werder hinzukommen und endlich auch die Landgemeinden Moritzhagen und Gross-Zicker zur mittleren Dichtestufe zählen, denen die nahegelegene See einen Ersatz für den Mangel an fruchtbarem Boden gewährt.

Die 6. Dichtestufe wird von 10 Landgemeinden und 8 Gutsbezirken, die 7. von 23 Dörfern und 8 Gütern gebildet. Unter den Landgemeinden dieser Stufe befinden sich eine grössere Anzahl Fischerdörfer.

Die 8. Dichtestufe umfasst 13 Gemeindeverbände und die 9. 3 Bezirke und zwar beide Dichtestufen nur noch Städte und Dörfer, aber keine Güter. Dabei ist von Interesse, dass die beiden Städte Rügens, Bergen und Garz, nicht zur höchsten Dichtestufe gehören, sondern neben anderen Orten erst an zweiter Stelle stehen und von Sassnitz und Putbus wesentlich übertroffen werden.

## B. Die Siedelungen Rügens nach Art, Grösse und Verteilung.

Mit der Volksdichte eines Landes steht die Zahl, Grösse und Verteilung seiner Siedelungen in gewissem Zusammenhang, indem mit einer Anhäufung der Bevölkerung auch die Ansiedelungen an Zahl und Grösse wachsen. Indes fallen die beiden Begriffe Volksdichte und Siedelungsdichte doch nicht immer zusammen, da von zwei gleichgrossen Gebieten das eine nur wenige grosse Wohnplätze und hohe Volksdichte, das andre zahlreiche kleine, dicht über das Land hingesäte Ansiedelungen und trotz dieser hohen Siedelungsdichte doch geringe Volksdichte haben kann.[1] Ein Beispiel hierzu liefern die Landgemeinden Wiek auf Wittow einerseits und Lieschow und Mursewiek andrerseits. Das Dorf Wiek mit dem für rügensche Verhältnisse bedeutenden Gebietsumfang von 5,1 qkm besteht aus einem einzigen streng geschlossen angelegten Wohn-

---

1) Ratzel: Anthropogeographie II, S. 422.

platz mit einer Volksdichte von 225,2. Die Gemeinden Lieschow und Mursewiek dagegen sind in lauter einzelne Bauernhöfe aufgelöst, die wie hingestreut das ganze Gebiet bedecken, sodass die Entfernung zwischen den einzelnen Höfen überall nur wenige hundert Meter beträgt; die Siedelungsdichte ist hier also gross, wogegen die Volksdichte wegen der geringen Zahl von Bewohnern auf jedem Hofe nur klein ist und, beide Gemeinden zusammen betrachtet, bloss 44 beträgt.

Die Insel Rügen zerfällt in 303 selbständige Gemeinden. Unter diesen befinden sich 2 Städte (Bergen und Garz), 74 Landgemeinden und 227 Gutsbezirke. Die Grösse einer Gemeinde beträgt demnach durchschnittlich 3,2 qkm gegen nahezu 7 qkm im deutschen Reich, und die Einwohnerzahl einer Gemeinde auf Rügen beläuft sich im Mittel auf 154 Personen, denen in Deutschland 596 in einer Gemeinde gegenüberstehen. Die Gemeindebezirke der Insel Rügen sind also etwa halb so gross und haben ungefähr nur den vierten Teil der Einwohner wie im Durchschnitt eine Gemeinde im deutschen Reich. Eine Vergleichung mit dem Regierungsbezirk Stralsund und mit der Provinz Pommern ergiebt für jenen bei einer durchschnittlichen Grösse der Gemeinden von 4,6 qkm eine Durchschnittsbevölkerung von 246 Personen, für diese bei einem durchschnittlichen Gemeindeareal von 6,5 qkm eine Bewohnerzahl von 340 Seelen im Mittel für jede Gemeinde. Die Ortschaften Rügens sind also meist klein und dünn bevölkert.

Nach der Art der Siedelungen erhalten wir für die beiden Städte Rügens mit ihren 18,71 qkm, d. s. 1,03% der Insel, eine durchschnittliche Grösse von 9,35 qkm.

Die 74 Landgemeinden bedecken ein Areal von 164,63 qkm = 17,01% der Gesamtfläche Rügens. Eine Landgemeinde hat demnach einen durchschnittlichen Gebietsumfang von 2,22 qkm, erreicht also nur $^2/_3$ der Grösse, die im Mittel ein Bezirk im allgemeinen auf Rügen besitzt.

Den grössten Raum beanspruchen die Gutsbezirke, die mit 784,38 qkm 81,06% des Landes inne haben und damit

das Übergewicht des landwirtschaftlichen Betriebes dokumen-
tieren.[1]) Auf einen Gutsbezirk entfallen 3,45 qkm.

Das Übergewicht der Gutsbezirke ist von wesentlichem
Einfluss auf die Verteilung der Ansiedelungen auf Rügen.
Im Gegensatz zu den Industriebezirken Deutschlands, wo die
Dörfer und Städte oft so dicht bei einander liegen, dass eine
Grenze zwischen ihnen gar nicht mehr wahrzunehmen ist,
treffen wir auf Rügen eine derartige Häufung der Ansiedelungen auf einem engbegrenzten Raume nirgends an. Vielmehr zeigt uns ein Blick auf die Karte, dass sich die rügenschen
Siedelungen ziemlich gleichmässig über die ganze Insel ver-
teilen, eine Thatsache, die sich auch aus der Erwägung ergiebt, dass die Gutsbezirke mit ihrer Durchschnittsgrösse von
3,45 qkm[2]) der durchschnittlichen Ausdehnung eines rügenschen
Bezirkes von 3,2 qkm[3]) sehr nahe kommen und dadurch bei
ihrem Übergewicht eine ziemlich gleichmässige Verteilung der
Ansiedelungen erzeugt haben müssen. Eine Ausnahme von
solcher gleichmässigen Verteilung der Ansiedelungen machen

---

1) Ähnliche Verhältnisse weist der Regierungsbezirk Stralsund
auf, wo die Städte 4,9%, die Landgemeinden 15,3%, die Güter 79,8%
der Gesamtfläche ausmachen. Unter den 4 Kreisen dieses Regierungs-
bezirkes steht Rügen mit seinem Gutsareal an 2. Stelle; ihm folgen
Greifswald mit 79,2% und Grimmen mit 76,8%, während der Kreis
Franzburg mit 83,2% Gutsareal die Insel Rügen noch übertrifft. Im
Kreise Usedom-Wollin, der durch seine reiche Gliederung Ähnlichkeit
mit Rügen hat, stehen die Gutsbezirke an Zahl weit hinter den Landgemeinden zurück (88 Dörfer und nur 36 Gutsbezirke). Übertreffen
zwar auch hier noch die Güter an Gebietsumfang die Dörfer, so doch
nicht in dem Maasse wie im Regierungsbezirk Stralsund, indem die
Landgemeinden auf Usedom-Wollin 41,03%, die Gutsbezirke 54,4%
des gesamten Gebietes inne haben. Auch in Hinterpommern ist das
Hervortreten der Güter nicht so bedeutend wie auf Rügen. In den
wenigstens teilweise ans Meer grenzenden Kreisen Kolberg-Körlin,
Köslin. Schlawe, Stolp u. Lauenburg beträgt das Gutsareal 48,7, 51,3,
54,7 71 und 70,3% des betreffenden Kreises. Der Grund für dieses
Übergewicht der Gutsbezirke über die Dörfer und für den Unterschied
in dieser Hinsicht zwischen Vor- und Hinterpommern liegt nicht in
geographischen, sondern in geschichtlichen Verhältnissen. s. S. 59.
2) s. oben.
3) s. S. 49.

nur die ausgedehnten Waldgebiete der Stubnitz und Granitz, wie auch die Dünen- und Heidegegenden der Schaabe, der Schmalen Heide, des Bugs und Hiddensöes, wo die Entfernung bis zum benachbarten Wohnplatz, die in Luftlinie sonst durchschnittlich 2,5 km beträgt, zwischen 4 und 10 km schwankt.[1])

Andrerseits giebt es auch Gebiete mit erheblich dichterer Besiedelung als der durchschnittlichen, so auf Mönchgut und dem sich westlich davon erstreckenden Küstenstrich bis Wreechen, wie endlich auch am Waldrande der Stubnitz. In beiden Fällen decken sich hier Gebiete hoher Volksdichte mit solchen grosser Siedelungsdichte. Indes vermögen die genannten wenigen Ausnahmen den Gesamteindruck einer gleichmässigen Verteilung der Ansiedelungen auf Rügen umsoweniger wesentlich zu beeinflussen, als dieselbe noch bedeutend gefördert wird durch die Häufigkeit von Einzelwohnplätzen.

Zu diesen Einzelsiedelungen gehören vor allem die zahlreichen Ausbaue, die isoliert gelegenen Mühlen, Kreideschlämmereien, Forst- und Chausseehäuser und Schulgebäude, die ohne oder mit besonderem Namen einem benachbarten Gemeindebezirk zugeteilt sind. Auch diese dürfen bei unserer Betrachtung nicht ausser acht gelassen werden, da ihre Zahl nicht weniger als 239 beträgt und die Gesamtzahl aller Wohnplätze Rügens auf 542 erhöht, eine Anzahl, wie wir sie in ganz Pommern auf gleichem Raume nicht wieder antreffen. Auch aus diesem Umstande folgt noch besonders die bereits festgestellte hohe Siedelungsdichte und gleichmässige Verteilung der Ansiedelungen. Während wir nämlich auf je 3,2 qkm Flächenraum durchschnittlich einen selbständigen Gemeindebezirk[2]) antreffen, finden wir einen Wohnplatz auf je 1,8 qkm. Endlich trägt zur gleichmässigen Verteilung der Siedelungen auf Rügen noch die aufgelockerte Anlage vieler Ortschaften bei, die sich teils in lauter zerstreut liegende Höfe auflösen, wie es von den Dörfern Lieschow und Mursewiek bereits erwähnt wurde, und wie es auch bei Goor auf

---

1) Plogshagen bis Vitte 4 km, Posthaus Wittow bis Dranske 8 km, Wall bis Breege oder Drewoldke 10 km.

2) s. S. 49.

Wittow und Dumgenevitz bei Garz der Fall ist, teils in geringerer oder grösserer Entfernung vom Kern der Ortschaft noch einzelne zu ihr gehörige Gehöfte oder Häuser aufweisen,[1] wofür Hagen und Promoisel auf Jasmund, Dreschvitz, Sehlen, Mölln-Medow und Kasnevitz Beispiele sind.

### C. Die Bewegung der Bevölkerung Rügens.

Wie im ganzen deutschen Reich, so hat sich auch auf der Insel Rügen seit einer Reihe von Jahren eine lebhafte Bewegung der Bevölkerung vollzogen. Nach der von Platen herausgegebenen Statistik über den Zeitraum von 1837—67 (in 3jährigen Zwischenräumen)[2] nahm die Bevölkerung Rügens in diesen 30 Jahren um 11 723 Personen oder 33,2 % zu, unter einer Beteiligung der Städte mit einem Zuwachs von 1 398 Seelen = 33,1 % und des platten Landes mit einem solchen von 10 325 Bewohnern = 33,2 % ihrer ursprünglichen Einwohnerzahl. Es fand also ein fast gleiches prozentuales Wachstum der städtischen und ländlichen Bevölkerung statt, das pro Jahr 1,1 % betrug.

| Jahr | Städte | Plattes Land | Gesamtsumme |
| --- | --- | --- | --- |
| 1837 | 4226 | 31099 | 35325 |
| 1840 | 4461 | 33914 | 38375 |
| 1843 | 4683 | 34577 | 39260 |
| 1846 | 5136 | 35556 | 40692 |
| 1849 | 5507 | 35999 | 41506 |
| 1852 | 5748 | 37746 | 43494 |
| 1855 | 5827 | 38902 | 44729 |
| 1858 | 5725 | 39809 | 45534 |
| 1861 | 5770 | 40923 | 46693 |
| 1864 | 5904 | 41243 | 47147 |
| 1867 | 5624 | 41424 | 47048 |

In dieser Bewegung der Bevölkerung hat sich seitdem eine wesentliche Änderung vollzogen in dem Sinne, dass die Zunahme eine viel langsamere geworden ist, ja auf dem platten

1) s. S. 51.

2) Platen, Statistische Beschreibung des Kreises Rügen. 1870.

Lande zeitweise sogar eine Abnahme stattgefunden hat. Schon 1871 stellte sich die Bevölkerungszahl auf nur 45 699 gegenüber 47 048 im Jahre 1867. Von 1871—1895 ist wieder eine geringe Zunahme zu verzeichnen, doch beträgt sie nur 1 024 Seelen oder 2,2%, auf das Jahr berechnet also noch nicht 0,1%. Dabei hat die Zahl der Stadtbewohner in diesem Zeitraum um 262 = 4,5%, die des platten Landes 762 oder 1,9% zugenommen, ohne dass aber dadurch die 1867 bestehende Zahl seitdem wieder erreicht worden wäre, vielmehr beträgt die Abnahme in der Zeit von 1867—1895 325 Personen oder 0,7%. Dieser Rückgang entfällt hauptsächlich auf das platte Land, wo er 833 Seelen oder 2% der damaligen Bevölkerung betrug, dem für die Städte eine Zunahme von 508 Bewohnern = 9% gegenüberstand. Am grössten war diese Abnahme in den Ackerbaugebieten, insbesondere in den Gutsbezirken, wo sie von 1871 bis 1895 1233 Personen oder 6,6% betrug. Wenn demgegenüber die Landgemeinden einen Zuwachs von 1995 Seelen = 9,4% erfahren haben, so erklärt sich dies hauptsächlich durch das Neuentstehen und Wachstum der Badeorte an der Ostseite der Insel. Wie eine Landgemeinde, die nur auf den Ackerbau angewiesen ist, ebenfalls eine Abnahme zu verzeichnen hat, zeigt das Beispiel von Bessin.[1])

| Jahr | Städte | Dörfer | Gutsbezirke | Gesamtsumme |
|------|--------|--------|-------------|-------------|
| 1871 | 5870 | 21256 | 18573 | 45699 |
| 1875 | 5775 | 21149 | 18394 | 45318 |
| 1880 | 5883 | 21985 | 18247 | 46115 |
| 1885 | 5839 | 21401 | 17799 | 45039 |
| 1890 | 5994 | 21975 | 17216 | 45185 |
| 1895 | 6132 | 23251 | 17340 | 46723 |
| 1900 | — | — | — | 46255 |

Wie die letzte Zahl zeigt, hat nach der Zählung vom Jahre 1900 auf Rügen seit 1895 sogar eine Gesamtabnahme

1) Die Landgemeinde Bessin hat seit 1885 um 29,4% ab-, das Bad Sassnitz hingegen um 29,2% zugenommen, Sellin hatte laut Mitteilung der Badedirektion 415 Einw., d. i. gegen 1895 eine Zunahme um 55,4%; Göhren wies mit 610 Bew. ein Wachstum um 27,1% auf.

der Volkszahl um 468 Personen oder 1% stattgefunden, haupt-
sächlich begründet in der Landflucht und dem Zuzug der
Arbeiter nach den grossen Industriecentren, die, wie in ganz
Deutschland, so auch auf Rügen sich fühlbar macht.

## D. Begründung der Volksdichteverhältnisse.

Wie in ganz Norddeutschland die Volks- und Siedelungsdichte weit weniger vom Klima und den Höhenverhältnissen
abhängig ist, so üben auch auf Rügen das Klima und die
geringen Höhenunterschiede ausser an den Steilküsten keinen
nachteiligen Einfluss auf die Besiedelung aus.

### 1. Die Fruchtbarkeit des Bodens.

Anders steht es mit der Fruchtbarkeit. Der grösste
Teil der Insel und insbesondere der Inselkerne wird von dilu-
vialen Ablagerungen eingenommen und zwar fast durchweg
von dem Oberen Geschiebemergel, der Grundmoräne der letzten
Vergletscherung und deren sandigen Auswaschungsprodukten.
Der weiten Verbreitung dieses Geschiebemergels verdankt
Rügen die hohe Fruchtbarkeit seines Bodens und seine Ertragsfähigkeit namentlich für Rüben- und Weizenkultur. Demgegenüber bieten jene sandigen Auswaschungsprodukte, der
Deck- oder Geschiebesand, weil ihrer ursprünglichen lehmigen
Beimengung beraubt, einen nur wenig ertragsfähigen Boden
dar. In noch höherem Grade gilt das von den alluvialen,
durch Wind und Wellen aufgebauten Sandregionen zwischen
den einzelnen Inselkernen und zwar namentlich im Bereiche
der noch jetzt in ihrer Fortbildung begriffenen, von Sandver-
wehungen heimgesuchten eigentlichen Dünengebiete. Nur da,
wo es sich um ältere solcher Sandablagerungen handelt und
hier durch eine Vegetationsdecke eine Bereicherung des Sandes
an humosen Bestandteilen stattgefunden hat, sind diese Landstriche ausser für die Anlage von Nadelholzforsten auch für
den Anbau anspruchloserer Kulturpflanzen, wie Kartoffeln,
Lupinen und Hafer nutzbar gemacht.[1] Einem Humifizierungs-
prozess durch Pflanzenwucherungen verdanken ferner auch die

---

[1] z. B. die Baaber Heide.

hinter den Dünen gelegenen, die Ufer der Bodden umsäumenden flachen Salzwiesen und Moorflächen ihren Nutzwert wenigstens als kräftige Viehweiden. So zeigt Rügen hinsichtlich der Fruchtbarkeit seines Bodens die verschiedensten Abstufungen von der reichsten Ertragsfähigkeit bis zu fast völliger Unfruchtbarkeit.

Ein allgemeines Bild von der Fruchtbarkeit des rügenschen Bodens liefert uns die folgende Tabelle durch Angabe des Grundsteuerreinertrages für die Städte, Dörfer, Gutsbezirke und den ganzen Kreis und durch Beifügung der daraus berechneten Fruchtbarkeitsziffer. Hiernach beträgt der Grundsteuerreinertrag pro Hektar

|  | Acker | Wiese | |
|---|---|---|---|
| für die Städte | 19,58 | 15,27 | |
| „ „ Dörfer | 25,07 | 16,45 | M. |
| „ „ Güter | 29,37 | 21,15 | |
| „ den Kreis Rügen | 28,59 | 20,37 | |

die Fruchtbarkeitsziffer = 27,9.

Obenan hinsichtlich der Fruchtbarkeit steht die Halbinsel Wittow, wo der Grundsteuerreinertrag pro Hektar meist über 40 M. beträgt und bis zu 54 M. steigt (Altenkirchen und Bohlendorf). Ihr ähnlich sind einige Striche der Halbinsel Jasmund, so die Bezirke von Borchtitz, Vorwerk bei Sagard, Lohme, Ranzow und Marlow mit einem Grundsteuerreinertrag von über 30 M. (bei Ranzow sogar 45 M.). Zu den fruchtbarsten Gebieten der Insel gehören endlich der Zudar und ausgedehnte Teile des westlichen Rügens.

Indessen wechseln, wie schon erwähnt,[1] mit diesen überaus fruchtbaren Gegenden vielfach Landstriche mit ungleich weniger günstigem Boden, namentlich dann, wenn sandige Bodenbeschaffenheit vorherrscht. Um nur einige anzuführen, mögen die Bezirke bei Gingst, Garz, Patzig, Kasnevitz, Lancken bei Vilmnitz und Zirkow Erwähnung finden. Zu den für Ackerbau fast unbrauchbaren, nur hier und da mit kleinen Feldern besetzten Gebieten gehören namentlich die flachen, sandigen Teile Hiddensöes, der Gellen, ferner der Bug, die

---

1) s. oben.

Schaabe und die Schmale Heide. Nicht zu übersehen ist übrigens, dass in neuerer Zeit ausgedehnte, wegen ihrer sandigen Beschaffenheit lange Zeit brach gelassene Landstriche in Kultur gezogen und zum grossen Teil intensiv, d. h. als Acker oder Wiese in Nutzung genommen worden sind. Das gilt z. B. für Preetz, dessen Extensität der Bebauung dadurch auf 97,5% gestiegen ist, von Gobbin (85,5%), Seedorf (92,9%), Extensitätszahlen, die um so deutlicher sprechen, als die Durchschnittszahl für Rügen nur 74,1% beträgt. An anderer Stelle wiederum ist durch rationelle Ausnutzung der Wiesen dem Mangel an Ackerland ein Gegengewicht geboten worden, was vor allem für die Ortschaften auf Mönchgut und der Halbinsel Lieschow gilt. Indessen tritt doch das Areal der vorhandenen Wiesen gegenüber dem Ackerboden bedeutend in den Hintergrund. Auf Wittow fehlen die Wiesen überhaupt fast ganz, sodass dort Mangel an Graswuchs die Viehzucht wesentlich beeinträchtigt. Daher erklärt es sich, dass auch bei hohem Grundsteuerreinertrag der Wiesen die Fruchtbarkeitsziffer durch dieselben nur unwesentlich beeinflusst wird.

Von der Bedeutung der rügenschen Landwirtschaft giebt die Berufs- und Gewerbezählung vom 14. Juni 1895[1]) einen augenfälligen Beweis. Nach derselben lagen auf der Insel der Landwirtschaft im Hauptberufe 10308 Personen ob, als deren Angehörige und Dienstboten sich noch 13237 Personen hinzugesellen, während im Nebenberufe 4685 Leute, insgesamt 28230 oder 52,3% der Einwohner in der Landwirtschaft thätig waren.[2])[3]) Der Ackerbau bildet somit die vorwiegende Beschäftigung der Bewohner Rügens, und darauf gerade beruht der Hauptgrund für die geringe

---

1) Statistik des deutschen Reiches. N. F. Bd. 109.

2) Bei dieser prozentualen Berechnung ist zu berücksichtigen, dass zur Zeit der Gewerbezählung die Einwohnerzahl Rügens grösser ist als bei der Volkszählung im Dezember, weil bis dahin die polnischen Arbeiter und viel Dienstpersonal aus den Badeorten die Insel wieder verlassen haben.

3) Im Kreise Franzburg betreiben 55,7%, in Greifswald 36,7%, in Grimmen 65,8%, auf Usesom-Wollin 33% der Bewohner Landwirtschaft.

Volksdichte der Insel; ist doch gerade der Westen Rügens mit seiner fast ausschliesslich ackerbautreibenden Bevölkerung dünner bewohnt als der Osten und Süden.

Nach welchen Grundsätzen vollzieht sich nun innerhalb der Ackerbaudistrikte die Abstufung der Volksdichte von Ort zu Ort? Der naheliegende Schluss, dass die Volksdichte um so grösser sein werde, je fruchtbarer der Bezirk und um so geringer, je weniger ertragsfähig der Boden ist, ein Schluss, zu dem die Bemerkung Meitzens,[1] dass die Volksdichte in Deutschland auf gutem Ackerboden 64,9, auf schlechtem 42,15 beträgt, zu berechtigen scheint, dieser Schluss trifft auf den ersten Blick und für einzelne Fälle auch für Rügen zu. Wie die in der Tabelle angeführten Beispiele zeigen, übersteigt in den fruchtbaren Gebieten die Volksdichte das Mittel, während sie in den unfruchtbaren hinter demselben zurückbleibt.

| Gemeinde | Fruchtbarkeits-Ziffer | Volksdichte |
|---|---|---|
| Kl. Schoritz | 57,3 | 73 |
| Dornhof | 48,6 | 90,8 |
| Dumgenevitz | 12,6 | 22,1 |
| Krimvitz | 10,4 | 26 |
| Mönkvitz | 10,1 | 12,7 |
| Bussvitz | 9,8 | 14,6 |

### 2. Die Verteilung des Grundbesitzes.

Dieser Schluss gilt indes bloss für grössere Gebiete. Verfolgt man aber die Abstufung der Dichte von Ort zu Ort, so zeigt sich, dass andere Faktoren wesentlich bedeutender als die Fruchtbarkeit für die Volksdichte ins Gewicht fallen. Was die folgende Zusammenstellung hauptsächlich erkennen lässt, ist die ausschlaggebende Bedeutung der Verteilung des Grundbesitzes für die Volksdichte in der Weise nämlich, dass die Gutsbezirke selbst bei grösster Fruchtbarkeit viel

---

1) Meitzen: Der Boden und die landwirtschaftlichen Verhältnisse des preussischen Staates. Berlin 1901. Bd. VI, S. 593.

dünner bewohnt sind als die Landgemeinden bei gleicher und sogar bei weit geringerer Fruchtbarkeit des Bodens.

| Gemeinde | Art der Gemeinde | Fruchtbarkeits-Ziffer | Volksdichte |
|---|---|---|---|
| Streu b.Schaprode | Gutsbezirk | 56,7 | 8,4 |
| Retelitz | „ | 45,9 | 6,7 |
| Lobkevitz | „ | 52,1 | 19,2 |
| Parchtitz | Landgemeinde | 16,3 | 81,7 |
| Prisvitz | Gutsbezirk | 16,7 | 12,9 |
| Promoisel | Landgemeinde | 20,9 | 232,5 |
| Poissow | Gutsbezirk | 20,7 | 16,7 |
| Thesenvitz | Landgemeinde | 15,6 | 93,9 |
| Dreschvitz | „ | 10,2 | 179,9 |
| Kasnevitz | „ | 12,9 | 206,7 |

Wie der Grossbetrieb des Ackerbaues zur Erniedrigung, der Kleinbetrieb dagegen zur Erhöhung der Volksdichte beiträgt, erhellt besonders auch aus nachstehender Zusammenstellung der Besitzverhältnisse auf Rügen und den benachbarten ackerbautreibenden Kreisen Neuvorpommerns, wo sich der Grossgrundbesitz,[1]) prozentual bestimmt, wie folgt gestaltet:

| Kreis | Grossgrundbes. i. % | Volksdichte[2]) |
|---|---|---|
| Grimmen | 70,99 | 36,8 |
| Rügen | 72,56 | 48,3 |
| Franzburg | 77,59 | 37 |
| Greifswald[3]) | 80,80 | 41 |

Wie in den Kreisen Grimmen, Franzburg und Greifswald überwiegt also auch auf Rügen der Grossgrundbesitz die kleinen bäuerlichen Betriebe, und darin ist die Hauptursache für die geringe Volksdichtigkeit der Insel Rügen zu suchen.

Dieses Vorherrschen des Grossgrundbesitzes gerade in

1) Ackerwirtschaften mit über 100 ha.

2) Bei der Volksdichteangabe ist hier der Wald ausnahmsweise nicht in Abzug gebracht worden, da sein Areal, ausser für Rügen, dem Verfasser nicht bekannt war.

3) Die Stadt Greifswald ist hierbei ausgeschieden werden.

ganz Neuvorpommern und auf Rügen ist ausschliesslich historisch begründet, wie Joh. Fuchs, auf dessen Werk über den Untergang des Bauernstandes[1]) hier nur verwiesen werden kann, eingehend erörtert hat.

### 3. Die Fischerei.

Haben wir in dem Übergewicht des Grossgrundbesitzes die Ursache für die geringe Volksdichte und damit gleichzeitig für die ziemlich gleichmässige Verteilung der Bevölkerung erkannt, so fallen für die lokale Konzentration der Bevölkerung eine Reihe anderer Faktoren wesentlich ins Gewicht, unter ihnen an erster Stelle der Fischereibetrieb.

Der Fischfang bildet neben dem Ackerbau das älteste Gewerbe der Inselbewohner. Schon aus der slavischen Zeit erwähnen die Chroniken[2]) den Zuzug fremder Kaufleute und Schiffer, die des Fischhandels wegen nach Rügen zogen. Wie bedeutend der Fischfang und der daran sich anschliessende Handel auch in der Folgezeit gewesen sind, darauf weist das häufige Vorkommen des Ortsnamens „Vitte“[3]) hin, der uns nicht weniger als sechsmal an den Küsten Rügens begegnet. Auch jetzt noch sind die Ortschaften Vitte auf Hiddensöe und Vitte an der Ostküste von Wittow wichtige Fischerdörfer.

Der Fischfang in den rügenschen Gewässern gliedert sich naturgemäss in Hochsee- und Küstenfischerei einerseits und in Binnenseefischerei im Bereiche der Bodden andrerseits, erstere besonders im Frühling und Herbst, letztere im Sommer betrieben. Die Hochseefischerei wird gegenwärtig nur ausnahmsweise und zwar ausschliesslich von Sassnitz aus betrieben. Sie kommt deshalb für die uns beschäftigenden Fragen weniger in Betracht. Viel wichtiger ist der Fang an den Küsten und

---

1) Dr. C. Joh. Fuchs: Der Untergang des Bauernstandes und das Aufkommen der Gutsherrschaften. Strassburg 1888.

2) Fabricius: Urkunden zur Geschichte des Fürstentums Rügen. Bd. II S. 36/37.

3) Unter einer Vitte verstand man eine Örtlichkeit an der Küste, an der sich fremde Kaufleute und Fischer zur Zeit des Fischfanges vorübergehend mit ihren Schiffen aufhielten; s. G. Jacob: Das wendische Rügen in seinen Ortsnamen. Stettin 1894, S. 65.

die Binnenfischerei in den Bodden, vor allem erstere, die etwa 7 mal soviel Fischer ernährt als letztere. Nach der Statistik[1]) von 1895 zeigte die Fischereibevölkerung der Insel Rügen folgende Zusammenstellung:

| Es gehören an: | im Hauptberuf a. selbst. Fischer | als Dienst-personal | im Neben-beruf |
|---|---|---|---|
| der See- u. Küsten-fischerei | 753 | 1808 | 235 |
| der Binnenfischerei | 110 | 272 | 14 |
| Sa.: 3192 Personen | | | |

Die Bedeutung des rügenschen Fischfanges tritt noch schärfer hervor, wenn wir ihn mit denjenigen andrer Küsten-striche des Ostseegebietes vergleichen. Von 1000 Personen liegen dem Fischfang ob auf Rügen 61,2; im Kreise Franz-burg 23,6; im Kreise Greifswald 30,5; im Kreise Grimmen 6,8; im Stadtkreis Stralsund 37,9; auf Usedom-Wollin 88,8; im Kreise Fischhausen (frische Nehrung) 64,1 und im Kreise Memel 40,3 Personen.

[2]) Für die Schätzung des Einflusses der Fischerei auf den Volkswohlstand und die Besiedelungsverhältnisse Rügens fällt namentlich die Unsicherheit des Ertrages schwer ins Gewicht. Die Fischerei Rügens krankt zunächst daran, dass sie zumeist Küstenfischerei ist, die nicht wie die Hochsee-fischerei den Fischzügen nachgehen kann und darum mit sehr wechselnden und bei dem in neuerer Zeit immer häufigerem Ausbleiben der Fischzüge wesentlich bescheideneren Erträgen sich begnügen muss. Hemmend für die Einbürgerung einer ausgedehnteren Hochseefischerei ist namentlich der Mangel an sicheren Zufluchts- und Absatzhäfen. Einen in jeder Hinsicht genügenden Hafenplatz bildet nur der neue ge-räumige Hafen von Sassnitz. Auf ihn konzentriert sich daher auch die geringe rügensche Hochseefischerei. Für die weiteren

---

1) Statistik des deutschen Reiches. N. F. Bd. 109.

2) Die folgenden Ausführungen gründen sich hauptsächlich auf die „Mitteilungen des deutschen Seefischereivereins", Jahrgänge 1891 bis 1901, die der betr. Verein dem Verfasser bereitwilligst zur Ver-fügung stellte.

südlichen Küsten kommen hauptsächlich der Hafen von Lauterbach sowie die festländischen Häfen von Greifswald und namentlich von Kröslin mit ihren ausgedehnten Räuchereien und Konservenfabriken in Betracht. Der auf der Greifswalder Oie angelegte Hafen besitzt nur Bedeutung als Zufluchtsort. Gerade hier im Süden an den Küsten von Mönchgut und an den Küsten des Greifswalder Boddens liegen eine ganze Reihe von Fischerdörfern, von denen aus dieser Bodden und die östlich davon gelegenen Teile der Ostsee abgefischt werden und der Fang in die genannten Häfen geliefert wird.

Für den ganzen Norden und Westen Rügens, einschliesslich Hiddensöes, bildet Stralsund den hauptsächlichsten Absatzplatz; ausserdem kommt noch Schaprode in Betracht, der einzige leicht und sicher zu erreichende Hafen an der Westküste der Insel, bevorzugt durch seine günstigen Beziehungen zum Hinterland.

Bei diesem Mangel an einer ausreichenden Anzahl von guten Häfen macht sich der Wunsch nach der Anlage weiterer Schutz- und Absatzhäfen bei den rügenschen Fischern immer mehr geltend. Indes sind Massnahmen der Regierung in dieser Richtung teilweise erschwert durch die Sonderinteressen der Fischer,[1]) wodurch eine Einigung über eine geeignete Anlage verzögert wird.

Mit dem Fischereibetrieb im Zusammenhang stehen auch eine Reihe von Einzelsiedelungen, so namentlich die Leuchttürme mit ihren Beamtenwohnungen auf Hiddensöe, Arkona und der Greifswalder Oie, sodann Unterkunftshäuser für Fischer, wie solche durch die Gräfin Schimmelmann bei Göhren und auf der Oie errichtet worden sind.

Nächst dem Mangel an guten Häfen fügen in manchen Jahren auch die Eis- und Windverhältnisse dem Fischfang erheblichen Schaden zu. Zwar liefert der Fang unter der sich bildenden Eisdecke recht beträchtliche Erträgnisse, eintretende Stürme aber schädigen dann die Fischer um so erheblicher durch Zerstörung und Wegschwemmung der Fanggeräte.

1) So wünschen die Fischer von Hiddensöe eine Hafenanlage bei Dranske auf Wittow, die des Festlandes bei Barth.

Durch Versicherungskassen sucht man gegenwärtig derartige Verluste nach Kräften auszugleichen.

Hemmend wirken endlich auch noch wirtschaftliche und persönliche Momente. Ihrer pekuniären Lage wegen sind die Fischer Neuvorpommerns und Rügens nur selten imstande, grössere Aufwendungen für umfangreiche, dem Fortschritt der Technik und des Verkehrs entsprechende Neuanschaffungen zu machen; teilweise sind sie auch zu schwerfällig und zu übermässig vorsichtig. Eine merkliche Belastung der Fischer bedeutet auch die Pachtsumme, die au den Küsten von Neuvorpommern und Rügen im Gegensatz zu den übrigen deutschen Küsten für die Erlaubnis zum Fischfang zu entrichten ist. Auch der Leutemangel kommt für die Küstenfischerei hindernd in Betracht. In besonders hohem Grade aber beeinträchtigt die Entwicklung der vielbesuchten Badeorte der Insel den Fischereibetrieb. Da winkt leichterer, gefahrloserer und lohnenderer Verdienst durch Wohnungsvermietung an Badegäste, durch Bootsfahrten und dergleichen, sodass der Fischereibetrieb mehr und mehr vernachlässigt wird und sich schliesslich nur noch auf gelegentliche Straudfischerei beschränkt.

Für die Binnenfischerei kommen ausschliesslich der Grosse und der Kleine Jasmunder Bodden iu Frage. Trotz der einer bei Lietzow befindlichen Sandbank wegen schon früher nur geringen Verbindung zwischen den beiden Bodden fand doch durch eine schmale Baggerrinne ein Zufluss salzigen Wassers nach dem Kleinen Jasmunder Bodden statt. Als aber 1868 ein Damm durch die Verbindungsstelle gelegt und nur noch eine Schleuse belassen wurde, verringerte sich der Salzgehalt im Kleinen Jasmunder Bodden von 0,55 auf 0,24 %, uud der Fischfang nahm in diesem Bodden bedeutend ab. Dem geringen Fischreichtum entsprechend, findet sich auch kein einziges Fischerdorf am Kleinen Jasmuuder Bodden, sondern es wohnen nur einzelne Fischer, dünn verteilt, in den angrenzenden Ortschaften, während die grössere Anzahl vou Fischern, die ihren Sitz in Lietzow haben, ihrem Gewerbe im Grossen Jasmunder Bodden nachgehen.

Unter den Fischen, die in den rügenschen Gewässern ge-

fangen werden, spielt der Hering die Hauptrolle. Der Heringsfang macht seinem Geldwerte nach 68 % des gesamten Fischfanges aus. Er findet hauptsächlich im März, April und Mai
statt, wo dann die Preise in manchen Jahren so fallen, dass
sich der Fang nicht mehr lohnt und die Fischer keine Ab-
nehmer für ihre Massenfänge mehr finden. Der Herbstfang
trägt etwa nur die Hälfte ein, weil der Hering in dieser Zeit tieferes
Wasser bevorzugt. Seine Hauptabnehmer findet der Fischereibetrieb in den Räuchereien und Konservenfabriken, die hauptsächlich in Sassnitz-Krampass, Schaprode und Crösliu vertreten sind.

Was den Betrieb des Fischfanges anbelangt, so findet auf
Rügen vor allem Kleinbetrieb statt, wobei zwei bis drei Fischer
gemeinsam fischen und dazu Mitfischer und Knechte annehmen,
die nach Art der landwirtschaftlichen Arbeiter gemietet und
entlohnt werden.

Bezüglich des Verhältnisses der Fischer zur Landwirtschaft
verdient der Umstand Erwähnung, dass fast jeder Fischer ein
kleines Stück Feld besitzt und sich auch das zur Bestellung
desselben nötige Vieh dazu hält.[1])

Um von dem Ertrag des Fischfanges ein Bild zu geben,
sind nachstehende statistische Zusammenstellungen beigefügt,
die neben dem Durchschnittsfang der letzten 10 Jahre sowohl
das Ergebnis alles Fischfanges wie auch speziell des Herings-
fanges von Neuvorpommern und Rügen darstellen.

Gesamterträge vom April 1900 bis März 1901:

| 1. D. Nordostrand v. Rügen. | 2. D. Gebiet südl. v. Rügen. |
|---|---|
| der 10 jähr. Durchschn. 111815 M. | 121157 M. |
| im letzten Jahre 164146 „ | 141191 „ |

| 3. D. Westrand v. Rügen. | 4. Darss-Zingst. |
|---|---|
| der 10 jähr. Durchschn. 214455 M. | 36259 M. |
| im letzten Jahre 422671 „ | 30130 „ |

Der Heringsfang:

| 1. D. Nordostrand v. Rügen. | 2. D. Gebiet südl. v. Rügen. |
|---|---|
| der 10 jähr. Durchschn. 88858 M. | 84714 M. |
| im letzten Jahre 76235 „ | 72058 „ |

1) In Vitte auf Wittow z. B. bewirtschaftet nach Mitteil. des
dortigen Herrn Gemeindevorstehers jeder Fischer 2 1/4 ha Ackerland.

3. D. Westrand v. Rügen.       4. Darss-Zingst.
der 10jähr. Durchschn. 118259 M.      12165 M.
im letzten Jahre      72690 „      11095 „

Auffällig ist, dass der Gesamtertrag des Fanges im letzten Jahre den mittleren überschreitet, obgleich der Heringsfang hinter dem Durchschnitt um 23,7 % an Wert zurückgeblieben ist, ein Beweis dafür, dass bei schlechtem Heringsfang die Fischer doch durch den Fang anderer Fische, die besonders in den Badeorten hohe Preise erzielen, schadlos gehalten werden können.

Auf die Besiedelung und Volksdichte Rügens ist der Fischfang von grösstem Einfluss. Der gemeinsame, gesellschaftliche Betrieb der Fischerei, das Zusammendrängen der Fischersiedelungen an den geschütztesten und günstigsten Stellen der Küste und der geringe Besitz der Fischer an Äckern und Wiesen verleihen dem Fischereibetrieb im Gegensatz zur Landwirtschaft eine allerdings nur lokal, dafür aber auch in hohem Grade volksverdichtend wirkende Tendenz. Darum weisen alle Fischerdörfer der Insel eine weit über das Mittel hinausgehende Volksdichte auf; und da die Küstenfischerei bedeutender ist als der Fischfang in den Bodden, so befinden sich die meisten und grössten Fischerdörfer an der Peripherie der Insel. Durch zahlreiche geschützte Buchten und durch die Nähe des Festlandes mit seinen Schutz- und Absatzhäfen Cröslin, Wolgast, Greifswald und Stralsund sind hauptsächlich der östliche und südliche Teil der Insel bevorzugt, die deshalb zahlreiche Fischerdörfer und hohe Volksdichte aufweisen. Der Mangel[1]) an guten Häfen an den übrigen Küsten Rügens ist der Grund, dass nicht ein Kranz dichtbevölkerter Fischeransiedelungen rings um die Insel zieht, sondern dass diese Ansiedelungen ganz lokal nur an geeigneten Stellen der Küste sich vorfinden, getrennt von einander durch weite Strecken unbewohnter, weil für den Fischfang unbrauchbarer Gebiete (z. B. die Nordküste von Wittow).

---

1) Über die Begründung des Mangels an guten Häfen auf Rügen s. S. 74 ff.

#### 4. Die Kreidegewinnung.

Gegenüber dem unverkennbaren Einfluss, den die Fischerei auf die Volksdichte ausübt, besitzt ein dem Boden der Insel Rügen selbst entstammendes Produkt, die das Grundgebirge der Insel zusammensetzende Schreibkreide nämlich, nur eine untergeordnete Bedeutung. Die Kreide tritt zu Tage im Osten Rügens zwischen Lohme und Sassnitz, in dem Hügelgelände bei Sagard, ferner auf Arkona und endlich im Süden der Insel in der Nähe von Garz. In den übrigen Teilen der Insel ist sie zwar auch vorhanden, aber durch so mächtige Ablagerungen von glazialem Schutt überdeckt, dass eine lohnende Gewinnung ausgeschlossen ist. An den genannten Punkten jedoch wird sie in zahlreichen Kreidebrüchen abgebaut und in dazu errichteten Schlämmereien weiter verarbeitet. Die hier gewonnene Kreide findet gegenwärtig, nachdem ihre Verarbeitung zur Herstellung von Ziegeln und Mauerkalk schon seit Anfang des vorigen Jahrhunderts eingestellt ist, einmal als Rohkreide zur Cementfabrikation Verwendung und wird zu diesem Zweck, z. B. von dem Kreidebruch zu Lenz bei Krampass durch eine Drahtseilbahn, von Mönkendorf bei Sagard durch eine Feldbahn dort dem Sassnitzer Hafen, hier der Anlegestelle bei Neuhof am Grossen Jasmunder Bodden zugeführt. Andrerseits wird die Kreide in den Schlämmereien von Nipmerow, Hagen, Poissow, Quoltitz, Promoisel, Gummanz, Wittenfelde und Sagard, sämtlich auf Jasmund gelegen, zu Schlämmkreide verarbeitet, um, in Fässer verstampft, dann weiter zur Herstellung von Farben, als Beimengung zur Papierfabrikation und als Schreibkreide versandt zu werden. So rege sich auch in den Sommermonaten der Betrieb in den Kreidebrüchen und -Fabriken gestaltet, so übt derselbe einen nachweisbaren Einfluss auf die Volksdichte doch nicht aus. Die leichte Gewinnung der Kreide nämlich erfordert von vornherein nur eine geringe Zahl von Arbeitern. Dazu kommt, dass sich die Arbeit in den offenen Kreidebrüchen nur auf die Frühlings- und Sommermonate beschränkt, die Arbeiter deshalb genötigt sind, im Winter einer andern Beschäftigung nachzugehen. Die Zahl der in den Kreidebrüchen und -Fabriken beschäftigten Arbeiter

betrug nach der Gewerbezählung von 1895 701 Personen, d. i.
1,5 % der Gesamtbevölkerung. Diese Zahl verteilt sich aber
auf eine ganze Reihe von Bezirken und ist infolgedessen für
die Volksdichte belanglos.

### 5. Der Einfluss des Waldes und der Helden auf die Volksdichte.

Gehören auch die Wälder Rügens, wie bereits erwähnt
wurde,[1]) da eine Holzindustrie vollständig fehlt, namentlich
Sägemühlen und Holzstofffabriken des Mangels an Wasserkraft
wegen nicht vorhanden sind, zu den spärlichst bevölkerten
Teilen der Insel, so üben sie doch insofern sichtlich einen Einfluss auf die Volksdichtigkeit aus, als sich an ihren Rändern
eine grössere Zahl dichtbewohnter Ortschaften entlang zieht,
die die Grenze bezeichnen, bis zu welcher die Urbarmachung
der früher noch weiter ausgedehnten Waldungen vorgedrungen
ist. Daher sind die Siedelungen am Waldraude als Kolonistensiedelungen anzusehen, angelegt zur Verwandlung ehemaligen
Waldbodens in Ackerland. Die Schwierigkeit solcher Rodung
und Kolonisierung, verbunden mit dem Umstande, dass ausschliesslich kleine, nur wenig kapitalkräftige Ackerwirte derartige Waldparzellen erstanden, brachte es mit sich, dass jeder
Kolonist sich zunächst nur ein kleines Gebiet zur Bewirt-
schaftung herrichten konnte und zur Kolonisierung ausge-
dehnterer Waldflächen daher viele Ansiedler nötig waren,
woraus sich die dichte Bevölkerung der Kolonistendörfer am
Waldrande erklärt.

Ganz in derselben Weise trugen auch die Heidegegenden
indirekt zur Volksverdichtung bei, deren Besiedelung sich aus
der Notwendigkeit ergab, auch kärglichem Boden möglichsten
Ertrag abzuringen, nachdem die fruchtbaren Gebiete ihre Herren
gefunden hatten. Die Insel Rügen bietet besonders in den
Landgemeinden Hagen auf Jasmund, Dreschvitz, Sehlen,[2])

---

1) s. S. 42 u. 43.

2) Der Ort Sehlen bestand bis vor ungefähr 70 Jahren aus
2 grösseren Bauerngütern und 4 Büduerwirtschaften. Durch den um
diese Zeit stattfindenden parzellenweisen Verkauf der beiden Güter
und der rings um Sehlen befindlichen Heide durch den Fiskus entstanden Kolonistensiedelungen. In Dreschvitz ist der an der Strasse

Mölln-Medow und Baabe Beispiele für derartige dichtbevölkerte Kolonistensiedelungen am Waldrande oder auf ehemaligem Heidegebiet dar.

## 6. Der Verkehr.

### a) Schiffsverkehr.

Treten wir der Frage nach dem Einfluss der Verkehrsverhältnisse auf die Volksdichte näher, so haben wir zunächst zwei verschiedene Arten des Verkehrs zu unterscheiden: den Schiffsverkehr und den Binnenlandverkehr mittels Strassen und Eisenbahnen. Eiu Schiffsverkehr von Rügen nach den Gestaden der Ostsee findet gegenwärtig nur von Sassnitz aus statt, seitdem nach Anlage des dortigen Hafens und Ausbau der Eisenbahnlinie Stralsund-Sassnitz der Postverkehr, der früher von Stralsund nach Malmö gerichtet war, die Route Sassnitz-Trelleborg eingeschlagen hat. Im übrigen beschränkt sich der Verkehr von Dampfern ausschliesslich auf die Verbindung des Festlandes mit den Hauptbadeorten der Insel und dieser selbst unter einander und zwar auf den Routen Greifswald-Sassnitz und Stettin-Sassnitz, sowie durch zwei kleinere Dampfer von Stralsund nach Hiddensöe und Wiek. Breege und Wiek auf Wittow, Schaprode an der Westseite, Lauterbach im Süden der Insel, Polchow am Ostufer des Gr. Jasmunder Boddens und endlich Seedorf und Altefähr kommen ausser Sassnitz noch für den Verkehr kleinerer Segelschiffe zur Vermittelung des Warenaustausches zwischen den einzelnen Teilen der Insel sowie zum Festland hinüber in Betracht. Die ungünstigen Tiefenverhältnisse der gesamten Westküste und sämtlicher Binnengewässer, darunter auch der die Insel Rügen vom Festlande scheidenden Meeresstrasse des Strelasundes schliessen deu Zugang grösserer Schiffe von dem grössten Teil der Insel aus. Kaufmännische Anlagen, Speicher und Speditionsgeschäfte beschränken sich dementsprechend auf Sassnitz-Krampass uud in geringem Masse auf Lauterbach.

nach Gingst gelegene Teil der ältere. Die im östlichen Teil der Gemeindeflur liegende Kuhweide wurde in den 50er Jahren des vorigen Jahrhunderts parzelliert, wodurch auch hier eine Kolonie sich bildete. Mitteil. der HHr. Lehrer in Sehlen und Dreschvitz.

## b) Binnenlandverkehr und Strassensiedelungen.

Ungleich augenfälliger macht sich die volksverdichtende
Wirkung des Binnenverkehrs in der Anlage einer Reihe
volkreicher Dörfer und Städte an den Hauptstrassen der Insel
geltend. Ursprünglich als Rastpunkte für Menschen und Tiere
in Form von Poststationen und Herbergen schon von Wichtigkeit,[1]) letztere auf der Insel Rügen unter dem Namen „Krüge“
bekannt,[2]) entwickelten sich diese Siedelungen bei wachsendem
· Verkehr durch Zuzug von Handwerkern und Kaufleuten zu
inselartig isoliert liegenden Dichtecentren. Die noch heute
wichtigen Landstrassen Rügens sind auch schon in alter Zeit
die Hauptlinien des Verkehrs gewesen. Der eine Weg von
der Vitte auf Wittow und den altheidnischen Ansiedelungen
auf Arkona führte durch die Altekirche nach Wiek, über die
Wittower Fähre hinweg nach Trent, Gingst, Rambin und
endigte in Altefähr. Der andere ging gleichfalls von der
Wittower Vitte aus über die Schaabe nach Ruschvitz, Bobbin,
Sagard, Wostevitz, beim Hülsenkrug die Schmale Heide er-
reichend, am Heidekrug, dem jetzigen Heidehof vorüber nach
Zarnitz, Karow, Putbus, Kasnevitz und Rambin ebenfalls nach
Altefähr. Der dritte Weg endlich lief vom Thiessower Höft
an durch das Mönchgut nach Lancken, Putbus und Kasnevitz
bis auf den Rothenkirchner Berg, wo sich alle drei Hauptstrassen vereinigten.[3]) Dazu kommt als jetzt weitaus wichtigste
und durch eine Haupteisenbahnlinie gekennzeichnete die Strasse
von Altefähr über Bergen und Lietzow nach Sagard und
Krampass-Sassnitz.

Altefähr, der Handelstadt Stralsund gegenüber, bildete,
wie schon der Name vermuten lässt, von jeher einen Haupt-
zugang nach der Insel Rügen. Die an dieser Stelle nur 2,4 km
betragende geringe Breite des Boddens, die Beschaffenheit der
Ufer, die das Anlegen der Fährboote begünstigen, das frucht-

---

1) Ratzel: Anthropogeographie II, S. 430.
2) z. B. der „Hülsenkrug“ am Nordende der unfruchtbaren,
2 Stunden weit sich erstreckenden Schmalen Heide.
3) Grümbke-Indigena: Streifzüge durch das Rügenland.
Altona 1805, S. 44.

bare und wegsame Hinterland sowie in neuerer Zeit die Bedeutung Altefährs als Sommerfrische förderten das Emporblühen dieser Ortschaft, während die Anlage der Eisenbahn in Verbindung mit einigem Zuzug von Eisenbahnpersonal nur in geringerem Grade zum Wachstum des Ortes beigetragen haben.

Ganz besonders verhalf die günstige Lage an einer belebten Strasse der aus dem 1193 vom Fürsten Jaromar I. begründeten Cisterziensernonnenkloster hervorgegangenen jetzigen Hauptstadt Bergen zu ihrer Bedeutung. Bei der Lage dieses Ortes nahezu in der Mitte der Insel, wohin von allen Seiten der Boden sanft ansteigt, geniesst Bergen, ohne schwer zugänglich zu sein, den Vorteil einer mässigen Höhenlage, die es ermöglicht, von hier aus die ganze Insel zu übersehen und zu beherrschen,[4]) und wodurch sich Bergen schon äusserlich als das Centrum der Insel charakterisiert. Aber auch in Bezug auf Handel und Verkehr gebührt Bergen gegenüber anderen Ortschaften im Innern der Insel der Vorrang. Besonders nach seiner im Jahre 1613 erfolgten Erhebung zur Stadt entwickelte sich durch das damit verbundene Recht, Märkte und Jahrmärkte abzuhalten, ein immer regerer Handel und Verkehr zwischen Bergen und den übrigen Teilen der Insel, nach denen zahlreiche, radial von der Hauptstadt aus verlaufende Landstrassen hinführen. In letzter Zeit aber bedeutet einen weiteren Fortschritt im Verkehrswesen der Stadt die Anlage einer Haupt- und zweier Nebenbahnlinien, die sich bei Bergen kreuzen und es dadurch zum bequemer als früher zu erreichenden Mittelpunkt des Personen- und Güterverkehrs zwischen den einzelnen Teilen der Insel und dem Festlande gemacht haben. Dank dieser günstigen Umstände ist in der Bevölkerungszahl Bergens auch stets eine Zunahme zu verzeichnen gewesen. Grümbke beziffert 1805 die Einwohnerzahl der Stadt auf 1574 Seelen,[1]) Krassow im Jahre 1816

---

4) Dieser Umstand mag wohl die alten Slavenfürsten bewegen haben, sich gerade hier in dem 91 m hohen Rugard, einem alten Wendenwall, eine sichere Zufluchtsstätte zu schaffen.

1) Grümbke S. 285.

auf 2085,[1]) d. i. eine Zunahme um fast 3 % jährlich. 1864 hatte Bergen 3685 Einwohner, was seit 1816 ein durchschnittliches jährliches Wachstum um 1,6 % bedeutet.

In der Fortsetzung der Hauptlandstrasse und Haupteisenbahnlinie Rügens treffen wir auf den Flecken Sagard, der wie Bergen auf dem Hauptteil der Insel eine entsprechende centrale Lage auf der Halbinsel Jasmund inne hat und ebenfalls ein Kreuzungspunkt wichtiger Landstrassen ist, deren eine mit ihren Verzweigungen nach den Badeorten Krampass-Sassnitz und Lohme sowie nach den Kreidebrüchen und -fabriken von Jasmund führt, während die andere die Verbindung zwischen Wittow und Jasmund einerseits und dieser Halbinsel und dem südöstlichen Rügen andrerseits darstellt. Ausserdem steht Sagard in bequemer Verbindung mit dem grossen Jasmunder Bodden, indem es da angelegt ist, wo die die Halbinsel Jasmund hufeisenförmig im Norden, Osten und Süden umgebenden Hügel sich verlieren und an ihre Stelle ein fruchtbares Becken tritt, das sich im Westen nach dem Grossen Jasmunder Bodden öffnet. Auch die Einwohnerzahl Sagards bewegte sich dementsprechend stets in aufsteigender Linie. Es hatte nach Grümbke im Jahre 1805 518 Bewohner, nach der Zählung von 1885 1471 und im Jahre 1895 1628 Einwohner, was für den ersten Zeitraum ein Wachstum um 2,3 % pro Jahr und für den zweiten eine Zunahme um jährlich 1,07 % ergiebt.

An der Hauptstrasse im Westen der Insel Rügen sind Trent und Altenkirchen als Knotenpunkte wichtiger Verkehrswege Gebiete hoher Volksdichte geworden; zwischen Trent und Altefähr kommt an dieser Strasse noch das Dichtecentrum von Gingst in Betracht, 2 1/2 km entfernt vom Vereinigungspunkt dieser westlichen Verkehrsader mit der von Bergen kommenden Landstrasse.

Altenkirchen auf Wittow, einer der ältesten Stützpunkte des Christentums auf Rügen, hat heutzutage Bedeutung als Durchgangspunkt für den Handel mit Getreide. In der Mitte, dem fruchtbarsten Teile der überhaupt ertragsreichen Halb-

---

1) v. Krassow: Beiträge zur Kunde Neuvorpommerns und Rügens. Greifswald 1865, S. 25.

insel Wittow gelegen,[1]) führen nach Altenkirchen etwa zehn
Landstrassen, auf denen vornehmlich Weizen von den umliegenden Gütern durch Altenkirchen geführt wird, um dann
von Breege oder Wiek aus verschifft oder von Altenkirchen
selbst mit der Bahn verfrachtet zu werden.

Bei dem Dorfe Trent entstand dadurch eine Strassen-
kreuzung, dass durch das Neuendorfer Wiek im NO. und das
Udarser Wiek im SW. eine 10 km weit nach W. sich erstreckende Halbinsel herausgeschnitten wurde, weswegen sich
eine Abzweigung von der nordsüdlich verlaufenden Landstrasse
nach W. nötig machte. Auf dem kürzesten Wege ist dadurch
von Trent aus in fast genau nördlicher Richtung die Halbinsel Wittow und nach Westen zu der einzige Hafen der
rügenschen Westküste, Schaprode, zu erreichen.

Der Ort Gingst hat durch seine Vieh- und sonstigen
Märkte vor dem Dorfe Trent die Bedeutung als beachtens-
werter Marktflecken voraus, weshalb seine Volksdichte auch
höher ist als die von Trent. Seit 1805 ist die Einwohnerzahl
von 540 auf 1303 Seelen gestiegen, sodass eine durchschnittliche
jährliche Zunahme um 1,6% stattgefunden hat.

An der durch den südlichen Teil der Insel Rügen verlaufenden Hauptstrasse verdienen Garz und Putbus Erwähnung
als dichtbevölkerte Strassensiedelungen.

Garz, von Altefähr und von Bergen 16 km entfernt, war
ursprünglich die einzige Stadt auf Rügen und schon damals
ein wichtiger Handelsplatz. Durch seine Lage in der Mitte
zwischen Altefähr und Bergen bezeichnet Garz einen erwünschten
Rastpunkt für den Verkehr, wie es andrerseits für die südlich
von Garz in den Greifswalder Bodden vorspringende fruchtbare Halbinsel Zudar der nächstgelegene und am bequemsten
zu erreichende Absatzplatz für den Getreideertrag vom Zudar
ist. Die Einwohnerzahl der Stadt Garz betrug im Jahre 1816
1156 Personen und 1864 2219 Seelen,[2]) sodass sich die Einwohnerzahl von Garz in dieser Zeit um 91,95% oder jährlich
um durchschnittlich 1,9% erhöht hat.

---

1) s. S. 55.
2) v. Krassow, S. 3.

Wenngleich Putbus als Vereinigungspunkt der Landstrassen von Bergen, Mönchgut und Jasmund her auch als
Strassensiedelung Bedeutung hat, so darf doch nicht übersehen
werden, dass es in noch höherem Grade andern Umständen
seine heutige Wichtigkeit verdankt, in erster Linie dem Wohlwollen des kunstsinnigen Fürsten Malte, der 1810 seinen Bauern
mancherlei Freiheiten verlieh und sie wirksam unterstützte,
wenn sie sich in diesem Bezirk ansiedeln wollten. Ebenso
trug die 1836 erfolgte Gründung des Pädagogiums zum Auf-
blühen von Putbus bei, wie endlich die Erbauung eines Theaters,
die Anlage des prächtigen Parkes und das nahegelegene Friedrich-
Wilhelmsbad den Ort durch Fremdenzuzug zu einer vielbesuchten Sommerfrische sich entwickeln liessen.[1]

## III. Die Siedelungen in ihrem Verhältnis zu den Küsten Rügens.

An früherer Stelle ist bereits die Bedeutung einer Anzahl
Ortschaften als Küstensiedelungen hervorgehoben worden.[2]
Es erübrigt, durch eine spezielle Betrachtung der verschiedenen
Küstenformen und ihres Verhältnisses zu den Siedelungen die
die Volksdichte befördernde oder hindernde Wirkung der Küsten
näher zu beleuchten.

Die im Eingang unsrer Arbeit erwähnte beispiellos reiche
horizontale Gliederung der Insel,[3] ihre förmliche Zerlappung
durch tief einschneidende Buchten und Meeresstrassen bringt
es mit sich, dass die Entfernung der Ansiedelungen vom offenen
Meer oder den Binnengewässern, den Bodden, nur eine geringe
sein kann. In der That haben von sämtlichen Ansiedelungen
der Insel Rügen nur 23 eine grössere Entfernung als 5 km
(in Luftlinie gerechnet), aber auch sie nur um einen geringen
Betrag mehr. Die Tabelle giebt diese Ortschaften an.

---

1) Denkschrift zur Feier des 50jähr. Jubiläums des Pädagogiums,
Putbus 1886.
2) s. S. 60 ff.
3) s. S. 37 u. 38.

| Ortschaft | nächstgelegener Bodden | Entfernung in km Luftlinie |
|---|---|---|
| Gr. Kubbelkow | Kl. Jasmunder Bodden, Landower u. Priebrowsche Wedde | 7,4 |
| Teschenhagen | Priebrowsche Wedde | 7,1 |
| Muglitz | Landower „ | 7,1 |
| Gr. u. Kl. Kniepow | Rügenscher Bodden | 6,7 |
| Kl. Kubbelkow | Kl. Jasmunder „ | 6,6 |
| Platvitz | Landower Wedde | 6,6 |
| Swiene | Priebrowsche „ | 6,4 |
| Sehlen | Rügenscher Bodden | 6,3 |
| Berglase | Priebrowsche Wedde | 6,2 |
| Ramitz | Koselower See | 5,9 |
| Dumrade | Priebrowsche Wedde | 5,9 |
| Boldevitz | Koselower See | 5,9 |
| Karnitz | Rügenscher Bodden | 5,8 |
| Koldevitz | „        „ | 5,8 |
| Bietegast | Priebrowsche Wedde | 5,8 |
| Gademow | Kl. Jasmunder Bodden | 5,8 |
| Alt-Sassitz | „      „      „ | 5,8 |
| Gützlaffshagen | Puddeminer Wiek | 5,7 |
| Frankenthal | Kubitzer Bodden | 5,4 |
| Reischvitz | Kl. Jasm. „ | 5,3 |
| Kowall | Rüg. | 5,3 |
| Neu-Sassitz | Kl. Jasm. „ | 5,2 |

So sehr sich hiernach dank der reichen Küstengliederung sämtliche Ortschaften der Küste nähern, so sind doch eigentliche Küstensiedelungen nur in verhältnismässig geringer Zahl vorhanden. Der Grund hierfür liegt in der vielfach ungünstigen Beschaffenheit der Küste selbst. Von untergeordneten Zwischenformen abgesehen, lassen sich auf Rügen namentlich zwei Küstenformen unterscheiden, nämlich Steil- und Flachküsten.

Beide treten sowohl als Begrenzung gegen das offene Meer als auch als Umrahmung der Binnengewässer auf.

## A. Einfluss der Steilküsten auf die Besiedelung.

Die Steilküsten charakterisieren sich als geschlossene Kliffküsten und sind als solche für die Besiedelung und Hafenanlage ungünstig. „An der einen Stelle in Gestalt gewaltiger, auf ihrer Höhe bastionartig ausgezackter Mauern, an der anderen in Form kühn aufragender spitzer Pfeiler und Pyramiden, am Königsstuhl auf Stubbenkammer als mächtiger, 120 m hoher Felskegel, streben an den Steilküsten Jasmunds die Kreidefelsen in blendendem Weiss empor, umrahmt von dem üppigen Grün herrlicher, die Höhe und die flacheren Böschungen der Gehänge bedeckenden Buchenwaldungen. In senkrechten gelben Lehmwänden stürzen an anderen aus Diluvium bestehenden Küstenstrecken die Ränder der Inselkerne zum Strande ab, um wieder an anderen Stellen von schräg abgeböschten, weit hinauf von Sanden überwehten oder grün bewachsenen Gehängen abgelöst zu werden."[1])

Diese Steilküste findet ihre Hauptverbreitung gegen das offene Meer hin und zwar hauptsächlich an der Nord- und Ostküste von Wittow, wo sie bis 45 m ansteigt, ferner an der Aussenküste von Jasmund, wo sie in dem 120 m hohen Königsstuhl kulminiert. Sie begleitet sodann den ganzen Nordabfall der Granitz bis über Sellin hinaus, die Inselkerne von Göhren und Reddevitz, die Westseite von Grosszicker und die Südostseite von Thiessow, im äussersten Nordwesten endlich den Dornbusch auf Hiddensöe. An allen diesen Strecken ist die Basis dieser Steilküsten umsäumt von einem oft 20 m und darüber breiten Streifen mächtiger Geröll- und Schuttablagerungen, die sich unter dem Meere unterseeisch, durch einzelne aufragende Blöcke gekennzeichnet, gefahrdrohend an manchen Stellen noch mehrere hundert Meter weit fortsetzen. Der geschlossene Verlauf dieser Steilküsten, die nur hier und da durch steilwandige, vom Wasser eingeschnittene Schluchten,

---

1) Credner S. 8.

sogenannte Lieten, unterbrochen werden, die Steilheit ihrer Abstürze, der vorgelagerte Blockstrand endlich machen diese Küstenstrecken zu den unnahbarsten zumal für grössere Fahrzeuge, verbieten die Anlage von Hafenplätzen und schliessen somit jede Besiedelung von vornherein aus. Nur jene Schluchten bieten hier und da namentlich an nicht allzuhohen Steilküsten eine Gelegenheit zum leichteren Erreichen des Strandes und an demselben durch Wegräumung des Blockmaterials zur Anlegung von Landungsstellen für kleinere Boote. Dies gilt insbesondere von einer Schlucht an der Ostküste Wittows, in deren Hintergrund aus einer ehemaligen Vitte sich im Laufe der Zeit ein kleines Fischerdorf, das heutige Vitte entwickelt hat. 13 Fischerhütten ziehen sich in dieser Schlucht bis nahe an den dort in der eben erwähnten Weise geschaffenen kleinen Landungsplatz heran. Ähnlich bedingt, schliesst sich die Ortschaft Nardevitz an eine gleichartige Schlucht der Nordküste von Jasmund an, nur dadurch von Vitte unterschieden, dass sie sich bloss auf das obere Ende der dortigen Liete erstreckt. Auch Sassnitz, gegenwärtig über einen grossen Teil des anschliessenden Plateaus ausgebreitet, bildete noch in den 60er Jahren eine dem Dorfe Vitte ganz ähnliche Ansiedelung, die sich langgestreckt zu beiden Seiten des dortigen Baches die Schlucht hinabzog. Wenn jetzt Sassnitz ebenso wie die ursprünglich hoch oben auf dem Plateau gelegenen Orte Lohme und Krampass ihre Baulichkeiten in breiter Front bis an den Steilhang und den Strand vorgeschoben haben, so ist dies eine Folge ihrer Umgestaltung zu den gesuchtesten Badeorten Rügens und der dadurch bedingten Expansionsnotwendigkeit.

Mit den genannten Ortschaften ist die Zahl der eigentlichen Küstensiedelungen an den gegen das offene Meer gerichteten rügenschen Steilufern von Wittow und Jasmund erschöpft, soweit diese Ansiedelungen nämlich ihrer Entstehung und ihrer wirtschaftlichen Bedeutung nach auf das Meer angewiesen sind. Wohl liegen auf der Höhe der Steilküsten Jasmunds sowohl wie Wittows nahe am Steilabfall noch eine Reihe anderer Ansiedelungen, wie beispielsweise Goos, Kreptitz und Varnkevitz im Norden, Goor und Nobbin im Osten von

Wittow und Koosdorf, Bisdamitz und Blandow auf Jasmund.
Mit dem Meer und der Küste aber haben sie nichts zu schaffen;
sie sind rein landwirtschaftlichen Ursprungs und auf die Ausnutzung des fruchtbaren Ackerbodens jener Gegenden angewiesen und dürfen darum nicht zu den Küstensiedelungen
gezählt werden.

An den Steilküsten des südöstlichen Rügens kommt
als Küstensiedelung nur Göhren in Betracht; dieses umsomehr,
als es zwar auf der Höhe des hier kaum kilometerbreiten Aus-
läufers des dortigen Diluvialrückens gelegen, doch nach Norden
sowohl wie nach Süden gegen den von der Höhe aus auf be-
quemem Abstieg leicht zu erreichenden Strand vorgeschoben
ist und je nach der herrschenden Windrichtung die Vorteile
beider Seiten für den Fischfang ausnutzen kann.

Als eine Lietensiedelung im äussersten Südwesten kann
auch Altefähr angesprochen werden. Die übrigen Steilküsten
der Aussenseite Rügens auf Mönchgut namentlich sowie gegen
den Grossen Jasmunder Bodden besitzen nur geringe Erstreckung und gewähren an ihren beiderseitigen Flanken
leichtere Zugänglichkeit zum Meer und damit Gelegenheit zur
Besiedelung. So gruppieren sich, um nur das eine Beispiel
anzuführen, die Baulichkeiten von Thiessow rings um die
dortige Steilaufragung; ähnliches gilt von Lobbe, Zicker und
Gager.

Eine besondere Stellung nehmen die beiden Ansiedelungen
ein, die sich eines Leuchtturmes wegen auf hoher Steilküste
vorfinden. Auf dem 46 m hohen Nordostvorsprung Wittows
erhebt sich der Leuchtturm von Arkona mit einem Wärter-
häuschen und einem Gasthaus und auf dem 72 m hohen Dornbusch im Nordwesten der Insel der Leuchtturm von Hiddensöe.

## B. Einfluss der alluvialen Schwemmlandküsten auf die Besiedelung.

Ebensowenig wie die Steilküsten sind die auf weite Strecken
die Aussenküste Rügens bildenden alluvialen Flachlandstreifen der Besiedelung günstig, allerdings aus anderen
Gründen. Ihre Länge beziffert sich gegen das offene Meer

hin im ganzen auf 43,610 km. Hauptsächlich gehören zu ihnen die Schaabe zwischen Wittow und Jasmund, die Schmale Heide zwischen Jasmund und der Granitz, die Baaber Heide zwischen der Granitz und Mönchgut, der Lange Strand zwischen Lobbe und Thiessow, der Bug auf der Westseite von Wittow und der Gellen, der südliche Teil Hiddensöes, der sich an den Dornbusch anschliesst.

Die Gründe für die äusserst geringe Besiedelung aller dieser Flachlandstreifen sind namentlich dreierlei Art: ihre geringe Höhe über dem Meeresniveau und die dadurch bedingte Gefährdung durch Stürme und vor allem durch Sturmfluten, ferner ihre schwere Zugänglichkeit vom Meere aus, bedingt durch die geringe Tiefe der Strandgewässer und durch das Vorhandensein in ihrer Lage fortwährend veränderter Sandbänke und Riffe, und endlich durch die Sterilität des vorwiegend aus See- und Dünensand bestehenden Bodens.

Im allgemeinen unmittelbar ins Meer untertauchend, erheben sich diese Flachlandstreifen nur an einigen wenigen isolierten Punkten zu mehreren Metern Höhe. Das sind dann die Stellen, an denen eine Besiedelung dieser Flachlandstreifen stattgefunden hat. So liegt auf der „inselförmigen Hervorragung am Kegelinberg" auf der Schaabe 10 m hoch das Forsthaus Gelm und weiter südlich in 6 m Höhe der Gutshof Wall, während wir an der Strasse am Ostufer des Kleinen Jasmunder Boddens auf den nur 2 m hoch gelegenen Heidehof und das Forsthaus Prora treffen, das 8 m hoch liegt. Auf dem Bug befinden sich nur einige staatliche Gebäude,[1]) während der Lange Strand ganz unbewohnt ist. Welchen Gefahren solche Ansiedelungen auf diesen Flachlandstreifen ausgesetzt sind, die sich der erwähnten höheren Lage nicht erfreuen, zeigen die bei Sturmfluten eintretenden Überschwemmungen und Durchbrüche an den am meisten exponierten Punkten. Auf Rügen sind aus neuerer Zeit die Sturmfluten von 1826, 1865 und vom 13. November 1872 bekannt, von denen die letzte die verhängnisvollste war. Sie durchbrach das schon

---

[1]) Posthaus, Lotsen- und Zollstation und Schule.

früher zerrissene Hiddensöe südlich von den beiden Fischerdörfern Neuendorf[1]) und Plogshagen sowie die Nordwestspitze
von Wittow vor dem Fischerdorfe Dranske. Ein 2 km langer
Steindamm auf Hiddensöe und eine starke Mauer aus Quader-
steinen bei Dranske gewähren seit jener Zeit diesen Ortschaften
die nötige Sicherheit. Dass man nicht überall auf diesen
Flachlandstreifen schützende Strandmauern, Deiche und Dämme
anlegt, hat seinen Grund darin, dass trotz solcher Schutz-
vorkehrungen diese Flachlandstreifen wegen der erwänten Unfruchtbarkeit des Bodens sich nicht zur Besiedelung eignen
würden, und das umsoweniger, als bei der geringen Breite von
wenigen hundert Metern diese Schwemmlandstreifen immer von
neuem durch Sande überweht werden, wodurch eine Humifi-
zierung, wie sie bei der Baaber Heide (1200—2000 m breit)
stattgefunden hat, vereitelt wird. Unter solchen Umständen
ist es erklärlich, dass die Besiedelung der alluvialen Schwemmlandstreifen so geringfügig ist und unter den wenigen Ansiedelungen daselbst nur die drei Fischerdörfer Vitte, Neuendorf und Plogshagen auf Hiddensöe als Küstensiedelungen bezeichnet werden können.

## C. Die Siedelungen an den Bodden.

Vorteilhaft sind diesen Aussenküsten gegenüber die den
Bodden zugewandten Küstenstrecken, einmal, weil sich Steilküsten hier nur auf ganz kurze Erstreckungen finden, z. B.
bei Banzelvitz und südlich von Wiek, sodann wegen des fruchtbaren Acker- und Wiesenlandes im Hintergrunde der Bodden
und endlich im Hinblick auf die geschützte Lage, deren sich
eine Ansiedelung am Bodden gegenüber denen am offenen
Meer erfreut. Mit Rücksicht auf letztgenannten Vorteil finden
wir auf Rügen an solchen Stellen, die die Anlage einer Siedelung sowohl am offenen Meer als auch am nahegelegenen

---

1) Neuendorf ist erst Anfang des 18. Jahrh. durch Verlegung
des an einer besonders gefährdeten Stelle gelegenen Dorfes Glambek
entstanden: „Glambeke ist anietzo desolat, wie wohl nicht weit
davon einige Häuser wieder aufgebaut sind. Der Ort heisset Neuendorf." Wackenroder S. 347, um d. Jahr 1710.

Bodden gestatteten, die Ansiedelung immer an letzterem vor. Das gilt z. B. von dem Fischerdorf Dranske auf Wittow, wo diese Halbinsel in einer Breite von nur 700 m den Wieker Bodden von der offenen See scheidet, wie auch von dem Gute Kloster und dem Fischerdorfe Vitte auf Hiddensöe, von denen letzteres, das früher in der Mitte zwischen dem offenen Meere und dem Vitter Bodden lag,[1]) bei seinem späteren Wachstum seine Häuser jetzt bis zum Bodden vorgeschoben hat. Wenn es auf Rügen nicht zahlreichere Beispiele dieser Art giebt, so liegt das daran, dass nur an wenigen zur Besiedelung geeigneten Stellen offenes Meer und Bodden einander so nahe kommen, dass einer Ansiedelung die Wahl der Anlage zwischen Bodden und offener See übrig bliebe.

Bedeutet die Lage am Bodden schon an sich die Gewährung grösseren Schutzes bei Stürmen und Sturmfluten, so wird derselbe noch vermehrt, wenn grössere oder kleinere Inseln dem Bodden vorgelagert sind. So legt sich das langgestreckte Hiddensöe schützend vor einen grossen Teil des westlichen Rügens, während die Insel Öhe bei Schaprode diesem Hafen und der Vilm im Greifswalder Bodden dem Hafen Lauterbach besonderen Schutz angedeihen lassen.

Von dem Vorteil der geschützten Lage aber abgesehen, stehen doch die Boddensiedelungen hinter den Häfen am offenen Meer wegen der grösseren wirtschaftlichen Bedeutung der letzteren weit zurück. Es findet in dieser Hinsicht eine deutliche Abstufung in der Wichtigkeit der verschiedenen Häfen statt und zwar in der Weise, dass Sassnitz als einziger Hafen am Meere die erste Stelle einnimmt. Ihm folgen die Hafenplätze Lauterbach und Altefähr in grosser Nähe des Festlandes und der offenen See. An dritter Stelle stehen Häfen wie Wiek, Breege und Schaprode, von denen aus die Schiffe schon bedeutendere Entfernungen zu durchmessen haben, um das offene Meer oder das pommersche Festland zu erreichen. In noch höherem Grade gilt dies von den Häfen am Gr. Jasmunder Bodden, weshalb Polchow, Neuhof und Lietzow noch geringere

---

1) s. Spezialkarte der Insel Rügen von Friedr. v. Hagenow. Berlin 1828.

Bedeutung haben als die vorhergenannten Häfen und der abgeschlossene Kl. Jasmunder Bodden überhaupt ohne Hafen ist.

Zu diesem wirtschaftlichen Nachteil, den die Lage am Bodden wegen dessen grösserer oder geringerer Abgeschlossenheit für eine Siedelung daselbst mit sich bringt, gesellt sich noch die Schwierigkeit der Anlage unmittelbar am Bodden, bedingt durch die fortschreitende Verlandung der Binnengewässer durch Pflanzenwucherungen und Sandüberwehungen.[1]) Der abnehmenden Höhe der Insel nach Westen zu entsprechend, ist die Verlandung hier grösser als im Osten, ausserdem bedeutender in den Binnenseen und kleinen abgeschlossenen als in den grossen und offenen Bodden. Die bei solcher Verlandung entstandenen Moorpläne von schwammiger Beschaffenheit, vielfach noch durchzogen von zahlreichen grösseren und kleineren Wasseradern und wegen ihrer niedrigen Lage oft nur durch Dämme vor Überschwemmungen zu schützen, bilden meist keinen genügend festen Untergrund für die Anlage von Siedelungen. In allen diesen Fällen musste man die Ortschaften auf dem hinter dem Bodden weiter landeinwärts gelegenen höheren Gelände anlegen, wodurch zahlreiche Ortschaften von der Küste verdrängt wurden. Als Beispiele hierfür mögen nur Trent, Zittvitz, Tetel und Sellin und an einem Binnensee Rappin Erwähnung finden.

### D. Die passive Lagenveränderung der Siedelungen Rügens am Meer und an den Binnengewässern.

Aus der entgegengesetzten Thätigkeit, die die brandenden Meereswogen an den Steilküsten in zerstörendem Sinne ausüben gegenüber der aufbauenden Thätigkeit der ruhigen Binnengewässer mit ihren Pflanzenwucherungen, ergiebt sich eine stete passive Lagenveränderung der Siedelungen zu den Küsten. Sie tritt in zwei Formen auf, nämlich als ein Vorrücken der Siedelungen nach der Küste zu an den rügenschen Steilufern und als ein Zurückweichen binnenwärts an den flachen Küsten der Bodden und Seen der Insel Rügen.

---

1) s. S. 39.

### 1. Das Vorrücken der Siedelungen an den Steilküsten.

Der Grund für das Vorrücken der Ansiedelungen an den Steilküsten ist in dem Küstenverlust zu suchen, den diese Küsten dauernd erleiden. Er wird hauptsächlich durch den nur geringen Widerstand herbeigeführt, den das Material der Steilküste, hier die Kreide, dort der diluviale Lehm, dem heftigen Anprall der Meereswogen zu leisten vermag und tritt deutlich zu Tage in dem oft meterhohen und breiten Wall von Flintknollen und erratischen Blöcken, von denen erstere vor dem Verfall der Küste in der Kreide, letztere im diluvialen Lehm eingebettet waren. „Die Abtragung an der Küste wird dadurch von Jahr zu Jahr deutlicher sichtbar."[1]) Andrerseits verdanken die Steilküsten diesem Gesteinswall einen natürlichen Schutz, der freilich dadurch teilweise beeinträchtigt wird, dass vorüberfahrende Schiffe den Vorstrand nach Belieben von Steinen räumen dürfen.[2]) Planmässig sucht man hier und da durch künstliche Anlagen dem Ansturme der Wogen zu begegnen, indem man z. B. bei Arkona und Vitte den Strand schräg abgeböscht und mit grossen Quadern gepflastert hat.[3])

Der zerstörenden Wirkung der Wellen leisten die Witterungseinflüsse in der Weise erfolgreich Hilfe, dass durch die Sprengwirkung des Frostes im Winter, das Schmelzwasser und die Stürme des Frühlings und die Regengüsse im Sommer tiefe Rinnen und Spalten sich bilden und die losgelösten grossen Schollen des lockeren Küstenmaterials in die Tiefe stürzen.

Was die Grösse solchen Küstenverlustes betrifft, so ist sie sehr verschieden. Der Küstenverlust war während eines langen Zeitraumes nur gering bei den beiden Bauerndörfern Goor und Nobbin[4]) auf Wittow, sodass man bei Vergleichung einer

---

1) Deecke, S. 13.

2) Mitteil. des Herrn Gutsvorstehers Dransch in Vitte auf Wittow.

3) „Die Grundherrschaft (der Fiskus) hat zum Schutze beider Ortschaften (Arkona und Vitte) gegen die Erdrutschungen Schutzmauern aufführen lassen, denen wir es verdanken, dass bis jetzt noch keine Häuser eingestürzt sind. Da aber von Natur der Vorstrand immermehr weggespült wird, werden diese Mauern auf die Dauer nicht standhalten können." Ders.

4) Mitteil. des H. Gutsvorstehers Behn in Goor.

Karte von heute mit der Spezialkarte v. Hagenows aus dem
Jahre 1828 einen messbaren Unterschied in der Lage beider
Orte zum Meere zwischen damals und jetzt nicht feststellen
kann. Das Dorf Vitte hingegen hatte in den letzten Jahren
da, wo die Schutzmauern zu Ende sind, einen Küstenverlust
von 5—10 m zu beklagen. Bei Arkona[1]) ergaben diesbe-
züglicbe Messungen einen jährlichen durchschnittlichen Küstenverlust von 15—30 cm durch die Wellen und von 1,3 cm
durch den Winterfrost.[1])

Der Zerstörung der Steilküsten entsprechend, sind auch
die Ansiedelungen auf ihnen bedroht und dem schliesslichen
Untergange geweiht, wie man denn auf Rügen auch thatsächlich
Punkte an der Küste zeigt, wo früher Ansiedelungen gelegen
haben, die jetzt verschwunden sind. So erinnert der Vitte-
grund an der Nordküste von Wittow, „wo Hunderte von Fuss
der Küste weggespült sind,"[2]) an die Gronower und Trasser
Vitte, die nebst einer ehemaligen Vitte auf Mönchgut noch
auf dem Atlas von Henr. Hondius vom Jahre 1663 verzeichnet
sind. Beim Untergang dieser Siedelungen handelt es sich
jedenfalls nur um einzelne Hütten, da ja die Vitten, wie erwähnt,[3]) nur zeitweise bewohnte Örtlichkeiten waren, die wohl
auch nicht durch plötzlich eintretende Katastrophen, sondern
im Laufe längerer Zeiträume ein Opfer der Wellen wurden.
Gestützt wird letztere Vermutung durch die Angaben, die
Lehmann über den Küstenverlust an der hinterpommerschen
Küste macht, wo ganz ähnliche Verhältnisse obwalten.[4]) Wenn
er demgegenüber erwähnt, dass an manchen Stellen der
pommerschen Küste wegen ganz bedeutenden Küstenverlustes[5])

---

1) Dr. Schultz: Beiträge zur Geognosie von Pommern, in den
Mitteil. der naturwissenschaftl. Vereinigung von Neuvorpommern und
Rügen. Berlin 1869.

2) Dr. P. Lehmann: Pommerns Küste von der Dievenow bis
zum Darss. Breslau 1878.

3) s. S. 59.

4) Dr. P. Lehmann berichtet über eine Kirche am Steilabsturz
von Hoff, die noch heute steht trotz des ihr schon vor 100 Jahren
prophez. Unterganges. Das Küstengebiet Hinterpommerns. Berlin 1884.

5) Heringsdorf soll allein im Jahre 1874 10 m Küste eingebüsst haben.

die Abtragung und Verlegung der bedrohten Häuser sich nötig
macht, so ist mir für Rügen kein Beispiel dieser Art bekannt,
sei es, dass der Küstenverlust an der rügenschen Steilküste
überhaupt geringer ist als an der festländischen oder sei es,
dass bei der geringen Zahl der Siedelungen und ihrer meist
einige hundert Meter betragenden Entfernung vom Steilabsturz
der Küstenverfall auf Rügen weniger wahrnehmbar ist. Mit
Sicherheit steht aber fest, dass die Küstenverluste wenigstens
in geschichtlicher Zeit nicht so bedeutend gewesen sind, dass
dadurch die Umrisse der Insel Rügen merklich verändert
worden wären.[1]

Wie die Steilküsten am offenen Meer, so haben auch die
an den Bodden Küstenverlust aufzuweisen, wenn auch, dem
ruhigeren Wasser der Bodden gemäss, in geringerem Masse
als an der offenen See. Aus diesem Grunde hat z. B. die
Strasse, die von Wiek auf Wittow an der Steilküste entlang
nach Süden führt, in der Zeit von 1760—1820 zweimal und
in den letzten drei Jahren wegen erneuten Küstenverlustes
abermals um mehrere Meter landeinwärts verlegt werden
müssen.[2] In gleicher Weise hat die Westküste des Gr. Jasmunder Boddens bei den Banzelvitzer Bergen Küstenverlust erlitten, wodurch das Gut Gross-Banzelvitz jetzt dem Ufer näher
liegt als früher.[3]

## 2. Das Zurückweichen der Siedelungen an den flachen Küsten der rügenschen Binnengewässer.

Der Zertrümmerung der Steilküsten steht die Verlandung
der rügenschen Binnengewässer gegenüber,[4] dem Vorrücken
der Siedelungen nach dem Steilabsturz zu ein unfreiwilliges
Zurückweichen der Ortschaften vom Ufer an den
flachen Küsten der Binnengewässer, meist verbunden
mit einer Formveränderung dieser Küsten, wofür im folgenden
einige Belege erbracht werden sollen: In erster Linie sei die

---

1) Fabricius, Bd. I, S. 4 u. 5.
2) Mitteil. von Hr. Kantor Wangelin in Wiek.
3) s. die Spezialkarte von v. Hagenow.
4) s. S. 39.

Westküste von Wittow nördlich von Wiek erwähnt, wo die Tiefenlinie von 1 m sich plötzlich auffällig nach der Mitte des Boddens zurückzieht, weil die Wellen an diesem Teil der Küste und vor allem an ihrer Umbiegung das Material ablagern, das sie weiter südlich weggespült haben.[1]) Infolgedessen ist der einstige ziemlich spitze Winkel an der Umbiegung jetzt ausgefüllt, die Konturen der Küste erscheinen an dieser Stelle abgerundeter, eine ehemalige halbinselartige kleine Hervorragung ist ganz verschwunden, und die Ansiedelungen Buhrkow und Bauz sind um einige hundert Meter landeinwärts gerückt.[2]) In ähnlicher Weise erscheint die einst stark gekrümmte Bucht bei Reetz im Neuendorfer Wiek jetzt abgeflacht; das Nordostende des Breeger Boddens hat eine Verkürzung, die Schaabe dadurch an dieser Stelle eine Verbreiterung um etwa 100 m erfahren. Bei Grubnow am Lebbiner Bodden hat sich an die dort im Wasser lagernden grossen Steine, den „grossen Haken", ein alluviales Gebilde angesetzt, wodurch Gross-Grubnow, früher direkt am Bodden gelegen, jetzt gegen 200 m in der Richtung des Anschwemmungsgebietes binnenwärts gerückt ist. Endlich möge noch Lubitz am Gr. Jasmunder Bodden Erwähnung finden, vor dem eine früher vorhandene Einbuchtung durch alluviale Anschwemmungen ausgefüllt worden ist.

Die gleiche Erscheinung fortschreitender Verlandung in Verbindung mit der daraus sich ergebenden immer grösser werdenden Entfernung der Siedelungen vom Ufer tritt uns auch bei den Seen der Insel Rügen entgegen. Trotz der bedeutenden Zahl kleinerer und grösserer Seen und trotz der Vorliebe der Menschen, sich so nahe als möglich am Wasser anzusiedeln, finden wir die rügenschen Ansiedelungen doch nie direkt am See gelegen, sondern stets da, wo die moorige Neulandbildung in höheres und festeres Terrain übergeht.[3])

---

1) s. S. 83.

2) Alle diese vergleichenden Angaben gründen sich auf die Spezialkarte von F. v. Hagenow. Berlin 1828. Des abweichenden Massstabes wegen, in dem diese Karte im Vergleich zu den heutigen angefertigt ist, lässt sich die Lagenveränderung der Siedelungen nicht genau nach Metern ausmessen, weshalb auf bestimmte Zahlenangaben verzichtet werden musste.    3) s. S. 80.

Hinsichtlich dieser Verlandung zeigt eine Vergleichung mit der Hagenow'schen Karte, dass z. B. der Schmachter See seine Form im Süden und Westen wesentlich verändert und eine kleine kopfförmige Halbinsel angesetzt hat, durch die das Südende eine Zusammenschnürung erfahren hat. Die hierdurch erfolgte Verkleinerung des Sees bringt es mit sich, dass Hagen und Schmacht gegenwärtig etwa 150 und 300 m weiter vom See entfernt sind als früher, während Binz an der höher gelegenen und darum nur wenig verlandeten Südost-küste seine Entfernung vom Schmachter See nicht geändert hat. Durch die Einbusse, die der Rappiner See besonders in seiner Längsrichtung in einer Ausdehnung von ungefähr 200 m erlitten hat, ist Gross-Banzelvitz vom See zurückgedrängt worden. Um eine gleiche Strecke ist der Ossen an seiner breitesten Stelle von Westen und Osten her zusammen-geschrumpft und daher um diese Strecke jetzt weiter vom Gute Stedar entfernt, wie auch die Entfernung vom Ossen bis Strüsseudorf um denselben Betrag gewachsen ist.

## IV. Die Anlage und Form der Siedelungen nebst kurzem Abriss über Häusertypen auf Rügen.

Hinsichtlich der Anlage und Form der Ortschaften auf Rügen haben wir zunächst zu unterscheiden zwischen der gleichförmigen, immer wiederkehrenden Bauart der Güter und der mannigfaltigeren, durch verschiedene Verhältnisse beein-flussten Anlage und Form der Dörfer.

Stets in dichten Gebüschen verborgen, die in ihrer zer-streuten Anordnung besonders auf der fast waldlosen Halbinsel Wittow landschaftlich charakteristisch wirken, wird man selbst grosse Güter erst in verhältnismässig geringer Entfernung gewahr. Der Einfahrt gegenüber liegt im hintern Teile des Gutshofes das Wohnhaus; im rechten Winkel dazu vorge-schoben, erheben sich zu beiden Seiten des Hofes Ställe und Scheunen, die in den weitaus meisten Fällen noch Stroh-dachung tragen. Durch diese Anlage wird ein umfangreicher Gutshof gewonnen und ein leichter Überblick vom Wohnhause aus über das ganze Gut ermöglicht, ohne dass das Wohnhaus in unmittelbare Berührung mit den Ställen und Wirtschafts- gebäuden kommt. Für die zahlreichen Arbeiter auf den grossen Gütern liegen meist in deren Nähe eine Anzahl Häuslerstellen mit Garten und ein wenig Feld, die von Kathenleuten, d. s. die ansässigen Gutsarbeiter, bewohnt sind, bei denen wieder vielfach der grosse Schwarm polnischer Erntearbeiter als „Ein- lieger" Unterkunft findet, sofern diese nicht in besonderen Ge- bäuden beim Gute untergebracht werden. Die Kathenhäuser, manchmal sich unmittelbar ans Gut anschliessend, oft aber auch ¼ Stunde davon entfernt, liegen meist in einer Reihe und bilden häufig eine kleine Gemeinde mit selbständigem Namen, doch unter der Verwaltung der Gutsherrschaft stehend, so die Kathenhäuser von Kreptitz, zu Lancken auf Wittow ge- hörig, von Bischofsdorf, zu Parchow, von Grieben, zu Kloster und von Kiekut, zu Streu gehörend u. a. m. Als Kathen- siedelungen ohne eigenen Namen mögen die Uferkathen von Bisdamitz und die Kathenhäuser von Ralswiek erwähnt werden.

Ein mannigfaltigeres Bild bieten die Dörfer in Anlage und Form dar. Soweit es Bauerndörfer sind, erscheinen sie als eine Vereinigung mehrerer Güter von der oben be- schriebenen Bauart nur unter Wegfall der Kathenhäuser, da die kleinen bäuerlichen Besitzer die geringe Zahl ihrer Dienst- leute im Gute selbst unterbringen. Diese Bauerndörfer haben eine mehr oder weniger geschlossene Anlage; letztere weisen z. B. die Landgemeinden Zühlitz, Goor und Nobbin auf, die aus lauter getrennt liegenden Gütern bestehen, welche nur politisch eine Einheit bilden. Bei anderen Landgemeinden ziehen sich die kleineren Ackerwirtschaften an einer oder an mehreren Dorfstrassen entlang, während grössere Güter abseits des Dorfes gelegen sind, z. B. bei Krakvitz. Eine besondere Art in seiner Anlage ist das Kolonistendorf, das uns in den Landgemeinden Sehlen, Dreschvitz, Baabe und Hagen auf Jasmund begegnet, und das durch die unregelmässige An- ordnung und zerstreute Lage seiner zahlreichen kleinen Acker- wirtschaften charakterisiert ist, wie sie aus der früher ge-

schilderten Art der Entstehung[1]) solcher Kolonistendörfer sich
von selbst ergab.

Sind schon diese Kolonistensiedelungen am Rande der
Wälder und Heiden in ihrer Form und Anlage durch die
Bodenverhältnisse beeinflusst, so gilt dies in noch weit höherem
Grade von den Ansiedelungen an der Küste des Meeres und
der Binnengewässer. Schon an früherer Stelle wurden die
Schluchten oder Lieten der Steilküste erwähnt, in denen sich
Siedelungen wie Sassnitz, Vitte auf Wittow und Altefähr emporziehen.[2]) Wo wir auf Rügen niedrige Steilküste oder hinreichend geschützte Flachküste antreffen, wie es besonders an
der Süd- und Südostküste der Insel der Fall ist, schliessen
sich die Ansiedelungen, meist Fischerdörfer, in ihrer ganzen
Erstreckung mit erklärlicher Vorliebe dem Verlaufe der Küste
an, deren Höhe in solchen Fällen 5 m nie übersteigt. Beispiele hierfür sind die Ortschaften Breege, Neukamp, Neuendorf, Lauterbach, Seedorf, Moritzdorf, Gager und Grosszicker.
Breege beginnt da, wo die Steilküste eben ihr Ende erreicht
und schliesst sich dann dem wellenförmigen Verlaufe der
flachen Küste an, bis in dem Winkel zwischen Schaabe und
Wittow allzu niedriges Schwemmland, das durch einen Damm
geschützt werden muss, den Ort in seinem letzten Teile zu
einer Umbiegung landeinwärts zwingt. Eine Doppellage teils
auf niedrigem Steilufer, teils hinter flachem Strande haben
Neuendorf und Neukamp inne, welch letzterer Ort aus
Fischerhütten besteht, die sich in einer Reihe sowohl längs
der nordwärts streichenden Steilküste als auch an der westlich
nach der Wreechensee umbiegenden Flachküste entlang sich
erstrecken.

War bei einigen der bisher genannten Ortschaften ausschliesslich der Verlauf der Küste massgebend für die Form des
Dorfes, so werden die folgenden Siedelungen, Seedorf, Gager und
Grosszicker in ihrer Form und Ausdehnung noch ausserdem
durch Hügelreihen bestimmt, die sich hinter diesen Orten
parallel zur Küste hinziehen und nahe an sie herantreten.

1) s. S. 66.     2) s. S. 75.

Letzteres trifft besonders für Seedorf zu, das sich deshalb in einer einzigen Häuserreihe längs eines zwar nur schmalen, aber in der Mitte 2 m tiefen Wasserarmes, „Beek" (Bach) genannt, wie an einem Bache hinzieht, der die Having mit dem Neuensiener See verbindet und bei seiner ziemlich kräftigen Strömung einer Verkrautung seiner Ufer erfolgreich wehrt. Unter Anlehnung an die schützende Hügelreihe im Osten und durch den schiffbaren Wasserarm in Verbindung mit dem Greifswalder Bodden, hat sich Seedorf zu einer für rügensche Verhältnisse bedeutenden Schiffswerft und einem gesuchten Winterhafen entwickelt, in dem jährlich 20 bis 30 Schiffe nebst zahlreichen Booten genügenden Schutz finden.[1]) Die gleiche langgestreckte Form längs der Küste hin weisen auf der Halbinsel Zicker die beiden Fischerdörfer Grosszicker und Gager auf, ersteres am Südfusse, letzteres am Nordabhange des diese Halbinsel erfüllenden und nahe an die Küste herantretenden Höhenzuges gelegen. Für Gager charakteristisch ist sein schmaler Anfang im Westen, wo die Hügel am weitesten zur Küste vorspringen, und seine allmähliche Verbreiterung nach Osten zu, nachdem die hier von der Küste zurücktretenden Höhen einer ausgedehnten Küstenebene Platz gemacht haben, die aber, weil teilweise der Überschwemmung ausgesetzt und nicht genügend festen Untergrund zur Bebauung bietend, eine Besiedelung bis zur Küste nicht zulässt.

So naturgemäss uns diese Erstreckung der Küstensiedelungen an der Küste entlang erscheint, so verwunderlich ist es auf den ersten Blick, wenn wir demgegenüber auch Siedelungen an der Küste vorfinden, die im rechten Winkel zu ihr landeinwärts ziehen, wie es bei Alt- und Neureddevitz, Wreechen, Mariendorf, Klein- und Middelhagen und Polchow der Fall ist. Der Grund für diese Erscheinung ist einmal hauptsächlich in dem Schutzbedürfnis vor drohenden Überschwemmungen und sodann in der Verdrängung der Siedelungen von der Küste durch Steilufer oder landeinwärts streichende Hügel zu suchen. So wird Neureddevitz im Süden durch

---

1) Mitteil. des H. Lehrers Gielow in Neureddevitz.

geschlossene Steilküste an der Annäherung an den Bodden
verhindert und im Norden durch eine tiefliegende Wiese, die
jeden Winter unter Wasser steht,[1]) zu seiner langgestreckten,
rechtwinklig zur Küste verlaufenden Anlage landeinwärts gezwungen. Wreechen mit nördlicher Richtung ist nach Nordwesten und Südosten zu von niedrigen Wiesen begrenzt, Altreddevitz, Klein- und Middelhagen nur im Südosten,
weshalb bei diesen letzten beiden Ortschaften die Häuser etwas
erhöht und dadurch gesichert am Südfuss eines von der Küste
aus rechtwinklig binnenwärts streichenden Höhenrückens gelegen sind, an dessen nördlichem Abhang sich Mariendorf
parallel zu Altreddevitz, Klein- und Middelhagen ebenfalls von
der Küste aus landeinwärts erstreckt.

Wenden wir uns zum Schluss von der Ansiedelung als
solcher zur spezielleren Betrachtung einiger typischen Bau-
formen der Häuser, deren älteste durch ihre Bauart noch
deutlich die niedersächsische Abstammung der Kolonisten doku-
mentieren, während die Gebäude jüngeren Datums wenigstens
noch Spuren davon bewahrt haben. Das altrügensche Haus
ist das niedersächsische Langhaus, nach dem Grundsatze erbaut,
alle zum Gute gehörigen lebenden Wesen und toten Dinge
unter einem Dache zu vereinigen, um einen leichten Überblick
über das Ganze zu haben.[2]) Die Scheunen der Insel sind
noch heute ausschliesslich in der Form des sächsischen Lang-
hauses erbaut. Sie sind im Verhältnis zu ihrer Länge von
20—25 m nur schmale Gebäude, aus Holzfachwerk erbaut, das
mit Lehm oder Ziegeln ausgesetzt ist. Ein hohes Dach, beiderseits durch kurze, schräge Giebeldächer abgestutzt und meist
noch mit Stroh, nur bei den neuesten Gebäuden mit Ziegeln
gedeckt, reicht soweit herunter, dass man bis zu seinem
unteren Rande hinaufreichen kann. Eigentümlich ist, dass
gerade dieses Giebeldach sich überall auf Rügen, selbst an
den neuesten Häusern, erhalten hat.[3]) Das Scheunenthor be-

---

1) Mitteil. des H. Lehrers Gielow in Neureddevitz.
2) s. Meitzen: Bd. II S. 124, Berlin 1869.
3) s. Virchow: Das altrügensche Haus. Separatabdruck aus

findet sich stets in der Giebelwand und zwar an der Seite, sodass die Tenne an der Längswand hin verläuft.

Als Wohnhaus tritt uns das niedersächsische Langhaus noch heute, wenn auch in weniger umfangreicher Ausführung, in den „Rauchhäusern" der Halbinsel Mönchgut entgegen, wo sich überhaupt die Eigentümlichkeiten der ehemaligen Kolonisten in Sprache, Kleidung und Gebräuchen am besten erhalten haben. Bis 1872 wies besonders Hiddensöe noch zahlreiche Rauchhäuser auf, von denen aber die meisten durch die Sturmflut damals zerstört oder beschädigt und dann nicht wieder aufgebaut wurden. Da die baupolizeilichen Vorschriften jetzt Schornsteine verlangen, so giebt es auf Rügen kein Rauchhaus im ursprünglichen Sinne mehr, dass nämlich der Rauch seinen Ausweg durch eine Dachluke, durch Thüren oder Fenster suchen musste. Doch lassen die wie mit schwarzer Glasur überzogenen Wände des Hausflurs, der zugleich als Küche dient und mit offenem Herdfeuer versehen ist, noch deutlich die durch Generationen hindurch thätig gewesene Wirkung des beissenden und beizenden Holz- und Torfrauches erkennen. Das Rauchhaus besitzt nur ein Erdgeschoss, das durch wenige und sehr kleine Fenster notdürftig erhellt wird und unter dem mächtigen, steil abfallenden und mit Giebeldach versehenem Strohdache fast verschwindet. Der Hausflur empfängt seine mangelhafte Beleuchtung meist nur von der Thür her, deren eine nach der Strasse und deren andre zum Gärtchen an der Rückseite des Hauses führt. Die Gemächer, in der Regel nur zwei, liegen auf der einen Seite des Flurs. Dem niedersächsischen Gebrauch zufolge sind die Rauchhäuser noch durch zwei Pferdeköpfe am Giebel charakterisiert, die sich aber auch sonst vielfach an älteren Häusern auf Rügen finden, die nicht mehr eigentliche Rauchhäuser sind. So weist Baabe, wo sich besonders alte Häuser erhalten haben, mehrere mit Pferdeköpfen gezierte auf; in Altreddevitz tragen sechs Häuser diesen Schmuck, während die nahegelegenen Ortschaften Mariendorf, Klein- und Middelhagen ihn vermissen lassen. Demgegenüber

den „Verhandlungen der Berliner Gesellschaft für Anthropologie, Ethnologie und Urgeschichte". Berlin 1886.

besitzt Neureddevitz, obgleich erst 1817 gegründet, zwei mit Pferdeköpfen ausgestattete Häuser. Im ganzen übrigen Rügen fehlen zwar die Pferdeköpfe als Giebelschmuck, doch werden sie dann durch andere Verzierungen ersetzt, die vielfach Anklänge an die ursprüngliche Form zeigen; sei es, dass die über den Giebel emporragenden Balken nur noch eine geringe Krümmung aufweisen, gewissermassen nur den Hals des Pferdes darstellen, wie bei Bauten in Patzig, sei es, dass auch diese Biegung verschwunden ist und nur die gekreuzten Balken noch vorhanden sind wie bei den meisten Häusern auf Rügen, sei es endlich, dass eine lyraartige Giebelverzierung, wie sie auch in Patzig vorkommt, auf die Entwicklung aus Pferdeköpfen hinweist. Hiervon völlig abweichende Formen, bei denen vor allem die Verwendung gekreuzter Giebelbalken verloren gegangen ist, finden sich unter anderem in Patzig und Thesenvitz in Gestalt breiter, stumpfer Spitzen, ähnlich den Fahnenspitzen, oder in Form gabelartiger Zackenverzierungen.

## Allgemeine Zusammenfassung.

Es sei gestattet, zum Schluss in einem kurzen Rückblick die Hauptergebnisse dieser Abhandlung zusammenzufassen.

Die Insel Rügen besitzt eine geringe Volksdichte von nur 55 Personen pro qkm und zerfällt in dieser Beziehung in einen dichter bevölkerten östlichen und südlichen Teil und in eine schwächer bevölkerte West- und Nordhälfte. Die Verteilung der Ansiedelungen ist im allgemeinen eine ziemlich dichte und gleichmässige, eine Erscheinung, die besonders darin begründet ist, dass manche Siedelungen sich in einzelne Gehöfte auflösen, andre Ortschaften dagegen im engern oder weitern Umkreis von Einzelsiedelungen umgeben sind. Eine speziellere Betrachtung der Insel hinsichtlich der Verteilung der Bevölkerung lässt drei Gebiete auf Rügen unterscheiden: Das Innere der Insel, wo die Landwirtschaft ausschlaggebend ist, zeichnet sich durch sehr gleichmässige Verteilung der Bevölkerung aus. An den Küsten dagegen wechselt eine Häufung der Ansiedelungen und zugleich hohe Volksdichte mit be-

deutender räumlicher Trennung und sogar völligem Mangel
an Wohnplätzen auf weite Strecken hin ab.

Die geringe Volksdichte der Insel Rügen gründet sich in
erster Linie auf seine Eigenschaft als vorzugsweise ackerbau-
treibendes Land. Innerhalb des Ackerbaudistriktes vollzieht
sich die Abstufung der Dichteverhältnisse ausschliesslich auf
Grund der Verteilung des Bodenbesitzes und zwar in der
Weise, dass die Dörfer stets dichter bewohnt sind als die
Gutsbezirke.

Gegenüber dem die Volksdichte herabdrückenden Ackerbau
tragen andre Faktoren, namentlich die Fischerei, vielfach in
Verbindung mit der Entwicklung einer Siedelung zum Badeort, ferner der Handel und Verkehr und endlich die Lage
einer Ansiedelung am Rande der Wälder und Heiden zu allerdings nur lokaler Verdichtung der Bevölkerung bei.

Der Fischfang, abgesehen von einer unbedeutenden Hochseefischerei von Sassnitz aus, gliedert sich in Küsten- und
Boddenfischerei, letztere ausschliesslich im Gr. und Kl. Jasmunder Bodden betrieben. Der Fischfang Rügens leidet unter
mancherlei Übelständen, unter denen die Unsicherheit des Ertrages, der Mangel an sicheren Schutz- und Absatzhäfen und
die ungünstigen Wind- und Eisverhältnisse mancher Jahre
hervorzuheben sind.

Mit dem Fischfang steht der Handel und Verkehr im
Zusammenhang, der sich als Schiffsverkehr in erster Linie
auf die rügenschen Häfen Sassnitz und Lauterbach konzentriert
und in geringerem Grade auf Seedorf, Altefähr, Schaprode,
Wiek, Breege und Polchow beschränkt ist.

Der Binnenverkehr knüpft sich an die Hauptlandstrassen
und Eisenbahnen der Insel, an denen sich in einander ziemlich
nahekommenden Abständen Centren hoher Volksdichte aus
ehemaligen Rastpunkten des Verkehrs, inselartig isoliert, entwickelt haben.

Die für den Ausfuhrhandel in Frage kommenden Pro-
dukte sind Getreide, Rüben, Fische nebst Fischkonserven und
Kreide, während sich die Einfuhr hauptsächlich auf koloniale
Erzeugnisse erstreckt.

Die hohe Volksdichte am Rand der Wälder und der Heiden liegt in der Schwierigkeit der Urbarmachung dieser Gebiete und der parzellenweisen Veräusserung solchen Bodens an zahlreiche kleine, nur wenig kapitalkräftige Kolonisten begründet.

Der mehrfach beklagte Mangel an guten Häfen auf der Insel Rügen ist der ungünstigen Beschaffenheit seiner Küsten und den geringen Tiefen der Ostsee daselbst zuzuschreiben.

Die Steilküsten vereiteln durch ihre Höhe und Geschlossenheit, mit Ausnahme von den Stellen, wo Lieten vorhanden sind, sowie wegen der Zertrümmerung, der sie ausgesetzt sind, die alluvialen sandigen Flachlandstreifen aber durch die Unfruchtbarkeit des Bodens und ihre exponierte Lage die Anlegung von Küstensiedelungen.

Dagegen gestatten die Boddenküsten dort, wo ihre Ufer, ohne schroffe Steilabstürze zu bilden, doch durch eine gewisse Höhe den Ansiedelungen genügenden Schutz gewähren, den Ortschaften ein unmittelbares Herantreten an die Küste; andrerseits aber werden die Siedelungen vielfach durch eine sumpfige Wiesen- oder Moorniederung vom Bodden abgesperrt.

Die Beschaffenheit der Küste macht ihren Einfluss auch auf die Anlage und Form der Ortschaften geltend in der Weise, dass in den Lieten der Steilküste die Ansiedelungen sich in diesen emporziehen, an andern geschützten Punkten sich dem Verlauf der Küste anschmiegen und nur da, wo durch Überschwemmung gefährdete Niederungen sich ausbreiten, die Ortschaften sich häufig im rechten Winkel zur Küste auf gesichertem Boden landeinwärts ziehen.

Von kulturgeschichtlichem Interesse ist die Bauweise auf Rügen, wo in den Lang- und Rauchhäusern mit ihrem hohen, steilen Dach und dem darauf aufgesetzten und mit Pferdeköpfen und dergl. verziertem besonderen Giebeldach uns ehrwürdige Zeugen für die niedersächsische Herkunft der ehemaligen Kolonisten der Insel Rügen entgegentreten.

# Tabellen.[1]

| 1 | 2 | 3 | 4 | 5 | 6a |
|---|---|---|---|---|---|
| Nr. | Name der Gemeinde | Grösse qkm | Einw.-Z. | Volks-dichte | Acker qkm |

## A. Städte.

| 1 | Bergen | 11,615 | 3848 | 337,4 | 9,13 |
| 2 | Garz | 7,095 | 2284 | 321,9 | 4,64 |

## B. Landgemeinden.

| 3 | Altefähr | 3,446 | 801 | 232,4 | 3,16 |
| 4 | Altenkirchen | 1,503 | 632 | 420,5 | 1,36 |
| 5 | Alt-Reddevitz | 3,282 | 285 | 88,7 | 2,50 |
| 6 | Alt-Sassitz | 3,158 | 56 | 17,8 | 2,77 |
| 7 | Baabe | 1,144 | 271 | 241,1 | 0,52 |
| 8 | Bessin | 3,197 | 60 | 18,8 | 2,57 |
| 9 | Binz | 1,402 | 504 | 415,9 | 0,57 |
| 10 | Bobbin | 0,943 | 121 | 128,3 | 0,72 |
| 11 | Breege | 2,454 | 684 | 258,4 | 2,26 |
| 12 | Dranske | 0,636 | 81 | 129,3 | 0,34 |
| 13 | Dreschvitz | 3,679 | 660 | 179,9 | 3,34 |
| 14 | Dumgenevitz | 2,851 | 60 | 22,1 | 2,39 |
| 15 | Gademow | 1,573 | 44 | 27,9 | 1,48 |
| 16 | Gager | 2,596 | 177 | 69,0 | 1,35 |
| 17 | Gingst | 3,422 | 1308 | 380,8 | 2,87 |
| 18 | Göhren | 2,160 | 480[16] | 223,3 | 1,41 |
| 19 | Goor | 1,506 | 32 | 21,2 | 1,26 |
| 20 | Gross-Kubitz | 2,047 | 90 | 44,0 | 1,59 |
| 21 | Gross-Zicker | 5,633 | 277 | 50,6 | 8,03 |
| 22 | Gudderitz | 2,170 | 74 | 34,1 | 2,07 |
| 23 | Hagen a. Jasmund | 0,946 | 414 | 437,6 | 0,80 |
| 24 | Karow | 1,298 | 75 | 55,8 | 1,12 |
| 25 | Kasnevitz | 2,087 | 390 | 206,7 | 1,55 |
| 26 | Klein-Zicker | 1,063 | 161 | 151,5 | 0,29 |
| 27 | Kluis | 0,613 | 103 | 168,0 | 0,57 |
| 28 | Krampass | 1,043 | 983 | 970,4 | 0,88 |
| 29 | Lanschvitz | 1,852 | 78 | 42,8 | 1,49 |
| 30 | Lieschow | 5,171 | 181 | 35,0 | 3,89 |
| 31 | Lietzow | 0,480 | 201 | 427,7 | 0,20 |
| 32 | Lobbe | 0,808 | 88 | 108,9 | 0,08 |
| 33 | Lohme | 0,314 | 120 | 382,2 | 0,14 |
| 34 | Middelhagen | 0,879 | 136 | 154,7 | 0,27 |
| 35 | Mölln | 1,724 | 84 | 19,7 | 1,42 |
| 36 | Mölln-Medow | 1,078 | 212 | 196,7 | 0,90 |
| 37 | Moritzhagen | 1,205 | 64 | 53,1 | 1,00 |
| 38 | Mursewiek | 1.653 | 116 | 70,2 | 1,36 |
| 39 | Nardevitz | 1,674 | 109 | 70,1 | 1,26 |
| 40 | Neddesitz | 4,587 | 438 | 95,7 | 4,00 |
| 41 | Neuendorfa. Hiddensöe | 3,609 | 258 | 71,5 | — |
| 42 | Neuenkirchen | 0,715 | 225 | 314,7 | 0,50 |

[1] Bahnhof 12, Rugard 4, Stadthof 7.  [8] Bahnhof 26, Mühle Schlavitz 6.
[5] Mariendorf 90.  [6] Krakow 14, Neu-Sassitz 8, Tilzow 12.  [13] Dreschvitzer Heide 307.
[16] Göhren nach d. Zählung v. 1. Dez. 1900: 610.  [20] Klein-Kubitz 14.  [38] Lenz 45.

| 6 b. | 6 c. | 7 | 8 | 9 | 10 | 11 |
|------|------|---|---|---|----|----|
| Wiese | Wald | Frucht-barkeits-ziffer | Exten-sität der Bebauung % | Höhenlage | Dichte-stufe | Nr. |
| qkm | qkm | | | m | | |

### A. Städte.

| | | | | | | |
|------|------|------|------|------|------|------|
| 0,78 | 0,21 | 20,0 | 85,8 | SW. 85, NW. 50, N. 75, NO. 80. O. 50, SO. 45 | VIII | 1 |
| 0,87 | — | 17,5 | 77,7 | 10—15 | VIII | 2 |

### B. Landgemeinden.

| | | | | | | |
|------|------|------|------|------|------|------|
| 0,04 | — | 34,2 | 92,9 | 5—15 | VII | 3 |
| 0,01 | — | 54,4 | 91,2 | 10 | VIII | 4 |
| 0,26 | 0,07 | 16,5 | 84,1 | 0—5 | VI | 5 |
| 0,24 | 0,01 | 18,0 | 95,5 | 25—30 | II | 6 |
| 0,20 | 0,02 | 8,3 | 62,9 | 0—5 | VII | 7 |
| 0,47 | — | 29,2 | 95,1 | 5 | II | 8 |
| 0,13 | 0,19 | 15,8 | 49,9 | 5—15 | VIII | 9 |
| 0,14 | — | 24,4 | 91,2 | 25 | VII | 10 |
| — | — | 47,0 | 92,1 | 0—5 | VII | 11 |
| 0,004 | 0,01 | 29,4 | 54,1 | 0—5 | VII | 12 |
| 0,09 | 0,01 | 10,2 | 92,2 | 5—10 | VII | 13 |
| 0,04 | 0,14 | 12,6 | 85,2 | 25 | III | 14 |
| — | — | 22,7 | 94,1 | 20 | III | 15 |
| 0,31 | 0,03 | 7,8 | 63,9 | 5—10 | VI | 16 |
| 0,06 | — | 27,8 | 85,6 | 5—10 | VIII | 17 |
| 0,13 | 0,01 | 8,5 | 71,3 | S. 20 Mitte 37 N. 30 | VII | 18 |
| 0,02 | — | 38,3 | 85,0 | 25 | III | 19 |
| 0,16 | — | 31,2 | 85,5 | 0—5 | IV | 20 |
| 0,53 | 0,16 | 8,6 | 63,2 | 0—5 | V | 21 |
| — | — | 52,9 | 95,4 | 0—5 | IV | 22 |
| 0,06 | — | 25,8 | 90,9 | 120 | VIII | 23 |
| 0,10 | — | 35,3 | 94,0 | 0—10 | V | 24 |
| 0,13 | 0,20 | 12,9 | 80,5 | 15—20 | VII | 25 |
| 0,07 | — | 10,5 | 33,9 | 0—10 | VII | 26 |
| — | — | 29,8 | 93,0 | 0—5 | VII | 27 |
| — | 0,03 | 16,8 | 84,4 | 30—35 | IX | 28 |
| 0,19 | 0,03 | 17,1 | 90,7 | 10 | IV | 29 |
| 0,15 | — | 26,5 | 78,1 | 0—5 | IV | 30 |
| 0,01 | 0,01 | 3,7 | 43,8 | 10—15 | VIII | 31 |
| 0,03 | — | 9,9 | 13,6 | 0—5 | VII | 32 |
| — | — | 30,6 | 44,6 | 40—45 | VIII | 33 |
| 0,13 | — | 18,5 | 45,5 | 0—5 | VII | 34 |
| 0,20 | — | 14,0 | 94,0 | 5 | II | 35 |
| 0,04 | — | 12,3 | 87,2 | 35—40 | VII | 36 |
| 0,15 | — | 7,5 | 95,4 | 0—5 | V | 37 |
| 0,14 | — | 29,0 | 90,7 | 0—5 | VI | 38 |
| 0,07 | 0,12 | 23,1 | 79,5 | 45—50 | VI | 39 |
| 0,24 | 0,01 | 20,4 | 92,4 | 65 | VI | 40 |
| (,47 | — | 6,3 | 13,0 | 0—5 | VI | 41 |
| 0,13 | — | 13,2 | 88,1 | 0—10 | VIII | 42 |

[39] Alt-Lanschvitz 27. Neu-Lanschvitz 51. [34] Kleinhagen 73. [40] Falkenburg 8, Gummanz 59, Klein-Volksitz 33, Pluckow 37, Vietzke 8, Wesselin 34. [41] Plogshagen 55. [42] Sylvin 32.

| I. | 2. | 3. | 4. | 5. | 6a. |
|---|---|---|---|---|---|
| Nr. | Name der Gemeinde | Grösse qkm | Einw.-Z. | Volks-dichte | Acker qkm |
| 43 | Neuhof bei Sagard | 1,564 | 55 | 35,2 | 1,29 |
| 44 | Nipmerow | 1,867 | 236 | 126,4 | 1,65 |
| 45 | Nistelitz | 1.346 | 87 | 69,3 | 0,96 |
| 46 | Nobbin | 1,080 | 24 | 22,2 | 1,01 |
| 47 | Nonnevitz | 1,073 | 36 | 33,6 | 1,03 |
| 48 | Parchtitz | 2,669 | 218 | 81,7 | 2,22 |
| 49 | Patzig | 1,120 | 282 | 251,8 | 0,93 |
| 50 | Polchow | 3,120 | 372 | 119,2 | 1,85 |
| 51 | Poseritz | 1,587 | 419 | 274,4 | 1,12 |
| 52 | Presnitz | 1,539 | 65 | 43,1 | 1,38 |
| 53 | Promoissel | 1,972 | 426 | 232.5 | 1,78 |
| 54 | Putbus | 0,566 | 2077 | 4273,7 | 0,13 |
| 55 | Puttgarten | 4,112 | 165 | 40,1 | 3,85 |
| 56 | Rambin | 1,120 | 495 | 442,0 | 1,09 |
| 57 | Sagard | 2,514 | 1628 | 652,8 | 2,18 |
| 58 | Saiser | 1,495 | 40 | 26,8 | 0,97 |
| 59 | Sassnitz | 0,289 | 429 | 1594,8 | 0,20 |
| 60 | Schaprode | 0,916 | 372 | 406,1 | 0,82 |
| 61 | Seedorf | 0,409 | 206 | 503,7 | 0,37 |
| 62 | Sehlen | 1,910 | 777 | 406,8 | 1,64 |
| 63 | Sehrow | 1,597 | 34 | 21,4 | 1,37 |
| 64 | Sellin | 4,237 | 267 | 66,0 | 0,87 |
| 65 | Thesenvitz | 2,906 | 270 | 93,9 | 2,50 |
| 66 | Thiessow | 1,238 | 196 | 162,3 | 0,29 |
| 67 | Tilzow | 0,512 | 186 | 363,3 | 0,45 |
| 68 | Trent | 3,006 | 369 | 122,8 | 2,43 |
| 69 | Ummanz | 19,720 | 369 | 19,4 | 9,67 |
| 70 | Vieregge | 2,794 | 134 | 48,0 | 2,42 |
| 71 | Vitte a. Hiddensöe | 4.125 | 474 | 114,9 | 0,63 |
| 72 | Wiek | 5,121 | 1153 | 225,2 | 4,63 |
| 73 | Woorke | 1,878 | 83 | 60,2 | 1,19 |
| 74 | Zirzevitz | 1,861 | 85 | 45,7 | 1,40 |
| 75 | Zittvitz | 1,345 | 166 | 125,3 | 0,93 |
| 76 | Zühlitz | 0,927 | 28 | 30,2 | 0,90 |

## C. Gutsbezirke.

| | | | | | |
|---|---|---|---|---|---|
| 77 | Altensien | 2,985 | 150 | 50,4 | 2,43 |
| 78 | Alt-Güstelitz | 1,510 | 104 | 68,9 | 1,42 |
| 79 | Altkamp | 4,066 | 94 | 23,1 | 3,24 |
| 80 | Alt-Süllitz | 1,721 | 12 | 8,3 | 1,23 |
| 81 | Arkona | 0,476 | 59 | 123.9 | 0,35 |
| 82 | Barnkevitz | 2,470 | 44 | 17,8 | 2,38 |
| 83 | Benz | 2,185 | 35 | 16,0 | 1,97 |
| 84 | Berglase | 4,976 | 73 | 16,7 | 3, |
| 85 | Bietegast | 4,341 | 94 | 24,0 | 3,56 |
| 86 | Bisdamitz | 1,598 | 38 | 25,0 | 1,30 |

[50] Rachenberg 20.   [53] Wittenfelde 68.   [55] Arkona 7.   [56] Papenhagen 8.
[57] Goldberg 2.   [58] Klein-Werder 7.   [64] Sellin nach der Zählung vom 1. Dez. 1900: 415 Einw.   [65] Dramvitz 5.   [66] Zaase 14.   [69] Freesenort 25, Haide 53, Markow 29, Suhrendorf 36, Tankow 31, Büschow 5, Gut Ummanz 64, Voigtdei 4, Waase 82,

| 6 b. | 6 c. | 7. | 8. | 9. | 10. | 11. |
|---|---|---|---|---|---|---|
| Wiese | Wald | Frucht-barkeits-ziffer | Exten-sität der Bebauung % | Höhenlage | Dichte-stufe | Nr. |
| qkm | qkm | | | m | | |
| 0,05 | — | 28,3 | 85,7 | 0—5 | IV | 43 |
| 0.07 | — | 23,4 | 92,1 | 95—115 | VII | 44 |
| 0.07 | 0,09 | 20,0 | 76,5 | 15—20 | VI | 45 |
| — | — | 37,2 | 93,5 | 20—25 | III | 46 |
| 0,01 | — | 30,2 | 96,0 | 10 | IV | 47 |
| 0,21 | — | 16,3 | 91,0 | 20 | VI | 48 |
| 0,02 | — | 13,9 | 84,8 | 25—40 | VII | 49 |
| 0,13 | — | 22,8 | 63,5 | 0—35 | VII | 50 |
| 0,08 | 0,06 | 25,9 | 75,6 | 15—20 | VII | 51 |
| 0,05 | 0,03 | 30,3 | 92.9 | 0—5 | IV | 52 |
| 0.12 | 0,14 | 20,9 | 96.3 | 120 | VII | 53 |
| 0.01 | 0,08 | 29,5 | 24,7 | 40 | IX | 54 |
| — | — | 42,3 | 93,6 | 25 | IV | 55 |
| — | — | 23,1 | 99,1 | 5—10 | VIII | 56 |
| 0,06 | 0,02 | 27,8 | 89,1 | 20—35 | IX | 57 |
| 0,28 | — | 19,9 | 83,6 | 5—10 | III | 58 |
| — | 0,02 | 16,5 | 69,2 | 20—40 | IX | 59 |
| — | — | 42,3 | 89.5 | 0—5 | VIII | 60 |
| 0,01 | — | 7,0 | 92,9 | 0—5 | IX | 61 |
| 0,06 | — | 11,7 | 89,0 | 25—30 | VIII | 62 |
| 0,11 | 0,01 | 27,8 | 92,7 | 0—5 | III | 63 |
| 0,48 | 0,19 | 11,5 | 81,9 | 0—15 | VI | 64 |
| 0,01 | 0,03 | 15,6 | 86,4 | 15—20 | VI | 65 |
| 0,08 | 0,03 | 8,4 | 29,9 | 0—10 | VII | 66 |
| 0,01 | — | 11,5 | 89,8 | 25—30 | VIII | 67 |
| 0,08 | — | 38,1 | 83,5 | 0—5 | VII | 68 |
| 0,79 | 0,654 | 10,2 | 54,9 | 0—5 | II | 69 |
| 0,18 | 0,003 | 21,7 | 93,1 | 5 | IV | 70 |
| 0,26 | — | 2,4 | 21,6 | 0—5 | VII | 71 |
| — | — | 46,6 | 90,4 | 0—5 | VII | 72 |
| 0,02 | — | 33,9 | 87,8 | 10—15 | V | 73 |
| 0,22 | — | 23,8 | 87,1 | 5—10 | IV | 74 |
| 0,19 | 0,02 | 11,9 | 83,3 | 5—10 | VII | 75 |
| 0,01 | — | 49,2 | 98,2 | 15—20 | III | 76 |

## C. Gutsbezirke.

| 6 b. | 6 c. | 7. | 8. | 9. | 10. | 11. |
|---|---|---|---|---|---|---|
| 0,43 | 0,01 | 20,8 | 95,8 | 0—10 | IV | 77 |
| 0,02 | — | 21,1 | 95,4 | 40 | VI | 78 |
| 0,64 | — | 20,1 | 95,4 | 15—20 | III | 79 |
| — | 0,28 | 16,1 | 74,4 | 35—40 | I | 80 |
| — | — | 2,4 | 73,5 | 40—45 | VII . | 81 |
| 0,04 | 0,003 | 37,3 | 98,0 | 0—5 | II | 82 |
| 0,17 | — | 30,1 | 97,9 | 15—20 | II | 83 |
| 0,50 | 0,61 | 24,8 | 81,6 | 10 | II | 84 |
| 0,32 | 0,42 | 20,7 | 85,9 | 5—10 | III | 85 |
| 0,02 | 0,08 | 26,3 | 84,5 | 50 | III | 86 |

Wockenitz 10, Wusse 35. [70] Moor 30. [74] Kluptow 7. [75] Fabrik 5, Tetel 48. [77] Moritzdorf 93. [79] Neu-Güstelitz 75. [81] Vitte 50. Durch das zum Gutsbezirk Arkoua gehörige Fischerdorf Vitte erhält dieser seine hohe Volksdichte. [84] Chaussee-haus 3, Tolkmitz 17. [86] Gr. Kniepow 6, Kl. Kniepow 25, Heidenfelde 11.

| 1. | 2. | 3. | 4. | 5. | 6a. |
|---|---|---|---|---|---|
| Nr. | Name der Gemeinde | Grösse qkm | Einw.-Z. | Volks- dichte | Acker qkm |
| 87 | Blandow | 2,264 | 62 | 28,7 | 1,91 |
| 88 | Bohlendorf | 2,700 | 81 | 30,3 | 2,63 |
| 89 | Boldevitz | 10,629 | 185 | 23,2 | 6,28 |
| 90 | Borchtitz | 6,598 | 140 | 28,2 | 4,01 |
| 91 | Breesen | 4,208 | 46 | 10,9 | 3,18 |
| 92 | Breetz | 1,334 | 58 | 44,1 | 1,24 |
| 93 | Buhlitz | 1,293 | 6 | 4,6 | 0,93 |
| 94 | Buschvitz | 1,961 | 70 | 41,6 | 1,30 |
| 95 | Bussvitz | 2,742 | 39 | 14,6 | 2,53 |
| 96 | Dalkvitz | 1,824 | 48 | 26,3 | 1,52 |
| 97 | Darsband | 2,040 | 41 | 20,4 | 1,82 |
| 98 | Darz | 1,545 | 14 | 9,1 | 1,44 |
| 99 | Datzow | 3,185 | 56 | 17,9 | 2,56 |
| 100 | Dollahn | 1,626 | 16 | 10,3 | 1,47 |
| 101 | Dornhot | 1,762 | 160 | 90,8 | 1,65 |
| 102 | Drammendorf | 4,001 | 65 | 16,2 | 3,48 |
| 103 | Drauske-Hof | 2,224 | 52 | 23,5 | 2,16 |
| 104 | Drigge | 3,298 | 57 | 22,6 | 1,39 |
| 105 | Dubkevitz | 2,386 | 37 | 15,6 | 2,27 |
| 106 | Dubnitz | 3,400 | 61 | 17,9 | 3,06 |
| 107 | Dumsevitz b. Bergen | 1,497 | 35 | 23,5 | 1,15 |
| 108 | Dumsevitz b. Garz | 4,009 | 150 | 37,8 | 3,60 |
| 109 | Dussvitz | 2,560 | 50 | 19,7 | 2,06 |
| 110 | Frankenthal | 4,261 | 115 | 27,3 | 2,92 |
| 111 | Freesen | 4,651 | 84 | 20,1 | 2,48 |
| 112 | Freetz | 2,914 | 136 | 46,7 | 1,69 |
| 113 | Gagern | 5,247 | 104 | 21,0 | 4,21 |
| 114 | Gauschvitz | 4,461 | 49 | 14,0 | 2,51 |
| 115 | Garftitz | 2,279 | 49 | 21,8 | 1,66 |
| 116 | Garlepow | 1,347 | 39 | 31,0 | 0,79 |
| 117 | Gelm-Forstgutsbezirk | 7,604 | 15 | 8,6 | 0,12 |
| 118 | Giesendorf | 2,063 | 139 | 67,4 | 1,32 |
| 119 | Glewitz | 0,434 | 21 | 48,4 | 0,32 |
| 120 | Glowe | 5,064 | 224 | 111,2 | 1,10 |
| 121 | Glowitz | 1,806 | 192 | 107,5 | 1,52 |
| 122 | Glutzow | 1,870 | 22 | 12,5 | 1,41 |
| 123 | Gobbin | 5,020 | 160 | 33,0 | 3,59 |
| 124 | Götemitz | 4,454 | 98 | 22,5 | 3,92 |
| 125 | Goldevitz | 1,353 | 24 | 17,7 | 1,13 |
| 126 | Grabow a. Zudar | 3,955 | 114 | 28,8 | 2,94 |
| 127 | Grahlhof | 1,299 | 25 | 19,2 | 1,18 |
| 128 | Gramtitz | 3,056 | 93 | 30,4 | 2,67 |
| 129 | Granitz | 13,780 | 79 | 116,2 | 0,63 |
| 130 | Granskevitz | 2,245 | 55 | 24,5 | 1,62 |
| 131 | Grosow | 2,462 | 55 | 22,3 | 1,59 |
| 132 | Gr. Bandelvitz | 0,532 | 19 | 35,7 | 0,48 |
| 133 | Gr. Banzelvitz | 2,878 | 41 | 14,5 | 1,60 |
| 134 | Gr. Kubbelkow | 3,862 | 60 | 18,8 | 2,38 |

[87]Salsitz 26. [88]Wiek 16. [89]Muglitz 56, Volkshagen 68, Forsthaus Zühlitz 6. [90]Semper 107. [91]Grabitz. [95]Moordorf 28. [97]Grebshagen 27. [101]Poggendorf 160. [106]Blieschow 36, Forsthaus Reetz 11. [108]Kreidebruch 36. [109]Bick 7, Rugenhof 24. [110]Luttow 13. [111]Kosel 67. [113]Friedr. Wilh. Bad 2.

| 6b. Wiese qkm | 6c. Wald qkm | 7. Fruchtbarkeitsziffer | 8. Extensität der Bebauung % | 9. Höhenlage m | 10. Dichtestufe | 11. Nr. |
|---|---|---|---|---|---|---|
| 0,14 | 0,10 | 26,3 | 90,5 | 55 | III | 87 |
| — | 0,03 | 54, | 97,4 | 5—10 | III | 88 |
| 0,31 | 2,66 | 62,1 | | 15—20 | III | 89 |
| 0,47 | 1,64 | 3 | 67,9 | 5 | III | 90 |
| 0,41 | — | 23 | 85,3 | 5 | II | 91 |
| 0,03 | 0,02 | 26;4 | 95,2 | 5 | IV | 92 |
| 0,05 | — | 12,7 | 75,8 | 5 | I | 93 |
| 0,14 | 0,28 | 20,6 | 73,4 | 10 | IV | 94 |
| 0,10 | — | 9,8 | 95,9 | 5—10 | II | 95 |
| 0,27 | — | 39,1 | 98,1 | 10 | III | 96 |
| 0,13 | 0,03 | 30,0 | 95,6 | 30—35 | II | 97 |
| 0,03 | 0,01 | 28,4 | ,1 | 10 | I | 98 |
| 0,40 | 0,01 | 21;1 | ,7 | 20 | II | 99 |
| 0,06 | 0,08 | 20,3 | ,0 | 5 | I | 100 |
| 0,03 | — | 48,6 | ,3 | 0—5 | VI | 101 |
| 0,40 | — | 30,8 | ,0 | 0—5 | II | 102 |
| — | 0,01 | 30,0 | ,1 | 5 | III | 103 |
| 0,38 | 0,78 | ,1 | 7 | 5 | III | 104 |
| 0,08 | 0,01 | 4 | 5 | 5—10 | II | 105 |
| 0,15 | — | ,7 | ,4 | 30 | II | 106 |
| 0,21 | 0,01 | 20,0 | ,9 | 5—10 | III | 107 |
| 0,22 | 0,04 | 36;3 | ,3 | 10 | IV | 108 |
| 0,40 | 0,02 | 11,9 | ,1 | 5 | II | 109 |
| 1,13 | 0,05 | 20,3 | 95,1 | 10 | III | 110 |
| 0,43 | 0,47 | 15,8 | 86,6 | 0—5 | II | 111 |
| 0,18 | — | 24,8 | 64,2 | 5—10 | IV | 112 |
| 0,43 | 0,30 | 41,0 | 88,4 | 5—10 | III | 113 |
| 0,31 | 0,96 | 23,6 | 3,2 | 5 | II | 114 |
| 0,48 | 0,03 | 18,2 | 93,9 | 5 | III | 115 |
| 0,19 | 0,09 | 29,4 | 72,8 | 5 | IV | 116 |
| 0,18 | 5,86 | 7,3 | 3,9 | 10—15 | I | 117 |
| 0,48 | — | 21,3 | 87,3 | 0—5 | VI | 118 |
| 0,02 | — | 32,5 | 78,3 | 0—5 | IV | 119 |
| 0,19 | 3,05 | 13,3 | 25,5 | 0—5 | VII | 120 |
| 0,16 | 0,02 | 18,0 | 93,0 | 0—5 | VII | 121 |
| 0,28 | 0,11 | 31,2 | 90,4 | 0—5 | II | 122 |
| 0,70 | 0,17 | 12,2 | 85,5 | 5 | IV | 123 |
| 0,14 | 0,09 | 32,7 | 91,2 | 15 | III | 124 |
| 0,19 | — | 40,5 | 97,6 | 5—10 | II | 125 |
| 0,37 | — | 33,2 | 83,7 | 0—5 | III | 126 |
| 0,01 | — | 29,7 | 91,6 | 10 | II | 127 |
| 0,02 | — | 36,8 | 88,0 | 5 | III | 128 |
| 0,05 | 12,5 | 14,0 | 4,9 | 20—25 | VII | 129 |
| 0,21 | — | 33,4 | 81,5 | 0—5 | III | 130 |
| 0,37 | — | 30,1 | 79,6 | 0—5 | III | 131 |
| 0,03 | — | 31,1 | 95,9 | 15 | IV | 132 |
| 0,15 | 0,05 | 19,0 | 60,8 | 5 | II | 133 |
| 0,61 | 0,67 | 27,2 | 77,4 | 25 | II | 134 |

Kollhof 3, Muglitz 25, Wobbanz 86. [114]Garditz 88. [118]Kloster St. Jürgen 27. [119]Glewitzer Fähre 13. [120]Baldereck 22, Weddeort 9. [121]Neukamp 181. [122]Dummertevitz 28, Neu Reddevitz 124. [123]Banz 8, Buhrkow 13, Kreptitz 7. [129]Hof Granitz mit Anteil v. Sellin 49. [130]Renz 89.

| 1 | 2 | 3 | 4 | 5 | 6a. |
|---|---|---|---|---|---|
| Nr. | Name der Gemeinde | Grösse qkm | Einw.-Z. | Volks- dichte | Acker qkm |
| 135 | Gr.-Schoritz | 2,827 | 102 | 36,6 | 2,34 |
| 136 | Gr.-Stresow | 1,030 | 69 | 69,7 | 0,88 |
| 137 | Gr.-Stubben | 1,111 | 15 | 14,7 | 0,70 |
| 138 | Grubnow | 1,511 | 27 | 17,9 | 1,29 |
| 139 | Güstrowerhöfen | 1,333 | 12 | 9,1 | 1,13 |
| 140 | Güttin | 5,969 | 121 | 20,3 | 5,51 |
| 141 | Gützlaffshagen | 1,667 | 20 | 12,7 | 1,37 |
| 142 | Gurtitz | 1,237 | 28 | 23,0 | 1,05 |
| 143 | Gurvitz | 1,658 | 64 | 38,6 | 1,19 |
| 144 | Gustow | 4,947 | 186 | 28,2 | 4,15 |
| 145 | Helle | 2,916 | 57 | 20,2 | 2,18 |
| 146 | Jabelitz | 2,427 | 49 | 20,2 | 1,70 |
| 147 | Jarkvitz | 3,001 | 75 | 25,1 | 2,84 |
| 148 | Jarnitz | 7,957 | 86 | 14,1 | 4,36 |
| 149 | Kaiseritz | 2,078 | 30 | 14,4 | 1,87 |
| 150 | Kampe | 1,476 | 14 | 9,5 | 1,41 |
| 151 | Kapelle b. Gingst | 4,719 | 124 | 26,3 | 3,27 |
| 152 | Karnitz | 3,170 | 55 | 19,4 | 2,34 |
| 153 | Kartzitz | 5,145 | 159 | 31,6 | 3,97 |
| 154 | Kasselvitz | 3,102 | 73 | 23,5 | 2,73 |
| 155 | Ketelshagen | 3,827 | 43 | 12,7 | 1,41 |
| 156 | Kl.-Bandelvitz | 1,439 | 32 | 22,2 | 1,31 |
| 157 | Kl.-Grabow b. Poseritz | 0,964 | 24 | 24,9 | 0,86 |
| 158 | Kl.-Kubbelkow | 3,256 | 49 | 18,0 | 2,39 |
| 159 | Kl.-Schoritz | 0,918 | 67 | 73,0 | 0,66 |
| 160 | Kl.-Stresow | 0,702 | 17 | 24,6 | 0,53 |
| 161 | Kl. Stubben | 1,211 | 12 | 10,1 | 0,93 |
| 162 | Kloster | 11,119 | 173 | 16,5 | 2,04 |
| 163 | Klucksevitz | 4,226 | 51 | 12,6 | 3,47 |
| 164 | Koldevitz | 2,555 | 37 | 14,6 | 2,27 |
| 165 | Kowall | 1,685 | 48 | 28,8 | 1,54 |
| 166 | Krakvitz | 1,934 | 130 | 69,0 | 1,69 |
| 167 | Kransdorf | 1,355 | 34 | 25,7 | 1,23 |
| 168 | Kransevitz | 2,246 | 49 | 28,7 | 1,48 |
| 169 | Krimvitz | 3,257 | 76 | 26,0 | 2,31 |
| 170 | Laase | 1,800 | 34 | 19,3 | 1,55 |
| 171 | Lancken Dorf | 2,398 | 245 | 102,3 | 1,67 |
| 172 | Lancken a. Jasmund | 10,169 | 323 | 35,2 | 6,83 |
| 173 | Lancken a. Wittow | 4,938 | 88 | 17,8 | 4,22 |
| 174 | Lanckensburg | 2,599 | 64 | 24,8 | 2,53 |
| 175 | Lebbin | 2,498 | 64 | 26,4 | 2,03 |
| 176 | Libnitz | 3,786 | 63 | 16,6 | 2,86 |
| 177 | Liddow | 1,844 | 32 | 20,5 | 1,23 |
| 178 | Lipsitz | 6,574 | 221 | 33,6 | 5,74 |
| 179 | Lobkevitz | 4,610 | 88 | 19,2 | 4,28 |
| 180 | Lonvitz | 1,843 | 190 | 105,4 | 1,63 |
| 181 | Losentitz | 5,209 | 177 | 34,7 | 4,05 |
| 182 | Lubkow | 1,639 | 51 | 32,3 | 1,32 |

[140] Burkvitz 53. [141] Wampen 6. [146] Sabitz 27. [151] Gurtitz 80, Rattelvitz 20, Volsvitz 44. [154] Lüssmitz 62, Neuhof 15. [155] Forsthaus 6, Ziegelei 10, Voltzow 11. [156] Grahler Fähre 19. [159] Zudar 61. [160] Forsthaus Wandashorst 8. [162] Fähr-insel 14, Grieben 71. [163] Steinshof 27. [165] Ziegelei 6. [166] Alt-Gremmin 4,

| 6 b. | 6 c. | 7 | 8 | 9 | 10 | 11 |
|---|---|---|---|---|---|---|
| Wiese | Wald | Frucht-barkeits-ziffer | Exten-sität der Bebauung % | Höhenlage | Dichte-stufe | Nr. |
| qkm | qkm | | | m | | |
| 0,30 | 0,04 | 38,4 | 93,4 | 0—5 | IV | 135 |
| 0,05 | 0,04 | 15,7 | 90,3 | 0—5 | VI | 136 |
| 0,13 | 0,09 | 16,9 | 74,8 | 10 | II | 137 |
| 0,02 | — | 29,5 | 86,7 | 0—5 | II | 138 |
| 0,16 | 0,02 | 26,6 | 96,8 | 5 | I | 139 |
| 0,29 | 0,01 | 19,5 | 97,2 | 15—20 | II | 140 |
| 0,16 | 0,09 | 16,6 | 91,8 | 15 | II | 141 |
| 0,07 | 0,02 | 44,9 | 90,5 | 5 | III | 142 |
| 0,22 | — | 22,9 | 85,0 | 5 | IV | 143 |
| 0,33 | 0,12 | 26,5 | 90,6 | 5—10 | III | 144 |
| 0,20 | 0,10 | 38,2 | 81,6 | 0—5 | II | 145 |
| 0,30 | — | 35,5 | 82,4 | 0—5 | II | 146 |
| 0,06 | 0,01 | 40,1 | 96,6 | 15 | III | 147 |
| 0,57 | 1,84 | 20,0 | 62,0 | 20 | II | 148 |
| 0,11 | — | 21,6 | 95,3 | 10 | II | 149 |
| 0,04 | — | 26,0 | 98,2 | 40 | I | 150 |
| 0,30 | 0,003 | 31,1 | 75,7 | 5—10 | III | 151 |
| 0,26 | 0,34 | 16,6 | 82,0 | 15—20 | II | 152 |
| 0,45 | 0,11 | 38,4 | 85,9 | 5 | IV | 153 |
| 0,20 | 0,01 | 27,1 | 94,1 | 5—10 | III | 154 |
| 0,43 | 1,23 | 13,2 | 48,1 | 30—35 | II | 155 |
| 0,03 | — | 34,0 | 93,1 | 5—10 | III | 156 |
| 0,08 | — | 28,2 | 97,5 | 5—10 | III | 157 |
| 0,25 | 0,54 | 37,3 | 81,1 | 25 | II | 158 |
| 0,09 | — | 57,3 | 81,7 | 0—5 | VI | 159 |
| 0,15 | 0,01 | 13,4 | 96,9 | 5—10 | III | 160 |
| 0,18 | 0,02 | 12,0 | 91,7 | 10 | I | 161 |
| 0,45 | 0,61 | 13,0 | 22,4 | 0—5 | II | 162 |
| 0,03 | 0,17 | 24,6 | 82,8 | 5—10 | II | 163 |
| 0,22 | 0,02 | 14,5 | 97,5 | 10 | II | 164 |
| 0,04 | 0,02 | 21,8 | 93,8 | 15—20 | III | 165 |
| 0,12 | 0,05 | 14,5 | 93,6 | 20 | VI | 166 |
| 0,05 | 0,03 | 43,8 | 94,5 | 15 | III | 167 |
| 0,11 | 0,54 | 17,6 | 70,8 | 15 | III | 168 |
| 0,45 | 0,33 | 10,4 | 84,7 | 10—15 | III | 169 |
| 0,15 | 0,04 | 21,9 | 94,4 | 5 | II | 170 |
| 0,26 | 0,004 | 19,8 | 80,5 | 5—20 | VII | 171 |
| 0,44 | 0,99 | 22,2 | 71,5 | 75 | IV | 172 |
| 0,07 | — | 40,2 | 86,9 | 10 | II | 173 |
| — | 0,02 | 49,7 | 97,3 | 5 | III | 174 |
| 0,37 | 0,07 | 28,1 | 96,1 | 5— 10 | III | 175 |
| 0,50 | — | 46,1 | 88,8 | 5 | II | 176 |
| 0,03 | 0,28 | 19,7 | 68,3 | 0—5 | II | 177 |
| 0,03 | — | 32,8 | 87,8 | 10 | IV | 178 |
| 0,06 | 0,02 | 52,1 | 94,1 | 5—10 | II | 179 |
| 0,07 | 0,04 | 28,7 | 92,2 | 10—15 | VII | 180 |
| 0,20 | 0,11 | 46,5 | 81,6 | 5 | IV | 181 |
| 0,19 | 0,06 | 18,3 | 92,1 | 5—10 | IV | 182 |

Neu-Gremmin 6.   [167] Kransdorfer Mühle 9.   [169] Jungfernstieg 19, Lietzen-hagen 4.   [170] Neuenkirchen 11.   [171] Blieschow 40.   [172] Dargast 64, Drosevitz 9, Dwasieden 14, Klementelvitz 45.   [178] Goos 9, Kreptitz 67.   [174] Tribkevitz 44. [178] Ramitz 166.   [179] Steinkoppel 73.   [180] Beuchow 82.   [181] Buhse 20, Fossberg 10,

| 1. | 2. | 3. | 4. | 5. | 6a. |
|---|---|---|---|---|---|
| Nr. | Name der Gemeinde | Grösse qkm | Einw.-Z. | Volks- dichte | Acker qkm |
| 183 | Lüssvitz | 1,798 | 20 | 11,1 | 1,76 |
| 184 | Lüttkevitz | 3,995 | 61 | 15,3 | 3,75 |
| 185 | Luppath | 1,476 | 11 | 7,2 | 1,29 |
| 186 | Maltzien | 3,353 | 77 | 24,0 | 2,92 |
| 187 | Marlow | 2,444 | 32 | 13,1 | 2,32 |
| 188 | Mattchow | 4,999 | 108 | 21,6 | 4,87 |
| 189 | Mellnitz | 3,391 | 93 | 27,7 | 2,55 |
| 190 | Mölln-Medow. Forstbez. | 6,474 | 3 | 3,1 | 0,25 |
| 191 | Mönchgut. Forstbez. | 5,846 | 6 | 11,0 | 0,11 |
| 192 | Mönkendorf | 2,832 | 81 | 29,0 | 1,77 |
| 193 | Mönkvitz | 2,137 | 21 | 12,7 | 1,07 |
| 194 | Moisselbritz | 2,824 | 48 | 20,3 | 1,70 |
| 195 | Muhlitz | 2,829 | 54 | 19,4 | 1,44 |
| 196 | Mukran | 2,006 | 57 | 28,4 | 1,86 |
| 197 | Nadelitz | 4,471 | 93 | 20,4 | 3,63 |
| 198 | Natzevitz | 5,061 | 74 | 14,7 | 8,07 |
| 199 | Neklade | 4,954 | 90 | 19,7 | 3,75 |
| 200 | Neparmitz | 4,165 | 143 | 34,7 | 3,72 |
| 201 | Nesebanz | 1,976 | 49 | 24,8 | 1,80 |
| 202 | Neuendorf b. Gingst | 3,483 | 66 | 20,0 | 2,73 |
| 203 | Neuendorf b. Rambin | 2,151 | 38 | 17,7 | 1,35 |
| 204 | Neuendorf b. Trent | 3,807 | 62 | 16,3 | 3,06 |
| 205 | Neuendorf b. Vilmnitz | 2,662 | 442 | 248,0 | 1,37 |
| 206 | Neuensien | 2,153 | 53 | 24,6 | 1,14 |
| 207 | Neuhof b. Kasnevitz | 1,707 | 24 | 14,5 | 1,52 |
| 208 | Öhe-Insel | 0,712 | 10 | 14,0 | 0,61 |
| 209 | Pansewitz | 9,806 | 192 | 28,9 | 5,88 |
| 210 | Parchow | 6,677 | 183 | 27,4 | 5,92 |
| 211 | Pastitz | 2,933 | 91 | 31,5 | 2,67 |
| 212 | Pastitz-Forstbez. | 6,261 | 15 | 5,0 | 1,25 |
| 213 | Patzig-Hof | 3,897 | 105 | 27,7 | 3,21 |
| 214 | Philippshagen | 4,457 | 68 | 15,3 | 3.04 |
| 215 | Platvitz | 2,036 | 37 | 18,2 | 1,93 |
| 216 | Plüggentin | 6,986 | 276 | 42,4 | 5,25 |
| 217 | Poissow | 3,829 | 64 | 16,7 | 1,50 |
| 218 | Polkvitz | 3,956 | 26 | 6,6 | 3,74 |
| 219 | Poppelvitz b. Altefähr | 2,095 | 33 | 15.8 | 2,04 |
| 220 | Poppelvitz b. Zudar | 3,846 | 89 | 23.3 | 3,22 |
| 221 | Poseritz | 4,977 | 123 | 25,2 | 3,81 |
| 222 | Posthaus a. Wittow | 4,455 | 45 | 10,4 | 0,02 |
| 223 | Preetz | 2,943 | 135 | 54,8 | 2,39 |
| 224 | Presenske | 3,615 | 75 | 21,3 | 3,20 |
| 225 | Prisvitz | 3,642 | 46 | 12,9 | 2,91 |
| 226 | Prora | 14,433 | 30 | 147,8 | 0,09 |
| 227 | Prosnitz | 4,366 | 78 | 19,3 | 2,76 |
| 228 | Puddemin | 2,122 | 63 | 29.8 | 1,89 |
| 229 | Pulitz | 1,207 | 8 | 8,2 | 0,32 |
| 230 | **Putbus-Schloss** | 5,405 | 103 | 30,0 | 1,10 |

Neuhagen 8, Smitershagen 12, Zudar 16. [184] Guddevitz 25, Wiek 19. [186] Zudar 9.
[188] Fern Lüttkevitz 36, Kassenvitz 4. [189] Ruddevitz 11. [191] Quatzendorf 11,
Sehlitz 33. [196] Neu Mukran (Hülsenkrug) 12. [197] Posewald 42. [198] Dönkvitz 0.
[200] Swantow 69. [202] Volkshagen 46. [204] Zessin 39. [205] Lauterbach 176, Villa 8.
[209] Erdmannshagen u. Gustin 28, Forsthaus Hedwigshof 6, Malkvitz 39, Wüsteney 8.

| 6 b. | 6 c. | 7. | 8. | 9. | 10. | 11. |
|---|---|---|---|---|---|---|
| Wiese | Wald | Frucht-barkeits-ziffer | Exten-sität der Bebauung % | Höhenlage | Dichte-stufe | Nr. |
| qkm | qkm | | | m | | |
| 0,03 | — | 31,8 | 99,6 | 0—5 | II | 183 |
| 0,10 | — | 45,2 | 96,4 | 0—5 | II | 184 |
| 0,15 | 0,01 | 24,0 | 97,6 | 5—10 | I | 185 |
| 0,24 | 0,14 | 47,1 | 94,2 | 5 | III | 186 |
| 0,01 | — | 35,6 | 95,3 | 30—35 | II | 187 |
| 0,01 | — | 49,0 | 97,6 | 25 | III | 188 |
| 0,46 | 0,03 | 33,4 | 88,8 | 0—5 | III | 189 |
| 0,02 | 5,68 | 9,0 | 4,2 | 40 | I | 190 |
| 0,03 | 5,30 | 10,3 | 2,4 | 5 | II | 191 |
| 0,08 | 0,04 | 25,4 | 65,3 | 75—80 | III | 192 |
| 0,07 | 0,48 | 10,1 | 53,3 | 15 | II | 193 |
| 0,16 | 0,46 | 37,4 | 65,9 | 0—5 | II | 194 |
| 0,14 | 0,05 | 28,8 | 56,9 | 5—10 | II | 195 |
| 0,03 | — | 22,8 | 94,2 | 45—50 | III | 196 |
| 0,40 | — | 23,9 | 90,1 | 10—15 | II | 197 |
| 0,53 | 0,04 | 17,4 | 71,1 | 5 | II | 198 |
| 0,59 | 0,39 | 26,0 | 87,6 | 15—20 | II | 199 |
| 0,28 | 0,04 | 33,5 | 96,0 | 10—15 | IV | 200 |
| 0,12 | — | 34,9 | 97,2 | 10—15 | III | 201 |
| 0,32 | 0,18 | 21,9 | 87,6 | 10—15 | II | 202 |
| 0,10 | — | 23,9 | 67,4 | 0—5 | II | 203 |
| 0,42 | — | 20,5 | 91,4 | 0—5 | II | 204 |
| 0,12 | 0,88 | 24,5 | 56,0 | 0—10 | VII | 205 |
| 0,09 | — | 13,9 | 57,1 | 0—5 | III | 206 |
| 0,10 | 0,05 | 12,1 | 94,9 | 15—20 | II | 207 |
| 0,05 | — | 25,0 | 92,7 | 0—5 | II | 208 |
| 0,45 | 3,17 | 25,3 | 64,6 | 5—10 | III | 209 |
| 0,13 | 0,01 | 44,5 | 90,6 | 0—5 | III | 210 |
| 0,07 | 0,04 | 40,4 | 93,4 | 10—20 | IV | 211 |
| 1,12 | 3,27 | 14,1 | 37,9 | 15 | I | 212 |
| 0,04 | 0,11 | 22,7 | 83,4 | 15—20 | III | 213 |
| 0,61 | — | 19,5 | 81,9 | 0—5 | II | 214 |
| 0,07 | — | 20,6 | 98,2 | 15 | II | 215 |
| 0,64 | 0,48 | 20,9 | 84,3 | 5—10 | IV | 216 |
| 0,10 | — | 20,7 | 41,8 | 140 | II | 217 |
| 0,15 | — | 28,8 | 98,3 | 45 | I | 218 |
| 0,03 | — | 34,5 | 98,8 | 5—10 | II | 219 |
| 0,28 | 0,03 | 43,6 | 91,0 | 5 | III | 220 |
| 0,70 | 0,10 | 21,5 | 90,6 | 10—15 | III | 221 |
| — | 0,13 | 2,4 | 0,4 | 0—5 | I | 222 |
| 0,48 | — | 17,8 | 97,5 | 5—10 | V | 223 |
| 0,01 | 0,09 | 50,8 | 88,8 | 10 | III | 224 |
| 0,45 | 0,08 | 16,7 | 92,3 | 5—10 | II | 225 |
| 0,14 | 14,23 | 7,7 | 1,6 | 5—10 | VII | 226 |
| 0,49 | 0,32 | 19,9 | 74,4 | 10 | II | 227 |
| 0,14 | 0,01 | 37,5 | 95,7 | 35 | III | 228 |
| 0,03 | 0,84 | 13,9 | 29,0 | 5—10 | I | 229 |
| 0,18 | 1,97 | 39,5 | 23,7 | 10 | III | 230 |

[210] Bischofsdorf 79, Fährhof 18, Vansenitz 28, Wittowerfähre 14. [211] Alt-Pastitz 7, Neu-Pastitz 84. [214] Lobbe 7. [216] Dumrade 37, Negast 88, Samtens 130. [217] Beustrin 19 Gr. Volksitz 12, Jägerhof 6, Kl. Poissow 10. [220] Heidekathen 4, Palmerort 18, Sabenitz 18. [223] Burtevitz 40, Sandort 6, Zarnekow 23. [224] Drewoldke 20, Juliusruh 16. [225] Chausseehaus 9, Strüssendorf 20.

| 1 | 2 | 3 | 4 | 5 | 6a. |
|---|---|---|---|---|---|
| Nr. | Name der Gemeinde | Grösse qkm | Einw.-Z. | Volks- dichte | Acker qkm |
| 231 | Quoltitz | 2,860 | 52 | 18,8 | 2,26 |
| 232 | Ralow | 4,275 | 110 | 32,5 | 2,28 |
| 233 | Ralswiek | 8,700 | 169 | 26,0 | 4,69 |
| 234 | Ranzow | 2,090 | 38 | 27,0 | 1,32 |
| 235 | Reetz | 1,340 | 44 | 33,6 | 1,08 |
| 236 | Reidervitz | 2,703 | 72 | 26,6 | 2,14 |
| 237 | Reischvitz | 3,899 | 82 | 22,0 | 3,22 |
| 238 | Renz | 3,962 | 78 | 19,9 | 3,52 |
| 239 | Retelitz | 4,321 | 29 | 6,7 | 3,89 |
| 240 | Rosengarten | 4,236 | 112 | 27,0 | 3,49 |
| 241 | Rothenkirchen | 3,139 | 98 | 31,2 | 2,45 |
| 242 | Ruschvitz | 4,449 | 62 | 13,9 | 3,06 |
| 243 | Saalkow | 2,487 | 68 | 27,3 | 2,22 |
| 244 | Scharpitz | 2,125 | 39 | 18,4 | 1,87 |
| 245 | Schmacht | 2,406 | 7 | 3,0 | 0,54 |
| 246 | Schmantevitz | 3,517 | 99 | 28,2 | 2,96 |
| 247 | Schwarbe | 5,841 | 88 | 15,1 | 3,97 |
| 248 | Schweikvitz | 2,555 | 89 | 35,7 | 2,10 |
| 249 | Seelvitz | 1,304 | 34 | 26,1 | 1,11 |
| 250 | Seerams | 2,302 | 81 | 40,7 | 1,46 |
| 251 | Sellentin | 2,237 | 38 | 17,0 | 2.16 |
| 252 | Siggermow | 1,828 | 26 | 14,2 | 1,44 |
| 253 | Silenz | 3,750 | 55 | 14,9 | 3.14 |
| 254 | Silmenitz | 2,730 | 64 | 23,4 | 2,05 |
| 255 | Silvitz | 4,235 | 78 | 19,3 | 3.59 |
| 256 | Sissow | 3,236 | 63 | 22,4 | 2,36 |
| 257 | Spycker | 4,356 | 37 | 8,5 | 2,41 |
| 258 | Starrvitz | 3,967 | 86 | 21,7 | 2,64 |
| 259 | Stedar | 3,180 | 48 | 15,5 | 2.06 |
| 260 | Stönkvitz | 3,624 | 57 | 20,5 | 2.24 |
| 261 | Strachtitz | 1,246 | 18 | 15,8 | 0,96 |
| 262 | Streu b. Schaprode | 2,274 | 19 | 8,4 | 1,86 |
| 263 | Streu b. Zirkow | 2,564 | 72 | 28,3 | 1,66 |
| 264 | Swine | 1,642 | 32 | 20,8 | 1,21 |
| 265 | Tangnitz | 2,798 | 33 | 12,8 | 2,25 |
| 266 | Tegelhof | 0,677 | 13 | 19,2 | 0,61 |
| 267 | Teschenhagen | 4,433 | 92 | 20,8 | 3,11 |
| 268 | Teschvitz | 3,340 | 64 | 19,5 | 2,28 |
| 269 | Tetzitz | 11,025 | 209 | 19,4 | 3,47 |
| 270 | Tribberatz | 2,818 | 66 | 23,4 | 2,67 |
| 271 | Tribbevitz | 3,845 | 104 | 28,4 | 2.68 |
| 272 | Tribkevitz | 0,656 | 14 | 21,3 | 0,60 |
| 273 | Trips | 1,278 | 57 | 44,6 | 1.02 |
| 274 | Udars | 6,500 | 179 | 28,1 | 4,45 |
| 275 | Üselitz | 3,272 | 122 | 37,6 | 2,28 |
| 276 | Unrow | 7,340 | 115 | 16,6 | 5,03 |
| 277 | Varbelvitz | 1,647 | 38 | 23,5 | 1,33 |
| 278 | Varnkevitz | 2,570 | 48 | 18,8 | 2,39 |

[232] Landow 60, Libitz 5, Rugenhof 25. [233] Augustenhof 7, Gniess 66. [234] Krievitz 6, Schwierenz 20. [237] Willyhof 18. [240] Preseke 12. [242] Baldereck 13, Koosdorf 22. [246] Kamin 77. [247] Mühlenvorwerk Schwarbe 11, Schulhaus Schwarbe 0. [250] Bantow 13. [255] Chaussehans Dolgemost 8, Gut Dolgemost 21.

| 6 b. | 6 c. | 7 | 8 | 9 | 10 | 11 |
|---|---|---|---|---|---|---|
| Wiese | Wald | Frucht-barkeits-ziffer | Exten-sität der Bebauung | Höhenlage | Dichte-stufe | Nr. |
| qkm | qkm | | %o | m | | |
| 0,26 | 0,09 | 23,5 | 88,1 | 65 | II | 231 |
| 0,40 | 0,89 | 12,8 | 62,7 | 0—5 | IV | 232 |
| 0,48 | 2,21 | 17,9 | 59,4 | 0—5 | III | 233 |
| 0,02 | 0,68 | 30,0 | 64,1 | 70—75 | III | 234 |
| 0,05 | 0,03 | 20,2 | 84,3 | 0—5 | IV | 235 |
| — | — | 48,6 | 79,2 | 10 | III | 236 |
| 0,33 | 0,17 | 25,2 | 91,1 | 15—20 | III | 237 |
| 0,11 | 0,04 | 29,2 | 91,6 | 10—15 | II | 238 |
| 0,01 | — | 45,9 | 90,3 | 0—5 | I | 239 |
| 0,42 | 0,09 | 26,7 | 92,3 | 5 | III | 240 |
| 0,22 | — | 29,3 | 85,1 | 5—10 | IV | 241 |
| 0,18 | — | 29,1 | 72,8 | 15 | II | 242 |
| 0,03 | — | 30,4 | 90,5 | 10—15 | III | 243 |
| 0,19 | — | 33,2 | 97,0 | 5—10 | II | 244 |
| 0,36 | 0,04 | 24,3 | 37,4 | 5—10 | I | 245 |
| 0,15 | — | 49,8 | 88,4 | 0—5 | III | 246 |
| 0,02 | — | 43,1 | 68,3 | 20 | II | 247 |
| 0,11 | 0,06 | 40,4 | 86,5 | 5 | IV | 248 |
| 0,12 | — | 22,0 | 94,3 | 15—20 | III | 249 |
| 0,45 | 0,31 | 15,5 | 83,0 | 10—20 | IV | 250 |
| 0,01 | — | 35,2 | 97,0 | 5—10 | II | 251 |
| 0,35 | — | 14,4 | 97,9 | 10—15 | II | 252 |
| 0,34 | 0,05 | 24,5 | 92,8 | 5 | II | 253 |
| 0,27 | — | 35,0 | 85,0 | 5—10 | III | 254 |
| 0,17 | 0,19 | 27,2 | 88,8 | 10—15 | II | 255 |
| 0,31 | 0,42 | 29,3 | 82,5 | 10—15 | III | 256 |
| 0,08 | 0,01 | 28,5 | 57,2 | 0—5 | I | 257 |
| 0,20 | — | 47,6 | 71,6 | 0—5 | III | 258 |
| 0,51 | 0,09 | 22,7 | 80,8 | 0—5 | II | 259 |
| 0,44 | 0,84 | 16,6 | 74,0 | 5—10 | II | 260 |
| 0,11 | 0,11 | 20,4 | 85,9 | 15—20 | II | 261 |
| 0,05 | — | 56,7 | 84,0 | 0—5 | I | 262 |
| 0,35 | 0,02 | 30,3 | 78,4 | 0—5 | III | 263 |
| 0,26 | 0,10 | 23,0 | 89,5 | 5—10 | III | 264 |
| 0,21 | 0,22 | 14,9 | 87,9 | 20—25 | II | 265 |
| 0,04 | — | 21,1 | 96,0 | 30 | II | 266 |
| 0,18 | — | 24,6 | 74,2 | 20—25 | III | 267 |
| 0,61 | 0,06 | 37,4 | 86,5 | 0—5 | II | 268 |
| 0,69 | 0,22 | 32,8 | 37,8 | 0—5 | II | 269 |
| 0,03 | — | 24,4 | 95,8 | 5—15 | III | 270 |
| 0,60 | 0.18 | 33,6 | 85,3 | 0—5 | III | 271 |
| — | — | 37,6 | 91,5 | 5 | III | 272 |
| 0,18 | — | 25,1 | 93,9 | 0—5 | IV | 273 |
| 0,25 | 0,12 | 39,8 | 72,3 | 0—5 | III | 274 |
| 0,53 | 0,03 | 32,7 | 85,9 | 0—5 | IV | 275 |
| 0,24 | 0,40 | 32.5 | 71,8 | 5—10 | II | 276 |
| 0,05 | 0,03 | 37,2 | 83,8 | 0—5 | III | 277 |
| — | 0,02 | 39,2 | 93,0 | 25—30 | II | 278 |

[257] Wall 17. [258] Banz 47, Gramtitz 10, Kuhle 11. [259] Burnitz 6. [263] Kiekut 49. [267] Bahnhof 6, Chausseehaus 7, Forsthaus 4. [268] Konitz 29, Wall 8. [269] Postelitz 27, Rappin 111. [270] Mustitz 16. [273] Kraditz 6. [274] Lehsten 149, Seehof 6. [275] Tannenort 26. [276] Moordorf 88.

8*

| 1. | 2. | 3. | 4. | 5. | 6a. |
|---|---|---|---|---|---|
| Nr. | Name der Gemeinde | Grösse qkm | Einw.-Z. | Volks- dichte | Acker qkm |
| 279 | Varsnevitz | 2,897 | 70 | 24,2 | 2,57 |
| 280 | Vaschvitz | 2,702 | 91 | 33,7 | 2,19 |
| 281 | Veikvitz | 2,057 | 25 | 12,2 | 1,73 |
| 282 | Venz | 6,489 | 141 | 23,2 | 3,97 |
| 283 | Venzvitz | 5,165 | 86 | 16,8 | 1,35 |
| 284 | Veyervitz | 0,926 | 2 | 2,2 | 0,88 |
| 285 | Viervitz | 2,987 | 19 | 10,9 | 1,45 |
| 286 | Vilmnitz | 3,393 | 303 | 90,4 | 2,66 |
| 287 | Vorwerk | 4,763 | 107 | 22,5 | 3,32 |
| 288 | Warksow | 5,599 | 99 | 17,7 | 5,00 |
| 289 | Wendorf | 1,730 | 22 | 12,7 | 1,56 |
| 290 | Werder-Oberförst. | 21,123 | 91 | 55,1 | 0,84 |
| 291 | Woldenitz | 2,719 | 45 | 16,6 | 2,48 |
| 292 | Wollin | 1,114 | 28 | 25,1 | 1,09 |
| 293 | Wostevitz | 6,862 | 80 | 14,3 | 3,17 |
| 294 | Wreechen | 1,787 | 133 | 76,6 | 0,93 |
| 295 | Wulfsberg | 0,668 | 18 | 26,9 | 0,60 |
| 296 | Zargelitz | 3,711 | 7 | 8,4 | 1,95 |
| 297 | Zeiten | 2,169 | 56 | 25,8 | 1,88 |
| 298 | Zicker b. Zudar | 4,113 | 91 | 22,1 | 3,29 |
| 299 | Zirkow-Dorf | 3,918 | 511 | 145,7 | 2,40 |
| 300 | Zirkow-Hof | 2,835 | 49 | 17,3 | 2,40 |
| 301 | Zirmoissel | 3,824 | 91 | 24,6 | 2,46 |
| 302 | Zubzow | 4,812 | 76 | 15,9 | 3,91 |
| 303 | Zürkvitz | 2,650 | 63 | 23,8 | 2,54 |

[280]Dwarsdorf 70. [282]Haidemühl 6, Kuckelvitz 85. [283]Goldberg 15, Kabelow 21. [285]Forsthaus Schellhorn 7. [287]Kapelle 60, Lubitz 6, Mühlengehöft 22. [290]Forstkathen Borrien 7. [291]Kontop 9, Wick 34. [293]Kl. Jasmund 5 Neu-Staphel 8, Staphel 12, Buddenhagen 9, Forsthaus Hagen 5, Arbeiter-

| 6b. | 6c. | 7 | 8 | 9 | 10 | 11 |
|---|---|---|---|---|---|---|
| Wiese | Wald | Frucht-barkeits-ziffer | Exten-sität der Bebauung % | Höhenlage | Dichte-stufe | Nr. |
| qkm | qkm | | | m | | |
| 0,30 | — | 50,4 | 99,1 | 5—10 | III | 279 |
| 0,20 | — | 35,4 | 88,5 | 0— 5 | IV | 280 |
| 0,19 | — | 39,3 | 95,8 | 10 | II | 281 |
| 0,94 | 0,42 | 22,9 | 75,7 | 0—5 | III | 282 |
| 0,20 | 0,05 | 27,1 | 30,0 | 5 | II | 283 |
| — | — | 46,6 | 95,0 | 0—5 | I | 284 |
| 0,07 | 1,25 | 16.1 | 50,9 | 5—10 | II | 285 |
| 0,51 | 0,04 | 22,9 | 93,4 | 5—10 | VI | 286 |
| 0,10 | — | 44,4 | 71,8 | 0—5 | III | 287 |
| 0,42 | — | 24,0 | 96,8 | 15 | II | 288 |
| 0,11 | — | 32,4 | 96,5 | 10 | II | 289 |
| 0,15 | 19,47 | 14,7 | 4,7 | 110 | V | 290 |
| 0,08 | 0,01 | 46,9 | 94,2 | 0—5 | II | 291 |
| — | — | 46,2 | 97,8 | 20 | III | 292 |
| 0,83 | 1,27 | 22,6 | 58,3 | 10—15 | II | 293 |
| 0,13 | 0,05 | 22,3 | 59,3 | 5—10 | VI | 294 |
| 0,05 | — | 30,6 | 97,3 | 10—15 | III | 295 |
| 0,02 | 1,67 | 12,2 | 53,1 | 10—15 | I | 296 |
| 0,20 | — | 26,6 | 95,9 | 10—15 | III | 297 |
| 0,29 | — | 42,5 | 87,0 | 0—5 | III | 298 |
| 0,22 | 0,41 | 15,2 | 66,9 | 5—10 | VII | 299 |
| 0,32 | — | 16,0 | 95,9 | 0—5 | II | 300 |
| 0,55 | 0,12 | 33,7 | 78,7 | 5 | III | 301 |
| 0,21 | 0,02 | 46,8 | 85,6 | 0—5 | II | 302 |
| — | — | 49,0 | 95,8 | 0—5 | III | 303 |

wohnung Hagen 13, Rusewase 4, Forsthaus Rusewase 9, Arbeiterwohnung Rusewase 8, Schwierenz 8, Stubbenkammer 14, Uskan 8. [294] Zehnmorgen 18. [296] Pritzwald 7.

# Inhaltsverzeichnis.

# Kreide und Paleocän auf der Greifswalder Oie.

Von

**Joh. Elbert und H. Klose.**

Mit einer Karte.

Die Greifswalder Oie war vor ca. 20 Jahren der Gegenstand einer ausführlichen geologisch-geographischen Schilderung
von E. Bornhöft.[1]) Seitdem hat die Kenntnis der vorpommerschen Kreide- und Tertiärablagerungen wesentlich gefördert werden können, und es wäre deshalb wünschenswert
gewesen, auch die im Diluvium der Insel eingelagerten Schollen
einer erneuten Untersuchung und einem abermaligen genaueren
Vergleiche mit den anstehend bekannten Vorkommen zu unter-
werfen. Leider verhinderte bei allen Besuchen seit 1886 der
starke Küstenabrutsch ein näheres Studium. Erst als am
19./20. April dieses Jahres der verheerende NNW-Sturm die
Absturzmassen zum grössten Teile fortgeführt hatte, konnte
ein genügender Einblick in die geologischen Verhältnisse gewonnen werden. Die Aufschlüsse der vordiluvialen Schichten
waren wider Erwarten vollständig, so dass wir uns zu einer
abermaligen Untersuchung entschlossen, welche von den
Bornhöft'schen abweichende Resultate brachte und auch für
die Beurteilung der Kreide- und Tertiärformation des Baltikums
von besonderer Wichtigkeit erschien.

Kreide und Tertiär treten auf der Greifswalder Oie als
Einragung in den Diluvialmergel auf. Von letzterem lassen
sich, wie Bornhöft erkannte, drei, verschiedenen Vereisungen
angehörige Geschiebemergel unterscheiden. Der untere Mergel

---

1) E. Bornhöft: Der Greifswalder Bodden. II. Jahresber. der
Geograph. Gesellschaft zu Greifswald 1883/84. I. Teil S. 1—72. Gr. 1885.

ist von graublauer Farbe, der mittlere von hellgelber bis grau-
gelber, oft jedoch auch von grauer und graubrauner, und der
obere von bräunlichgelber Farbe. Zusammen mit dem unteren
Geschiebemergel stellen die älteren Sedimente Kuppen, Sättel,
Bänke, Linsen und unregelmässige Partien im mittleren dar,
welche bis 20 m Durchmesser und bis 12 m Höhe erreichen
können. Auf der NW-Seite der Insel herrschen ältere Sande
und Kreidemergel, auf der SO-Seite durchweg Ton und Kalksteine vor. Bornhöft hält diese Tone für mitteloligocäne
Septarientone, die Sande für Senon und die Kreide für Turon.
Dagegen müssen wir die Tone zum Paleocän, die Sande zum
Gault und die Kreide teils zum Cenoman, teils zum Senon
stellen. Um künftigem Zweifel und Irrtum vorzubeugen, wurde
die Lage der einzelnen Schollen möglichst genau auf der
Karte[1]) eingetragen und eine Verkleinerung derselben diesem
Aufsatze beigegeben.

## Gault.

Der Gault tritt an 6 Punkten des NW-Strandes, von
III bis V der Karte, als Einlagerung auf. Die beiden nördlichen Vorkommen stellen isolierte Schollen im Diluvium dar,
während die 4 südlichen zwischen III und IV liegenden, bis
gegen 11 m hohen Aufschlüsse sich unter dem Strand fortzusetzen scheinen. Von N nach S gezählt, betragen ihre Durchmesser 12 m, 21 m, 10 m und ca. 3 m. Der Gault besteht
aus den von Bornhöft[2]) als Senon beschriebenen Sandeu,
welche, wie er in einer Fussnote bemerkt, petrographisch
grosse Ähnlichkeit mit dem oberen Gault aus dem Bohrloche
„Selma" bei Greifswald zeigen. Da diese Sande nun deu cono-
manen Kreidemergel mit *Aucella gryphaeoides* Sow und
*Belemnites ultimus* d'Orb. unterteufen, müssen sie älter als jener

---

1) Die Karte wurde zuerst im Massstabe 1 : 8000 entworfen, dann
aber auf 1 : 2000 vergrössert, mit den neuesten Aufnahmen des Königl.
Wasserbau-Amtes zu Stralsund verglichen und inbetreff der Tiefen-
kurven, der Uferschutzwerke u. s. w. ergänzt. Nach nochmaliger,
genauer Revision der Topographie des Ufersteilrandes wurde die Karte
auf den Massstab 1 : 5550 verkleinert (Elbert).

2) E. Bornhöft, a. a. O. S. 36.

sein.   Aus den drei grossen Aufschlüssen zwischen III und IV
der Karte liess sich folgende Schichtenfolge zusammenstellen:

5.[1]) Weissbunter Sand mit Kohleflittern
6. Schwarzer, bituminöser sandiger Ton
7. Toniger Grünsand
8. Schwarzer, bituminöser Sand          Nördlicher
9. Grauschwarzer Sand                   Aufschluss
10. Sandiger Grünsand
11. Weisser Sand
12. Schwarzer Sand mit Konkretionen
13. Schwarzer Sand mit Tonschmitzen
14. Weisser Sand                        Mittlerer
15. Graubrauner Sand                    Aufschluss
16. Braunroter Sand
17. Buntgeschichteter Sand
18. Olivfarbiger Sand
19. Gelblich-weisser Sand               Südlicher
20. Weisser Sand                        Aufschluss
21. Rötlich-weisser Sand

Die Aufstellung des Profils fusst auf der Identifizierung
des Grünsandes (Nr. 10) in dem nördlichen und mittleren, der
buntgeschichteten 'Sande (Nr. 17) im mittleren und südlichen
Aufschlusse.   Da dem Komplex heller Sande im südlichen
Aufschlusse cenomaner Kreidemergel aufgelagert ist, muss man
die Sande im nördlichen Aufschlusse als den tieferen Horizont
ansehen.   Die weissbunten kohligen Sande (Nr. 5) trifft man
in einem kleineren Aufschlusse mit sattelförmiger Lagerung
bei III der Karte.   Die hier aufeinander folgenden Schichten
müssen demnach tiefer liegen als die aufgeführten, zumal sie
sich sonst in keiner Weise in das Profil einfügen lassen.   Die
leitende Sandschicht hat zwar Ähnlichkeit mit den buntgeschichteten Sanden unter 17, doch ist die Kohleführung zu
charakteristisch, als dass eine Verwechselung stattfinden könnte.
Ausserdem sind der liegende Grünsand und das ihn Unterteufende tonig, wie denn der ganze Schichtenkomplex unter
den kohligen weissbunten Sanden südlich III stark tonführend
ist.   Zieht man noch kleinere Aufschlüsse in Betracht, so ist
ihre Einordnung in das Profil nur bei der gegebenen Reihen-

---

1) Vgl. nächste Seite.

folge möglich. Sollte sich jedoch später herausstellen, dass die beiden Grünsande identische Lagen sind — denn der untere Grünsand unterscheidet sich vom oberen nur durch seine dunklere Farbe, seinen Tongehalt, das Auftreten einer grösseren Zahl von Konkretionen und die Führung von Holzresten — vereinfacht sich das Profil durch die Vereinigung der Komplexe von schwarzen, bituminösen Sand. Immerhin muss es als merkwürdig bezeichnet werden, dass bei einem Einfallen der Schichten nach S. eben südlich von der Hauptmasse der Gaultschichten ihr Liegendes auftritt. Dem steht aber gegenüber, dass nördlich der genannten Punkte bei IV der Karte und zwischen IV und V noch hangende Partien der Schichtenserie als gänzlich losgelöste Schollen im Mergel eingebettet sind. Diese Verhältnisse sind der Erscheinungsweise der älteren Sedimente als Aufpressungen durch das Inlandeis zuzuschreiben.[1]) Dem obigen Profil sind demnach noch folgende Schichten, vom Liegenden ab gerechnet, hinzuzufügen:

1. Toniger, grauer Sand.
2. Graugrünlicher, kalkiger Ton.
3. Grauer, sandiger Ton.
4. Bräunlicher, toniger Sand mit Kohleflittern,
5. Kohliger, weiss-bunter Sand.

Die einzelnen Lagen des so vervollständigten Profils mögen kurz charakterisiert werden.

1. **Etwas toniger, graubrauner bis braunschwarzer, kalkfreier Sand** (ca. 1 m). Er ist feinkörnig, enthält zahlreiche Kohlebruchstücke und einige Muskovitblättchen.

2. **Grünlichgrauer, kalkhaltiger Ton** (0,12 m). Bei fester Beschaffenheit führt er Glaukonit und etwas Muskovit. Nach oben hin wird er sandiger, so dass er übergeht in

3. **Grauen, sandigen Ton** (0,20 m). Er ist etwas

---

1) Näheres über den Bau dieser aufgepflügten Grundgebirgsschollen und über die Wirkungsweise des Inlandeises wird in einer Abhandlung: J. Elbert: „Die Entwicklung des Bodenreliefs von Vorpommern und Rügen, sowie der angrenzenden Gebiete Mecklenburgs und der Uckermark während der letzten Vereisung" (VIII. Jahresbericht d. Geograph. Gesellschaft 1903) mitgeteilt werden.

kalkhaltig, ziemlich fest und hat geringe Mengen von Muskovit und Kohleflittern. Nach Abschlämmen und Behandeln mit Salzsäure lassen sich Kaolinteilchen, Fragmente von grüner Hornblende, sowie einige Trümmer von Turmalin und Apatit in dem feinen Quarzsande erkennen. Nach oben wird der Ton immer sandiger und seine Farbe dunkler, bis er übergeht in

4. **Bräunlichen, tonigen Sand mit Kohleflittern** (0,25 m). Die kaum gerundeten Quarzkörner des kalkfreien Sandes besitzen geringe Grösse. Auffallend ist die ziemlich beträchtliche Menge von Muskovitblättchen. Auch etwas Glaukonit tritt auf.

5. **Kohliger, weissbunter Quarzsand** (0,60 m). Oben weiss, von mittelfeinem, stellenweise grobem Korn, geht er nach unten über in gelben bis gelbgrünfarbenen, magnetitführenden Sand. Die Färbung des letzteren kommt durch einen Überzug der einzelnen Körner mit einer Haut von Eisenoxydhydrat zustande. In beträchtlicher Menge sind dem gelben Sande, der sich zum Teil zu festeren Partien zusammenballt, Stückchen und Flitter von Kohle beigemengt.

6. **Schwarzer, bituminöser, sandiger Ton** (0,80 m). Die schwarze Färbung rührt von einer sehr starken Beimengung bituminöser Substanz zu dem tonigen Sande her. Der als Schlämmrückstand bleibende Quarzsand zeigt ziemlich geringe Korngrösse und Abrundung.

7. **Toniger Grünsand** (1,30 m). Bei dunkelgrüner bis schwärzlichgrüner Färbung bildet er im feuchten Zustande zähe und kompakte Massen. Abgeschlämmt bleibt ein Sand von mittelfeinem Korn zurück, der aus Quarz und Glaukonit besteht. Quarze mit bis 3 mm Korngrösse sind beigemengt. Alle Quarzkörner sind etwas gerundet, teilweise wasserhell bis milchweiss und grau, teilweise oberflächlich grün gefärbt. In geringem Masse sind Holzteilchen vorhanden, ebenso finden sich einige Fischzähnchen vor. Etliche kleine runde Körner scheinen Steinkerne von Ostracoden zu sein, ferner wurden Fragmente von Brachiopoden- und Foraminiferen-Schalen beobachtet. In diesem Grünsande treten in grösster Häufigkeit Phosphoritknollen auf. Es sind rundliche, meist nicht sehr

harte Knollen von Ei- bis Faustgrösse. Die grösste gefundene Konkretion besass ellipsoidische Gestalt bei einer Länge von 14,5 cm und einer Dicke von ca. 9 cm. Sie bestehen aus Grünsand, durch ein Bindemittel zusammengekittet, welches besonders aus phosphorsaurem und kohlensaurem Kalk, dann phosphorsaurem Eisenoxyd mit Spuren von Manganoxyd besteht. Von den später zu besprechenden Konkretionen des cenomanen Grünsandmergels unterscheiden sie sich durch das Fehlen der bei jenen charakteristischen Eisenokerblättchen, sowie durch grössere Festigkeit und Härte. Vereinzelt werden die Knollen dichter, härter, dunkler — sogar fast schwarz — mit splittrigem Bruche. Während der Gehalt an Glaukonit- und Quarzkörnern fast ganz zurücktritt, nimmt das phosphoritische Cement zu. Andrerseits finden sich phosphorsäurearme Konkretionen von graubräunlicher Farbe. Sie besitzen grosse Härte, flach muscheligen Bruch und bestehen aus durchsichtigem Kalkspat, einzelnen Glaukonit- und Quarzkörnern, die durch das dichte phosphoritische Cement verbunden sind. Die gleichmässige, gewebeähnliche Anordnung der Kalkspatkrystalle erinnert an typische Grünsandsteine. Erwähnt sei der Fund einer bräunlich-grauen Sphaerosiderit-Konkretion von gleichmässig dichter Beschaffenheit, die ausser Eisenoxydul, Mangan- und Calciumkarbonat, sowie Tonerde noch Phosphorsäure enthält. Im Innern mancher Konkretionen findet sich bisweilen Markasit auf Rissen und Sprüngen und kommt auch für sich allein in runden, radialfaserigen Knollen vor.

Während die weitaus grösste Mehrzahl dieser Konkretionen keinerlei organische Reste aufwies, enthielten einzelne Holz. Auch frei im Grünsand wurden bisweilen Stücke desselben angetroffen. Alle sind völlig verkieselt, besitzen graue bis chokoladenbraune Farbe und lassen deutlich die Struktur des Coniferenholzes erkennen. In den gleichen Schichten hatte schon Bornhöft[1]) reichlich Holz gefunden, das von E. Conwentz als *Rhizocupressinoxylon Pomeraniae* bezeichnet wurde. Die von uns gefundenen Holzstücke zeigen völlige Übereinstimmung mit

---

1) E. Bornhöft, a. a. O. S. 36.

der von Conwentz gegebenen Beschreibung und dürfen daher zu der gleichen Art gerechnet werden. An vielen Stellen ist dieses Holz angebohrt, und die Bohrgänge sind später mit dem Glaukonitsande ausgefüllt. Nach dem Aussehen der Bohrgänge scheint es sich um Teredolöcher zu handeln und nicht um die von Insekten, wie Conwentz annimmt. In einem der Grünsandknollen sass — und das ist besonders wichtig — ein kleiner Ammonit mit glänzender, aussen kräftig gerippter Schale, deutlich erhaltenem Sipho und Kammerung. Da das Exemplar mitten durchgeschlagen war, liess sich eine Bestimmung zwar nicht ermöglichen, nach dem Gesamthabitus ist es jedoch ein *Hoplites*.

8. Schwarzer, bituminöser Sand (1,70 m). Ein mittelfeiner Sand von etwas toniger Beschaffenheit, die nach oben hin abnimmt, so dass ein Übergang zum nächsten Sande stattfindet.

9. Grauschwarzer Sand (1,15 m). Er verdankt, wie der vorige seine Färbung einer ziemlich reichlichen Beimengung feinster kehliger Substanz. Das mittelfeine Korn nimmt zum Hangenden hin stellenweise stark zu und erreicht Linsengrösse.

10. Sandiger Grünsand (0,25 m). Dieser obere Grünsand besitzt schmutzige, gelblich-grüne Farbe, haftet im feuchten Zustande leicht zusammen und bildet ziemlich feste Partien. Der Schlämmrückstand zeigt hellen Sand von mittelfeiner Korngrösse, der aus Quarz und Glaukonit besteht. Gröbere Quarze sind in mässiger Menge vorhanden. Zum Liegenden hin wird der Sand grobkörniger, stellenweise grandig. Konkretionen treten in ihm vereinzelt auf.

11. Weisser, kalkfreier Quarzsand (0,40 m), von feiner, gleichmässiger Korngrösse, führt geringe Mengen von Muskovit und von Kohleflittern. Seine rein weisse Farbe bildet einen schroffen Gegensatz zu dem folgenden schwarzen Sande.

12. Schwarzer Sand mit Konkretionen (3,60). Bei mässiger Korngrösse und Rundung der Körner, ist er ausgezeichnet durch harte, kugelige Konkretionen. Diese bestehen

aus dem gleichen schwarzen Sande, der aussen durch Limonit
fest verkittet ist. Im Innern erscheinen in sehr auffallender
Weise lose, rein weisse Sande von sehr feiner Korngrösse und
äusserst geringer Abrundung der einzelnen Körner. Die Grösse
der Konkretionen wechselt; sie können bis über 15 cm Durchmesser erreichen. Die grösseren dieser Kugeln enthalten gewöhnlich mehrere durch ein festes Gewebe getrennte Kerne
weissen Sandes.

13. **Schwarzer Sand mit Tonschmitzen** (0,40 m).
Dem vorigen petrographisch gleich, ist er charakterisiert durch
in ihm auftretende Schmitzen eines sehr fetten Pechkohle ähnlichen
Toues. Dieser ist glänzend schwarz und besteht aus feinsten,
bituminösen Partikeln, ohne jede Vermengung mit Sand. Beim
Abschlämmen bleibt daher kein Rückstand; durch Glühen erfolgt
Bleichung.

14. **Weisser, kalkfreier Quarzsand** (0,50 m). Er
besitzt mässige Korngrösse und führt vielfach Kohlestückchen.

15. **Graubrauner Sand** (0,50 m), ein Quarzsand von
mittlerer Korngrösse, der seine Färbung einem mässigen Gehalt
an kehliger Substanz verdankt. Charakteristisch sind rundliche
Konkretioneu, die Verkittungen des Sandes durch Eisenoxydhydrat darstellen, schaligen Aufbau und grosse Festigkeit
besitzen.

16. **Braunroter Sand** (0,90 m), nach oben hin heller
werdend und dünne Kohlebänkchen führend. Seine dunkle
Farbe rührt von kohligem Material und von einem oberflächlichen Überzuge der einzelnen Körner mit Eisenoxydhydrat
her. Die mittelfeinen Quarzkörner sind ziemlich gerundet.

17. **Bunt-geschichteter Sand** (1,75—2,00 m). In
dünnen Lagen wechseln weisse, rötliche, gelbliche, olivfarbene
Sande ab nnd verursachen ein mosaikartig buntes Aussehen
der Schichten.

18. **Olivfarbiger Sand.** Die Färbung rührt von einem
oberflächlichen Bezuge der mittelfeinen und gerundeten Quarzkörner mit Eisenoxydhydrat her.

19. **Gelblich-weisser Sand.** Dem vorigen ziemlich
gleich, nur ist die Färbung weniger ausgeprägt.

20. **Weisser Sand.** Er führt bei mässiger Rundung und Grösse der Körner dünne Bänkchen eines schwarzen Sandes.

21. **Rötlich-weisser Sand.** Die Korngrösse der schwach gerundeten Quarze ist meist gering. Grössere, zuweilen grau gefärbte Quarzkörner finden sich vereinzelt, ebenso einige Muskovitblättchen. Der im feuchten Zustande rötliche Sand wird stellenweise von dünnen weissen Lagen unterbrochen.

Die von 18 bis 21 (ca. 4,50 m) aufgeführten Sande sind die gleichen, wie die in buntem Durcheinander in Schicht 17 vereinzelt vorkommenden.

Aus ihrer Lagerung im Liegenden des später zu beschreibenden Cenomans zu schliessen, sind die aufgeführten Schichten älter als jenes. Eine weitere Altersbestimmung lässt sich durch Vergleich mit Tiefbohrungen in der Nachbarschaft ermöglichen. In erster Linie kommt das Greifswalder Tiefbohrloch „Selma" in Betracht, das durch Dames[1]) eine eingehende Beschreibung erfahren hat. Von 138,8 m Tiefe an wurden unter Cenoman gefunden:

1. Tonhaltiger Sand von grüner Farbe, Phosphorite und Kalksteinknollen führend. 3,7 m.
2. Grauer Sand von verschiedenem Korn, wechselnd mit Knauern von Schwefelkies und Kalk, auch bituminöses Holz als Braunkohle führend. 11 m.
3. Schwarzer, kohlehaltiger Sand mit Schwefelkies. 1,2 m.
4. Weisser Sand mit Knauern von Kalkstein und Schwefelkies. 6,1 m.
5. Sehr bituminöser, mit Asphalt gemischter schwarzer Ton. 0,6 m.

Diese Schichten wurden von Dames zum oberen Gault gestellt. Nach den im hiesigen Institut befindlichen Bohrproben zu schliessen, zeigen in dem eben angeführten Profil No. 2 und 4 eine grosse Ähnlichkeit miteinander, aber keine mit denen der Oie. Sie bestehen aus gerundeten Quarzen mit ziemlich wenig Glaukonit und Kohleflittern. Der „schwarze, kohle-

---

1) Zeitschr. d. Deutsch. Geol. Ges. XXVI. 1874. S. 974—981.

haltige Sand" No. 3 gleicht schon eher gewissen Oieschichten, nämlich dem „grauschwarzen Sande" No. 9, sowie dem „schwarzen Sande" No. 12. Noch weit grössere Übereinstimmung zeigt No. 5 des Greifswalder Bohrlochs mit No. 13 der Oieschichtenserie, dem „schwarzen Sande mit Thonschmitzen". Die beiderseitigen Proben sind zum Verwechseln ähnlich. In fast allen aufgeführten Schichten des Bohrlochs „Selma" wurden „Phosphorite" gefunden. Es sind dieselben Konkretionen, wie im unteren Grünsand der Oie, sie bestehen aus Quarz- und Glaukonitkörnern, verkittet durch ein phosphorsäurehaltiges Bindemittel. Ein Unterschied zeigt sich nur darin, dass die Menge ihres Glaukonits geringer ist. In einer dieser Konkretionen wurde ebenfalls, wie Dames angibt, ein kleiner unbestimmbarer Ammonit mit erhaltenem Sipho und Kammerung gefunden. Sehen wir bei No. 1 des Greifswalder Bohrlochs davon ab, dass der Gehalt an Glaukonit ein durchweg geringerer wie in dem Grünsand der Oie ist, und dass in der Ausbildung der hellen Sande vielleicht ein Faciesunterschied vorliegt, so scheint es als wahrscheinlich, dass beide Schichtenkomplexe identisch sind. Unterhalb diesen angeführten Lagen des Bohrlochs „Selma" wurde ein sandiger schwarzer Ton mit *Belemnites minimus* d'Orb. geteuft, von welch letzterem auch in den vorhergehenden Sanden und Tonen Bruchstücke gefunden waren. Daher bestimmt sich die ganze Reihe von Ablagerungen als zum oberen Gault gehörig. Die in Greifswald durchsunkenen Gaultschichten besitzen nach Dames eine Mächtigkeit von ca. 41 m, die auf der Oie erschlossenen ca. 20 m.

Analoge Schichten wie in Greifswald sind noch an mehreren anderen Orten angetroffen worden. Da durch W. Deecke[1]) die Register der Tiefbohrungen untersucht und miteinander verglichen sind, so mögen hier einige Angaben zur vergleichenden Orientierung genügen. In Gustebin folgt unter cenomanem Kreidemergel (32—34 m) ein Komplex von hellen und dunklen Quarzsanden, sowie Grünsanden, die zum grossen Teile Kohlereste führen. Die bei der zweiten dortigen Bohrung geteuften

---

1) W. Deecke: Neue Materialien z. Geologie v. Pommern. Mitt. d. Naturw. Ver. Greifsw. 33. (1901) 1902. 95—103. 106—108.

derartigen Schichten umfassen eine Mächtigkeit von ca. 30 m und weisen beträchtliche Ähnlichkeit mit denen der Oie auf. In Swinemünde (3. Bohrung) wurden entsprechende Lagen von 176—259 m Tiefe, also in einer Mächtigkeit von 83 m, angetroffen. Die vorliegenden Bohrproben lassen gleichfalls eine grössere Übereinstimmung mit den Ablagerungen der Oie erkennen und mögen daher nach den Angaben W. Deecke's angeführt werden.

1) 176—200 m.  Schwarzer fetter Ton.
2) 200—224 m.  Schwarzer, bröckliger Mergel.
3) 224—236 m.  Loser, feiner Quarzsand mit Braun-
   kohleflittern.
4) 236—251 m.  Ebenso, bräunlich gefärbt mit kleinen
   braunen Knollen.
5) 251—259 m.  Weisser Quarzsand, grob, mit Braun-
   kohleflittern.
6) 259 m.  Dunkler, fester Sand, braunschwarz,
   konkretionsartig verklebt.

Bei petrographischem Vergleiche erkennt man, dass der schwarze fette Ton und der als „Mergel" bezeichnete, in Wirklichkeit kalkfreie, sandige Ton mit dem schwarzen bituminösen Sande (No. 13) auf der Oie übereinstimmen, und dass die von 224—258 m hinabreichenden Quarzsande mit Kohleflittern denen der Oie völlig gleich sind. Schliesslich ähnelt der braunschwarze Sand (259 m Tiefe) den verschiedenen dunklen Oiesanden sehr. In Heringsdorf[1] traf man gleiche Schichten in 142—188 m Tiefe. Es folgten hier aufeinander grauer, scharfer Quarzsand; grober Sand mit Kohleresten; feiner Sand; schwarzer Ton mit Sandstreifen. Bei einer Reihe von Bohrungen[2] in der Gegend von Franzburg und Barth sind aufgearbeitete und mit diluvialem Material vermengte Gaultsande gefunden worden.

Weiter haben Bohrungen bei Rostock und Gelbensande die westliche Ausbreitung der Ablagerungen des Gault gezeigt.

Nach allen vorstehenden Angaben erscheint es sicher,

---

1) W. Deecke: Die Soolquellen Pommerns. S. 73—75.
2) W. Deecke: Neue Materialien. S. 40—42. S. 59—60.

dass die beschriebenen Schichten der Greifswalder Oie dem Gault zuzurechnen sind und dieser in gleicher Ausbildung das gesamte mecklenburgisch - vorpommersche Küstenareal unterteuft.

## Cenoman.

Den Gaultsanden direkt aufgelagert tritt nördlich bei III und IV der Karte das Cenoman auf. Es ist als Kreidemergel und Grünsandmergel entwickelt.

Der Kreidemergel stellt bei IV eine 4,5 × 2,5 m grosse Scholle im Geschiebemergel dar und lagert dem Grünsandmergel bei III auf. Er wird charakterisiert durch das Vorkommen von *Aucella gryphaeoides* Sow. und durch zahlreiche Reste von Inoceramen. Das Material ist eine tonige, feuersteinfreie Kreide, in der feste, kantige Knauern in grosser Menge vorkommen. Diese enthalten Glaukonit, welcher der Kreide selbst fehlt, und sind erfüllt von Globigerinen und Spongiennadeln.

Der Grünsandmergel, bis 1,75 m mächtig, besteht aus einem durch Aufnahme von Grünsandmaterial gleichmässig geschichteten tonigen Kreidemergel, der vereinzelt Schmitzen und Linsen, sowie eine ca. 20—25 cm dicke Bank Grünsand enthält. Zusammen mit den oberen, hellen Gaultsanden schiesst er unter den Strand ein. Im südlichen Teile des Aufschlusses ist er stark aufbereitet und zungenartig in den Geschiebemergel eingepresst. Kreideknauern und Inoceramenreste sind häufig. Ein Exemplar von *Belemnites ullimus* d'Orb. wurde gefunden. In dem Grünsande des Mergels treten rundliche Phosphoritkonkretionen auf, die meist weicher sind, als die des Gaultgrünsandes und auf den schaligen Absonderungsflächen dendritenartig verzweigte Bänder und Flecke von Eisenoker aufweisen.

Das Cenomanvorkommen auf der Oie gleicht dem in der Gegend des Malchiner Sees anstehenden, durch E. Geinitz[1]) beschriebenen, wie wir auf einer Exkursion zum Studium der

---

1) Die Flötzformationen Mecklenburgs. Archiv d. Fr. d. Natur. Meckl. Heft 37, S. 64—70; ders. Übers. über d. Geologie Mecklenburgs. m. Karte. Geologen-Kongress. Güstrow 1885, S. 8, 9; ders. XVI. Beitrag z. Geol. Meckl. Archiv 50, 1896, S. 276—279.

Aufschlüsse bei Gielow, Neu-Klocksin, Moltzow feststellen konnten. In dem Kreidemergel von Gielow tritt ein gelblichgrüner Glaukonitsand auf, der vollkommen dem cenomanen Grünsande der Oie entspricht. Wie in jenem liegen in ihm leicht zerschlagbare Phosphorite, die genau dieselben roten Ausscheidungen von Eisenoker besitzen, so dass man die beiderseitigen Knollen miteinander verwechseln könnte. Cenomane Schichten sind in Vorpommern bisher an folgenden Orten erbohrt worden.

1. **Greifswald.** Bohrloch Selma.[1]) 137,9—138,5 m Tiefe: Grüner sandiger Ton mit viel Belemniten (*B. ultimus* d'Orb.).

2. **Gustebin.**[2]) 32—34 m Tiefe: Weisser sandiger Kreidemergel mit Glaukonit, Phosphoriten und *Belemnites ultimus* d'Orb.

3. **Swinemünde.**[3]) 101—139 m Tiefe: Feiner Grünsand. 139—168 m: Graugrünlicher sandiger Kreidemergel. 168 bis 175 m: Dunkelgrüner Glaukonitsand mit viel Inoceramenresten. 175—176 m: Glimmeriger Grünsand.

4. **Heringsdorf.**[4]) 132—138 m Tiefe: Toniger Grünsand. 138—142 m: Dunkler Glaukonitsand mit Phosphoriten 142—156 m: Hellgrauer Sand mit etwas Glaukonit.

Erwähnt sei schliesslich noch, dass bei Rostock (152 bis 169 m) und bei Gelbensande cenomane Schichten erbohrt sind.

Dies Vorkommen der Oie reiht sich also als ein wichtiges Bindeglied zwischen das Vorkommen bei Schwentz in der Camminer Gegend und das von Malchin ein und beweist zusammen mit den erbohrten Cenomanschichten bei Greifswald, Gustebin und auf Usedom, dass auch die mittlere Kreide von Westen her in der eigentlichen kreidig-mergligen Facies bis über die Odermündungen in zusammenhängender Weise sich ausgebreitet hat. Die weiter im Osten (preussische Geschiebe) entwickelte Sand- und Geröllfacies ist durch den Grünsandmergel der Basis wenigstens angedeutet.

---

1) **Dames**: a. a. O. S. 975 und 977. W. **Deecke**, Mesozoische Form. S. 30.

2) W. **Deecke**: Neue Materialien S. 31.

3) u. 4) W. **Deecke**: ebenda S. 42—44.

### Senon.

„In den Steilufern auf beiden Seiten der südlichen Hälfte
der Oie ist ein toniger Kreidekalk in Form von vielfach gewundenen und gebogenen Massen und blockartigen Partien,
sowie auch in schmalen Streifen vertreten". Dieser von
Bornhöft (S. 37) als Turon beschriebene Kreidemergel ist
heute noch an der nördlichen Hafenmole (I der Karte) sichtbar. Durch neue Abstürze und durch die Tätigkeit der
Wellen während des Septembersturmes ist am unteren Teile
der Steilwand dieselbe Kreide auf eine Erstreckung von
ca. 28 m entblösst. Während ihre hangenden Partien an der
nördlichen Hafenmole apophysenartig von unten nach oben in
die Mergelwand hineinragen, zertrümern sich die liegenden
nach S hin durch Einkeilen mehrerer Mergelbänke. Etwa
16 m südlich hiervon tritt die Kreide abermals als steilauf-
ragende Zunge zusammen mit Paleocänton in der Steilwand auf.

Auch die Scholle auf der NO-Seite der Insel ist noch
vorhanden, von der Bornhöft sagt: Sie „verleiht der Steilwand bei der SO-Ecke des Waldes auf eine Erstreckung von
70 m eine weissliche Farbe, die bei günstiger Beleuchtung
schon von ferne, vom Meere aus dem Beobachter auffällt."
Heute ist diese linsenförmige Scholle nur mehr ca. 10 m lang
und keilt nach NO und NW hin schnell aus, während sich
nördlich und südlich an sie wenig mächtige, in der Richtung
nach SW ansteigende losgelöste Bänke anlegen.

Der Kreidemergel ähnelt dem des Cenoman an der NW-
Seite der Insel. Er enthält wie dieser Quarzkörner und Kalk-
steinknauern und unterscheidet sich von der Rügener Kreide
und vom oberen Turon durch das Fehlen der Feuersteine.
Sein senones Alter beweist das Auftreten von *Actinocamax
granulatus* Bl. und *Magas pumilus* Sow. und *Belemnitella
mucronata* Schl., die von uns aus dem Anstehenden her-
ausgenommen wurden. Ausserdem finden sich an den oben
bezeichneten Kreidepunkten am Strande zahlreiche lose abge-
rollte Belemniten, unter welchem *Bel. mucronata* vorherrscht,
während nur ein Exemplar von *Act. quadratus* beobachtet
wurde. Wir haben es also auf der Oie mit der Granulaten-

kreide, und zwar mit der Grenzschicht gegen die **Mukronaten**-
kreide zu thun. Auch *Actinocamax mammillatus* Nilss wurde
unter diesem Geröllen in Fragmenten erkannt. Die dem Untersenon oder der Grenze gegen das Obersenon angehörigen
Schichten waren bisher nicht beobachtet. Auffallend ist das
Fehlen von Turon auf der Insel.

### Paleocän.

Seit längerer Zeit ist die Greifswalder Oie bekannt als
Fundstätte für sehr charakteristische dunkle Kalke.

E. Bornhöft[1]) sagt darüber:

„Die Oie weist viele Exemplare eines dunklen, äusserst
festen Kalksteins auf, dessen Masse vollkommen homogen erscheint, doch deuten die parallelen Streifen der matten, grau
gefärbten Schliffflächen auf Schichtung hin. Vielleicht ist
dieser dunkle Kalkstein identisch mit dem von **Meyn** in seiner
Arbeit: „Jura in Schleswig-Holstein" beschriebenen; Versteinerungen wurden auch dort nicht in ihm beobachtet."

C. Gottsche erkannte bei einem kurzen Besuche[2]) der
Oie im Jahre 1901 ihre Ähnlichkeit mit den eocänen sogenannten Cementsteinen (Cementsten) des **Limfjordes**, und
W. Deecke[3]) kam bei näherer Untersuchung zu dem Resultate, dass sie paleocänen Alters und identisch mit dem
Cementstein seien. Diese auf der Oie bisher als Diluvialgeschiebe angesehenen Kalksteine sind ausserordentlich zahlreich am Südoststrande zu finden. Sie sind äusserst
fest, von grauschwarzer Farbe und zeigen oft deutliche
Schichtung, die besonders bei der Verwitterung hervortritt.
Der Bruch ist muschelig. Meist sind die Blöcke von einer
graubraunen bis rotbraunen Verwitterungskruste überzogen.
Ihre Grösse ist sehr verschieden; einer der grössten besass die
Dimensionen: $40 \times 45 \times 35$ cm. Das Fehlen jeglicher Abrollung legte die Vermutung nahe, dass das anstehende Gestein
in nächster Nähe zu suchen sei. Bei der Untersuchung der

---

1) E. Bornhöft: a. s. O. S. 26.
2) W. Deecke: Neue Materialien, S. 74—75.
3) W. Deecke: ebenda S. 73—80.

dunklen Tone am Südost- sowie am Nordoststrande ergab
sich wirklich das Auftreten des Kalksteins in Form von Bänken
und Linsen in demselben. E. Bornhöft[1]) hatte die Tone
zum Mitteloligocän gestellt, da er Septarien darin fand. Aber
dies allein dürfte, weil solche sowohl im paleocänen, als auch
im senonen Tone z. B. von Wittenborn[2]) i. Meckl. ebenso gut vorkommen wie im oligocänen Septarientone, für eine Altersbestimmung nicht genügen. Der in dem Tone der Oie auftretende Kalkstein charakterisiert sich durch das Vorhandensein zahlloser Splitter eines vulkanischen Glases und von
Magneteisenkörnern, die durch ein krystallines Kalkcement
verkittet sind. Mitunter sind darin Spongienreste und Diatomeen, die nach Decoke[3]) den Gattungen *Dictyocha, Cos-*
*cinodiscus, Gallionella,* seltener *Triceratium* angehören, zu beobachten. Ausserdem ist ein Stück verkieseltes Holz in ihm
gefunden, welches nach freundlicher vorläufiger Mitteilung des
Herrn Prof. Nathorst in Stockholm eine Liane ist, also
ein Typus, der bisher unter den fossilen Hölzern nicht bekannt ist. Die Erkennung der Splitter als vulkanisches Glas
ist das Verdienst der dänischen Geologen, die in allernächster
Zeit ihre Untersuchungen hierüber veröffentlichen werden.
Deshalb ist hier von einer mikroskopischen Detailbeschreibung
und von chemischer Untersuchung dieser ausserordentlich inter-
essanten Aschen abgesehen worden. Nur um diese pommerschen Vorkommen zu charakterisieren, die ja für die Verbreitung der Tuffbildungen von hoher Bedeutung sind, und
um sie mit den dänischen vergleichen zu können, mögen die
folgenden kurzen Bemerkungen hier ihre Stelle finden. Der
Liebenswürdigkeit des Herrn Dr. A. Grönwall in Kopenhagen
verdanken wir einige Vergleichsstücke aus den dänischen Ablagerungen.

---

1) E. Bornhöft: A. a. O. S. 29.

2) E. Geinitz: XVI. Beitrag z. Geologie Mecklenburgs. Arch.
d. V. d. Fr. der Naturgesch. in Meckl. 50. 1896. S. 332.

3) Neue Materialien, S. 74—76. W. Deecke hielt die Glassplitter
für Glaukonite von allerdings auffällig „eckigen, hakigen, bogen- und
sichelförmigen" Formen.

In dem Moler des Limfjordes treten bankweise hellgraue Kalksteine, sog. Cementsten auf, die wie der Moler reich an Diatomeen und Radiolarien sind. In diesen Schichten liegen wieder parallele Lagen von grauschwarzem Kalk, der, arm an organischen Resten, aus hellgelbem vulkanischen Glase und Magnetit, verkittet durch krystallinen kohlensauren Kalk besteht. Mitunter findet man Partien von loser, vulkanischer Asche, die ein geschichtetes Gemenge von Glas und Magnetit darstellt, ohne eine Spur von Calcit aufzuweisen. Nur zuweilen tritt darin eine konkretionsartige Verkittung durch kohlensauren Kalk auf. Der schwarze Kalkstein ist demnach als verkittete vulkanische Asche, als Tuff aufzufassen. Der Kalkstein der Greifswalder Oie stimmt nun petrographisch mit dem dänischen schwarzen Kalksteine des Moler völlig überein und ist daher ebenfalls für einen Tuff und zwar gleichen Alters zu halten. Ein Wechsel in der Verteilung der einzelnen Bestandteile, durch Überwiegen der vulkanischen Asche, oder des Calcits, findet sich bei beiden Gesteinen. Nicht selten zeigen sich in unseren Stücken dünne Lagen oder flach linsenförmige Anhäufungen von gelblichen, durchscheinenden, stecknadelkopfgrossen Calcitkugeln. Die Zugehörigkeit des Oie-Tones zum Tuffe wird dadurch offenbar, dass sich im Tone einzelne Glassplitter nachweisen lassen. Nach E. Stolley[1]) besitzen Moler und Cementstein das Alter des Londontones; gleicher Meinung sind C. Gottsche und A. Grönwall. Somit käme dem Tuffe ebenso wie dem Tone der Oie paleocänes Alter zu.

Der Paleocänton tritt an 82 Stellen als spitze, kegelartige Einragungen im Geschiebemergel des Steilrandes auf. Diese Kuppen sind in der Richtung nach SW am vollständigsten übergebogen und oft zu einer Zunge, einem schmalen Bande oder einer Spitze ausgezogen, in welcher der Ton infolge der Auswalzung glänzende, flachmuschelige Ablösungsflächen be-

---

1) E. Stolley: Über Diluvialgeschiebe des Londontones in Schleswig-Holstein und das Alter der Molerformation Jütlands, sowie das baltische Eocän überhaupt. Arch. für Anthropologie u. Geologie Schleswig-Holsteins. Bd. III. 2. 1899.

kommen hat. An 14 Punkten besitzt der Ton grössere Mächtigkeit. Nach dem Sturm am 14./15. September war der Strand auf weite Strecken hin von Sand und Geröll ganz befreit, so dass sich auf demselben die Einragungen der Steilwand verfolgen und mehrfache Vereinigungen feststellen liessen. Nach der See zu verschmolzen die Tonbänke oft zu grösseren einheitlich reinen Flächen, wodurch der Anschein erweckt wird, als stehe das Paleocän direkt unter dem Seespiegel an, sei nur oberflächlich verquetscht und in die Grundmoräne aufgepresst. Für diese Annahme spricht auch das nordwest-südöstliche Streichen aller ungestörten Kalk- und Tuffsteinbänke, welche bei ungefähr südwestlichem Einfallen nur eine Umbiegung ihrer Schichtenköpfe von NO her durch den Eisschuh erfahren haben. Daneben beobachtet man im Steilrand, wie am Strand völlige Auflösung der festen Bänke und Zerlegung in längliche und runde Knollen, schliesslich völlige Zertrümmerung. Bei einiger Aufmerksamkeit gelingt es alle Übergänge von den einfachen Rupturen der durch Torsionserscheinungen zerklüfteten Bänke bis zur Bildung von Breccien nachzuweisen. Gleiche Umwandlungen hat auch der Geschiebemergel erlitten, so dass nicht selten ein verwickeltes Kluftsystem aus Absonderungs-Diaklasen und glacialmechanischen Rissen zustande kommt, wozu sich ausserdem die Druckschieferung von Ton und tonigem Geschiebemergel gesellt. Eine Schichtung ist selbst in den mächtigeren Partien, die frei von transversaler Schieferung sind, nicht zu sehen; dennoch scheint eine solche in dem Wechsel verschieden gefärbter Tonbänke vorhanden zu sein. Wenigstens konnte nachstehende Aufeinanderfolge mehrfach beobachtet werden:

1. Hellgrauer, sandiger Ton.
2. Brauner, fetter Ton.
3. Blaugrüner, fetter Ton mit Grünsandknollen.
4. Grauer Ton.
5. Blaugrauer, fetter Ton mit Tuff- und Kalksteinbänken.

Der hellgraue, sandige Ton enthält neben schwachgerundetem, feinen Quarz zahlreiche Glaukonit- und Brauneisenerzkörner, sowie vereinzelt Glimmerblättchen. Er zeichnet sich vor den anderen Tonen durch seine zahlreichen Kohlestückchen aus, die meist zerstreut, selten lagenweise eingebettet sind. Es handelt sich um glänzend schwarze, gagatähnliche Braunkohle in eckigen, bis nussgrossen Stücken und mit deutlicher Holztextur. Einmal wurde in diesem Ton (zwischen XIII und XIV der Karte) ein Stück verkieseltes Holz gefunden.

Von den anderen Tonen führen sowohl der braune, als auch der blaugraue Septarien. In solchem Falle scheinen die Kalk- und Tuffsteinbänke zu fehlen. Dafür vergesellschaftet sich mit diesen letzten eine Kalkbank, welche aus wulstig zerfallendem, schmutzig gelblichweissem Material von der Zusammensetzung und Mikrostruktur der Septarien besteht. Von den mitteloligocänen Septarien unterscheiden sich die alttertiären Knollen der Oie nicht. Sie sind innerlich grau, gelbgrau bis gelblichweiss, haben eine meist dunklere, gelb- bis braungefärbte Verwitterungskruste, nicht selten säulenförmige Absonderung im Innern ·und Schwefelkiesadern, sowie als Inkrustationen gelblichen Kalkspat, Gips und Vitrioloker. — Dem septarienartigen **Knauernkalk** fehlt die charakteristische Zerklüftung, doch enthält er oft reichlich Gips. In dem ihn überlagernden grauen Gestein herrscht Gips bei weitem vor und zwar zeigt sich im Schliff, dass er Sphärolithe bildet, die sich oft um einzelne Glaukonit-, Brauneisenstein-, eckige Quarzkörner und Glimmerblättchen entwickelt haben. — Anreicherung der Glaukonit- und Brauneisensteinkörner sowie eine dolomitische Kalkspatgrundmasse charakterisieren einen anderen grünlichgrauen **Kalkstein**, der die gleiche Beschaffenheit wie die Grünsandkonkretionen im oben erwähnten blaugrünen Ton hat. Im Dünnschliff ist der Kalk des Bindemittels bisweilen durch Mangan rötlich gefärbt oder bildet mit dem Dolomit trübe Massen, die sich schwer in Essigsäure, leicht in Salzsäure auflösen. Als Cement finden sich daneben grünliche undurchsichtige, wahrscheinlich tonige Fetzen, welche aber gelegentlich kleine Hohlräume freilassen. In diesen tritt Gips in Sphärolithen, kleinen säulenförmigen Krystallen und Krystalldrusen bald spärlich, bald reichlich auf

und hat oft gut ausgebildete Endflächen mit P und — P.
Der Brauneisenstein wird von speisgelbem Schwefelkies begleitet; die Glaukonite sind oft dunkel- bis seladongrün, aber
meistens verwittert zu bräunlichen bis schwarzen, limonitischen
Massen. Bei chemischer Prüfung erwiesen sich die grauen,
helleren Varietäten reicher, die dunklen ärmer an Eisenoxydul,
was wohl eine Verwitterungserscheinung ist. Der grösste Teil
der Glaukonit- und Limonitkörner besitzt die Form von Fora-
miniferensteinkernen (Rotaliden, Globigerinen, Textilarien),
deren Gehäuse zerstört sind und zur Bildung des kalkigen
Cements und Gipses dienten. Schliesslich sind Spongiennadeln
mit dunklen Axenkanälen vorhanden.

Ausser den Kalken und Konkretionen tritt in dem braunen
und blaugrauen Ton ein Grünsand auf von meist hell-, bisweilen dunkelgrüner Farbe, die jedoch weniger auf Glaukonit,
als auf einen Eisenüberzug der schwachgerundeten Quarzkörner
zurückzuführen ist, welcher bei schwachem Digerieren mit Salzsäure verschwindet. Ein heller Grünsand ist bei X der
Karte, wo er zusammen mit Ton kegelartig ins Diluvium
hineinragt, ungefähr 1 m mächtig erschlossen.*) Er besteht
aus einem mittelkörnigen, gerundeten Quarzsande mit Glau-
konit- und Brauneisensteinkörnern, ist geschichtet und führt
Kohle in kleinen Flittern und Stückchen. Ausserdem fand
sich eine bröckelige, gagatähnliche Braunkohle im blaugrauen
Ton mit Septarien unmittelbar südlich von X der Karte als
eine kaum 2 cm dicke unregelmässige Lage. Die ganze be-
nachbarte Tonbank war aber ca. 25 cm dick durch Kohle-
teilchen schwarz gefärbt.

Im unveränderten frischen Zustand ist der Ton plastisch
und zeigt feucht blaugraue, blaugrüne, kastanienbraune und
graugrüne Farben, die freilich beim Austrocknen in ein einförmiges Grau oder Braun übergehen. Diese Eigenschaften
besitzen aber nur die Massen am Strande und die grossen
Schollen im Geschiebemergel. Ist der Ton nur als wenig
mächtige Einragung dem Diluvium des Steilrandes eingebettet,

---

*) Ein starker Abrutsch verhinderte die Feststellung seiner wei-
teren seitlichen Ausdehnung.

sei es als schmale bis $^1/_2$ m dicke und bis 12 m lange Zungen, als Adern und Bänder, sei es als isolierte Linsen und Bänkchen — dann haben in der Regel Sickerwasser ihn stark umgewandelt. Dabei hat das Gestein durch Bildung von Vitrioloker und Limonit eine bräunlich- bis gelblichgraue, selbst eine schmutzig gelbe Farbe erhalten und ist durch die Ausscheidung zahlloser kleiner Gipskrystalle geradezu sandig geworden. Die Gipse liegen bisweilen als grauweisse, pulverige Masse und in faustgrossen Linsen im Ton, von konzentrischen Lagen von Vitrioloker und limonitischer Ton- und Gipshülle umgeben. In diesem Stadium ist die ursprüngliche Plastizität fast ganz eingebüsst, so dass der Ton wie der Mergel senkrechte Steilwände bildet und nicht mehr durch Aufquellen Schlammströme verursacht.

Um über dies ganze Paleocänvorkommen einen Überblick zu erlangen und um den Habitus solcher Einpressungen zu charakterisieren, aus dem sich wichtige Schlüsse über das mechanische Problem des Eisdruckes ziehen lassen, dürfte folgende Lokalbeschreibung am Platze sein. Beginnen wir an der Hand der Karte eine Wanderung vom Hafen (XVI) am SO-Strand entlang zum Leuchtturm (IX resp. VIII).

1. Von XVI nach XV der Karte.

Unmittelbar nördlich von XVI ragt der blaugraue Ton, mit grauem Diluvialmergel und senoner Kreide verknetet, in stark gewundenen und verschlungenen Lagen, welche als zwei gegen einander geneigte Kegel erscheinen, gegen 7 m hoch an der Steilwand hinauf. Am Strand vereinigen sich die Lagen zu einer fast 18 m breiten Bank, die hie und da etwas Kreide und Mergel umschliesst. Etwa 15 m entfernt ist in der Steilwand wieder ein fast 20 m breiter Kegel vorhanden, dessen Ausgehendes sich am Hafen dicht über dem Strande mit den nördlichen Tonpartien vereinigt. Von einer dritten, anscheinend unten isolierten, in der Mitte des Hafens liegenden Tonpartie, welche bis an die Grenze des obersten Geschiebemergels ca. 8 m hoch reicht, sind mehrere Zungen steil aufgerichtet und etwas nach SW übergebogen.

Von XV bis XIV der Karte.

Unterhalb des Hauses mit dem Raketenapparat ragt eine kaum 1 m dicke Zunge eines meist braunen, stellenweise grauen Tones unter spitzem Winkel, von NO nach SW auskeilend, 2 m hoch in die vorspringende Mergelwand hinein. In der dadurch entstehenden Nische verbreitet sie sich stark und führt eine 25—30 cm dicke Bank von Septarien. Unten am Strand lässt sie sich fast bis ans Wasser verfolgen. In dem Abrutsch südlich des Seemannsheims quillt nach längerem Regen der Paleocänton auf dem Strand heraus, wird unter dem Druck der nachschiebenden Massen kegelartig emporgetrieben und erzeugt schliesslich Schlammströme. Im südlichen Teile dieser daher staffelförmig abgerutschten Strandpartie geht der Ton bis unter den Seespiegel, während er im nördlichen nur dünne Lagen bildet. Unmittelbar bei XIV erscheint er in zwei durch Mergel getrennten Bänken, die stark gewunden in halber Höhe des Steilufers auskeilen, am Strand jedoch sich fast bis zur Wassergrenze deutlich fortsetzen. Gleich daneben werden noch zwei Tonpartien, die eine (ca. $2 \times 1{,}40$ m) oben, die andere am Fusse der Steilwand sichtbar und stellen zusammen auf dem Strande eine sichelförmige, nach N offene Masse dar.

Von XIV bis XIII der Karte:

In dem Vorsprunge nördlich von XIV lässt sich grauer sandiger Ton als kegelförmige Einragung von 2,25 m Höhe bei 1,60 m Durchmesser beobachten. Von dieser läuft eine ca. 35 cm dicke Bank noch fast 6 m hoch in die Wand hinauf. Stellenweise ist der Ton durch Kohlenstückchen dunkel gesprenkelt und bildet in einer kleinen benachbarten Nische wieder einen Kegel von 2,60 m Höhe und 2 m Breite. Ungefähr 14 m weiter sehen wir eine 10,50 m lange und 0,85 m dicke, schwach gegen S fallende Bank, deren N-Ende mit fast 2 m Dicke ein Stück auf dem Strande sichtbar ist Abermals 14 m nördlich ist der fette graue und graubraune Ton 11 m am Strande und in der Steilwand ohne bedeutendere diluviale Einpressungen erschlossen. Er enthält zahlreiche plattenförmige und linsenförmige sowie kugelige Knollen von schwarzem Tuff und grünlich-grauem Kalkstein, ausserdem eine zwar stark gebogene, aber unzerrissene **Tuffsteinbank** von 35 cm Dicke. Der **Aufpressungskegel** von 4,70 m Dicke und 2,40 m Höhe in der nördlich angrenzenden tiefen Nische führt dagegen eine 4—6 cm dicke, stark verworfene **Tuffsteinbank** und nach S hin eine 10—15 cm mächtige Lage von graugrünem Kalkstein und gelblichgrauen Knollenkalk. Auch auf dem Strande und im nördlichen Teile der Nische tritt der Ton, jedoch wenig mächtig und stark mit Mergel verknetet auf.

Der nördliche Vorsprung der Nische zeigt eine 1,20 m dicke, grau bis graubraune Tonbank, mit dünnen, stellenweise 4 cm starken Kohlebänkchen und Schmitzen und vereinzelten Septarien und Grünsandlinsen. An ihrem Fusse ist der Ton 28 m weit mit nur unbedeutenden **Mergeleinschiebungen** zu verfolgen und enthält Tuff- und **Kalksteinknollen**, sowie im nördlichen Teile eine Bank, welche in die Steilwand eingreift, in dieser gegen SSW umbiegt und sich schliesslich in isolierte Blöcke auflöst. Wir haben somit einen vollgültigen Beweis dafür, dass die Bänke und die Knollen nichts ursprünglich Verschiedenes sind, sondern in ihrem Habitus von der geringeren oder grösseren Druckwirkung des Eises bestimmt werden. Deshalb ist auch auf der Karte kein Unterschied zwischen Lagen mit Bänken oder Knollen gemacht worden. Die Schichtenfolge in dieser grossen Scholle ist von N nach S:

1. Blaugrauer Ton.
2. 22 cm Graugrüner, plattiger Kalkstein.
3. 23 cm Grünlicher Kalkstein.
4. 17 cm Brauner Ton.
5. 48 cm Tuffstein.
6. 90 cm Grauer Ton.
7. 12 cm Gelblichgrauer Knollenkalk.
8. 24 cm Tuffstein.
9. 20 cm Grauer Kalkstein, stark gipshaltig.
10. 22 cm Tuffstein.
11. Graubrauner Ton.

Unmittelbar vor XIII beobachtet man eine nach oben durch **Mergelaufnahme** fächerförmig von 1 m bis auf 9 m verbreiterte Tonmasse, deren Höhe 6 m beträgt und in der Septarien und Tuffsteinknollen nur vereinzelt vorkommen.

Bei XIII selbst haben wir einen gelbbraunen Tuffstein führenden, im unteren Teile 7 m breiten Tonkomplex. Derselbe schliesst nach N mit einer Steinbank ab, bestehend aus 1,15 m septarienartigem Knollenkalk und 0,52 m schöngebändertem Tuff. Ihre Schichtköpfe sind ca. 2,50 m nach SW umgelegt und dabei zerstückelt. In einer etwa 13 m weiter nördlich gelegenen Nische kehren die gleichen Verhältnisse an einer 80 cm dicken grauen Kalkstein- und einer 34 cm dicken Tuffsteinbank wieder; nur sind diese 2 m ü. M. verbogen und verworfen und setzen sich erst in der Entfernung von mehreren Metern unter dem Steinpflaster des Strandes mit einer Dicke von 68 cm fort.

Von XIII bis XII der Karte:

Nördlich von XIII bis zur Mitte nach XII hin geht das Paleocän in seinen Dimensionen stark zurück; dafür ist der Mergel überall so reichlich mit Ton durchsetzt, dass man beide verwechseln könnte, wenn sich nicht einzelne Geschiebe fänden.

An der N-Ecke des Vorsprunges ist wieder ein 3 m breiter, fast 2 m hoher Tonkegel in die Steilwand eingeschaltet, dessen Ausgehendes sich auf den Strand 7 m weit verfolgen lässt. Er führt zahlreiche Tuffsteinknollen bis zu 70 cm Durchmesser. Gegen 50 m nördlich erscheint von neuem der sandige, hellgraue Ton als 5 m hohe und 2,20 m breite Einragung. Er ist hier nicht so stark kohleführend und nicht so sandig, wie der früher erwähnte. Auf dem Strand verbreitert er sich zu einer 6 m dicken Bank. Unmittelbar südlich von XII kam durch den letzten Sturm ein 16 m langer Tonkomplex zu Tage, welcher in der Steilwand eine Höhe von 10 m erreicht und stellenweise stark verquetscht ist. Seine Tuff- und Kalksteinbänke sind stark gewunden und in Stücke von 1—2 m Länge zerlegt. Bei XII selbst steht unter der Grasnarbe des grossen Abrutsches ein verwitterter gelbbrauner Ton ca. 4 m mächtig an.

Von XII bis X der Karte.

Der Ton verschwindet auf dieser Strecke fast ganz und

bildet nur hier und da wenig mächtige zum Teil von Grünsand-
lagen begleitete Zungen.

Von X bis IX der Karte.

Im südlichen Teile ist der Ton noch unbedeutend, liess
sich indessen fast überall unter den ausgedehnten, schon mit
Bäumen und Buschwerk bewachsenen Abrutschmassen durch
Grabungen nachweisen. Hinter dem Uferschutzwall bei der
ersten Buhne findet sich der oben näher beschriebene Grün-
sand zusammen mit Ton. An der O-Ecke der Insel hat der
NO-Sturm am 14./15. September alte Abrutschmassen in
grösserem Maassstabe fortgenommen, so dass auf der ganzen
Strecke fast ohne Unterbrechung Ton sichtbar geworden ist,
der bald Septarien, bald Tuff- und Kalkstein in Blöcken und
Knollen führt. Gerade an der Ecke, wo die Treppe zum
Strand hinunterführt, ist im blaugrauen Ton eine 40 cm dicke
Tuffsteinbank entblösst.

Von IX und VIII der Karte.

Unterhalb des Leuchtturmes ist in einer schluchtartigen
Nische ein Ton erschlossen, der im nördlichen Teile Septarien,
im südlichen Grünsandknollen führt. Der grünsandhaltige ist
3,75 m mächtig und besteht aus grauen, braunen, graugrünen,
hellgrauen und blaugrauen Lagen, von denen die hellgrauen,
sandigen, eine auf 3 m erschlossene Bank aus nussgrossen Kohle-
stücken und graugrüne Bänder und Linsen von Grünsand birgt.
Weiter nach VIII sind nur mehr isolierte, bis 0,75 cm dicke,
jedoch bis 12 m lange, steil aufgerichtete Zungen von Ton
vorhanden, die weiterhin ganz verschwinden.

Durch diesen Nachweis von Paleocän auf der Greifswalder
Oie gewinnt die Annahme, dass die von Rügen und dem
Festlande bekannten braunen und grauen Tone, die teilweise
Septarien oder Diatomeen führen, auch zum Paleocän zu stellen
sind, an Wahrscheinlichkeit. Hierhin gehören die von W.
Deecke[1]) beschriebenen, bei Jager unter 36 m Diluvium er-
bohrten fetten, braunen Tone, die bei Quoltitz und Lancken
und die in Taschen an den Gehängen des Lenzer Berges

[1]) Neue Materialien S. 77—80.

zwischen Lancken und Crampas gefundenen dunklen, diatomeen-
führenden tonigen Massen. Als neues Paleocänvorkommen
schliesst sich der braune Ton in der alten Ziegelei nördlich
Wolgast an, in welchem sich Tuffstücke fanden. Dieselben braunen Tone kommen im ganzen Gebiete südlich von
Wolgast als Bruchstücke und Schollen im Diluvium vor, so
in den Steilrändern des Ziesetales, und dem südlich anstossenden Geschiebemergelgebiete zwischen Greifswald und Hohendorf; dann südlich des Strelasundes von Reinberg über Stralsund bis hinauf nach Prohn und Mohrdorf. Wahrscheinlich
entstammt das Material zu den Deviner braunen intramoränen
Diluvialtonen gleichfalls dem Paleocän, da in den groben
Kiesschichten Schollen eines ungeschichteten, fetten, festen,
braunen Tones auftreten. Ob die unter den grauen Diluvialtonen bei Velgast erbohrten fetten Tone hierher oder zum
Lias gehören, muss dahingestellt bleiben. Für die bei Demmin
über Kreide von 110—174 m unter Tag erbohrten Tone und
die bei Wobbanz auf Rügen bleibt die Stellung zweifelhaft,
während der Ton von Lobbe dem Wealden angehört. Übrigens
ist neuerdings durch die Abspülung am Lobber Ort der Wealden
noch an anderer Stelle erschlossen. Dort zeigten sich ausser den
schwarzen, fetten, cyrenenreichen Tonen mit Kohleflötzchen
graue und braune Bändertone, die zahlreiche Pflanzenreste
enthalten. Ausserdem kommt noch ein etwas bräunlicher
Grünsand vor, der reich an leicht zerfallenden Ostreenschalen ist.

Die Auffindung dieses wohl als anstehend zu betrachtenden
Paleocäns auf der Greifswalder Oie verleiht daher der Ver-
mutung W. Deecke's,[1] „dass scheinbar das gesamte Paleocän
Dänemarks in der Gegend östlich und südlich von Rügen als
Geschiebe vorkommt und zweifellos einer mit der dänischen
und jütischen Serie zusammenhängenden Ablagerung entstammt,
die bis im Gebiete von Bornholm und Rügen, wenn nicht gar
weiter nach Osten und Nordosten gereicht hat", eine grosse
Wahrscheinlichkeit. Daher muss vermutet werden, dass
Trümmer der zähen Tuffsteinbänke als Geschiebe in den

---

1) Neue Materialien a. a. O. S. 76.

südlich vorgelagerten Gebieten vorkommen. Der jüngst verstorbene Steusloff zeigte, dass solche Gesteine oder nah verwandte, zu den oben beschriebenen Kalksteinen gehörige Massen, im Kiesberge von Neubrandenburg recht häufig sind. Desgleichen finden wir bei Eberswalde solche Tuffe, von denen bereits 1882 M. Neef[1]) eine zutreffende Beschreibung gab. Dieselbe lautet: „Zwei Handstücke besitzen auf den Bruchflächen schwarzgraue Farbe, aphanitisches Aussehen und deutliche Parallelstruktur. Nach dem mikroskopischen Befund ist das Gestein lediglich ein durch Kalkspath verkitteter Glassand; nur äusserst spärlich treten kleine Quarz-, Plagioklas- und Augitfragmente hinzu. Die einzelnen Glaskörner sind eckige und zackige, meist durch stark konkav gewölbte Flächen begrenzte, hell bis ganz dunkelbraun gefärbte und dann undurchsichtige Splitter, wie sie etwa ähnlich durch Zertrümmerung eines feinblasigen Bimssteins entstehen würden. Sie enthalten Poren und zahlreiche dunkle Körnchen, hie und da auch farblose, dicke Mikrolithen. Auf einer Schichtungsfläche des einen Handstückes bemerkt man mit der Lupe kleine, helle Kügelchen, welche sich in einem durch diese Fläche gelegten Schliffe als aus Kalkspath bestehend erwiesen. Bei Behandlung des Gesteins mit verdünnter Salzsäure hinterblieb reiner Glassand. Eine quantitative Analyse desselben ergab 46.94% $SiO_2$ 1.52% Glühverlust für eine und 48.27% $SiO_2$ und 1.48% Glühverlust für das andere Gestein, also ein sehr basisches Glas (Basaltobsidian?)“. Dann wird erwähnt, dass auch in der Connewitzer Kiesgrube bei Leipzig ein Stück dieses sonderbaren, bisher nicht anstehend bekannten Gesteins gefunden worden ist.

Diese Neefsche Beschreibung, auf welche uns Herr Dr. Grönwall aufmerksam machte, stimmt mit den Oiegesteinen ganz überein sogar bis zu den glänzenden stecknadelkopfgrossen Calcitkügelchen auf den Schichtflächen. Die Frage, woher das Basaltmaterial kommt, ob es auf die schonenschen

---

1) Über seltenere krystallinische Diluvialgeschiebe der Mark. Zeitschr. d. deutsch. geol. Gesellsch. 34. 1882. 496—497.

Eruptionen zurückgeht oder nicht, ist den Arbeiten der dänischen Kollegen zu überlassen, aber sicher ist, dass bei genügender Aufmerksamkeit diese Tuffe in der norddeutschen Ebene weit verstreut nachzuweisen sein werden. Man hat sie bisher nur teils für fossilleere kambrische Stinkkalke oder für dichte Diabase gehalten, mit denen für die Identifikation nichts zu machen war.

Zum Schluss sei noch Bornhöfts[1]) Beobachtung von Stettiner Sanden erwähnt. Trotz eifrigen Suchens wurden solche nicht gefunden, wohl aber gelbe Gaultsande und vor allem hellgelbe, interglaciale, kohleführende Sande in ziemlicher Verbreitung. Die interglacialen Sande sind meist feinkörnig, oft jedoch den Stettiner Sanden sehr ähnlich. Sie werden nicht selten tonig, schliessen selbst Tonbänkchen ein und werden zu oberst von einer 20 cm dicken Bank eines gelblich-weissen Tones überlagert. Sande und Tone sind geschichtet. Die Kohle tritt auf den Schichtungsflächen in Blättchen, Körnern, sogar in nussgrossen Stücken auf und färbt stellenweise Lagen von 20 cm Dicke braun bis schwarz. Sie ist eine bröckelige, bräunliche, bis braunschwarze Braunkohle mit deutlicher Holzfaser. Trotzdem die Sande ohne Frage zum grossen Teil aus aufbereitetem Gault und Tertiär bestehen, ist ihre Kohle doch so verschieden von jenen, dass man an eine Einschwemmung nicht recht glauben kann. Eine dreieckige Nuss wurde gefunden, die uns auf den ersten Blick einer *Trapa natans* anzugehören schien, aber leider beim Transport zerbrach. Das Interglacial dürfte hier eine nicht unbedeutende Mächtigkeit erreichen, und eine Schätzung von rund 20 m wäre kaum zu hoch gegriffen, da auch die kohleführenden Grande, welche nach oben in Kies übergehen, mitgerechnet werden müssen. Es gleicht sehr dem Vorkommen auf der Insel Hiddensee und Rügen, nur sind die Tone dort ausgedehnter vorhanden, während die Sande hier einerseits wie auf Hiddensoe sehr fein sind, andrerseits sehr grob werden können und gleiche Farbennüancen zwischen gelblichweiss und einem

---

1) a. a. O. S. 32—33.

citronengelb zeigen. Die von der Oie angegebenen braunen Sandknollen mit *Fusus multisulcatus* Beyr. sind demnach als echte Geschiebe anzusehen.

---

Am Schluss dieser Arbeit betrachten wir es für unsere Pflicht, alle den Herren, welche uns ihre gütige Unterstützung haben angedeihen lassen, unsern verbindlichsten Dank auszusprechen: Herrn Professor Dr. E. Cohen für eine Beihilfe aus dem Institutsfond zur Reise nach Mecklenburg, dem Königl. Wasserbau-Amt zu Stralsund für die geliobenen Kartenaufnahmen, Herrn Professor Dr. R. Credner und der „Geographischen Gesellschaft zu Greifswald" für die Mittel zur Herstellung der beigegebenen Karte; ganz besonders aber danken wir Herrn Professor Dr. W. Deecke für seinen guten Rat, der uns wie immer in freundlichster Weise zuteil wurde.

Greifswald, Mineralogisches Institut, 1. Oktober 1903.

# Die Entwicklung des Bodenreliefs von Vorpommern und Rügen,

## sowie den angrenzenden Gebieten der Uckermark und Mecklenburgs während der letzten diluvialen Vereisung.

### Von Johannes Elbert.

Mit 1 geologisch-morphologischen Karte in Buntdruck, 6 kl. Karten, 20 Tafeln und einer Anzahl Textabbildungen.

Seit einer Reihe von Jahren war ich mit Untersuchungen der Glacialablagerungen Westfalens und Hannovers beschäftigt, als mich die von der philosophischen Fakultät der Universität Greifswald ausgeschriebene geographische Preisaufgabe: „Im Anschluss an die Arbeiten K. Keilhacks soll die Entwicklung des norddeutschen Urstromsystems im Bereiche Vorpommerns und Rügens verfolgt und in ihren Beziehungen zur heutigen Bodengestaltung untersucht werden," veranlasste, das Feld meiner Studien behufs Lösung der gestellten Aufgabe nach Vorpommern und Rügen zu verlegen.

Nachdem meiner Arbeit am 15. Mai 1902 der Preis zugesprochen war, habe ich von einer unmittelbaren Veröffentlichung noch Abstand genommen, um durch weitere Untersuchungen, zu denen mir die „Geographische Gesellschaft zu Greifswald" und das Königl. Oberpräsidium der Provinz Pommern gütigst Mittel zur Verfügung gestellt hat, meine Resultate zu ergänzen. Diese haben nun eine bestimmte in sich abgeschlossene Form erlangt und sind im Nachfolgenden niedergelegt.

Ausser der Lösung der in jenem Preisausschreiben gestellten Aufgaben verfolgt die vorliegende Arbeit vor allem den Zweck, eine Reihe bisher noch nicht genügend bekannter Entwicklungsvorgänge bei der Bildung der Glacial-

ablagerungen, besonders der Åsar und Endmoränen, aufzu-
klären, mit anderen Worten, die Vorgänge der terminalen
Ablagerung und Aufpressung durch das Inlandeis, der Erosion
und der Aufschüttung seitens der Schmelzwasser tunlichst
klar zu legen. Für diese Studien aber schien mir gerade die
Grundmoränenlandschaft Vorpommerns und Rügens mit ihren
die Endmoränen vertretenden Geröll- und Geschiebehügeln
besonders geeignet, weit besser, als die grosse baltische Endmoräne selbst, inmitten ihrer oft äusserst komplizierten Endmoränenlandschaft.

Der Inhalt gliedert sich in folgender Weise:

### Einleitung.

Topographisches.
Allgemeine Vorbemerkungen zur Nomenklatur und
Klassifikation der Glacialablagerungen.

### I. Hauptteil.

Die Gestaltung des Bodens durch die Tätigkeit des Inlandeises.

#### Kapitel I.

Bodenformen, erzeugt durch fluvioglaciale und glaciale
Akkumulation und durch glaciale Aufpressung.

A) Radialrücken der Grundmoränenlandschaft.

1. Geröllsandbildungen: Morphologie und Entstehung
der Åsar, Rollsteinfelder und Kames.
2. Geschiebelehmbildungen: Drumlins und andere Geschiebehügel.

B) Marginalrücken der Grundmoränenlandschaft.

1. Morphologie und Entstehung der Randmoränen.
α) Geröllrandmoränen.
β) Staumoränen.
γ) Geröllsand- und Geschiebestreifen.

2. Die Moränen Vorpommerns und Rügens, sowie der
angrenzenden Gebiete Mecklenburgs und der Ücker-
mark.

**Kapitel II.**

Bodenformen, erzeugt durch Erosion.

A) Durch glaciale Erosion.

   1. Mechanismus der Exaration.

   2. Bildung der Grundform des Bodens durch tektonische Vorgänge während der Interglacialzeit und Exaration durch das Eis.

B) Durch fluvioglaciale Erosion.

   1. Entstehung des Thalsystems.

      a) Stauseen.

      b) Täler und Rinnen.

         α) Längstäler.

         β) Quertäler.

## II. Hauptteil.

Die Entwicklung des Tal- und Rinnensystems im Zusammenhange mit dem allmählichen Zurückschmelzen des Inlandeises.

   1. Art der Eisbewegung im Baltikum.

   2. Der Haffstausee und seine Abflüsse während der einzelnen Phasen des Rückzuges.

Schluss: Postglaciale Veränderungen des Bodenreliefs.

Die Arbeit zerfällt somit in zwei Hauptabschnitte. Der erste behandelt in zwei Kapiteln die speziellen Erscheinungen, welche Aufschüttung und Abtragung bieten. Zunächst werden im ersten Kapitel die Åsar und Kames, sowie die sie begleitenden Bildungen der Åszone, Rollstein-, Kame- und Kesselfelder behandelt. Aus ihrer Morphographie und ihrem inneren Bau soll zusammen mit der Theorie der Eisbewegung der Gang ihrer Entwicklung abgeleitet werden. Die Entstehungsweise der Kames führt zu den „Queråsar" und Geröllendmoränen und deren Bildung. Nachdem dann die flachwelligen Sandstreifen und die Staumoränen besprochen sind, soll eine kurze Entstehungsgeschichte der Endmoränen selbst folgen. Eine Beschreibung der Zwischenendmoränen und Randmoränenzüge bildet den Schluss des ersten Kapitels.

Das zweite Kapitel umfasst die durch Erosion entstandenen Bodenformen. Die durch die tektonischen Vorgänge gebildete Grundform des Landes empfängt seine erste Um-
bildung durch die exarierende Tätigkeit des Inlandeises. Mit der
Zurückschmelzung beginnt die Ausgestaltung des Bodenreliefs durch Akkumulation und findet ihre Fortsetzung in der
Erosion eines Tal- und Rinnensystems durch die Schmelzwasser. Ihren Abschluss erreicht die Entwicklung durch erneute Akkumulation von Sand- und Tonbildungen in den
Stauseen und Tälern.

Der zweite Hauptteil umfasst die allgemeine Entwicklung
des vorpommerschen Bodenreliefs im Zusammenhange mit
der Eisbewegung im Ostseegebiet überhaupt. Daraus lassen
sich die einzelnen Phasen dieses Entstehungsprozesses in Übereinstimmung mit demjenigen des Haffstausees ableiten. Mit
dem Abfluss des letzteren beginnt eine Ausgestaltung der
Uferränder und Talläufe, welche die Haffwasser zum Meere
¹eiteten. Im Schluss soll noch der postglacialen, durch Senkung
des Landes entstandenen Veränderungen gedacht werden.

# Einleitung.
## Topographisches.

Vorpommern und Rügen stellen einen Teil des pommerschen Tieflandes dar, welches als nördlichstes Vorland des
mecklenburg-pommerschen Höhenrückens aufgefasst werden
kann. Zwischen Neu- und Altvorpommern bildet die Peene
die politische, nicht aber eine topographische Grenze. Erst
das aus Abschnitten der Flussysteme Recknitz, Trebel, Tollense
und Grosser Landgraben sich zusammensetzende „Grenztal"
und dessen südöstliche Fortsetzung, die ungefähr der Linie
Friedland-Stettin entspricht, lässt eine Scheidung zu in eine
nordöstliche Küstenzone unter 50 m Meereshöhe und eine
südwestliche Zone über 50 m. Zu dieser letzten gehören zwei

Gebiete von Altvorpmmern, zwischen welche sich Stücke des
mecklenburg - uckermärkischen Landrückens schieben. Den
westlichen Teil der altvorpommerschen Hochfläche nimmt das
Tollense - Hügelland ein, den östlichen das Warsower und
Randow-Plateau. Diese letzten beiden von den Geologen der
Königl. preuss. geologischen Landesanstalt schon eingehend
studierten Gebiete habe ich von jeder Spezialuntersuchung
ausgeschlossen. Um aber das geologisch-morphologische Bild
zu vervollständigen, wurde alles, was westlich von der Ucker
an Vorpommern grenzt, d. h. die Gebiete des mecklenburg-
uckermärkischen Landrückens im Südosten und das mecklenburgische Hügelland im Nordwesten mit behandelt. Die südwestliche Hälfte der vorpommerschen Küstenzone endlich ist
das Hafflachland, ein Gebiet von 0—20 m Meereshöhe.

Im Verhältnis zur geringen Meereshöhe steht das Boden-
relief Vorpommerns und Rügens. Nur in dem beschränkten
Gebiete des vorpommerschen Landrückens südlich vom Haffgebiete und in Jasmund auf Rügen werden Höhen über
100 m ü. M. erreicht. Die Granitz kommt nicht ganz auf
diesen Betrag und für Mönchgut mag 50 m als mittlere
Höhe gelten.

Breite und tiefe Täler sind in Pommern wegen dieser
unbedeutenden Höhenlage nicht zu erwarten. Sie sind nur
schmal, doch für ihre geringe Breite aussergewöhnlich scharf
eingeschnitten. Ihre heutige Mooroberfläche liegt oft nicht
ein halbes Meter über dem Ostseespiegel, eine Erscheinung
von so allgemeiner Verbreitung, dass man bei Flüssen und
Bächen in der Regel kaum ein Gefälle wahrnimmt.

### Allgemeine Vorbemerkungen zur Nomenklatur und Klassifikation der Glacialablagerungen.

Bevor ich auf die spezielle Beschreibung der glacial-
geologischen Verhältnisse in Vorpommern und Rügen eingehe,
mag zur Vermeidung von Missverständnissen folgendes über
die angewandte Nomenklatur und die gegenseitigen Beziehungen
der Glaciablagerungen, sowie über ihre Klassifikation voraus-
geschickt werden.

Dem vorpommerschen und rügenschen Grundmoränen-
boden sind sehr verschieden gestaltete Hügel aus Lehm, Kies
und Sand aufgesetzt. Diese Rücken oder Kuppen liegen bald
isoliert, bald in Zügen und Gruppen. Ihre Anwesenheit und
ihr Bau dürften uns direkt auf Stillstände des Eisrandes hin-
weisen. Ohne Frage liesse sich für diese Hügelzüge die Bezeichnung „Endmoräne" in Anwendung bringen, jedoch habe
ich dieses aus Gründen der Zweckmässigkeit unterlassen.

Unter Endmoränen versteht man nämlich topograpisch
bald mehr, bald weniger scharf hervortretende Moränenrücken
von bestimmtem Bau, die sich fast ununterbrochen zu grossen
Bögen zusammenschliessen. Man geht eben von der Annahme
aus, dass der Eisrand auf seiner ganzen Strecke gleichzeitig
zum Stillstande kam. Für unsere Hügelzüge ist dies nicht
völlig zutreffend. Wenn sie auch grössere Bögen bilden, so
ist ihr Lauf nicht nur oft bedeutend unterbrochen, sondern
ihre Fortsetzung verliert sich auch häufig in eine wellige
Grundmoränenebene oder in einen flachen Sandstreifen. Die
Erklärung dafür lässt sich darin finden, dass einzelne Loben
des Inlandeisrandes festlagen, während andere Teile desselben
oscilierten, resp. im Rückzuge begriffen waren.

Wenn wir die bekannten zusammenhängenden und grössten
Endmoränen (z. B. die Baltische) als „Hauptendmoräne" bezeichnen, kleinere als „Nebenendmoränen" (z. B. die Fürsten-
werder-Angermünder), so liessen sich noch weniger bedeutende
„Zwischenendmoränen" nennen. Zu den letzten wären die
Ramelow-Friedländer Endmoränen Geinitz' und auch teilweise
die Durchragungszüge und -zonen Schröders zu rechnen.
Solche Zwischenendmoränen, die nur streckenweise merklich
im Relief hervortreten, in der Regel nur flache Kuppen und
Rücken mit Blockpackungen bilden, und an welche sich nur
lokal und dann meist in geringfügiger Ausdehnung eine Endmoränenlandschaft anschliesst, wurden von mir in unserem
Gebiete mehrfach angetroffen. Aber die Hauptmasse der
unserer Grundmoränenebene aufgesetzten Hügel ist in Grösse
und Ausdehnung noch weit beschränkter und gehört nicht
einmal in diese Kategorie. Es sind nur endmoränenartige

Gebilde, für die ich den Namen „Randmoränen" in Anwendung gebracht wissen möchte.

E. v. Drygalski[1]) versteht unter dieser Bezeichnung die durch Zusammenschub von Moränenschutt an einigen Stellen des Eisrandes sich bildenden Moränenwälle, welche dort am grössten sind, „wo der Eisrand in Verebnungen hineintritt oder auf geringer Neigung aufwärts drang und dort am kleinsten, wo das Eis an steilen Felskanten vorüberzieht," die sich aber von den grossen diluvialen Endmoränen nur durch ihre geringe Grösse unterscheiden. Er beobachtete sie in Grönland mehrfach und hält sie für echte Endmoränen. In Finland bezeichnen einige Geologen[2]) die beiden grossen, parallelen Endmoränenzüge, resp. Queråsar, welche sich bis nach Karelien hin verfolgen lassen, ebenfalls als Randmoränen. Zwischen diesen Geröllendmoränen und den pommerschen Randmoränen besteht in einigen Stücken Übereinstimmung. Auch in Amerika sind beide Bezeichnungen „terminal moraines" und „marginal moraines" im Gebrauch.

Die pommerschen Randmoränen zeigen nun im Vergleiche zu den Hauptendmoränen so zu sagen embryonale oder besser zwerghafte Entwickelung. Deshalb erscheinen sie mir ganz besonders geeignet, die Vorgänge der Aufschüttung, Aufpressung und Abschmelzung in ihrem Werden und in ihrem gegenseitigen Verhältnisse zu studieren. Mit dieser geringen Entfaltung hängt zusammen, dass ich zur Auffindung der einzelnen Stücke etwas andere Wege einschlagen musste, als üblich sind. Denn während man sonst ein solches Moränengebiet in Zickzacklinien durchstreift und an den flachen Sandrgebieten vor demselben einen Anhalt dafür hat, dass man sich wieder nord- resp. nordostwärts wenden muss, um in die Stillstandslage zurückzukehren, gab diese Methode in Vor-

---

1) Grönlandexpedition der Gesellsch. für Erdkunde zu Berlin 1891—1893, Berlin 1897. Bd. I. S. 110—112, 528—530.

2) J. Sederholm, Om istidens bildningar i det inre af Finland (Fennia 1. No. 7, Helsingfors 1889). J. E. Rosberg, Ytbildningar i ryska och finska Karelen med särskild hänsyn till Karelska randmoränerna (Fennia 7. No. 2, Helsingfors 1892).

pommern, wo die Sandr sehr spärlich vertreten sind und die Moränen sich im Gelände kaum markieren, anfangs kein merkliches Resultat. Allerdings stiess ich auf Blockpackungen, die jedoch in den Randmoränen recht unbedeutend, meist nur Blocknester sind und aus wenig mächtigen Lagen bestehen. Nur das vorzüglich entwickelte, von NW nach SO laufende Längstalsystem gestattet eine gute Orientierung, da seine parallelen Rinnen so ziemlich je einer Eislage als Randtal entsprechen. Sie vertreten bei uns also gewissermassen die Sandr. In einigen Gebieten scheinen die Randmoränen auch durch die Einwirkung der extraglacialen Wasser wieder vernichtet, in anderen nicht zu Hügeln aufgetürmt zu sein, so dass nur Blockbestreuungen übrig blieben. Im Haffgebiete war es natürlich nicht möglich, Endmoränen irgend welcher Art aufzufinden. Wenn ich also in unserem Gebiete von Endmoränen spreche, so ist immer im Auge zu behalten, dass es sich um ganz andere Erscheinungen handelt, als z. B. in der Eberswalder oder Feldberger Gegend.

Zweitens ist für die Gesamtauffassung nicht unwesentlich, aus welchen Teilen des Inlandeises der Moränenschutt hervorgegangen ist. Eine blosse Unterscheidung des Moränenglacials in Oberflächen- und Grundmoräne genügt für unsere Zwecke nicht, abgesehen davon, dass erstere beim Inlandeise gar keine Rolle spielt.

Die bedeutendste aller Moränen ist die Innenmoräne. Ihr Material ist eckig und nur wenig kantengerundet, doch kommt auch stellenweise durch fluvioglaciale Tätigkeit gerundetes oder aufgepresstes Geröllmaterial vor. Die Innenmoräne reicht bald mehr, bald weniger hoch in die Eismasse hinauf, von unten nach oben an Dichtigkeit abnehmend. Unter Umständen steigt sie bis auf die Oberfläche empor.

Der untere schuttbeladene Teil des Eises ist geschichtet. Die Schichtung beruht nach E. v. Drygalski[1]) auf einer Kompression der im Eise verteilten Bestandteile. Die Bildung der Grundmoräne steht nun in unmittelbarem Zusammenhange

---

1) A. a. O. S. 108.

mit der Schichtung und stellt das „Endresultat der Kompression"
dar. Da aber der Transport in den unteren Teilen des
Gletschers allein auf der Verschiebbarkeit des Eises beruht,
wird gegen die Sohle die Bewegungsfähigkeit der Schutt-
massen wegen Mangels an durchsetzendem Eis mehr und
mehr abnehmen. In der Zone, in der die bewegende Kraft
gleich Null ist, wird der Schutt nur noch geringe Verschleppung
und Anhäufung erfahren. Da aber sowohl Innenmoräne, als
auch Grundmoräne in der Glaciallandschaft Hügel und Kuppen
bilden, müssen auch die Kräfte, die solches Relief schufen, zu
gewissen Zeiten durch andere gerichtet, verändert und selbst
aufgehoben worden sein. Die Grundmoräne kann nur passiv
durch den Druck oder den Schub der überlagernden Eismassen
aufgehäuft werden, während die Innenmoräne aktive Bewegungen
ausführt und bei der Abschmelzung vor oder unter dem Eisrande
sich auftürmt. Der untere dichte Teil der Innenmoräne wird
ferner durch die Abschmelzung ein der Grundmoräne sehr
ähnliches Produkt liefern, wohingegen das reichlich mit Eis
durchmengte obere Inglacial, mehr oder weniger stark aufbereitet, aus diesem Prozesse als Geschiebe- oder Geröllsand
hervorgeht. Eingriffen glacialer Flüsse fällt schliesslich oft
noch ein Teil des inglacialen, ja selbst des subglacialen Geschiebemergels zum Opfer.

Die petrographische Zusammensetzung des Geschiebemergels hat W. Upham[1]) am besten beschrieben: Der inglaciale Geschiebemergel zeichnet sich durch das Vorhandensein zahlreicher grosser Geschiebe von eckigen Formen aus.
Er ist locker wegen seiner sandig-grandigen Grundmasse.
Seine Farbe ist durch die Oxydation der Eisenoxydulverbin-
dungen gelb geworden. Vom unterlagernden Subglacial ist
er häufig durch eine bis zu einem halben Meter mächtige Lage
von geschichtetem Sand und Grand getrennt.

Als charakteristische Merkmale des subglacialen Geschiebemergels können gelten: Die Führung meist kleiner,

---

1) Criteria of englacial and subglacial Drift (American geologist.
Vol. XIII, 1891, p. 376—385).

immer stark abgenutzter Geschiebe, der höhere Gehalt an
tonigen Teilen und feinem, zerriebenem Gesteinsmehl, die
grössere Härte, die meist dunklere Farbe, die annähernd (mit
der Schrammenrichtung auf dem Anstehenden) parallele Anordnung der oblongen Geschiebeblöcke und die fast horizontale
Einbettung der flachen Geschiebe.

Da, verbunden mit grösserer Porosität, die geringe Festigkeit des inglacialen Geschiebelehms der Kompaktheit des
subglacialen gegenübersteht, so ergiebt sich eine einfache
Unterscheidung beim Zerschlagen derselben. Der subglaciale
Geschiebelehm, der mit Recht den Namen „Blocklehm" führt,
zerfällt hierbei in unregelmässige, grosse und kleine, stumpf-
eckige Stücke, während der inglaciale sich leicht in viele
kleine, mehr gleich grosse, fast scharfkantige, flach parallele-
pipedische Teile auflöst.

Upham fügt noch hinzu, dass bei beiden eine parallel-
flächige Absonderung des Materials, eine Art Bankung resp.
Schieferung, häufig ist. Ich habe auf diese Erscheinung mein
besonderes Augenmerk gerichtet. Bei den Endmoränenbil-
dungen erscheint die Bankung im allgemeinen etwas dicker
(ca. 3—5 cm), als bei den Åsar (2—3 cm), aber nicht ausnahmslos; denn in der Moräne bei Strehlow in Neuvorpommern
tritt z. B. in den oberen Partien eine Bankung von $^8/_4$—1 cm
auf. Ganz anderer Art ist die Bankung bei dem inglacialen
Mergel. Diesem kommt häufig eine blättrige oder auch dis-
cordant-schieferige Struktur zu. Er ruht auf dem Blockmergel,
enthält bisweilen sandige Einlagerungen und geht nach oben
häufig in geschichtete Sande und Kiese, doch auch in geschichtete fette Mergel resp. Tone über, die meist von brauner,
rotbrauner, oder auch wohl von blaugrauer Farbe sind. Von
den Decktonen sind sie nur durch die Geschiebeführung, oft
auch garnicht unterschieden. Die Absonderungsflächen laufen
der Schichtenfuge oder der Böschung parallel. Horizontal
oder wenig abweichend sind sie z. B. in dem inglacialen Mergel
der Strelower-, Gülzower-, Wahlendower-Moräne auf horizontal
abschneidender Unterlage. Unter einem Winkel von ungefähr 50—70° aber sind sie bei der Drechower-, Pritzwalder-

Moräne geneigt, Winkel, welche dem Talgehänge resp. der Auflagerungsfläche der oberen Sandbildung gleichkommen. Das Zwischenmittel der im allgemeinen $\frac{1}{4}$—1 cm dicken Blätter ist sandiger als das Hauptmaterial. Alles dieses spricht für eine Sedimentation von dünnbreiigem Schlamme unter nicht zu hohem hydrostatischen Drucke, so dass Saigerung in wasserreichere und wasserarme Lagen stattfinden konnte. Es blieben nach dem Wasseraustritt die kompakteren Lamellen durch sandige Spaltungsprodukte getrennt zurück, wobei die steilstehende Lamellierung vielleicht als eine Art Übergussschichtung aufzufassen wäre. Solche Schichtungen werden nur die unteren sedimentierten und stark komprimierten Lagen des Inglacials besitzen, da die oberen, naturgemäss beim Abschmelzen von dem reichlich vorhandenen Wasser fortgeführt, als Sande, Grande, Kiese und weiter in Staubecken als Mergelsande und Tone abgelagert und geschichtet wurden. Der von Upham betonte Farbenunterschied der beiden Geschiebemergelarten fällt bei uns fort, da der subglaciale Mergel dieselbe gelbe oder gelbbraune Farbe zeigt, wie der inglaciale. Aus diesem Grunde ist es stellenweise schwierig, den inglacialen Geschiebemergel von den Verwitterungsprodukten des subglacialen zu unterscheiden. Nur die genaue Betrachtung der Übergangszone beider kann dann aushelfen. Haben wir eine unregelmässig gewundene Zone, deren Grenzen sich nicht scharf bestimmen lassen, werden wir sicher ein Verwitterungsprodukt des Liegenden vor uns haben. Ist aber eine gewisse Trennungsfuge von unregelmässig geradlinig oder gleichmässig gewundenem Verlaufe zu sehen, so ermöglicht eine solche echte Schichtenfuge — falls nicht geradezu eine Zwischenlage von Sand vorhanden ist — eine Trennung zwischen liegendem subglacialen und hangendem inglacialen Mergel.

Gegenüber dem bisher besprochenen, im grossen und ganzen ziemlich konstanten Mergel der Grundmoränenebene wechselt derjenige der Moränenhügel in seinen petrographischen Eigenschaften nicht unerheblich, selbst abgesehen von lokaler Kalkanreicherung. Wir haben solche mit sehr bedeutendem Tongehalte, und solche, in denen dieser ganz gering ist, aber die sandigen Elemente vorherrschen. Übergänge verbinden die beiden Extreme auf die mannigfaltigste Art.

Den tonigsten Geschiebemergel weisen die Staumoränen auf, unabhängig davon, ob ihr Kern untere Sande, Mergelsande oder Tone enthält. Selbstverständlich ist der Tongehalt am grössten, wenn unterteufende Tone aufgepresst wurden. Dieser Geschiebemergel erscheint braun bis braunrot. Er enthält auffallend wenig Steine von geringen oder doch mässigen Dimensionen und mit allseits stark bestossenen Ecken und Kanten. Ohne ihre typischen Schliffflächen und stellenweise Schrammung müsste man sie für Gerölle halten. Der bedeutende Tongehalt veranlasst auch an verwittertem oder eingetrocknetem Geschiebemergel eine rupelige Zerbröckelung, wie sie vielen sedimentierten Decktonen (Hvitâtonen) und Septarientoneu eigen ist. Zur Illustrierung dieses Verhaltens möge die Schilderung der Tonlager südlich von Barth hier folgen.

Als ich die Gegend von Barth, Löbnitz, Spoldershagen, Lüdershagen, Bartelshagen, Saal und Damgarten besuchte, glaubte ich einen Deckton vor mir zu haben, zumal der Geschiebemergel fast gar keine oder nur kleine, höchstens kopfgrosse, stark gerundete Steine umschliesst. Der Tonmergel nimmt ausserdem in der fast ebenen Gegend eine nahezu gleiche, selten über 20 m betragende Höhenlage ein. Bestärkt wurde ich in der Ansicht, Ton vor mir zu haben, dadurch, dass ich bei Martenshagen von 3 m Tiefe an einen plastischen grauen Ton unter dem rotbraunen Mergel fand. Dieser wird in dem zum Teil mit Buchen bestandenen Rücken bei Martenshagen von einem feinen, steinfreien, gelben oder gelbbraunen bis braunroten, streifigen Sande überlagert, der in der Tat auch nach unten hin (bis ca. $1\frac{1}{4}$ m Tiefe) südlich von diesem Orte in einen grauen, oft braunroten oder blaugrünen, kalk- und konkretionenreichen, steinfreien, echten Ton übergeht. Er zeigt unregelmässige, schmitzenartige, an Schichtung erinnernde Einlagerungen. Bei Lüdershagen wurde an verschiedenen Stellen beobachtet:

1. Parallelgeschichtete steinfreie Sande,

2. Tonmergel mit gerundeten kleinen Steinen und einzelnen grossen Blöcken, übergehend in

3. gesteinsfreien fetten Ton.

Dieser eben beschriebene Ton resp. Tonmergel setzt die Barth-Velgaster Staumoräne zusammen, die in ihrem Kerne ausserdem gebänderte und kompakt-tonige Schluffsande und Mergelsande enthält. Genau dieselben Verhältnisse zeigt die Grimmen-Barkower Staumoräne. Der Tonmergel ist ebenfalls braun mit einem Stich ins Rötliche, enthält ebenfalls wenige, aber gerundete Geschiebe. Gleiches liesse sich auch von dem Mergel der 6 km breiten Jatznick-Friedländer Durchgangszone, der Franzburg-Eichholzer, der Boldekower Staumoräne und anderen sagen.

Von diesen Staumoränen mit Tonmergel kommen wir zu den Endmoränen, die sich ganz aus zusammengeschobener Grundmoräne aufbauen. Zu diesem Typus von Moränen, welchen A. Penck in seiner „Vergletscherung der deutschen Alpen" als den häufigsten in Oberbayern angiebt, sind die Gülzower Moräne und die Geschiebewellen[1]) von Wendisch-Baggendorf zu rechnen. In der östlichen Geschiebewelle herrscht zwar der Tonmergel noch vor, im allgemeinen aber ist das Material von der Beschaffenheit des Geschiebelehms der Grundmoränenebene. Kommt neben Zusammenschub von Grundmoräne Blockpackung vor, so ist der Mergel nur dort toniger, wo der Schub nachweislich die Aufschüttung übertraf. Trotzdem geht aber selbst an solchen Stellen, wo eine Blockpackung mit rein sandigem Zwischenmittel vorhanden ist, dieses nach NO allmählich in ein lehmiges über, z. B. bei Walendow. In den Drumlins und radialen Geschiebewellen wechselt die Zusammensetzung des Mergels, doch ist dieser sehr häufig sandig mit Andeutung einer Schichtung und geht nicht selten in einen lehmigen Sand mit bald vollständiger, bald unvollkommener Schichtung über. Für letzteren ist wohl in den meisten Fällen autochtone Entstehung anzunehmen, in anderen Fällen lässt sich aber der Sandgehalt auf glaciale Aufarbeitung älterer Sandmassen zurückführen.

1) „billows" in Amerika.

Auf Rügen, Hiddensoe, der Greifswalder Oie und an einigen Stellen der vorpommerschen Küste trifft man ausser den gewöhnlichen Varietäten des Geschiebemergels noch eine geschichtete. Dieser Mergel sieht einem Bändertone oder besser einem Geröllehme ähnlich, doch kennzeichnet ihn sowohl die Geschiebeführung, als sein allmähliches Übergehen in normalen als eine Faciesbildung. Diese vielleicht als Pseudoschichtung zu bezeichnende Bänderung ist die Folge einer Aufnahme von älterem, durch den Eisschub losgelöstem Material des Untergrundes. Teils ist es Kreide, teils graublauer, graugrüner, brauner oder schwarzer Ton (Interglacial, Paleocän, Wealden) oder weisser, gelber, brauner bis schwarzer Sand (Interglacial, Gault), der durch die Exaration und die Durchmengung zum Geschiebemergel verarbeitet wurde, sodass je nach der Vollkommenheit der Verknotung Lagen von Papierdünne bis einige Centimeter Dicke dem gewöhnlichen Mergel eingelagert sind. Wegen des beständigen Farbenwechsels, der bald dunkelgrauen, hellgrau, grauweiss bis weissen, bald dunkelbraun, gelbbraun bis gelblichweissen, mehr oder weniger geraden oder auch stark gewundenen und verschlungenen Schichten erscheint der Mergel ganz bunt. Die Gleichförmigkeit in der Gestalt, Dicke, Lage und Abgrenzung der einzelnen Lagen lässt auf eine Gleichmässigkeit der Aufarbeituug schliessen.

Die Erklärung für diese Veränderung im Tongehalt des Moränenmergels dürfte ihren Grund einerseits in der wechselnden Beteiligung des Sub- und Inglacials am Aufbau des Geschiebehügels haben, andererseits in der aufbereitenden Tätigkeit der Schmelzwasser; denn der Tongehalt des Mergels steigt proportional mit dem bei der Ablagerung wirkenden Drucke. In den Staumoränen wird der tonreichere subglaciale Mergel, dessen Bildung schon abgeschlossen war, aufgepresst; in den terminalen Geschiebehügeln häuft sich der Mergel unter dem Eisrande durch das Strömen des Eises an, indem sich erst bei der Ablagerung aus dem inglacialen der subglaciale Mergel bildet. Während im ersten Falle immer eine scharfe Grenze zwischen Grundmoränen- und Innenmoränenmergel besteht, ist im zweiten allmählicher Übergang zu beobachten. Meist kommt es dann nicht einmal zur Ablagerung eines typischen, inglacialen Mergels, sondern der Blocklehm geht gleichmässig in einen lehmigen Geschiebesand oder -kies und weiter in gewöhnliches, sandiges Geschiebeglacial über. Wirken ausserdem die fliessenden Schmelzwasser auf das Inglacial, so entsteht das Fluvioglacial. Die Umlagerung kann die Geschiebesande und sogar den Blockkies betreffen, sodass beide mehr oder weniger stark geschichtet werden. Solche geschichteten Blockpackungen beobachtete ich in der Endmoräne bei Rothemühl, Galenbeck u. a. O.; vor allen Dingen sind sie aber für die Kames charakteristisch, z. B. bei Sassen und Bergen a. R. In diesen Geschiebepackungen gesellen sich zu geschliffenen und geschrammten Blöcken Geröllblöcke und Lagen von Geröll. Bald liegt zwischen dem Geschiebe- und Geröllglacial ein grandiges Zwischenmittel, bald fehlt es.

Aus dem Gesagten geht also hervor, dass die Blockpackung, resp. der Geschiebekies, geschichtet oder ungeschichtet, ein dem inglacialen Mergel äquivalentes und gleichzeitiges Gebilde ist. Dazu kommt noch, dass der subglaciale Mergel sich überall unter dem Inlandeise bilden kann, der inglaciale aber nur im Randgebiete desselben. Ich halte es daher nicht für angängig, bei einer Klassifikation der Glacialablagerungen die Blockpackungen dem Subglacial zuzurechnen. Der Geschiebesand, der sowohl sub- und inglacialen Mergel, als auch das Fluvioglacial bedeckt, ist das letzte Residuum des abschmelzenden Eises.

Im Gegensatze zu dieser Ansicht fasst J. Martin[1]) den geschichteten Geschiebekies als eine Faciesbildung der Grundmoräne auf. „Die Grundmoräne entstand dadurch", sagt er,[1]) „dass in den peripheren Teilen des Eises, wo dieses an seiner Unterseite abzuschmelzen begann, die Innenmoräne nach und nach aus ihm sich loslöste und unter dem Eise als Art eines Sedimentes sich anhäufte". Es muss zugegeben werden, dass dem geschichteten Geschiebekies für eine Trennung etwaiger unterteufender und auflagernder Sandbildungen dieselbe Be-

---

1) Diluvialstudien III. 2. Elfter Jahresbericht d. Naturwissenschaftl. Vereins zu Osnabrück f. 1895 u. 1896. Osn. 1897. S. 34.

deutung beizumessen ist, wie dem Geschiebemergel; trotzdem
ist er genetisch ihm nicht gleichwertig. Denn wenn er mit
oder neben dem Subglacial vorkommt, keilt der Geschiebekies
immer über dem Mergel aus. An Åsar beobachtete ich allerdings öfter, dass auf oder an dem Kiese wieder Subglacial
lagerte; doch beweist dieses nichts gegen meine Annahme, da
die Prozesse bei der Åsbildung abweichend sind. Es mag
immerhin vorkommen, dass auch aus dem Grundmoränen-
mergel durch Aufbereitung der Gletscherwasser ein Geschiebekies entsteht. Den geschichteten Geschiebekies von der Donner-
schwee bei Oldenburg war Herr Dr. J. Martin so freundlich
mir zu zeigen; in seinen Diluvialstudien (III. 2) gibt er
Seite 32 ein vorzügliches Profil desselben. Nach meinen Er-
fahrungen haben diese geschiebeführenden Kies- und Sandschichten wenig Ähnlichkeit mit den vorpommerschen geschichteten Blockkiesen; denn die Schichtung beruht auf der
reichlichen Beimengung von Sanden und Granden, nicht aber
auf einer inneren parallelen Lagerung der Geschiebe und Gerölle in einer groben Kiesmasse. Scharf ausgeprägte, eben-
mässige Discordanz im Geschiebekies beobachtete ich nur in
einzelnen Teilen der Rollsteinfelder, deren Material dem Inglacial entstammt. Der geschichtete Geschiebekies stellt in
diesem Falle nur eine Facies des sonst ungeschichteten Ge-
schiebesandes dar, der bei längerem Wassertransporte zum
Geröllsande geworden wäre, wie die Hauptmasse der Rollsteinfelder.[1]

Demnach deckt sich das Inglacial ebenfalls nicht mit dem
Geröllglacial, wie bei J. Martin,[2] da dieses nur als etwas
aus dem Inglacial durch fluviatile Umlagerung Entstandenes
aufzufassen ist. Das Geröllglacial steht dem Geschiebeglacial
insofern gegenüber, als dieses ohne merkliche Einwirkung von
Schmelzwassern aus der Grund- und Innenmoräne entstand.

---

1) Die Bezeichnung „Geröllsand" fasse ich in der ganzen Abhandlung als den Sammelnamen für sandige, grandige und kiesige
Bildungen des Fluvioglacials.

2) a. a. O. S. 11.

Da aber in der Innenmoräne rezenter Gletscher bisweilen auch rings vom Eise eingeschlossenes Geröllmaterial beobachtet ist, kann dies nur auf sekundärer Lagerstätte liegen. Diese als Intraglacial (Holst, Geikie) bezeichnete Moräne besteht für gewöhnlich aus eckigen Gesteinstrümmern, die von durchragenden Felsrücken und Nunataks oder aus der an ihnen aufgestauchten Grundmoräne herrühren. Häufig geht die sonst isolierte Mittelmoräne in die Innenmoräne über, weshalb beide Gebilde öfters verwechselt wurden.

Die Untersuchungen an den Åsar und Kames haben mich ferner veranlasst, weitere verschiedene Arten der Lagerung des Moränenglacials scharf auseinander zu halten, sodass ich auf einige wenig gebrauchte Bezeichnungen der Nomenklatur mehr Gewicht legen musste.

Braucht man das Wort „interglacial" für Ablagerungen, die in einer zwischen zwei Vereisungen liegenden wärmeren Periode zum Absatz kamen, so sind „interstadial"[1]) solche, die während einer grösseren oder kleineren Zeit der Oscillation desselben Inlandeises abgesetzt wurden und auf diese Weise zwischen zwei Grundmoränen gelangten. Dieser Fall kommt besonders in Gebieten vor, wo die (extraglacialen) Flüsse, während eines kurzen Eisrückzuges oder einer Ruheperiode in der Abschmelzung ihre Schotter über Moränenglacial ausbreiten. Ein erneuter Vorstoss des Eisrandes begräbt das Fluviatil unter dem Glacial.

Ganz anders ist das Verhältnis, wenn in einer Grundmoräne Einschlüsse von Fluvioglacial auftreten oder, wenn dieses durch eine Oscillation des Eises von neuem mit Geschiebemergel bedeckt wird. Ihre Lagerung ist dann „intramorän".[2]) Während in den Åsar die gewöhnliche Lagerung „supramorän" ist, neben welcher eine „intramoräne" vorkommt, ist sie „inframorän" bei den Staumoränen und Stauåsar.

---

1) R. Sieger: Die Glacialexkursion des 6. internat. Geol. Kongresses 1894. Globus 65, S. 351. Braunschweig 1893.

2) O. Holst: Hat es in Schweden mehr als eine Eiszeit gegeben? Übersetzt von Wolff aus Sveriges Geologiska Undersökuing. Ser. C. Nr. 151, S. 42.

# I. Hauptteil.
## Die Gestaltung des Bodens durch die Tätigkeit des Inlandeises.

### Kapitel I.
### Bodenformen, erzeugt durch fluvioglaciale und glaciale Akkumulation und durch glaciale Aufpressung.

#### A) Die Radialrücken der Grundmoränenlandschaft.

##### 1. Geröllsandbildungen und deren Entstehung.
##### Åsar, Rollsteinfelder und Kames.

Als das Inlandeis Vorpommern und Rügen auf seinem Rückzuge passierte, entstand unter dem Eise eine sanftwellige Grundmoränenebene, welcher durch die Tätigkeit der Schmelzwasser Sande, Grande, Kiese und Tone aufgelagert wurden. Höhenbildend tritt von den fluviatilen Bildungen nur das Geröllglacial auf, das bald unregelmässige Hügel, bald ebenmässig gestaltete Kuppen und wallartige Rücken bildet. Es sind dies die Åsar und Kames.

Åsar wurden zuerst aus Schweden als lange Wallberge bekannt, die sich zu Reihen in einer bestimmten Richtung anordnen. Die Kames beschrieb J. Geikie aus Schottland, als kurze Rücken oder Kuppen, die entweder dicht nebeneinander gedrängt, in buntem Durcheinander liegen oder sich zugartig zusammenschliessen. Der Unterschied der beiden Gebilde beruht hauptsächlich darauf, dass sich die Åsar parallel der Bewegungsrichtung des Eises, die Kames hingegen im allgemeinen senkrecht zu derselben anordnen.

Die Schilderungen J. Geikie's in der ersten Auflage seines Werkes: „The Great Ice Age" (1876, S. 211) sind aber so wenig einheitlich und mit so zahlreichen Merkmalen der zu jener Zeit schon eingehend studierten Åsar untermischt, dass eine Verwechselung beider Bildungen nicht besonders auffallend erscheint. Der Wirrwar, der in der folgenden Zeit in der Nomenklatur der Geröllglacialhügel entstand, hat bis zu Beginn der 90er Jahre gedauert.

Neben der schwedischen Bezeichnung Åsar (anglisiert „esar") waren in Irland die Namen „escar" und „scoeurs" im Gebrauch, von denen die Amerikaner das Wort „escar" als „esker" übernahmen. Während man unter „esker" und „esar" später nur die aus Schweden und Russland bekannten „Åsar" verstand, wurde der Name „Kame" (auch kåm, Cåm, Ceum, Kaim) geradezu kollektiv für ganz heterogene Geröllhügel.[1)]

Im Jahre 1883 suchte T. C. Chamberlin[2)] die beiden Begriffe zu sondern, trotzdem er sich sagte, dass ihre Entstehung und ihr gegenseitiges Verhältnis damit nicht geklärt würden. Mc. Gee und Chamberlin[3)] brachten darauf in Vorschlag, für jene zuerst aus Schweden und Schottland bekannt gewordenen, langen Geröllsandrücken die Bezeichnung „osar" oder „Åsar" festzuhalten, während man als „Kames" besser Kuppen, kleine Hügel und kurze unregelmässige Rücken von Kies und Sand bezeichne, wie sie mehr oder weniger auf welliger Moränenebene auftreten und geneigt sind, Teile von Endmoränen zu bilden. Fast ein Jahrzehnt verstrich, bis man die alten von W. Upham,[4)] G. F. Wright[5)] und N. S. Shaler[6)] angewandten Bezeichnungen „Indian ridges, Serpent

---

1) J. H. Kinahan: On the use of the term Esker or Kåm Drift. (Amer. Journal Science vol. XXIX, 1885, p. 135—137).

2) Preliminary Paper on the Terminal Moraine of the second glacial Epoch (Third Ann. Report of the U. S. geol. Survey 1881—1882, p. 291—402. Washington 1883.)

3) W. Upham: The Geology of Minnesota vol. II, 1882—1885, chapter XVII, p. 486 (Report of the Geological and Natural History Survey of Minnesota by N. H. Winchell).

4) Proceed. American Associat. Adv. Science 1876, p. 216—225. Americ. Journ. Science vol. 14. New Haven 1877, p. 459; Geolog. of New Hampshire vol. 3, 1878, p. 3—176.

5) Proceed. Boston Society Natural History vol. XIX, 1876, p. 47—63; dito vol. XX, 1879, pag. 210—220.

6) Proc. Boston Society Nat. Hist. vol. XXIII, 1884, p. 36—44; Nineth. Ann. Report U. S. Surv. 1887—88, p. 549—550; Bull. Mus. Comp. Zool. vol. XVI, p. 203—205; Seventh. Ann. Rep. U. S. geol. Survey, Washington 1888, p. 314—322.

kames, Serpentin kames" oder einfach „Kames" aufgab; doch
ist der Name „Esker" heute noch in Amerika neben Åsar
im Gebrauch.

Trotz des Zustandekommens dieser Einigung über die
Anwendung der Namen Åsar und Kames gebraucht G. Stone[1])
dieselben in seiner Monographie über die Geröll-Glacialbil-
dungen von Maine willkürlich. Er glaubt nämlich im Ge-
brauche zweier Termini für Bildungen, die in einander übergehen, den Nachteil zu sehen, sich mit ihnen eine Theorie
der Entstehung der Sedimente und einen für alle Fälle passenden
Aufbau derselben vorstellen zu müssen (pag. 35). Eine spe-
cifizierte Theorie für Åsar und Kames zu Grunde zu legen,
meint Stone, dürfte allerdings sehr wünschenswert sein; doch lassen
sich, wie dies auch immer nur verlangt wurde, die Bezeichnungen
rein morphologisch fassen, indem man sie ihrer morphographischen
und stratigraphischen Stellung nach von einander trennt. Die
Folgen machen sich in dem umfangreichen Werke Stone's
direkt geltend. Er belegt Geröllbildungen mit der Bezeichnung
„Åsar" und „Kames" die, wie er sich selbst öfters gesteht,
mit dem, was man bislang unter „Åsar" verstand, weiter nichts
zu tun haben, als dass sie aus Geröllsanden bestehen, während
man wegen ihrer morphographischen und spezifisch stratigraphischen Verschiedenheiten wohl auf eine ganz andere Entstehung schliessen kann. Den Übelstand, für die Darstellung
der verschiedenen Typen der Geröllbildungen Umschreibungen
wie „Osar and Kame-ridges, mounds and hills, peaks, cones,
pinnacles and massives a. o." gebrauchen zu müssen, scheint
er auch selbst zu empfinden, da er zur Bezeichnung isolierter
kurzer Wälle und Rücken „Esker" vorschlägt. T. C. Chamberlin[2]) führt über den Gebrauch des Ausdruckes „Kames"
folgendes aus: Während beide zweifellos einen gemeinsamen
Ursprung haben mögen, d. h. in dem Sinne, dass beide ihre
Entstehung der Tätigkeit strömender Wasser verdanken, so
ist es ganz sicher, dass die besonderen Bedingungen für die

---

1) The Glacial Gravels of Maine. Monographs of the U. S. geol.
Survey, vol. 34. Wash. 1899, p. 35 u. 359—360.

2) A. a. O. p. 300. Washington 1883.

Erzeugung dieser Gebilde verschiedene gewesen sein müssen. Es ist aber ebenso klar, dass unsere gegenwärtige Methode der Klassifikation und des Gebrauchs der Termini einer Revision bedürfen. Entweder haben die Namen Åsar und Kames mehr als strukturelle Termini zu gelten, in welchem Falle sie viel enger auf bestimmte Typen zu beschränken wären, oder sie müssen ausschliesslich für Bildungen gebraucht werden, die der Annahme nach einen bestimmt gegebenen Ursprung haben.

Im Folgenden habe ich die Bezeichnungen, wie es Chamberlin und Salisbury bislang getan haben, im morphologischen Sinne gefasst.

## Åsar.

### Wichtigste schwedische, finländische, russische und dänische Litteratur.

G. A. Carlsson: Beskrifn. t. Kartbl. „Norsholm". Sverig. geol. Unders. Ser. Aa. No. 79, Stockh. 1880, 24—26.

A. Erdmann: Bidrag till kännedomen om Sveriges quartära bildningar; med Atlas (Sveriges geologiska Undersökuing, Stockholm 1868). Exposé des Formations quarternaires, Édition abrégée pour l'étranger.

Derselbe: Beskrifn. t. Kartbl. „Lindsbro". Sverig. geol. Unders. Ser. Aa. No. 14, Stockh. 1865, 42—47.

K. A. Fredholm: Bidrag till kännedomen om de Glaciala Företeelserna i Norrbotten. Sverig. geol. Unders. Ser. C. No. 117, Stockh. 1892; Geol. Fören. Förhandl. 1891, Bd. XIII, H. 5 och Bd. XIV, H. 3.

J. O. Fries: Beskrifn. t. Kartbl. „Wårgårda". Sverig. geol. Unders. Ser. Aa. No. 20, Stockh. 1866, 30—36; Kartbl. „Sämsholm" Ser. Aa. No. 25, Stockh. 1867, 30—33.

Derselbe, A. H. Wahlqvist och A. E. Törnebohm: Beskrifn. t. Kartbl. „Stockholm". Sverig. geol. Unders. Ser. Aa. No. 6, Stockh. 1863, 36—43.

O. Gumaelius: Beskrifn. t. Kartbl. „Örebro" Sverig. geol. Unders. Ser. Aa. No. 48, Stockh. 1873, 29—34.

O. Gumaelius: Om mellersta Sveriges glaciala bildningar. 2. Om rullstensgrus (Sverig. geol. Unders. Ser. C. 16 und Aftryck till Svenska Vet. Akadem. Handlingar. Stockholm 1876, sid. 1—74.

Derselbe: Beskrifning till geologisk Jordarts karta öfver Hallands Län, Stockholm 1893.

G. de Geer: Beskrifn. t. Kartbl. „Bäckkaskog“. Sverig. geol. Unders. Ser. Aa. No. 103, Stockh. 1889, 67—79.

Derselbe: Om rullstensåsarnes bildningssätt. Geologiska Förening. i Stockholm Förhandlingar Bd. 19, Häfte 5. 1897, 366—388. Sverig. geol. Unders. Ser. C. No. 173.

N. O. Holst: Om de glaciala rullstensåsarne. Geolog. Fören. i Stockholm Förhandl. Bd. 3, 97—112. Stockholm 1876.

D. Hummel: Beskrifn. t. Kartbl. „Eriksberg“. Sverig. geol. Unders. Ser. Aa. No. 22, Stockh. 1867, 34—39.

Derselbe: Om rullstensbildningar. Sverig. geol. Undersökn. Ser. C. No. 12; Aftr. k. Svensk. Vet. Akad. Handlg. Stockholm 1874.

V. Karlsson: Beskrifn. t. Kartbl. „Eskilstuna“. Sverig. geol. Unders. Ser. Aa. No. 5, Stockh. 1863, 21—22.

O. F. Kugelberg: Beskrifn. t. Kartbl. „Enköping“. Sverig. geol. Unders. Ser. Aa. No. 7, Stockh. 1863, 17—20; Bladet „Hellefors No. 12. Stockh. 1864, 23—28.

A. Lindström: Beskrifn. t. Kartbl. „Örkelljunga“. Sverig. geol. Unders. Ser. Aa. No. 114, Stockh. 1898, 22—28.

G. Linnarsson och S. A. Tullberg: Beskrifn. t. Kartbl. „Vreta Kloster“. Sverig. geol. Unders. Ser. Aa. No. 83, Stockh. 1882, 34—35.

J. C. Moberg: Beskrifn. t. Kartbl. „Sandhammaren“. Sverig. geol. Unders. Ser. Aa. No. 110. Stockh. 1895, 20—26.

C. W. Paykull: Om rullstensåsarnas bildning. Öfvers. af k. Vet. Akad. Förhandlingar 1864. S. 319—332.

H. v. Post: Om sandåsen vid Köping i Westmanland. Kgl. Svensk. Vet. Akad. Handlingar 1854, 357—359, 1855, 347—403, Öfvers. 1862, årg. 19, 339—360.

E. Sidenbladh: Beskrifn. t. Kartbl. „Arboga". Sverig. geol. Unders. Ser. Aa. No. 2, Stockh. 1862, 29—38.

P. W. Strandmark: Om rullstensbildningarne och sättet, hvarpå de blifvit danado. Redogörelse för högre allmänna läroverket i Helsingborg under läsåret 1884—85; Referat, Geolog. Förening. i Stockholm Förhandlingar 1889, Bd. 11. 175—179 und Neues Jahrbuch f. Min. 1887, 62—64.

Derselbe: Om jökelelfvar och rullstensåsar (Geologiska Föreningens i Stockholm Förhandl. Bd. 11, 1889, 93—111·

Derselbe: Ytterligare om jökelelfvar och rullstensåsar; ebenda 340—368.

---

H. Berghell: Geologiska iakttagelser längs Karelska järnvägen. Fennia 4 No. 5. Helsingfors 1891; und Fennia 5 No. 2. Helsingfors 1892.

Derselbe: Huru bor Tammerfors-Kangasala åsen uppfattas. Fennia 5 Nr. 3. Helsingfors 1892.

M. Jernström: Material till Finska Lappmarkens Geologi. Helsingfors 1874.

Derselbe: Om Quartärbildningarna längs Åbo-Tammerfors-Tavastehus jernvägslinie. Bidrag till kännedom af Finlands natur och folk; 20:de häftet, Helsingfors 1876.

J. J. Sederholm: Om istidens bildningar i det inre af Finland. Fennia I No. 7, Helsingfors 1889.

J. E. Rosberg: Ytbildningar i ryska och finska Karelen med särskild hänsyn till de karelska randmoränerna. Fennia 7 No. 2, Helsingfors 1892.

B. Doss: Die geologische Natur der Kanger im Riga'schen Kreise. Festschrift des Naturforscher-Vereins zu Riga 1895. S. 161—260.

Derselbe: Über die Åsar von St. Matthiä in Livland. Korrespondenzblatt des Naturforscher-Vereins zu Riga, Bd. 38, S. 126—134, Riga 1895.

G. Holm: Bericht über geolog. Reisen in Ehstland, Nord-Livland und im St. Petersburger Gouvernement in den Jahren 1883—1884. Verbandl. der Russisch-kaiserl.

Mineralog. Gesellschaft zu St. Petersburg, zweite Serie Bd. 22, 1886.

Fr. Schmidt-Petersburg: Untersuchungen über die Erscheinungen der Glacialformation Ehstlands und auf Oesel. Mélanges phys. et chim. tir. du Bulletin de l'Académ. Imp. des Sc. de St. Petersbourg, tom. VI, 1865, p. 207—248; mit Karte.

Derselbe: Einige Mitteilungen über die gegenwärtige Kenntnis der glacialen und postglacialen Bildungen im silur. Gebiet Ehstlands, Oesels und Ingermanlands. Zeitschrift der deutsch. geolog. Gesellschaft 36, S. 248—273, Berlin 1884.

Derselbe: Nachträgliche Mitteilungen. Zeitschrift der deutsch. geol. Gesellsch. S. 539—542. 1885.

V. Madsen: Beskrivelse till Geologisk Kort over Danmark; Kortbladet Bogense. Danmarks geologiske Undersøgelse, I. Baekke No. 7. Kjøbenhavn. S. 45—58.

———————

Wenn man die deutsche Litteratur über Åsar prüft, ergiebt sich, dass die Åsar bei uns nicht nur Seltenheiten sind, sondern dass auch die Identität der als Åsar beschriebenen Bildungen mit den aus Schweden bekannten in den meisten, um nicht zu sagen in fast allen Fällen angezweifelt wird. Dies geschieht hauptsächlich, seitdem man die Durchragungen entdeckte, die topographisch wie geonomisch den Åsar sehr ähnlich werden können.

Um meinen Ausführungen aber eine Grundlage zu schaffen, unterzog ich die Litteratur über die klassischen Åsar Schwedens eingehenden Untersuchungen. Aus diesen stellte ich die allgemeinen Merkmale der Morphographie und des Aufbaues zusammen. Die Richtigkeit des so gewonnenen Bildes wurde durch die Beschreibungen der für typisch geltenden Åsar Finlands, Ehstlands, Kurlands, Livlands und Dänemarks bestätigt und vervollständigt. Ich muss allerdings gestehen, dass meine Untersuchungen an den vorpommerschen und rügenschen Åsar nicht ohne Einfluss auf die Zusammenstellung geblieben sind.

Um aber nicht den Zusammenhang der folgenden Diagnose durch eine Flut von Litteraturhinweisen zu stören, habe ich die in Betracht kommende Litteratur an den Kopf dieses Abschnittes gesetzt.

## Morphographie der Åsar.

Die Åsar (Wallberge) sind schmale, scharf markierte Geröllsandrücken der Grundmoränenlandschaft. Sie gleichen Festungswällen oder Eisenbahndämmen und sind bald kurz, bald erstrecken sie sich viele Meilen weit. In den meisten Fällen liegen sie in Tälern oder in kleinen seichten Talsenken.

Richtung der Åsar. Die Åsar haben eine der Haupteisbewegung im allgemeinen parallele Richtung. Sie folgen für gewöhnlich vollständig den Gletscherschrammen oder weichen, sich schlängelnd, nach beiden Seiten von einer Normallinie ab, die ungefähr mit der lokalen Schrammenrichtung zusammenfällt. Da sie rechtwinklig zu den Endmoränen liegen, scharen sie sich mitunter in dem Vereinigungspunkte zweier Bögen.

Form der Rücken. Der Kamm des Rückens ist schmal, bisweilen so schmal, dass er nur Raum giebt für einen Fusspfad, oder er ist abgeplattet und vermag einen grösseren oder kleineren Fahrweg zu tragen. Seine Seiten fallen oft steil ab nach Art eines Ziegenrückens. Oft aber verbreitert sich ihr Kamm, und der Rücken nimmt eine gleichmässige Rundung an. Mit der Vollkommenheit der Wölbung wächst die Breite des Hügels, sodass seine Gestalt einem Schafrücken ähnelt. Die scharfrückigen Åsar sehen gewöhnlich höher aus als die breitrückigen, doch beruht diese Erscheinung meistens auf einer Täuschung. Verringert sich aber der Seitenabfall bedeutend, so entstehen breite, flache Wälle, deren Kämme fast horizontal oder schwach sattelförmig gebogen sind. Dieser dritte Typus lässt sich mit einem Schweinerücken vergleichen. Neben diesen Hauptformen trifft man bei Nebenåsar oder auch bei Teilstücken vom Hauptås Formen, die nur flache Terrainwellen bilden, sodass nicht selten die eine Seite allmählich in der anstossenden Ebene verschwindet.

Die Böschungswinkel schwanken durchschnittlich zwischen 15⁰ und 20⁰, steigen oft auf 25⁰—30⁰ oder fallen auf 10⁰—15⁰; selten beobachtet man 35⁰—40⁰. Aber beide Flanken besitzen kaum gleichen Abfall, vielmehr ist eine steiler als die andere.

Höhe und Breite der Åsar. Die Höhe der Åsar steht mit der Rückenform in engem Zusammenhange. Je grösser der Böschungswinkel, desto höher ist meist der Rücken. Breitrückige Åsar sind jedoch nicht immer flach, sondern ihre Höhe übertrifft häufig die schmalrückigen. Bei typischen Åsar beträgt die Höhe ¹/₅ bis ¹/₃ der Breite und bei schmalrückigen wächst das Verhältnis unter Umständen bis 1 : 2,5.

Die relative Höhe scheint, jemehr man sich von Skandinavien, dem Nährgebiet des Gletschers, entfernt, abzunehmen. Dort sind die Hauptåsar meist 15—80 m hoch mit den Extremen von 50 m und 5—10 m, während bei uns oft nur Höhen von 2—5 m vorkommen, ohne dass die Form dabei etwas von ihrem Typus einbüsst.

Die absolute Höhe ist abhängig von der jeweiligen Lage über dem Meeresspiegel.

Rückenlinie der Åsar. Die Rückenlinie der Åskette, welche die Mittellinie der Åsrücken, projiziert auf die Horizontalebene, darstellt, ist selten gerade, sondern macht gewöhnlich mehr oder weniger stark schlangenartige Windungen, die bisweilen halbkreisförmige Bögen werden. Ihr sind kleine Serpentinen superponiert. Diese Biegungen folgen oft so dicht hintereinander, dass sie zickzackförmig verlaufen oder nach beiden Seiten bastionförmige Vorsprünge bilden. Die Schlängelung der Nebenlinie pflegt sanfter zu sein.

Höhenlinie der Åsrücken. Die Höhenlinie der Åsrücken, welche man durch Projektion der höchsten Punkte der Oberfläche auf die Vertikalebene erhält, fällt und steigt mit der Sohle seiner Umgebung. Aber auf horizontaler Unterlage läuft die Rückenlinie kaum länger als mehrere hundert Meter in gleicher Höhe, sondern in mehr oder weniger starken Wellen. Nicht selten sind die Buckel steil und folgen zickzackförmig aufeinander. Das Ås gleicht dann einer Linie dicht hintereinander aufgeworfener Maulwurfshügel. Ein anderes Mal schiesst aus einem sonst gleichförmigen Rücken ein Kegel empor.

Bei einigen Åsar kommt eine scheinbare Unterbrechung der Rückenlinie dadurch zustande, dass zwei beiderseits spitz auslaufende Buckel seitlich verschmelzen. Die Rückenlinie fällt dann nicht mit der Mittellinie des Ås zusammen.

Rückenlinie und Höhenlinie bedingen sich insofern gegenseitig, als das Maximum der Höhenänderung mit dem Maximum der Richtungsänderung zusammenfällt.

· Unterbrechungen des Ås. Das Ås besteht selten auf grössere Erstreckung hin aus einem einheitlichen Rücken, ist vielmehr · öfter unterbrochen. Unter Umständen misst das kontinuierliche Stück 30—40 km, aber in anderen Fällen sind die Lücken (Hiatus des Ås) so gross, dass man erst nach Eintragung in eine Karte den Zusammenhang wahrnimmt. Dann bildet das Ås bald lange und kurze, bald nur kurze Rücken, zwischen denen sich häufig runde oder längliche, einzeln oder in der Richtung der Rückenlinie reihenweise angeordnete Kuppen einschieben. Sie sind oft gross und unregelmässig, oft kegelförmig, nicht selten in Gruppen unregelmässig verstreut und durch zahlreiche Gruben und Schluchten[1]) getrennt. Zuweilen erscheinen sie auch nur als flache Erhöhungen mit vielen Gruben und Mulden.[2])

Bei Gabelung der Åsrücken in zwei oder mehrere kleinere, parallele Åsar vereinigen sich diese entweder gar nicht wieder oder erst nach längerem Laufe; denn dass zwei kürzere parallele Zweige wieder verschmelzen, ist nur ganz vereinzelt beobachtet; dafür schiebt sich häufiger ein Querrücken zwischen beide ein. Im ganzen erweisen sich die Åsar als unabhängig vom Relief, steigen bergab und bergauf bis zu den höchsten Gebieten und setzen quer über Täler und Seen weg. Dies geht soweit, dass selbst die Wasserscheiden kein Ende bedingen. Trotzdem wird im Speziellen, wenn auch nur mittelbar, ihre Lage beeinflusst von der Bodenkonfiguration und zwar in sofern, als ja überhaupt das Gefälle des Untergrundes die all-

---

1) Kamefelder (und Kameslandschaft).
2) Kesselfelder (pitted plains).

gemeine Bewegung des Inlandeises oder Höhen und Tiefen die besonderen Richtungen der einzelnen Teile bestimmten. Am typischten sind die Åsar auf wenig kupierten Ebenen oder Hochplateaus. Der Einfluss des Gefälles äussert sich in einem flach und gleichmässig geneigtem Gebiete in der geringen Zahl der Unterbrechungen. Die Rücken sind dann steil geböscht, Rücken und Höhenlinien ebenmässig, die Buckel treten weiter auseinander, und der durchschnittlich bedeutenden Höhe entspricht die Breite. Musste das Eis bergan steigen, wird die Gestalt der Åsar ungleichmässig. Die Rücken sind kurz, lösen sich öfter in Kuppen auf und die Buckel liegen dichter.

In stark kupiertem Terrain wird der Lauf unregelmässig und lückenhaft. Bei Übergang über eine kürzere Bodensenkung bleibt die absolute Höhe des Ås dieselbe, während die relative zunimmt. Neigt sich die Sohle an einem Bergabhang einseitig, dann sucht ebenfalls die Höhenlinie eine möglichst horizontale Lage einzunehmen, sodass der Rücken, nach oben auskeilend, sich verjüngt. Dabei schwindet mit seiner Mächtigkeit das typische Åsmaterial und wird am hochgelegenen Ende durch lehmigen Geschiebe- resp. Geröllsand ersetzt.

Åsar in Tälern. Die Åsar folgen meist nur den Tälern, deren Lauf mit den Schrammen ungefähr übereinstimmt. Bleibt die Wahl zwischen zwei Tälern, so wird dasjenige bevorzugt, welches am meisten mit der Bewegungsrichtung des Eises zusammenfällt, auch wenn es höher als das andere liegt. Ist ein Tal der Eisbewegung parallel, so befindet sich das Ås meist oben auf dem Talrande oder in dessen Nähe. In den Tälern liegen die Åsar bald auf der einen, bald auf der anderen Seite oder in der Mitte, dies besonders bei Erweiterungen. In diesen bilden sie, mögen sie sonst unregelmässiger gebaut sein, fast immer typische, jedoch meist kurze Rücken. Sie folgen den Biegungen der Täler, allerdings mit schärferen Krümmungen auf einem kürzeren Wege.

Beim Abstieg in ein Tal teilt sich ein Ås oft in mehrere (bis 6 sind beobachtet) parallele Züge, die an den Gehängen meilenweit fortlaufen. Legen diese sich ganz an die Talwände an, ohne ausgeprägte Rücken zu bilden, so fallen sie gegen die Mitte ab, wodurch mehrere übereinanderliegende Terrassen entstehen. Jedoch schliessen sich Åsterrassen und mediane Rücken keineswegs aus.

**Endigungen der Åsar.** Selten nur beginnt oder endigt ein Ås unvermittelt, oft erhebt es sich aus einem kiesigen, sumpfigen Felde oder einer Mulde.

Die Enden verlieren sich gern in Sandebenen und Rollsteinfeldern oder legen sich auf einen Drumlin oder einen anderen Geschiebehügel, an eine Durchragung älterer Bildungen, überhaupt an Hindernisse, die den Gletscherbächen im Wege waren. Daher sind die hügeligen Gegenden besonders für die Bildung von Åsar geeignet. Die Åsar beginnen unmittelbar am Kamme oder auf der Leeseite eines Bergrückens, der dem Eise eine steile Stossseite darbot.

Das eine oder andere Ende pflegt an der Endmoräne abzubrechen, indem es mit dieser verschmilzt oder sich in einer Moränenterrasse verliert. Eine sehr gewöhnliche Erscheinung ist dabei Auflösung in Kamekuppen vor oder in den Endmoränenbögen. Neben einer stark kupierten Landschaft begegnet man hier auch oft einem flachwelligen, stark grubigen Gelände oder Rollsteinfeldern. (In Schweden lassen sich die Hauptåsar der flacheren Gebiete rückwärts sogar bis zum schneebedeckten Hochgebirge, freilich zuletzt nur mittels unregelmässiger Schotterbildungen verfolgen.)

**Åsgruben.** Unter Åsgruben versteht man mehr oder weniger flache, kreisrunde, trichterförmige Vertiefungen, die auf dem Rücken, an den Seiten oder am Fusse des Ås liegen. Man findet sie vor allem an den Verbreiterungsstellen der Rücken, welche durch zwei oder mehr derartige reihenförmige Löcher scheinbar verdoppelt werden. Die Åsgruben wechseln in Gestalt, Grösse und Tiefe, bisweilen ist letztere bedeutend, und der Böschungswinkel steigt auf $30^0 - 35^0$; aber sie finden sich eigentlich nur an den Hauptåsar und kommen an den Nebenåsar in grösserer Zahl recht selten vor.

**Åsmulden.** Teilt sich der Åsrücken vorübergehend in mehrere Rücken, so liegen zwischen diesen bald flache Mulden,

bald tiefe Schluchten von verschiedener Gestalt, die ihrerseits
bisweilen wieder von Querrücken durchschnitten werden.
Auch an den Seiten und Endigungen der Rücken beobachtet
man beckenartige Vertiefungen. Die mit Wasser gefüllten
Åsmulden sind meist versumpft oder vertorft.

Åsgräben. Auf einer oder beiden Seiten wird das Ås
häufig von grabenartigen, bald schmalen, bald breiteren Vertiefungen, den Åsgräben begleitet. Teilweise dienen sie noch
Bächen oder Flüssen zum Lauf, schliessen bisweilen einen
Binnensee ein oder erweitern sich zu Ausfüllungsseen
resp. Beckenseen und Mooren, wenn sie Åsmulden berühren. Nicht selten benutzt ein solcher Graben eine Lücke,
um von der einen Seite des Rückens auf die andere hinüber-
zutreten und sich dann dort fortzusetzen.

Begleitende Geröllsandbildungen. Ebenso ziehen
sich auf einer oder beiden Seiten der Åsar Geröllsandbildungen
hin, deren Material für gewöhnlich weniger abgerollt und
lehmig ist. Ihr Landschaftsbild ist unruhig, grubig oder
unregelmässig wulstig und kuppig; ausserdem laufen regelmässig gebaute flache Kuppen, kurze Rücken und steil ge-
böschte Wälle in einer oder mehreren Reihen dem Ås
parallel. Bei vertiefter Åszone legen sich diese Wälle als
mehr oder weniger gut ausgebildete Terrassen an die Seitenböschung und werden von dem Ås durch Mulden resp. durch
tiefe Schluchten und durch Åsgräben getrennt. Fehlen solche,
so treten sie oft dicht an den Åsrücken heran und erscheinen
als Auswüchse desselben.

Nebenåsar. Wie dem Fluss Nebenflüsse, so können
dem Hauptzuge seitliche, kleinere angefügt sein. Diese Nebenåsar (Biåsar), welche stellenweise dem Hauptås in der Länge
nicht nachstehen, zweigen sich unter spitzem Winkel, gegen
N divergierend ab. An der Vereinigungsstelle sehen wir oft
eine Lücke. Wenn aber beide ineinander übergehen, findet
sich eine solche etwas weiter unterhalb, seltener oberhalb und
zwar entweder beim Haupt- oder beim Nebenås, wie denn
überhaupt gerade die Strecken in der Nähe des Zusammen-
treffens zu Unterbrechungen neigen.

Wenn auch beide sich mitunter kaum unterscheiden, ja gelegentlich am Vereinigungspunkte die Nebenåsar sogar mächtiger ausgebildet sind, besitzen doch die Hauptåsar einen verhältnismässig weniger unterbrochenen Zusammenhang, im allgemeinen grossartigere Dimensionen, gleichmässigere Höhe und vor allem die Eigenschaft, unabhängig von den zustossen- den Nebenåsar ihren Weg lange Strecken fortzusetzen, ohne — soweit sich konstatieren liess — selbst zu Nebenåsar zu werden.

Auch sind letztere sowohl in der Höhe, als auch in der Erstreckung vielen Veränderungen unterworfen. Manche Nebenåsar treten nur in kurzen Rücken und Hügeln auf oder sind selbst bei grösserem Zusammenhange ziemlich unansehnlich, sodass sie sich manchmal nur undeutlich aus dem Grund- moränengelände herausheben. Ihre Hauptentfaltung scheint sich auf grosse flache Becken und die Küstenabdachung, d. h. auf Gebiete mit einem der Eisbewegung gleichsinnigen Gefälle zu beschränken.

### Stratigraphie der Åsar.

Selbstverständlich ist der Schichtenaufbau der Åsar ausser- ordentlich mannigfaltig, da für den Gletscherfluss, ihrem Er- zeuger, die Bedingungen des Schottertransportes wechselten, indem er bald nur Sand, bald bedeutende Steinmassen ver- frachtete, je nach der Stromstärke oder nach dem zur Ver- fügung stehenden Material. Auch spielt die Zeit eine Rolle, weil wiederholte Bearbeitung und Umlagerung des Moränen- glacials durch weniger bewegtes Wasser die Wirkungen kurz dauernder, kräftiger Strömung ersetzen können. Je länger der Wassertransport anhält, desto vollständiger wird die Sortierung des Materials und desto schärfer die Trennungsfuge zwischen grob und fein. Bei starker Strömung wird das Maximum der Sonderung eher erreicht, als bei schwacher.

Mit anderen Worten, die Schichtung geht durch an- dauernde Wasserbearbeitung in Bankung über, Sande mit innerer diskordanter Parallelschichtung lagern anderen parallel oder werden durch einheitlich parallel geschichtete Sandlagen

12*

getrennt, anderseits wechsellagern Sandbänke mit Grand- und Kiesbänken, wobei ihre Schichtflächen diesen parallel laufen. Die Bildung konkordanter Fugen zwischen den Geröllsand-bänken mag auf gleichmässige, jedoch langandauernde Ein-wirkung langsam fliessender Schmelzwasser zurückgeführt werden. Die innere Diskordanz wäre dem wechselnden Wellenschwall zuzuschreiben, der durch die rückläufige Strömung infolge des Widerstandes an der transportierten Schottermasse entstand. Stark rollende und unstetige Wasserbewegung erzeugt immer kürzer auskeilende, durchgreifend diskordante Bankung, welche im Querschnitt besonders kurze, gedrungene, in der Strom-richtung ziemlich lang auslaufende Lagen liefert und die innere Schichtung zerstört.

Reichliche Mengen von Inglacial, geringe Strömung oder in unmerklichen Pausen stossweise schnell und heftig fliessende Wasser bewirken undeutliche oder ungeschichtete Lagerung. Doch dürften im ersten Falle die Schotter zu flachen, im zweiten mehr zu kuppigen Anhäufungen aufge-schüttet werden.

Die Hauptmasse der Åsar kann daher aus geschichteten, wie ungeschichteten Geröllglacial bestehen. Ein weiteres fast nie fehlendes Element ist das Geschiebeglacial. In seiner sandigen Ausbildung als Geschiebesand und -kies bedeckt es das Geröll. Da aber die Åsar von Strömen innerhalb des Inlandeises gebildet wurden, gesellt sich gelegentlich die lehmige Facies des Inglacials und das Subglacial hinzu. Störungen erfährt der Bau der Åsar durch die Reibung des aufsitzenden fliessenden Eises oder durch Emporpressen der Geröllmassen in die tunnelähnlichen Kanäle der Gletscher-bäche. Selbst subglaciale Mergel werden von unten in solche Eisgewölbe eingepresst oder, wie schon P. Krusch[1]) hervor-hob, es können unterdiluviale Ablagerungen vielleicht sattelförmig aufgebogen werden.

Deshalb lässt sich von den eigentlichen, den Geröllåsar. wenn die Grundmoräne sich am Aufbau merklich beteiligt,

---

1) Zeitschrift d. deutsch. geol. Ges. Bd. 51, 1899, S. 24.

ein zweiter Typus die „Gemengeåsar" abtrennen. Findet aber eine Aufstauchung älterer Bildungen durch Eisdruck statt, so erhält man als dritten Typus die Stauåsar[1]). Das Material der Geröllåsar ist rein supramorän; in den Gemengeåsar müssen ausserdem intramoräne Massen vorkommen, während in den Stauåsar neben beiden Bildungen inframoräne Ablagerungen aller Art vorhanden sind.

Unterteuft werden die Åsar entweder von älterem anstehenden Gestein oder vom subglacialen Geschiebemergel, welcher auch durch seine fluviatilen Umlagerungsprodukte vertreten sein kann. Diese sind Geröll- oder Geschiebegrande und -sande, die nach unten hin fast mehlartig und schluffig oder tonig, resp. lehmig werden. Dieser Schwemmsand ist gewöhnlich grau bis blaugrau und führt manchmal Bänkchen oder Lagen von Ton.

### Der Bau der Geröllåsar.

Dem Geröllglacial fehlt das feinere, mehlige Zwischenmittel, sodass die Sand-, Kies- und Grandmassen lose gepackt sind. Das Material ist deutlich gerundet und zwar entsprechend der Härte des Gesteins. Die Rollblöcke haben matte Reibflächen und entbehren der Schrammen; ihre Grösse steigt bis zu mehreren Kubikfuss. Die kleineren Gerölle sind unebenmässig kugelig oder oblong; selbst eine beiderseitige schwache Abplattung ist beobachtet, die jedoch nie so allgemein auftritt, wie bei echten Flussschottern. Die oblongen und abgeplatteten Rollsteine liegen meist mit ihrer Längsachse in der Richtung des Åsrückens. Bei nicht wenigen Åsar fehlt in der Geröllsandmasse auf grösseren und kleineren Strecken jegliche Schichtung oder ist jedenfalls unbedeutend und tritt nur in den hangenden Teilen auf. Weitaus die meisten besitzen jedoch eine vorzügliche Schichtung des Materials, sei dies als Sande, Grande, Kiese, sei es als eigentlicher Geröllsand, d. h. einer Mischung dieser drei Korngrössen. Meist ist die Schichtung diskordant, nur selten ebenmässig und

---

1) M. Schmidt: Über Wallberge auf Blatt Naugard (Jahrb. d. Kgl. Preuss. geol. Landesanst. f. 1900, Berlin 1901, S. 92.

parallel. Sobald die parallelen Sand- oder Grandschichten eine gewisse Stärke erreichen, macht sich innere Diskordanz mit Parallelstruktur bemerkbar. Mit wachsender Korngrösse nimmt die Schärfe der Schichtung ab, welche bei grobem Kies ganz verschwindet. Treten dann gleichzeitig die sandigen und grandigen Beimengungen vollständig zurück, so erhalten wir eine Packung von Kugeln mit leeren Zwischen räumen. Diese Schichtung könnte als diakene*) bezeichnet werden. Die diakenen Schichten sind meist regellos gebaut, doch bilden bisweilen die grössten Gerölle den Kern. Bald handelt es sich nur um Linsen in einer Kies bank, bald um selbständige Lagen. Wenn diakene mit normalen Kiesschichten wechsellagern, beobachtet man im Querschnitt meist eine schalige, im Längsschnitt parallele Sonderung nach der Grösse. Ferner werden die Geröllagen oft durch nur wenige Millimeter starke Grand-, resp. Sandlagen getrennt, mit deren Vermehrung die Schärfe der Trennungsfuge zwischen Kies und Sand abnimmt.

### Lagerung des Geröllmaterials.

Die Lagerung ist, wie oben gesagt, entweder konkordant oder diskordant. Im Längsprofil konkordante Schichten treten weniger gut hervor. Im Querprofil lagern Grand- und Kies bänke oft parallel übereinander. Sie durchqueren dabei den ganzen Rücken und setzen an den Seiten scharf ab oder be schreiben bei antiklinaler Lagerung konzentrische Bögen. Im Längsprofil müssen diese scheinbar parallelen Bänke über kurz oder lang auskeilen; doch brechen sie nicht selten plötzlich ab oder erfahren fächerförmige Auflösung.

Die diskordant gelagerten Bänke unterscheiden sich von jenen nur dadurch, dass sie im Quer- und Längsprofil bald kürzer, bald länger spitzwinklig ineinandergreifen, d. h. sie wechseln nicht nur nicht mit anders struierten über- und unterlagernden, sondern auch mit nebenliegenden Bänken ab. Es lassen sich nun folgende für Längs- und Quer schnitt charakteristischen Typen aufstellen; fürs Querprofil:

---

*) δια-κένος = dazwischen leer.

1. horizontale Lagerung, 2. einseitig geneigte, schwach bis steile (30°), 3. antiklinale, 4. schwach synklinale, 5. eine aus den vorigen zwei oder mehrfach kombinierte, 6. richtungslose.

Im Längsprofil hingegen zeigen die Hauptlinien streckenweise horizontalen Verlauf oder sonst gebogene bis stark geschweifte Wellen. Die Wellenberge sind gewöhnlich nicht gleichmässig, sondern meist auf den der Stromrichtung abgewandten Seiten steiler gebőscht. Bisweilen rücken die Sättel so dicht aufeinander, dass für eine Mulde kaum Platz bleibt. Da aber bei dieser gedrängten Ausbildung auch das Åsmaterial verschieden ist, d. h. in der Mulde oft sandiger, als im Sattel, so erscheinen die Wellenkämme als die Hauptmasse oder die Kerne des Åsrückens. Um die Åskerne (oder Åszentren) legt sich die Åshülle, welche aber den Åsar mit schwachwelliger Lagerung nahezu ganz fehlt.

In normalem Geröllsand oder in einem Grand mit wenig Geröll pflegt die Wellung sanft und gleichmässig zu sein. Mit zunehmender Sortierung nach der Korngrősse wächst die Amplitude der Welle.

Trotzdem nun bei sehr grobem Geröllmaterial die Lagerung stark antiklinal wird, tritt unter denselben Verhältnissen in seltenen Fällen auch horizontale Lagerung auf.

Zwischen Längs- und Querprofil gelten folgende Beziehungen. Zeigt das Längsprofil stark sattelförmige Lagerung, tut dies das Querprofil auch. Herrscht bei grobem Geröllkies im Längsprofil annähernd horizontale Bankung, beobachtet man im Querprofil eine Antiklinale.

Die Verteilung des groben und feinen Schuttes ist im Quer- und Längsprofil sehr verschieden. Abgesehen davon, das die Åshülle sowohl aus ungeschichteten, als auch geschichteten Geröllsanden, aus Granden, Sanden und selbst tonigen Sanden sich zusammensetzt, besteht die Åsmasse bald ganz aus geschichteten Granden und Kiesen, bald unten aus Grand und Sand und oben aus Kies, bald umgekehrt. Häufig jedoch wechseln Kies- und Sandbänke regellos. In anderen Fällen nehmen geschichtete Bildungen die Mitte der Åskerne ein, ungeschichtete die Schale, oder die eine Seite wird aus geschichteten, die andere aus ungeschichteten Massen gebildet. Am geringsten sind die Unterschiede in den Åsar mit stark vorwaltenden sandig-grandigen Elementen, so dass ihr Bau eintönig wird und höchstens durch Schnüre von Kies etwas Abwechselung erhält.

Mitten im Geröll stösst man bisweilen auf eine Scholle von Geschiebelehm; andererseits erfahren Kiesschichten eine so starke Lehmanreicherung, dass sie als Geröllehm bezeichnet werden müssen. Letzerer kann in allen Teilen des Ås gelegentlich auftreten, doch findet er sich vorwiegend im Liegenden und Hangenden des normalen Geröllsandes. Bildet er aber die Decklage, so geht er vielfach in gewöhnlichen, lehmigen Geschiebekies oder -sand über. In parallel geschichteten Sanden findet man bisweilen sowohl feine Schluffsande, als auch Schnüre und kleine Bänke von Ton.

### Gemengeåsar.

Schichtungs- und Lagerungsverhältnisse der Geröllsande sind in den Gemengeåsar im wesentlichen dieselben, wie bei den eben besprochenen. Es unterscheidet sich dieser zweite Typus nicht allein durch das Vorkommen von Geschiebemergel als Ein-, Auf- und Anlagerung von dem ersten, sondern auch durch das Auftreten von Störungen in dem intramoränen Geröllsande.

Der Geschiebemergel überzieht nicht selten als eine dünne oder dickere Decke den Rücken oder die Seiten des Ås. Vollständige, schalenartige Umhüllung ist eine Ausnahme; für gewöhnlich keilt der Mergel in der Längsrichtung der Rücken schnell aus, sodass das Geröllmaterial wieder hervortritt. Meist stellt er eine langgestreckte Linse dar, die dem Kamm aufgelagert ist, im Querprofil kurz und gedrungen, etwas bauchig aufgetrieben erscheint, während ihre spitz auskeilenden Ränder oft geschweift sind. Diese schmiegen sich entweder beide der Hügelkontur an oder werden einseitig von Geröllsanden bedeckt. Angelagerter Geschiebemergel steigt aus der anstossenden Grundmoränenebene die Böschung bald nur teilweise, bald bis zur Spitze hinauf und dringt stellenweise von der Seite her mitten in die Kiesmassen hinein. Die Geröllsande lagern dann intramorän, zum Teil ausserdem noch supramorän.

Wird das Mittelstück innerhalb des Åsrückens von Mergel
gebildet, kann dieser entweder der Rest eines älteren Hügels,
z. B. eines Drumlins sein, der den Geröllsanden als Ansatzpunkt
diente, oder er ist später von unten durch den Eisdruck eingepresst. Im letzten Falle macht sich gar nicht selten im
Mergel Druckschieferung bemerkbar, und zwar laufen die Gleit-
flächen seiner Begrenzungsebene parallel, sodass scheinbar ein in
der Längsachse streichender Sattel zustande kommt. Im Querschnitt sieht dieser Mergelkern keilförmig aus und bildet im
Ås einen Rücken oder Grat, der nie lang wird, sondern sich
oft mit dem Wellenberge des Åskernes abflacht.

Durch die Auf- und Anlagerung von Grundmoräne werden
die Kies- und Grandbänke aufgestaucht, verquetscht oder zusammengeschoben, was bis zur Steilstellung, Überkippung und
Zertrümmerung der Schichten sich steigert. Zahlreiche kleine
Verwerfungen durchsetzen im letzten Falle das Ås. Ungeachtet
selbst einer mächtigen Mergelbedeckung kann an anderen
Stellen jegliche Störung fehlen.

### Stauåsar.

In den Stauåsar herrschen die durch den Eisdruck aufgepressten Elemente gegenüber den fluvioglacialen bei weitem
vor. Ablagerung von supramoränen Geröllsanden kann streckenweise fehlen, und oft sind die Erosionserscheinungen an den
Seiten dieser Wallberge die einzigen Anzeichen für die Existenz
eines Gletscherstromes.

Meist gehört das gestauchte Material dem unteren Diluvium
an. Geschiebemergel, Sande, Grande, Kiese, Tone und Mergelsande sind beobachtet. Hinzu kommen oft Geröllsandmassen,
die den oberen Geschiebemergel überlagern. Diese Bildungen
sind aufgewölbt oder einseitig bis zur Senkrechtstellung unter
Entstehung zahlreicher Verwerfungen aufgerichtet. Dieselben
Stauchungserscheinungen finden sich in den intramoränen Geröllsanden des Stauås. Im unteren Geschiebemergel tritt dann
bisweilen eine Druckschieferung auf, die der Böschung der
unterlagernden Masse parallel läuft. Die obere Grundmoräne
ist entweder ein- oder zweiseitig, wie bei den Staumoränen,

dem Unterdiluvium angelagert. Sie ist jedoch oft wie dieses, mehr oder weniger stark erodiert.

Die Stauåsar bestehen jedoch nicht immer nur aus inframoränem Material, sondern ein Teil der Åsmasse, sogar der weitaus grössere, kann sich aus Geröllsanden mit der für Geröllåsar typischen Schichtung und Lagerung aufbauen. Bei einseitigen Aufstauchungen begegnet man einer seitlichen Anlagerung oder einer Überlagerung von supramoränen Geröllbildungen, wobei die angelagerten Bänke sogar 30⁰—40⁰ geneigt sein können. Die hangenden Schichten nehmen dabei gern die für das Querprofil der Geröllåsar charakteristische horizontale Stellung ein.

Zwischen der unteren gestauchten und der oberen fluviatil sedimentierten Serie existiert immer eine scharfdiskordante Schichtenfuge, die auch deutlich ist, wenn eine Zwischenlagerung von Grundmoräne fehlt. Auflagernder Geschiebemergel bildet in der Längsrichtung der Rücken ausgezogene und auskeilende Schollen.

Decklage der Åsar. Häufig entbehren alle drei Typen der Åsar einer besonderen, von der Hauptmasse des Ås verschiedenen Decklage. Ist sie vorhanden, so besteht sie entweder aus Geschiebe- oder Schwemmsand. Während jener durch direkte Ausschmelzung auf dem Åsrücken niedersinkt und ungeschichtet ist, werden die Schwemmsande von den extraglacialen Gletscherflüssen hauptsächlich am Fusse der Åsar und an den unteren Teilen ihrer Flanken mit oder ohne Schichtung abgelagert. Sie erfüllen daher die Åsgräben oder Mulden und werden ab und zu von dünnen Tonschichten durchzogen. Der Geschiebesand ruht auf einer sehr unregelmässigen Fläche, greift oft zapfen- oder trichterförmig in das Geröllglacial ein, verleiht aber durch seine ausgleichenden Wirkungen dem Rücken seine gerundeten Formen und ist ausserdem der Träger der Geschiebeblöcke, die in bald grösserer, bald geringerer Zahl alle Åsar krönen. Hin und wieder ist er auch bei den Geröllåsar lehmig und geht selbst in sandigen Mergel (Inglacial) über, so dass diese Åsar ein Bindeglied zu den Gemengeåsar darstellen.

## Die Åsar Vorpommerns, sowie des angrenzenden Gebietes von Mecklenburg.

In unserem Gebiete waren 9 Åsar zu beobachten. Nördlich vom pommerschen Grenztale liegt das Ås von Kirch-Baggendorf, südlich trifft man 5, nämlich diejenigen von Gatschow-Stavenhagen-Varchentin, von Borrenthin, von Gnoien-Thürkow-Reinshagen, von Laage-Wallendorf und von Penzlin-Mölln, sowie im Gebiete westlich der Ucker das Hammelstall-Wilsickower Ås. Auf Rügen befindet sich bei Garz und Zirkow je ein Geröllås.

Dieselben lassen sich durch Linien zwanglos zu 4 von NO nach SW laufenden Zügen gruppieren. Da die Hauptströmung des Inlandeises in der gleichen Richtung erfolgte, darf man sogar behaupten, dass drei Åszonen genetisch miteinander verknüpft sind. Grössere Unterbrechungen der Åsar liegen nur dort, wo infolge von fluvioglacialer Erosion die Gletscherströme keine Ablagerungen hinterliessen. In diesen Gebieten finden die Åsgräben oft ihre Fortsetzung in nicht unbedeutenden Quertälern, in Rinnen, in Überfliesstälern und in NO—SW orientierten Depressionen. Den Gesamtzusammenhang kann man sich folgendermassen denken.

Zwischen dem Gnoien-Thürkow-Reinshäger und der Bergen-Gustower Åszone auf Rügen stellt das Kirch-Baggendorfer die Verbindung her. Das Gnoiener endet bei Bobbin in einigen Kamekuppen, das Baggendorfer Ås löst sich in Kames auf und in der Bergen-Gustower Åszone liegen bei Garz ein Ås und Kames, wie auch bei Bergen und Gustow mehrere in der NO—SW-Richtung gestreckte Reihen von Kames auftreten. Vom Gnoiener Ås zweigt sich bei Gr. Methling ein Nebenås ab, das auf die Kames von Kl. Rakow, weiter gegen NO auf die in der Gegend zwischen Jager und Jeeser, sowie auf die Kames südlich der Granitz auf Rügen hinweist. In der Verlängerung des Gatschow-Varchentiner Ås liegen die Kames bei Leistenow, sowie Zarrentin-Pustow und die zwischen Lubmin und Latzow. Zu einer Abzweigung, die wie beim Gnoiener Ås nach Osten hin stattfindet, gehören die Kames zwischen Roidin und Hohenmocker und die bei Hohendorf. Auf das Gatschower Ås zugerichtet und scheinbar zu ihm gehörig ist das Penzliner. Das Spiegelberg-Wilsickower verschwindet zwischen Hammelstall und Spiegelberg in einer der Zwischen-endmoräne von Jatznick-Friedland vorgelagerten Moränen-terrasse. Die zahlreichen Kieskuppen und geschichteten Blockpackungen in diesem Teile der Endmoräne weisen aber darauf hin, dass die Tätigkeit der Gletscherwasser auch während des Stillstandes des Eisrandes fortdauerte. In der vierten Åszone, die von Laage in Mecklenburg bis nach Wittow auf Rügen reicht, liegen ein Ås bei Laage, Kames bei Lübchin und Richtenberg und ein Rollsteinfeld bei Rekentin.

Über die Beziehungen des Tal- und Rinnensystems zu den Åsar wird im 2. Teile berichtet werden.

### 1. Das Kirch-Baggendorfer Ås.

Das nur 1560 m lange Baggendorfer Geröllås liegt nahe dem O-Rande des Trebeltales. Es beginnt mitten im Kirch-dorfe, indem sich sein SW-Ende auf eine der Geschiebewellen legt, die sich von dort in einem Bogen um Wendisch-Baggen-dorf, die Chaussee nach Tribsees und Demmin schneidend, nach Strehlow hinziehen. Von Kirch-Baggendorf läuft es ohne Unterbrechung von SW nach NO auf Bassin zu, um unmerklich in Kames überzugehen.

Der Rücken hat 8 mehr oder weniger flache Buckel (Taf. 4), die je einer kleinen Ausbiegung entsprechen, sodass der Verlauf geschlängelt erscheint. Stellenweise sieht man, dass sich die Buckel nicht direkt hintereinanderreihen, sondern sich etwas seitlich aneinanderfügen. Von bestimmter Seite aus gesehen, erscheint solch ein Buckel als abgesetzte Kuppe (Taf. 4 unten links). Das Ås ist der 15—16 m ü. M. liegenden Grundmoränenebene als ein scharfer, ca. 4,5—6 m breiter und 3,5—5 m hoher Wall aufgesetzt; Åsgräben fehlen. Trotzdem stellenweise die Oberfläche des Rückens ein pockennarbiges Aussehen hat, dürfen wir von Åsgruben nicht sprechen, weil das Graben nach Kies den Rücken stark verändert hat. Während auf der SO-Seite die Geschiebelehmebene bis an den Fuss des Rückens reicht, liegt auf der NW-Seite über ihr eine Geröllsanddecke, die in sanfter Neigung in flachen Wellen zum Trebeltale abfällt.

Die Böschung des Rückens beträgt auf der NW-Seite im Maximum 25—29°, auf der SO-Flanke 16—20°. Der Rücken weist im Querschnitt eine fast halbkreisförmige Rundung auf und ist meist auf dem Kamm nicht abgeplattet (gehört also zu dem Formtypus 2). Durch die gleichmässigen Krümmungen und die wohlgerundete Gestalt gewinnt man den Eindruck eines formvollendeten Wallberges.

Das Baggendorfer Ås gehört zum Typus der Gemengesar. Die Hauptmasse des Rückens ist ein bald grober, bald feiner Kies und Grand. Die Unterlage bildet Geschiebemergel. An einigen Stellen wird er durch feinen Sand, seltener Grand vertreten; dort muss der Mergel entweder erodiert oder tiefer unter der Sohle zu suchen sein, aber die anstossende Grundmoränenebene setzt ohne bedeutendere Störungen unter den Rücken durch. Dem unterteufenden Geschiebemergel ist an vielen Stellen aufgelagert eine meist nur wenig mächtige Lage eines feinen, schluffigen, grauen Sandes, der nach unten in einen blaugrauen, sandigen Ton übergeht. Auf dem Boden mehrerer Gruben lag derselbe zutage oder konnte unter den Sandschichten erbohrt werden. Der söhlige Mergel ist nicht immer horizontal, sondern bildet bisweilen einen kurzen, in der Richtung des Ås gestreckten Rücken resp. niedrigen Kamm. Im Querschnitt (Taf. 1 No. 4, dazu Taf. 2 No. 4) sieht man einen Sattel mit stellenweise druckgeschichteten Bänken in antiklinaler Lagerung.

Im Querprofil sind die Sättel der Kies- und Sandmassen recht deutlich, bei bald grösserer (bis 25°), bald geringerer Neigung der Schenkel. Der Bau ist im ersten Falle ein schaliger, indem die Bänke erst an der Sohle auskeilen, in anderen umfassen die hangenden Bänke die liegenden nicht mehr vollständig, sondern streichen schon an den Flanken des Rückens aus. Die Kiesbänke kommen sowohl langgestreckt quer durch den ganzen Rücken, als auch kurz auskeilend vor.

Das Längsprofil weist in den einzelnen Teilstücken wechselnde Beschaffenheit des Åsmaterials und der Lagerung auf. Die Buckel enthalten durchweg gröberes Material als die zwischenliegenden Partien; nur in einem wurden Sande und Grande beobachtet. Kies über Granden oder Mergel macht den Kern des Rückens aus, ist antiklinal gelagert und hat eine obere wellenförmige Begrenzungslinie. In dem Buckel No. 5 (Taf. 2) erreicht der Wellenberg die grösste Höhe bei einer Neigung von 20⁰ nach NO und 25⁰ nach SW. Während die Kiesmasse in diesem einen ziemlich einheitlichen Sattel bildet, sind in den Åskernen No. 4 und No. 3 die Kiesbänke durch Grand- und Sandlagen getrennt und zwar wechsellagern diese beiden in No. 3 (Taf. 1) mit dem Kiese gleichmässig, erscheinen aber in No. 4 (Taf. 2) als ein doppelter durch Sand und sandigen Ton getrennter Komplex.

Die diskordant struierten Sande der Åshülle lagern in parallelen Bänken, oder die ganze Masse zeigt Diskordanz mit und ohne Parallelstruktur (Taf. 2 mittleres Profil und No. 5). An anderer Stelle sind die Sande garnicht geschichtet, oder eine Schichtung ist durch schlierige, gewundene, kurze Bänkchen angedeutet.

Aussen kommt entweder das Åsmaterial in wenig veränderter Form an der Oberfläche hervor, oder ein geschichteter Geschiebesand oder -kies bildet die Decklage. An zwei Stellen ist den oberen Teilen des Rückens eine Blockpackung eingeschaltet. In dem Buckel No. 3 (Taf. 1) besteht sie aus wirr durcheinander liegenden Geschieben, deren Dimensionen ³/₄ m Durchmesser kaum überschreiten (Taf. 5). Schliffflächen und Schrammen sind mitunter recht deutlich; das Zwischenmittel ist sandig und an der S-Seite wird es lehmig mit mehr oder weniger deutlicher Schichtung. Nach SW bricht die Packung schnell ab, während sie nach NO langsam und erst mit dem Ende des Buckels auskeilt, wobei sie Sanden Platz macht, die nach unten zu lehmig werden und schliesslich in Geschiebelehm übergehen. Im Querprofil reicht diese erste Blockpackung an der NW-Seite etwas tiefer, als an der entgegengesetzten, wo das Geschiebematerial reichlich mit Lehm durchsetzt ist. Die andere liegt im Buckel No. 6 (Taf. 3) und tritt, von Geschiebemergel und teilweise lehmigen Geschiebesanden bedeckt, auf dem Kamm des Rückens nicht hervor. In dem ungeschichteten bis $2^1/_2$ m mächtigen Geschiebekies, der aus vielen bis doppelt faustgrossen Steinen besteht, sind zahlreiche, mächtige Blöcke, manche von fast 2 m Durchmesser, eingebettet (Taf. 4 oben). Der Blockkies ist in seinen südwestlichen Teilen sandig, in den nordöstlichen lehmig und wird nach dem Hangenden durchweg etwas lehmig.

Ausser an der Sohle des Ås kommt Geschiebemergel auf dem Rücken vor und mehrfach an der SO-Flanke, an welcher (Taf. 1) er gleichmässig in die Grundmoränenebene übergeht. Der aufgelagerte Geschiebelehm neigt auch etwas mehr nach der SO-Seite der Rücken hinüber, während der an der nordwestlichen bisweilen sogar noch von Sand- und Kiesschichten überlagert wird. Im Querschnitt gleicht seine Gestalt einer durchschnittenen ungleichmässigen, etwas ausgeschweiften Linse.

An den seitlich in die Kieslager eingreifenden Mergel schliesst sich gern ein toniger Sand, ja selbst ein braunroter fetter Ton an (Taf. 1 No. 4), der vor allem in den Mulden vor den Kieskuppen zum Absatz gelangt ist (Taf. 2 No. 5). Da der Ton mit den Sanden der Åshülle durch allmähliche Übergänge verbunden ist, repräsentiert er ohne Zweifel ein Ausschlämmungsprodukt des einragenden Mergels. Mit der Auflagerung von Geschiebelehm sind Stauchungen der Sand- und Kiesbänke Hand in Hand gegangen. Der Mergel selbst ist druckschiefrig derart, dass (Taf. 3 No. 6) die ca. 2—3 cm dicken Bänke in der Längsrichtung des Rückens streichen und wie ihre Auflagerungsfläche auf die Grande fallen. Dieser subglaciale, 60 cm mächtige Geschiebemergel wird von einer ca. 50 cm dicken inglacialen Lage bedeckt. Zwischen beide schiebt sich eine nach SW auskeilende, bis 10 cm starke Lamelle von Sand ein, welche bis auf den Kamm reicht, wo sie als teilweise geschichteter Geschiebesand schalig den Buckel umgibt. Lokal geht dieser Sand in einen braunroten, etwas geschichteten, mitunter sandigen Ton und durch diesen in den schiefrigen bis blättrigen Deckmergel über. Dieser hat ebenfalls eine zu den Flanken des Rückens senkrechte Druck- wirkung erfahren, wie auch im SW seine hangenden Kiese und Grande, im NO seine liegenden Sande verstaucht, resp. von kleinen Verwerfungen durchzogen sind (Taf. 3 oben und unten links).

Dass die Geröllsande des Baggendorfer Ås supra- und intraglacial sind, ergibt sich aus den Lagerungsverhältnissen. Zunächst unterlagert oberer Geschiebemergel den Åsrücken; dann gehen diese nach der NW-Seite gleichmässig in die Sande der anstossenden Ebene über, welche den Geschiebe- mergel überlagern. Da aber der SO-Flanke auch Geschiebe- mergel anliegt, wäre ein Teil des Materials als intramorän aufzufassen. Die Hauptkiesmasse wird nicht vom Mergel bedeckt, ist daher supramorän. Dass aber die Auf- und Anlagerung von Grundmoräne während der Aufschüttung durch den Gletscherfluss erfolgte, geht aus der Aufstauchung der Kiese durch einen nach SW gerichteten Schub und lokale Überlagerung des Mergels durch andere Kiesmassen hervor. Im letzten Falle schliesst sich an den Mergel mitten im Rücken Ton, der sich sowohl an den Böschungen der Åszentren, als auch in den Mulden ablagerte. Eine Staumoräne ist der Baggendorfer Wallberg also nicht, zumal alle Stauchungs- erscheinungen auf einen in der Längsrichtung des Rückens wirkenden Eisdruck zurückzuführen sind.

### 2. Das Gatschow-Stavenhagen-Varchentiner Ås.

Dies zweite ca. 71 km lange Ås läuft von Neu-Gatschow über Stavenhagen bis südlich Varchentin. Die Teilstrecke Gatschow-Stavenhagen ist mit Ausnahme des nördlichsten Stückes vom Auegraben begleitet, dessen Tal sich von N nach S ver- breitert, bei Gehmkow aber eine schmale Rinne mit steilen Rändern darstellt. Während das südliche Stück ganz im Tale liegt, ist die Umgebung des nördlichen entweder gar- nicht oder nur so schwach muldenartig gestaltet, dass man in seiner Nähe die Vertiefung nicht bemerkt und erst in grösserer Entfernung den gegenüberliegenden Muldenrand

erkennt. Das Ås überragt hier durchschnittlich die Grundmoränenebene bis zu 10 m, während es südlich von Lindenberg meist niedriger, seltener ebenso hoch wie die Talränder
ist. Das nördliche Ende verschwindet in der zwischen Buschmühl und Leistenow liegenden Kameslandschaft.

Das Ås besteht aus einer Kette von kurzen Rücken und
von Kuppen. Stellenweise schiebt sich ein Kamefeld ein.
Der längste Rücken (ca. 1³/₄ km) ist der nördlichste, welcher
in einem nach O geöffneten Bogen von Gatschow nach S zum
Auegraben zieht. Bei der Einmündung des Zechgrabens teilt
sich das Ås in zwei Rücken, zwischen welchen der Auegraben
hindurchfliesst. Bei der Ganschendorfer Mühle (Ruine)
durchbricht der Auegraben und der hier zu ihm stossende,
vom Schwarzen See kommende Bach mit scharfer Biegung
nach W beide Rücken, sodass ein sehr zerrissenes Terrain
entsteht. Die zahlreichen Schluchten und gewundenen Rücken
verleihen der Landschaft ein charakteristisches, der Kameslandschaft ähnelndes Gepräge. Nach ca. 1 km Lauf vereinigen
sich die Parallelrücken in einer kamefeldartig verbreiterten
Partie, nachdem ein dritter, kurzer Rücken jenseits des Auegraben ssie eine Strecke begleitet hat. Der südöstliche der beiden
Åsrücken ist der höhere (45—50 m ü. M.). Er überragt seine
Umgebung um 9—15 m und den eiugesenkten Auegraben um
weitere 3 m, hat auf der NW-Seite eine Böschung von 35⁰ und
auf der südöstlichen von 20—25⁰. Seinen sechs Buckeln entsprechen ebensoviele Verbreiterungen und Biegungen. Da der
ganze Rücken mit Nadelholz bestanden ist, habe ich die Beigabe
eines Lichtdruckes leider unterlassen müssen. Am nördlichen
Trennungspunkte liegt ein isolierter Kegel (Höhe 41,8 m),
der zumeist aus Mergel zu bestehen scheint und einem transversalen Verbindungsrücken aufgesetzt ist. Er erhebt sich
steil 10 m über dem Auegraben, unten mit Böschungen
von 15⁰ auf der O- und ca. 30⁰ auf der W-Seite. Die
Spitze trägt eine schief eingesenkte Grube. Wenn man
von dieser Kuppe das Gebiet betrachtet, gewinnt man durch
die Mulden und Schluchten zwischen und auf den Seiten der
Rücken den Eindruck einer Gebirgslandschaft im kleinen.

Eine andere schönere, von grobem Kies umschlossene tiefe Åsgrube befindet sich auf dem Rücken bei Gehmkow. Zwischen Gehmkow und Stavenhagen liegen die Åsrücken meist ganz in der vermoorten Senke des Auegrabens, der bald auf der einen, bald auf der anderen Seite derselben fliesst. Nördlich Lindenberg findet eine kurze Gabelung eines Rückens statt. Den in der Nähe von Stavenhagen liegenden Teil des Ås schildert O. Matz[1]) in seiner Dissertation (Leipzig) in folgender Weise: „Nordöstlich von Stavenhagen erhebt sich im sog. Stadtholz ein Höhenzug in Gestalt eines wallartigen Rückens von fast 1 km Länge, ziemlich gleichmässig 10—14 m Höhe zeigend. Unschwer ist zu erkennen, dass ein den Ivenacker Tiergarten durchsetzender Höhenzug die nördliche Fortsetzung des ersten ist. In südlicher Richtung bricht die Erhebung mit den Grenzen des Stavenhäger Stadtholzes plötzlich ab. Eine breite Moorfläche dehnt sich aus, bis ebenso urplötzlich in einigen kräftigen Hervorragungen die Fortsetzung des verschwundenen Zuges wiedergefunden ist. Der sich zunächst daran anschliessende Teil erhebt sich nur um wenige Meter über das umgebende Wiesenplateau bis in den Erstreckungsteilen, die innerhalb der „Pribbenower Tannen" liegen, die alten Höhemasse wieder erreicht werden. Ausserhalb dieses Waldgebietes ist die Erhebung nur schwach, und da die beide Seiten begrenzenden Wiesen- und Moorflächen verschwinden, so geht ‚das Åsar' unmittelbar über in die umgebende Moränenlandschaft. Besonders typisch tritt uns dann ‚unser Åsar' wieder entgegen in dem Jürgensdorfer Gehölz". Südlich von Jürgensdorf lässt sich das Ås in den mit Nadelholz bestandenen Rücken und Kuppen über Vosshagen bis südlich Rottmannshagen weiter verfolgen, wo es sich zu einem Kamefelde verbreitert und am Rützenfelder See abbricht. Hier empfängt es auf seiner O-Seite ein von Sülten über Kittendorf gehendes, zum Teil von Senken (u. a. der Kleinen oder Kittendorfer Peene) begleitetes Nebenås und auf der W-Seite aus der Gegend von Pinnow und Zettemin kommende åsartige Rücken. Das Kitten-

---

1) Krystalline Leitgeschiebe aus dem mecklenburgischen Diluvium. Güstrow 1902, S. 38.

dorfer Nebenäs konvergiert mit dem Penzlin-Möllner, das von
Geinitz[1]) konstatiert wurde. Weiter südlich Rützenfelde nimmt
ersteres wegen der Annäherung an die baltische Hauptendmoräne
an Breite und Unregelmässigkeit zu, während sich zugleich die
NO—SW laufenden Rinnen ausdehnen. Es wird deshalb oft durch
breite Depressionen unterbrochen. Am Varchentiner See teilt
sich die Äszone; es ziehen sich noch kürzere Rücken bis
Deven, und hier und da tauchen noch einige unregelmässige
Kuppen aus den Moorniederungen auf. In der Endmoränen-
landschaft ist dieselbe nur durch eine vom Plasten-See nach
SW über Schwastorf ziehende Rinne und durch einen stein-
bestreuten Boden zwischen Schlön und Schwastorf, wo grober
Kies und Grand zutage treten[2]), angedeutet. Sie endet bei
Kargow in der Endmoräne, deren Rücken (Mörderberg im
Godower Holz) und Kuppen hier nicht aus Geschiebe-, sondern
Geröllkies bestehen. „Hier finden wir Hügel und Kuppen
von Kies und reicher Steinbestreuung, die zum Moränentypus
hinführen. Ein langer Anschnitt an der Eisenbahn zeigt uns
horizontale Schichten von Sand, Schluff, Kies, Grand und
Geröll mit der für die starke Wasserbewegung charakteristischen diskordanten Parallelstruktur, bedeckt von $1/2$—1 m
braunen ungeschichteten Deckkies und Steinpackung, die man
als Verwitterungs- und Umlagerungsreste der Oberfläche ansehen kann."[3])

Im westlichen Zweige der Äszone gelangen Kames in
der Endmoränenlandschaft zur Ausbildung. „Nördlich von
den Seeblänken sieht man hinter dem Hof Carlsruh einen
WSW—ONO sich erstreckenden, 15 m hohen breiten Wall,
der aus mehreren Rücken verschmolzen erscheint und sich
nach SW in die Höhe des Fuchsberges, nach NO in den
Lindenbusch bei Kl. Giebitz fortsetzt, z. Th. ist er unbestelltes
Land aus feinem gelben Sand bestehend mit wenig Steinen;

---

1) Die Endmoränen Mecklenburgs. Güstrow 1894, S. 5: Die Seen
Moore, und Flussläufe Mecklenburgs. Güstrow 1886, S. 120; Mit-
teilungen a. d. Meckl. Geol. Landesanst. IV. Landw. Ann. 1892, No. 47,
S. 391.

2 und 3) Geinitz: Endmoränen S. 8.

an seinem Südabfall zeigt eine Grube hinter dem Gehöft Kies mit etwas Blockkies. Die nordöstliche Fortsetzung fällt im Lindenbusch in Form steiler Rücken von kiesigem Lehm plötzlich ab; nur von einem gewundenen, eigenartigen Wassergraben flankiert. Am NO-Anfang folgt dann das Gievitzer Grundmoränengelände, von einer Torfniederung durchquert, im SW schliesst sich das Torfthal an, welches zu der Gletscherbachrinne des Tief-Waren führt,"[1]) wo die Åszone ihr Ende findet.

Nach dem Bau lässt sich das nördliche Stück bis zur Stelle der beginnenden Teilung nördlich der Gauschendorfer Mühle als Gemengeås, das südliche als Geröllås bezeichnen. Die Gemengeåsrücken sind nicht so hoch und steil, wie die im Geröllåsabschnitt, denn der Böschungswinkel beträgt im allgemeinen 20⁰, selten 25⁰. Auch zeigen sich die einzelnen Buckel nur wenig gegeneinander verschoben und daher die Biegungen schwächer. Die Ansatzstellen der Buckel sind jedoch stellenweise deutlich zu sehen (Taf. 8). Den Rücken bedecken so viele und so grosse Geschiebeblöcke, dass er eher einem Endmoränenwalle als einem Ås ähnlich sieht (Taf. 6).

Für die innere Struktur gewähren die vielen Aufschlüsse, besonders des nördlichen Teiles, trefflichen Einblick. Das Gemengeås besteht aus sehr grobem Kies, dessen Bänke sattelförmig fallen und viele Geröll- und Geschiebeblöcke sowohl einzeln, als auch in Packungen umschliessen. Geschiebemergel ist häufig der NW-Flanke angelagert, seitlich oder von unten in den Kies eingepresst. Das Querprofil in der grossen Grube bei Alt-Gatschow (Taf. 9) gibt uns ein schönes Bild von dem Schichtenverbande.

Die Grande auf und unter der Sohle machen nach oben Kiesen mit nur unbedeutenden Grandbänken Platz. In den unteren Teilen laufen die Kiesbänke ein gutes Stück parallel, bevor sie nach SO im Grand auskeilen und nach NW miteinander verschmelzen. In den hangenden Grandpartien sind die Kiesbänke kurz, gabeln oder teilen sich öfter fächerförmig oder fliessen zu unregelmässigen Geröllmassen zusammen. In letzteren ist Schichtung meist nur schwach angedeutet und vielfach diaken.

---

[1]) G e i n i t z : Endmoränen S. 8.

Auch die Grande, welche eine schöne diskordante Parallelstruktur zu besitzen pflegen, erscheinen in grösseren Komplexen.
Iu der Mitte zeigt der Aufschluss eine Blockpackung, deren
Kies nach unten in Mergel übergeht. Die Decklage bildet
ein auf dem Kamme des Rückens steinreicher, auf den Seiten
steinarmer bis steinfreier Geschiebesand.

Die Blockmassen im Ås bei Gatschow sind ganz bedeutend
(Taf. 7). Auf dem Kamme, an den Seiten und am Fusse
trifft man Stellen, wo Blöcke bis zu mehreren Kubikmetern
in grosser Zahl aufeinander getürmt sind. Weiter nordwärts
bis zur Verbreiterung ist der Rücken bei Alt-Gatschow wie
besät mit mächtigen Felstrümmern und wird von Mauern eingefasst oder überquert, zu deren Bau eben diese zahlreichen
grossen Steine dienten (Taf. 8).

Der südliche Teil des Ås von der Ganschendorfer Mühle
bis Varchentin ist ein normales GeröllÅs. Die Kiese und
Grande liegen bald mehr, bald weniger stark sattelförmig, obgleich nicht immer in Übereinstimmung mit der Seitenböschung;
selbst horizontale Lagerung wurde beobachtet. Die Block-
häufungen scheinen, soweit die Aufschlüsse erkennen
lassen, meist nur wenige Kubikmeter grosse Nester zu sein.
Allein bei Gehmkow ist eine bedeutendere Blockpackung
in grobem Kies eingebettet. In unmittelbarer Nähe besteht
der Rücken jedoch ganz aus Granden, ein im ganzen Ås
gewöhnlicher Gesteinswechsel. Auch in dem südlichen Teile
stösst man verschiedentlich auf grosse Mengen von Blöcken
in dem meistens sehr groben Kiesmaterial. Wenu Geschiebelehm vorkommt, legt er sich durchweg an den Fuss der
Kiesrücken an, nur mit der Annäherung au die baltische
Hauptendmoräne nimmt die Geschiebekies- und -mergel-
bedeckung wieder zu.

Als besonders charakteristisch für das nördliche Gemengeås
müssen die Stauchungserscheiuungen von intra- uud supra-
morānem Material gelten, welche den vom Baggendorfer Ås
beschriebenen Verhältnissen ganz ähnlich sind, nur mit dem
Unterschiede, dass die Kies- und Sandschichten immer einseitig durch Mergeleinpressuug von der NW-Seite und zwar

nicht selten fast bis zur Senkrechtstellung aufgerichtet sind. In dem nördlichen Ende des Ås, einer kleinen Kuppe unmittelbar bei Alt-Gatschow, ist selbst eine Blockpackung, die durch Kieszwischenlagerung geschichtet erscheint, bis zur Steilstellung aufgestaucht. Der Geschiebemergel ist parallel seiner Anlagerungsfuge durch den Eisdruck in den oberen Teilen dünn transversal geschiefert, in den unteren in flach linsenförmige, lang rhombische bis ellipsoidische, an den Enden beiderseits zugespitzte Stücke zerlegt, die sich nicht selten konzentrischschalig, wie ineinander gesteckte Tüten (ähnlich wie beim Tutenmergel) loslösen. Es ist bislang das einzige Mal, dass ich in einem Ås neben Transversalschieferung, welche als eine dem Gebirgsdruck ähnliche Wirkung des Eisdruckes aufzufassen ist, eine zweite Art einer gewissen Drucklamellierung angetroffen habe. Ausser dem gewöhnlichen Druck der Eismasse, welcher ein Ausweichen der plastischen Mergelmasse senkrecht zu seiner Fortpflanzungsrichtung veranlasst, muss für das Zustandekommen jener Bildungen der Schub des Eises mit seiner Grundmoräne, also Torsion, mitgewirkt haben.[1]) Ausser den Druckwirkungen zeigt der Mergel des erwähnten Aufschlusses eingepresste Grundgebirgsschollen eines grauschwarzen, bräunlichen Tones und Grünsandes von noch fraglichem Alter.

Das ganze Ås wird ausser von Åsgräben, -mulden und Schluchten von einer bis 3 km breiten Zone fluvioglacialer Erosion und Aufschüttung begleitet. In dieser ist es zur Bildung von åsähnlichen oder von unregelmässigen Kuppen gekommen, die sich häufig in der NO—SW-Richtung aneinanderreihen und aus weniger gut gerolltem Material bestehen. Diese bedeutend flacheren Rücken oder Terrainwellen streben immer von Zeit zu Zeit dem Ås zu. Auch stellt, was z. B. bei Lindenberg sehr ausgeprägt ist, bisweilen ein kleines Querås die Verbindung mit dem Hauptrücken her. In gleicher Weise folgen Vertiefungen der Åszone von NO nach SW in Form von Depressionen, Überfliesstälern und Söllen. Nordöstlich von

---

1) Eine eingehendere Besprechung werden diese Erscheinungen in dem später folgenden Kapitel über den Mechanismus der Exaration erfahren.

Ivenack kommt es zur Bildung eines kleinen Rinnensees, des Tützer Sees, ebenso nördlich Rützenfelde, welche beide in ihrer Anlage Åsmulden darstellen.

Demnach ist also der Gatschow-Varchentiner Wallbergzug ein typisches Ås, das senkrecht zum Verlauf der grossen baltischen Hauptendmoräne steht. In den Rücken von der Ganschendorfer Mühle bis Varchentin besitzen seine Geröllsande anscheinend durchweg supramoräne Lagerung, in den nördlichen Rücken sind sie in vielen Fällen intramorän. Da nirgends eine Aufpressung unterdiluvialer Sande beobachtet wurde, kann man auch für die Teilstrecken, wo eine Mergelunterlage nicht zu sehen war, intramoräne Lagerung annehmen.

### 3. Das Borrenthiner Ås.

Das dritte, ca. 9 km lange Ås beginnt im Vossberge nördlich Borrenthin und läuft zuerst nach S, wendet sich jedoch jenseits des Dorfes nach SW, schliesslich nach W zum Cummerower See, wo es südlich von Meesiger endet.

Die Höhe der gewundenen Rücken misst zwar durchschnittlich nur 2,5—4 m, steigt jedoch in den nördlichen und südlichen Teilen auf 5—7 m. Die Höhenlinie verläuft in den flacheren Stücken oft auf kurze Strecken horizontal, sonst stark wellig. Durch dicht hinter einander stehende Buckel erhält der Rücken stellenweise fast ein perlschnurartiges Aussehen.

Nördlich Borrenthin, unmittelbar an der Chaussee nach Demmin, vereinigt sich mit ihm ein Parallelås und zwar mittels eines 500 m langen Querås. Befindet man sich nördlich von der Verbindungsstelle, so scheinen die gleichmässig ineinander übergehenden Åsar einen halbkreisförmigen Bogen zu bilden mit den steilsten Böschungen der Rücken nach innen zu. Als Fortsetzung nördlich von Borrenthin sind die Rücken und Kuppen anzusehen, die über Meetschow nach Lindenhof und nach Schönfeld ziehen, begleitet von zum Teil vertorften Senken.

Das Material ist meist ein Grand oder grandiger Geröllsand, selten ein Kies. In der Nähe des Borrenthiner Kruges beobachtet man in der Mitte eines Rückens einen Mergelkern,

der von seitlich fallenden Kiesen und Sanden in der Weise
überdeckt wird, dass die NW-Seite besonders reich an Kies,
die SO-Seite aber stark sandig wird, an anderer Stelle lehmiger
Sand oder Mergel vorhanden ist. Im Vossberge nördlich
Borrenthin ist dagegen ein stellenweise recht grober Kies
mit der gewöhnlichen diskordanten, in kleineren Partien auch
diskenen Schichten vorhanden; daneben wurde eine geröllreiche
Blockpackung von mehr als 1 m Mächtigkeit beobachtet.

Die Ablenkung nach W zum Cummerower See dürfte
eine Folge des Einflusses der Peeneniederung sein, die prae-
glacialen Alters und wahrscheinlich tektonischen Ursprunges ist.
An der O-Seite des Cummerower und Malchiner Sees ist die
Åszone verschiedentlich durch åsartige Geröllsandaufschüttungen
(Basedow, Rothemoor) und durch Erosionsrinnen (Malchin-
Basedower Torfrinne) angedeutet. Zu ihr gehören auch die
von E. Geinitz in seinem „Führer durch Mecklenburg"[1]) erwähnten Åsar und åsartigen Geröllrücken. „Nahe der Chaussee-
abzweigung nach Dahmen", sagt er, „liegen hintereinander drei
scharf markierte lange, zum grössten Teil nur mit Ginster
bewachsene Wallberg-Rücken, aus grobem Kies bestehend.
Dieselben sind in ONO-Richtung hintereinandergereiht. Auch
weiter östlich, am Wege von Molzow nach Rothemoor heben
sich einige deutliche, schmale, åsartige Rücken vom Plateau
ab, die aus horizontalen Kies- und Grandschichten bestehen,
bedeckt von Blockkies". Südlich des Malchiner Sees, beim
Eintritt der Åszone in die Endmoränenlandschaft, liegt ein
typisches Evorsionsgebiet, der Talbeginn der Peeneniederung,[2])
erfüllt mit zahlreichen Söllen, tiefen Kesseln und scharf eingeschnittenen, kurzen Seitenschluchten und Talläufen, sowie in der
Dahmer Moorniederung einige Inseln, welche die Reste des unterdiluvialen Plateaus darstellen. Die Åszone erreicht ihr Ende
in der Endmoränenkette zwischen Blücherhof, Vollrathruhe
und Steinhagen, welche sie noch südlich Kloxin als Lüdgen-
dorfer See und bei Blücherhof als eine Senke zum Orthsee

---

1) Berlin (Bornträger) 1899, S. 125; Über Wallberge, Landw.
Ann. 1892., 47, S. 392; Arch. Nat. Meckl. 1893, S. 21.
2) Geinitz: Seen, Moore S. 116.

zwischen Cramon und Hohen-Wangelin durchbricht.[1]) Sie markiert sich in der Endmoräne selbst als eine stark kupierte Kieslandschaft mit eigentümlichen Absenkungen oder Abrutschungen („Rämels") längs der Kiesschluchten.[2])

### 4. Das Gnoien-Thürkow-Reinshäger und das Laager Ås.

Das vierte, gegen 73 km lange Ås liegt auf mecklenburgischem Gebiet bei Gnoien und zieht sich gegen SW bis Thürkow, wo es aussetzt, um in einer Kamebildung westlich Teterow wieder aufzusetzen. Es läuft in westlicher Richtung bis Schliffenberg, biegt nach SW um und endet bei Reinshagen, begleitet von einigen Seen. An der Umbiegungsstelle nordwestlich Schliffenberg liegt wieder eine Gruppe von Kames (Ahrensberg). Obwohl es von E. Geinitz[3]) eingehend beschrieben wurde und ganz ausserhalb Pommerns fällt, mag es zur Vervollständigung der Ausführungen als zum Bereiche der beigegebenen Karte gehörig hier kurz erwähnt werden.

H. Schröder[4]) hält diese Wallberge für Durchragungen, während F. Wahnschaffe[5]) darauf erwidert: „Ich halte es jedoch nach den neueren Untersuchungen von Geinitz nicht für gänzlich ausgeschlossen, dass auch echte Åsar in Mecklenburg vorhanden sind, deren deutliche Unterscheidung von Staumoränen aber noch nicht geglückt ist." Ich habe den grössten Teil der Gnoiener Wallberge gesehen und gefunden, dass eine vorzügliche Übereinstimmung besteht, einerseits im Verlauf und in der Form mit dem Geröllås Ganschendorf-Varchentin und anderseits im Bau mit dem nördlichen Ge-

---

1) Geinitz: Endmoränen S. 10.     2) Ders.: Führer S. 127.
3) Mitteilungen über einige Wallberge (Åsar) in Mecklenburg XIV. Beltr *g z. Meckl. Geolog. Archiv des Ver. d. Fr. d. Naturgesch Mecklenburgs. 47. Jahrgang, Güstrow 1893, S. 1—34. Zeitschr. d. D. Geol. Ges. 1886, S. 654 u. Archiv 1886, 115.
4) Durchragungszüge u. -zonen in d. Uckermark (Jahrb. d. Kgl. Preuss. geol. Landesanstalt f. 1888, Berlin 1889, S. 203—207). Endmoränen in d. nördl. Uckermark u. Vorpommern (Zeitschr. d. D. Geol. Gesellsch. 46, 1894, S. 293—301).
5) Oberflächengestaltung 1901, S. 170.

mengeås Ganschendorf-Gatschow, sowie mit dem Baggendorfer
Ås. Die von Geinitz beobachtete völlige Steilstellung von
Schichten, die als charakteristisch für Staumoränen gelten könnte,
ist keineswegs für die Natur dieser Gebilde als Endmoränen
irgendwie beweisend. Soviel ist aber auch aus den Geinitz'schen
Ausführungen zu sehen, dass nicht alle Sande „unterdiluvial",
sondern manche intramorän sind. Endlich kommt auch
supramoräne Lagerung der Geröllsande vor. Die Unterschiede
von Stauåsar und Staumoränen werde ich später behandeln.

An dieser Stelle mag auch das von E. Geinitz[1]) beschriebene, teils von Moorniederungen begleitete Ås östlich
des Recknitztales zwischen Laage und Pollchow seine Erwähnung finden. Vielleicht lässt es sich mit den Kames bei
Lübchin in Verbindung bringen.

### 5. Das Hammelstall-Wilsickower Ås.

Das südliche Stück des fünften Ås wurde bereits von G.
Berendt[2]) von der pommersch-uckermärkischen Grenze untersucht und als erste Åsarbildung Norddeutschlands beschrieben,
freilich wegen Anlagerung von Grundmoräne für unterdiluvial
gehalten. H. Schröder[3]) war dann geneigt, darin eine
Staumoräne zu sehen, aber Klebs,[4]) welcher eine durch zahlreiche Quer- und Längsprofile illustrierte Darstellung gab,
wollte solche Hügel unter dem Sammelnamen Wallberge
inbegriffen wissen und meint, dass solche „diluvialen Wälie"
aus aufgepressten Massen bestehen, welche von Resten ehe-
maliger Wasserläufe bedeckt werden.

Seinen Anfang nimmt dies Ås am S-Abhange des ncker-
märkisch-vorpommerschen Landrückens bei Hammelstall und
zieht sich in N—Slicher Richtung auf dem sich beständig nach S
neigenden Terrain 13 km weit bis in die Gegend von Wilsickow.

---

1) Geolog. Notizen aus Mecklenburg. Archiv d. Ver. d. Fr. d.
Naturg. in Meckl. 52, 1898, Sep.-Ab. S. 6—7.

2) Zeitschr. d. D. geol. Ges. 40, 1888, S. 483—489.

3) Über Durchragungszüge. A. a. O. S. 166—211; Endmoränen
in d. nördl. Uckermark u. Vorpommern. Zeitschr. d. D. geol. Gesellsch.
46, 1894, S. 293—301.

4) Jahrb. d. Kgl. Pr. geol. Landesanst. f. 1896, Berlin 1897, S. 231—249.

Es hat einen stark gewundenen Lauf mit zahlreichen untergeordneten Windungen. An verschiedenen Stellen, besonders
in den mittleren Teilstücken, löst es sich in viele kurze Rücken
und Kuppen auf und teilt sich bei Schönwalde in zwei
parallele Arme, wobei südlich vom Gute in dem Heiden-Berg
ein Kamefeld gebildet wird. Nördlich Wilsickow mündet
von W her ein Nebenås ein. Östlich vom Dorfe stösst es mit
einem von NO kommenden langen und geraden Wallberge
(Schanzenberge) zusammen, welcher als Haupt- oder Nebenås aufgefasst werden kann. Im nördlichsten Abschnitt
zwischen Spiegelberg und Hammelstall erreicht letzteres mit
20—25 m seine grössten Höhen (ca. 80 m ü. M.) und fällt
an seinem O-Abhange zu dem Michaels-See steil ab. Das
mittlere Stück von der Teilung bei Schönwalde an ist nur
wenige Meter hoch, dafür erhebt sich das Ås in den Wilsickower
Wallbergen wieder auf 7—12 m. Im nördlichen Drittel
finden sich zahlreiche Åsmulden, und weiter südlich gesellen
sich längere Åsgräben hinzu, während das ganze mittlere
Stück meist auf beiden Seiten von langgestreckten Wiesentälern
und unregelmässigen Moorflächen begleitet wird, welche sich
in den Wilsickower Mühlbach entwässern.

An dem Aufbau sind alle drei der beschriebenen Typen
beteiligt. Das nördlichste Drittel ist ein Geröllås, das
südlichste Stück ist ein Stauås, und zwischen beiden trifft man
sowohl Gemenge- wie Geröllåsrücken.

Das Geröllås bildet steilgeböschte Rücken, aus welchen
sich bald stark gewölbte, bald undeutliche Buckel abheben.
Besonders in dem Stücke von Spiegelberg bis Schönwalde besteht es aus oben scharf getrennten, am Fusse verschmolzenen
Kuppen von grobem Kies. Dieser weist häufig diakene
Schichtung auf, besonders typisch am Wolfsberge nördlich
Schönwalde, wo er fast nur aus haselnussgrossen Geröllen
besteht. An einer Stelle liegen in einer solchen Geröllpackung
zahlreiche kopfgrosse und vereinzelt 2—3 mal so grosse Rollblöcke. Die Lagerung ist im Querschnitt sattelförmig mit
geschlängelten Schichtfugen, welche besonders an der W-Seite
der Kuppen scharf ausgeprägt sind.

Das N-Ende löst sich in mehrere Kies- und Geröllsandkuppen mit untergeordneten Geschiebehügeln auf, indem es unter der von Hammelstall bis nördlich Kl. Luckow
sich ausdehnenden Moränenterrasse allmählich verschwindet.
Dort, wo die Landstrasse von Spiegelberg nach Hammelstall
das letzte Ende des Rückens schneidet, ist ein interessantes
Profil entblösst. Auf den wechsellagernden, antiklinalen, parallelen
Kies-, Grand- und Sandbänken ruht eine grosse bogenförmige
Scholle von Mergel, welche nach beiden Seiten im Kies auskeilt und an mehreren Stellen, besonders an der W-Seite
deutliche Bankung in Folge von Druck zeigt. Sie wird von
einem geschichteten Geröllehme bedeckt, der seinerseits nach
oben in sandige Tone, tonige Mergelsande und schliesslich in
feine Sande übergeht. Seitlich hüllen andere bedeutende Kiesmassen diese Schichtenreihe ein und ziehen sich ausserdem von
O her bis auf die Kammhöhe hinauf. — Endlich wird der ganze
Åszug, welcher der Hauptsache nach in einer Geschiebelehmebene liegt, von Schönwalde bis Hammelstall von einem Sandr
begleitet, dessen steinfreie Heidesande oft am Fuss der Rücken
ein Stück aufwärts reichen.

Schon aus dem Zusammerhange zwischen dem Geröllås
und Stanås lässt sich schliessen, dass die Wilsickower Wallberge zu den Åsar und nicht zu den Staumoränen zu stellen
sind; doch muss ich mir auch hier einen eingehenden, morphologischen Beweis bis zur Besprechung über die Entstehung
der Åsar ersparen.

### Die Åsar auf Rügen.

### 6. Das Garzer Ås.[1])

Auf der sich von Gustow nach Bergen auf Rügen hinziehenden 24 km langen Åszone entwickelt sich bei Garz ein stark
markierter Rücken von ca. 1½ km Länge (Taf. 8). Er beginnt

---

1) Auf der von M. Scholz anlässlich der Versammlung der
Deutschen geologischen Gesellschaft zu Greifswald im Jahre 1889 herausgegebenen „Geologischen Karte von der Osthälfte der Insel Rügen"
gelangte es bereits als diluvialer Kiesrücken zur Darstellung.

westlich von Garz bei Kl. Stubben an einer Gruppe von Kames
mit einigen isolierten Kuppen und läuft in nordöstlicher Richtung
nach Cowall, wo sein Ende sich an einen radialen Geschiebehügel anlegt. Er ist nur ganz schwach schlangenförmig, 5 bis
6,25 m hoch und ungleich geböscht, nämlich auf der O-Seite
bis zu 25°, auf der W-Seite nicht über 17°. Die Höhenlinie
liegt für einen grossen Teil fast horizontal und steigt nur an
den Enden in ziemlich langen Wellen auf und nieder. Das
nördliche Ende setzt nach O zu in deutlichen Terrassen zur
anstossenden Moorniederung ab. An einer oder anderen Stelle
ruht der Rücken auf einem verbreiterten Kiessockel, z. B. in
der Nähe der Chaussee nach Samtens, wo auch eine schöne,
mit Wasser gefüllte, elliptische Åsmulde (Taf. 8) eingesenkt ist.

Das Ås wird von unregelmässigen, lokal durch vermoorte
Senken von ihm getrennten Hügeln und Kuppen begleitet,
deren Geröllsandmassen nicht immer eine vollständige Aus-
schlämmung und Rollung erfahren haben, wie im Ås selbst.

Dieses ist ein typisches Geröllås, da nur in seinem unteren
Drittel bei dem grossen Aufschlusse nördlich der Chaussee
(Taf. 9) Geröllehm beobachtet wurde. Der Lehm ist wenige
Dezimeter stark und ungeschichtet, enthält jedoch neben wohlgerundeten Geröllen bis zu 10 cm Durchmesser ab und zu
eckige Gesteine, und stellenweise ragen die Geröllsande apophysenartig in ihn hinein (Taf. 11). Die Diskordanz der Kies-
und Grandmassen ist stark ausgeprägt. Die Kiesbänke pflegen
im Querprofil vielfach spitz oder stumpf linsenförmig anszu-
keilen (Taf. 9). Sie liegen im ganzen betrachtet horizontal,
vereinzelt schwach antiklinal, und in der Grube südlich der
Chaussee nach Samtens, in welcher der Sand vorwaltet, sind
sie sogar sanft synklinal ungefähr nach der Mitte des Rückens
hin geneigt. Zwischen den Kiesbänken ziehen sich verhältnismässig dünne Lagen von Geröllgranden hindurch, die incin-
ander übergehen und gleichsam wie ein Geflecht die Kiesmassen durchschlingen. Auch im Längsprofil wird der Kies
in ähnlicher Weise von Granden umhüllt, wobei jedoch, abgesehen von den tiefsten Lagen, das kiesige Material das
grandige verdrängt. Die Lagerung ist mehr sattel- als linsen-

förmig (Taf. 9. unten links) und zeigt Winkel von 25—30°. Die Kiesbänke reichen von der einen Seite bis auf die andere, schneiden aber an mehreren Punkten auf oder in der Nähe der Sattelhöhe ab, da ein Teil der Antiklinale und zwar bis auf die Hälften der Sattelschenkel, abradiert wurde. Auf den Schichtenköpfen ruhen oft horizontal Sand- und Grandschichten, über welchen wieder andere, bogenförmig aufgeschüttete Kiesmassen folgen.

In sich sind die Kiesbänke geschichtet oder ungeschichtet, häufig diaken mit oft konzentrischer Anordnung des Materials, indem die kleineren Steine gern einen groben Kern umschliessen oder umgekehrt. Tafel 10 gibt die Photographien solcher diakener Schichten im Längs- und Querprofil wieder. Das feinkörnige Material fehlt in den dunkleren Teilen der Kieslager, weshalb die Hohlräume gegenüber dem dichteren, besser reflektierenden Kies schwarz erscheinen. Im oberen Bilde (Längsprofil) sieht man diakenen mit normalem Kies wechsellagern; nach links gehen die Bänke ineinander über und bilden ein Gemisch von beiden. Das untere Profil (Querschnitt) stellt die inneren Partien einer linsenförmigen Kiesmasse dar, in welcher entsprechend dem groben Korne die leeren Zwischenräume, besonders in der mittleren Lage, ziemlich gross sind. In den Kiesen unten und oben ist nur eine schwach angedeutete Schichtung wahrzunehmen.

Infolge dieser lockeren Struktur setzen sich in den Hohlräumen aus den Sickerwassern humose Substanzen und Eisenoxydhydrat ab und verkitten den Kies bisweilen betonartig. Die Grandbänke sind im Längsprofil diskordant geschichtet unter schneller Kreuzung, während sie im Querprofil gewöhnlich linsenförmig oder auch so eng parallel geschichtet sind, dass eine diskordante Parallelstruktur nicht mehr wahrnehmbar ist.

Eine besondere Decklage ist für den Rücken nicht immer vorhanden, indem die geschichteten Geröllsande bis an den Aussenrand vorstossen. An vielen Stellen tritt ein gewöhnlich einseitig und mitunter mächtig entwickelter Mantel ungeschichteter Geröll- oder Geschiebesande auf, welche letzten steinarm, nicht selten steinfrei und gelb gefärbt sind.

Die isolierte aus dem alten Garzer Moor aufragende längliche Kuppe, welche die südwestliche Fortsetzung des Rückens bildet, wurde durch die bedeutende Abfuhr des Kieses bis über die Hälfte ihrer Länge durchschnitten. Das untere Drittel des Aufschlusses nimmt eine Grandmasse mit diskordanter Parallelstruktur ein. In der Mitte liegt eine grosse konzentrisch gebaute Linse von Kies, der nach oben zu sehr grob wird. Die hangenden Bänke gehen dem Umrisse der Linse parallel, keilen fasst am Fusse des Sattels laug aus und verschmelzen mit anderen, nur schwach nach aussen (SW) geneigten Kiesschichten.

### 7. Das Zirkower Ås.

Das Zirkower Ås auf Rügen hat ungefähr $1^1/_2$ km Länge, aber nach SW setzt sich einerseits die Aszone noch 1 km in einem ca. 300 m breiten Rücken (Kapellenberg) weiter fort, der nach der Garvitz und dem Vieritzer Moor ziemlich schreff abfällt, und nach N schliesst sich anderseits eine ca. $4^1/_2$ km lange Radialkameslandschaft an.

Die Höhe beträgt gewöhnlich uur 3—4 m, mit dem Kiessockel 11 m. Die Böschung auf der O-Seite, die meist gegen $20^0$ geneigt ist, steigt mitunter auf $26^0$. Unmittelbar bei Zirkow verbreitert sich der streckenweise nur ca. 4 m breite Rücken dadurch, dass sich eiu zweiter so eng an seine NW-Flanke legt, dass nur eine in der Längsrichtung gestreckte Åsmulde die Doppelnatur erkennen lässt. Ein vertorfter Åsgraben, der sich nach S muldenartig erweitert, begleitet den O-Fuss des Rückens.

Das Material ist bald ein grober, bald ein feiner Kies. Der Geröllreichtum wird besonders an der schmalsten Stelle so bedeutend, dass diese Partie nur aus Rollsteineu zu bestehen scheint, unter welchen faustgrosse besonders zahlreich sind. Grössere Blöcke auf dem Kamme sind selten. Das starke Auftreten von grobem Kies macht den Rücken sehr unfruchtbar, weshalb stellenweise nur Kiefern, Heidekraut und Besenstrauch ihr Fortkommen finden.

## Rollsteinfelder.

### Morphographie.

Mit den Åsar Schwedens wurden zugleich die Rollsteinfelder bekannt,[1]) welche entweder an den Seiten der Åsar
und innerhalb der Åskette oder ohne direkten Zusammenhang
mit ihnen auftreten. Sie gehen teilweise aus den Åsar durch
Verflachung, Auflösung oder Einebnung der Rücken hervor
und fallen bald steil oder terrassenförmig, bald sanft gegen
die Grundmoränenebene ab. H. Berghell[2]) sagt von den
karelischen Åsar: „Auf der östlichen Seite ist die Neigung
etwas flacher und das Ås breitet sich in gewaltige Sandfelder
aus. Bald erhöhen sie sich in scharf markierten Rücken
über das umgebende Terrain, bald sind sie äusserst flach und
gehen nur auf der einen oder auf beiden Seiten ebenmässig in Sandfelder über“. In Småland bestehen nach
O. Gumaelius[3]) „die Åsar oft aus einer Menge paralleler
und sich kreuzender Hügel, welche von der Mitte sich immer
mehr nach aussen senken und in Rollsteinfelder oder Sand-
heiden verfliessen.“

Diese begleitenden „Geröllsandfelder“, Rollsteinebenen oder
Sandfelder sind durch Übergänge mit den Rollsteinplateaus
verbunden, zwei Typen, welche eine ebene oder wellige, selbst
stark kupierte Oberfläche haben können. In der letzten Form
nähern sie sich der Kameslandschaft, unterscheiden sich jedoch
von ihr durch unregelmässigere Formen und wurden von den
Amerikanern als „Kamefelder“ bezeichnet. Von ihnen sagt
Gumaelius[4]): „Je weniger die Åsar mit ihren für das mittlere

---

1) Der Name: Rollsteinfeld hat gegenüber der Bezeichnung „Ås-
feld“ (Osfield, kame- or eskerfield) das Recht der Priorität.
2) A. a. O. (Fennia 5, No. 2, 1892) p. 10.
3) A. a. O. p. 20.
4) A. a. O. p. 29.

Schweden charakteristischen Formen ausgebildet werden, desto mehr stellen sich die Rollsteinfelder ein und die unregelmässigeren Rollsteinhöhen", und aus Westgothland berichtet D. Hummel[1]): „Nur selten erscheinen die Rollsteinbildungen hier regelmässig mit deutlich ausgeprägten Åsrücken. Am häufigsten bestehen sie aus grossartigen Rollsteinfeldern, die stark, aber unregelmässig kupiert sind, doch mit hier und da scheinbaren åsähnlichen Rücken. In den meisten Fällen folgen sie grösseren Tälern und stimmen dann mit der Richtung der Schrammen überein, aber nicht selten sieht man auch grosse Felder, welche rechtwinklig dagegen ausgestreckt liegen."

Die mehr ebenflächigen transversalen (oder marginalen) Rollsteinfelder (sand plains or plateaus[2]) trifft man oft in Verbindung mit der Kameslandschaft und zwar an deren Aussenseite.[3]) Bei dieser Lage ähneln sie den Moränenterrassen und bei einer mehr sandigen als kiesigen Ausbildung oft dem Sandr (frontal or overwash aprons), von welchem sie sich durch das Vorhandensein von zahlreichen flachen, selten tiefen Gruben unterscheiden, die dem Rollsteinfelde ein pockennarbiges Aussehen verleihen und die Bezeichnung Kesselfelder (pitted plains) veranlassten.

## Stratigraphie.

Das Material der Rollsteinfelder variiert von grobem Kies bis Sand, welcher wie bei den Åsar unter Umständen fein und tonig werden kann. Es enthält in allen Lagen mitunter Rollblöcke bis zu 2, selbst 3 Fuss Durchmesser, vereinzelt auch Geschiebe, welche jedoch meist die Spuren einer Wasser-

1) A. a. O. p. 27; auch bei Gumaelius, p. 28, 29.
2) T. C. Chamberlin: Geol. of Wisconsin, vol. 4, 1873-80; F. H. King: ebenda p. 585—615; W. M. Davis: Bulletin geol. Society Amer. vol. 1 pp. 195, 202, 1890; derselbe: Proceed. B. Society of Nat. History vol. 25, Boston 1892. p. 484—492; F. P. Gulliver: Journal of Geology vol. 1. p. 803. 1893.
3) A. a. O. Geikie, p. 749.

bearbeitung tragen, sodass Schliffflächen und Schrammen Seltenheiten sind. Die Gerölle besitzen gerundete, kugelige und elliptische Formen, welche selbst an harten Gesteinen und an der Lokalmoräne auftreten. Sie stehen in Bezug auf Abrollung stellenweise den Geröllen des Flachstrandes nicht sehr viel nach, andererseits übertreffen sie diejenigen der Åsar in vielen Fällen.

Die Schichtung der Geröllsande unterscheidet sich nicht von derjenigen der Åsar, nur die diakene Struktur gehört hier zu den gewöhnlichen Erscheinungen. Dies gilt besonders für die Kamefelder, die wegen des häufigen Auftretens an den Endigungen der Åsar von den Amerikanern die Bezeichnung „feeder or feeding esker" bekommen haben, und von welchen W. M. Davis[1]) zuerst die diakene Schichtung als der „open-work gravels" beschrieb.

Die Lagerung weicht in vielen Fällen von derjenigen der Åsar ab, jedoch oft nur dadurch, dass die für diese charakteristische Schichtung im Querprofil sich mehrfach nebeneinander wiederholt. Je mehr aber der morphographische Charakter des Ås zurücktritt, desto mehr nähern sich die Lagerungsverhältnisse selbständigen Formen, welche sich zu folgenden drei Typen zusammenfassen lassen.

Beim ersten Typus lagern die Geröllsande in Linsen, die regellos über- und nebeneinander liegen und dem natürlichen Böschungswinkel folgen. Daneben findet sich hier und da eine diskordante Parallellagerung, welche eine diskordante Parallelschichtung, ins Grosse übertragen, darstellt und einheitliche Komplexe bis zu mehreren Quadratmetern bildet. Sie übersteigt die natürliche Böschung oft erheblich, in sandigen Teilen jedoch mehr als in kiesigen, in welchen die parallele Schichtenreihe ausserdem weniger mächtig, dafür meist erheblich länger ausgezogen auftritt.

Der zweite Typus umfasst die Lagerung in fortlaufenden Wellen, die entweder in horizontaler und vertikaler Richtung,

---

1) Proceed. B. Society of Nat. Hist. vol. 25, Boston 1892, p. 489.

im Quer- und Längsprofil gleichartig sind oder im Längsprofil étagenweise um eine halbe Wellenlänge verschoben erscheinen und dadurch Linsen umschliessen (Wechselwellen),
während die Lagerung im Querprofil bisweilen auch muldenförmig
werden kann. Die erste von diesen beiden Formen, die immer
unter normalem Schüttungswinkel auftritt, ist die verbreitetste,
die andere, bei welcher eine starke Übersteigung des Böschungs-
winkels selbst bis zur Überkippung vorkommt, wurde bislang,
wie es scheint, nur von mir an dem noch zu beschreibenden
Rollsteinfelde bei Rekentin beobachtet.

Der dritte Typus stellt die Horizontallagerung dar, bei
welcher konkordante und diskordante Schichtung auftritt. In
Amerika wird sie ziemlich oft angetroffen.[1])

Das Rollsteinfeld, im ganzen genommen, lässt eine in der
Stromrichtung verlaufende Abnahme der Korngrösse und der
Amplitude der Lagerungswellen erkennen. Zunächst ist trotz
allen Wechsels in der Vertikalrichtung doch eine allmähliche
Änderung in der Korngrösse wahrnehmbar, etwa in der Weise,
dass eine Abnahme nach oben oder unten konstatierbar ist.
In der Horizontalen sehen wir, dass im Sinne der Wasserbewegung ein scharfes Abschneiden unter Winkeln bis zu $90^0$
und ein gleichzeitiges Ersetzen des feineren Materials durch
gröberes erfolgt, aber nie umgekehrt, da jenes entweder das
gröbere überlagert oder allmählich Übergänge zeigt.[2])

Stauchungserscheinungen in Rollsteinfeldern werden von
Davis[3]) beobachtet, welcher über sie folgendes mitteilt: „Die
allgemeine Abwesenheit von Störungen in den Sanden und
Kiesen an dem obengelegenen Teile eines Sandplateaus weist
darauf hin, dass das Inlandeis, als das Rollsteindelta an seinem
Rande entstand, der Hauptsache nach stationär war. Ein
kleines Profil im Hangenden des Plateaus bringt unzweideutige
Anzeichen der Verzerrung einer gut markierten Schichtenreihe.
Die Schichten sind ganz gefaltet und durch kleine Verwerfungen

---

1) Stone: A. a. O. p. 39 in den „leveltopped plains".
2) Davis: A. a. O. p. 489.
3) Derselbe: pp. 490, 485.

abgebrochen, als wenn ein fester, sich jedoch fortpflanzender Stoss von oben gegen die hangenden Schichten geführt wurde. Die ganze Länge der Verrutschung beläuft sich vielleicht auf 4—5 Fuss".

Einen oft von den typischen Rollsteinfeldern abweichenden Bau scheinen die das Ås begleitenden „Geröllsandfelder" zu haben, welche offenbar nach Aufschüttung des Åsrückens durch extraglaciale Wasser gleichsam sekundär entstanden. Soweit bis jetzt die Lagerungsverhältnisse bekannt geworden sind, dürften sie sehr unregelmässig sein, als wenn Flüsse mit rasch wechselnder Stromstärke und Stromrichtung den Sand abgesetzt hätten. Das Material ist meist ein normaler Geröllsand mit in der Regel scharfer Sortierung, doch tritt häufig ein feinkörniger Sand — Heide- und Talsand — an seine Stelle, oder an der Oberfläche liegt ein grober Kies, sodass man diese Gebiete mit dem Namen „Geröllfelder" belegte.

Ein Typus der Rollsteinfelder wurde bei dieser Morphologie unberücksichtigt gelassen, da er in unserem Gebiete nicht auftritt, die sog. Åsdeltas, in welche sich der Åsrücken auflöst, wenn seine Bildung unter dem Niveau des Meeres oder eines grösseren Sees stattfand (marine und lakustrine Åsdeltas.[1])

### 1. Das Rollsteinfeld bei Rekentin.

Das Rekentiner Rollsteinfeld liegt in dem Winkel, der durch die Vereinigung der Blinden Trebel mit der Trebel gebildet wird und zwar unmittelbar am O-Rand des Blinden Trebeltales, zu welchem es sanft von 17 m Meereshöhe bis auf 3,8—4,1 m abfällt und dabei eine wellige Oberfläche mit N—S-licher Längserstreckung zeigt. Der gegenüberliegende Talrand hat eine steile Böschung, sodass das Rollsteinfeld einen Uferwall des Quertales darstellt.

Sein Bau liess sich ausgezeichnet in zwei ausgedehnten Gruben beobachten, aus welchen zur Beschotterung des Bahnplanums längs der Tribsees-Franzburger Kleinbahn mehrere Jahre Kies im grossen abgefahren wurde, uud mit dem

---

[1] Näheres bei Stone: A. a. O. pp. 321, 469—470.

allmählich fortschreitenden Abbau hatte ich Gelegenheit, die Veränderungen des Profils genau zu verzeichnen.

Die weitgehende Sortierung und Schichtung des Geröll-glacials, eine sofort in die Augen fallende Erscheinung, weist auf bedeutende Stromstärke des Schmelzwasserflusses hin. Alle Rollsteine von Linsengrösse bis 2, selbst 3 Fuss Durch-messer sind wohlgerundet, teils kugelig, teils oblong. Besonders vielen Rollblöcken von 1—2 Fuss Grösse kommt eine gleich-mässig ellipsoidische Gestalt zu, und bis doppelt faustgrosse Gerölle sind häufig fast kugelrund, wenn auch nicht so vollkommen wie im Strandgerölle. Von der Sortierung lässt sich Ähnliches behaupten. Der Kies ist nicht nur von dem sandigen Grande fast befreit, sondern auch Lagen von feinem, gleichkörnigem Kies sind von gröberem gesondert, in welchem wiederum nicht selten die grössten Gerölle sich strich- oder selbst bankweise anordnen. Diakene Schichtung ist daher eine gewöhn-liche Erscheinung, besonders in den sattelförmigen Teilen des Profils. Trotz ausgesprochener Diskordanz kommt auf kurze Erstreckung hin eine, allerdings wohl nur scheinbare Konkor-danz vor. In einem derartigen $1^1/_2$ m hohen Sattel prägte sich die Sortierung sehr gut aus. Zu unterst liegen nämlich Grande mit einer gleichmässigen Schichtung, welche durch eine linienartige Anordnung von kaum nadelkopfgrossen Körnern erreicht wurde. Nach dem Hangenden treten reihenweise Gerölle von der Grösse eines Hirsekorns, einer Linse und Erbse auf, neben solchen von Hasel- und Walnussgrösse. Letztere schieben sich oft nur hier und da im Grand ein oder bilden eigene, in der Dicke verschiedene Schichten. Eine ähnliche, doch nicht so markante Sonderung ist im Kies zu beobachten, in dem feines und grobes Geröll wechsellagern. In den nördlichen, südlichen und östlichen Randgebieten des Rollsteinfeldes begegnet man Geschieben bis zu 2 m Dm. Auch sie tragen die Spuren der Wasserbearbeitung, obwohl hin und wieder gut ausgebildete Schliffflächen, selbst mit Schrammen erhalten blieben. Da diese vom Wasser kaum trans-portiert werden konnten, müssen sie an der Stelle ihres Auf-tretens ohne eigene Bewegung durch die Schotter abgerieben sein. Dies machte mir ein grosser Block wahrscheinlich, der am Eingang der Grube, in der unteren Abbausohle gelegen, auf der entblössten Seite einem Rollsteine ähnlich sah, aber auf der eingebetteten, erst später befreiten eine deutliche Schliff-fläche trug.

Im Längsprofile ist die Lagerung in den Teilen, wo die Muldenschenkel des Querprofils scharfwinklig aneinander-stossen, monoklinal mit nördlichem Einfallen, also umgekehrt wie in den Endmoränen. Die durchlaufende Welle besitzt, im ganzen betrachtet, Neigungen, die den natürlichen Böschungs-winkel nicht übersteigen. Meist liegt dieser zwischen 20 und 30°, doch fällt er in den liegenden Teilen wohl bis auf 10° und steigt an anderen Stellen auf 35°. Nur einmal wurde auf kurzer Strecke eine Neigung von 40° gemessen. Horizontale Lagerung ist auch vorhanden, doch untergeordnet. Die Wechsel-weilen umschliessen bald nur eine gleichmässig konzentrische Linse, bald deren mehrere hintereinander oder bisweilen auch übereinander. Aber mitunter füllt sich das Wellental nicht in der gewöhnlichen Weise aus, sondern alle Geröllsandmassen legen sich der Nordseite des Wellenberges an und erzeugen eine gegen die südlichen Massen sich stützende Antiklinale, welche monoklinal aussieht. Die aus der Vereinigung der Muldenschenkel des Querprofils hervorgegangenen Grate dürften im Längsschnitt Schichtenböschungen innerhalb der normalen Neigung bis zu 48° und zwar meist zwischen 30 und 40° be-sitzen; ist jedoch der Schnitt nicht genau rechtwinklig zum Querprofil, so steigt der Winkel, wie dies auf der Lichtdrucktafel (Taf. 13) sichtbar, bis 75°. Die einzelnen Bänke nehmen nach oben an Dicke ab, keilen oft schnell spitz aus, oder es greifen in die Hauptbänke von unten her dünne Schichten ein, welche rasch z. T. schon auf halber Höhe aufhören, um dicht daneben von neuem zu beginnen. Die Grand- und Sand-schichten sind im Kies meist stark gewellt und flaserig, gleichen also Dreiecken von geringer Höhe und langer Basisfläche, wobei der stumpfe Winkel immer nach N gewandt ist.

Innerhalb der Muldenteile verlaufen die Bänke stark undulös und richten sich bis zu 75° streckenweise auf. Das

Längsprofil (Textfig. 1) bringt schematisiert die Verhältnisse zwischen Lagerung und Schichtung zur Darstellung.

### Fig. 1.

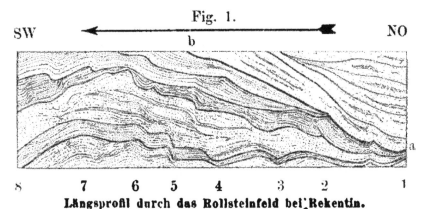

SW      NO

b

s    7    6    5    4    3    2    1

**Längsprofil durch das Rollsteinfeld bei Rekentin.**
(Die ausgezogenen Linien bedeuten sandig-grandiges, die punktierten kiesiges Material.)

Die Linie a—b trennt die antiklinale Serie von der wesentlich anders gebauten synklinalen.

Die antiklinalen Partien zeigen unruhige, geknickte Bänke, welche wie durch Eisdruck zusammengeschobene Schichten (Flexuren) aussehen, die jedoch ein eigenartiger, durch Druckkräfte nicht erklärbarer Schichtenverband als echte Sedimente kennzeichnet. Da indessen die Mulden einfach synklinale Bänke ohne Schichtenverbiegungen enthalten, muss die Verbiegung auf primäre — allerdings unbekannte — Ursachen bei der Aufschüttung durch Gletscherwasser zurückgeführt werden, und zwar gelangt man bei näherer Betrachtung zur Annahme einer auf- und absteigenden Wasserbewegung, die neben der nord—südlichen Hauptströmung die Sedimentation bewirkte. Im ganzen Profile beobachtet man nämlich neben einer Schichtung unter dem normalen Schüttungswinkel eine solche über demselben. Teils liegen beide Arten diskordant neben- und übereinander, teils gehen sie scharfwinklig in einander über und zwar in der nördlichen Hälfte umgekehrt wie in der südlichen. Die N-Enden der normal gelagerten Schichten sind ganz oder teilweise unter wechselnden Winkeln abgeschnitten und, z. B. bei 2, 4 und 7 in den beiden Hauptsandbänken, von transversalen überlagert. Dies kann in der nördlichen Hälfte nur eine nach oben, in der südlichen eine nach unten wirkende Strömung erzeugt haben. Man sieht jedoch aus der Gestalt der abschneidenden Fläche, ob sie durch Nebenströmungen nahezu allein oder durch das Zusammenwirken derselben mit der Hauptströmung entstand. In der oberen Sandlage bei 2 folgte der Aufwärtsbewegung schnell die fortschreitende, kombinierte, sodass die anfangs quergestellten Schichten allmählich mit stumpfem Winkel in einander übergehen, deren Spitze bei 2 und zwischen 5 und 6, sowie oberhalb dieser Bank bei 4 aufwärts und bei 7 abwärts gewandt sind. In umgekehrter Folge wird der Vorgang bei 5 (unten) stattgefunden haben. In 6 liegt die Übergangszone von der Aufwärtsbewegung in die Abwärtsbewegung, sodass zwischen 6 und 7 die grösste Anhäufung erfolgte. Zwischen 7 und 8 tritt dementsprechend eine Art Übergusschichtung auf.

Die synklinalen Partien bestehen, abgesehen von dünnen Sandlagen und Schmitzen, aus weniger gut geschichtetem und sortiertem Material, weshalb nur an einigen Stellen die Grenzlinien der Kieslagen festzustellen sind.

Das Querprofil bietet auch interessante, bislang nicht beobachtete Strukturen (Taf. 12). Die Muldenschenkel der synklinalen Bänke stossen meist unter 25—40°, seltener unter 75° oder 10° aneinander. Nur im östlichen Teile des Profils, jedoch fast auf der gesamten von S nach N abgebauten Wand fanden sich grössere Winkel, anfangs solche von 90° und fast auf der Hälfte der Abbaustrecke sogar solche bis zu 160° (Taf. 12 No. 1 und Taf. 13 rechts). Diesen letzten nach W überhängenden Mulden schliessen sich nach O entsprechend flache an, sodass das Mittel beider Neigungen 75° nicht übersteigt. Von den drei anderen sichtbaren Mulden (Taf. 12 No. 2, 3, 4) unterscheiden sie sich durch ihr sandigeres Material und durch ihre unveränderte Lage während des Abbanes. Diese drei sich nach W anschliessenden dagegen vergrösserten ihren Durchmesser mit dem Abbau, sodass die N-Wand bei gleichbleibender Breite schliesslich nur zwei (No. 2 und 3) von ihnen fasste. Später kam die verschwundene Mulde wieder zum Vorschein und veranlasste eine bedeutende Verengung resp. Vertiefung der mittleren westlichen. Diese Tatsachen erlauben vier parallele Ablagerungsrinnen anzunehmen, die, abgesehen von der östlichen, eine schwache Biegung nach W hin machen. Mit der Zurückbiegung von W nach O bringe ich zwei Faltungen (Taf. 13) in Verbindung, welche sich auf der heutigen Abbauwand zeigen. Diese entstanden durch eine Überkippung der steilen Grate der Mulde No. 3 nach W und O, deren Böschungen in dem der Umlegung vorhergehenden Stadium bei dem westlichen Muldenschenkel annähernd 70°, beim östlichen nur 55° betrugen. Aus dem Auftreten eines sehr geröllreichen Kieses in der erweiterten Mulde, von Sand in der verdrückten, ist auf eine Strombettverlegung zu schliessen, welche eine Folge der Änderung in der Stromrichtung sein musste, sodass wegen der Trägheit der Wasser neue Prallstellen und durch die Korrasion ein Durchbruch der dünnen Scheidewände zwischen den drei Rinnen geschaffen wurde. Durch den Druck der Kiesmassen wurden die Grate beiseite geschoben, bis die Muldenschenkel der engen und steilwandigen Rinne auf den beiden anderen lagen, was eine Zerreissung der westlichen Falte von oben bis unten zur Folge hatte (Taf. 13). Auf ähnliche Ursachen ist vielleicht auch die Überbiegung der Synklinale an der östlichen Mulde zurückzuführen (Taf. 12 No. 1).

### 2. Das Rollsteinfeld bei Jarmen.

Zwischen Jarmen, Zarrenthin und Müssenthin dehnt sich ein ca. 4—5 qkm grosses, an verschiedenen Punkten umfangreich abgebautes Rollsteinfeld aus. Leider konnte in der bedeutendsten Grube nur das Querprofil näher studiert werden.

Der Kies ist im nördlichsten Teile am gröbsten, durchschnittlich meist walnuss- bis faustgross, aber mit reichlicher Beimengung von noch gröberem Material, im südlichen nur erbsen- bis haselnussgross und in einzelne Bänke von feineren Granden eingeschaltet. Geschiebe von $^1/_2$—1 m Durchmesser sind sehr selten, pflegen nur in den tieferen Lagen verzukommen und durch die über sie hinweg verfrachteten Geröllmassen stark abgerieben zu sein. Ein Block von ca. 2 m Durchmesser, der auf etwas lehmigem Kies ruhte, hatte ein ziemlich ursprüngliches Aussehen. Ein besonders interessantes Vorkommen bilden zwei vorzüglich aufeinander passende Teilstücke eines ca. 1 × 1,20 m grossen Rapakivi-Geschiebes, welche im Kies an zwei in südöstlicher bis südsüdöstlicher Richtung ca. 9 m von einander entfernten Stellen eingebettet waren. Eine ähnliche Beobachtung wurde von Geschieben der Grundmoräne bekannt.[1])

Im südlichen Teile des Rollsteinfeldes macht oberflächlich der Kies Sanden und Granden bis zur gänzlichen Verdrängung durch diese Platz. In den oberen Sandlagen kommen vereinzelt tonige Sande und Tone vor, deren Mächtigkeit 2 dcm erreichen kann. Mit dem Zurücktreten des Kies wächst das Niveau des Rollsteinfeldes von ca. 10 m auf 20 m Meereshöhe, doch ist zu vermuten, dass der Kies, wenn auch weniger grob, die oberen Grande und Sande unterteuft, da er als Ein- und Auflagerung von N her auftritt.

Die Kiese und Sande des Rollsteinfeldes sind in regellosen Linsen unter dem natürlichen Schüttungswinkel gelagert, indem ihre Neigung bei jenen nur 10—25°, selten bis 35°, bei diesen 15—35° beträgt (Textfig. 2).

## Fig. 2.

NW                                                    SO

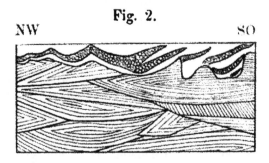

Profil durch das Rollsteinfeld bei Jarmen.

Diese Linsen sind sehr häufig der Länge und Breite nach abgeschnitten, von späteren Bildungen bedeckt oder dienen schief-

---

1) Innerhalb der beiden Ketten des Teutoburger Waldes begegnete ich bei Tecklenburg dieser Erscheinung, welche sich leicht durch den

stehenden (0—60⁰), ausgedehnten, mitunter sogar mehrere Quadratmeter grossen Komplexen parallelgeschichteter Kiese resp. Sande als Basis. Die diskordante Parallellagerung, ebenso wie die gleichgebaute Schichtung in Sanden denke ich mir durch den Wellenschwall entstanden, der bei der anzunehmenden, bedeutenden Stromstärke gross genug war, um die niedersinkenden Schotter durch seinen rückläufigen Stoss zu ordnen. Die gesetzlose Lagerung der Linsen lässt auf eine wechselnde Lage der Strombahn schliessen.

Einen für die Rollsteinfelder fremdartigen Bau besitzt die hangende Serie, die im Geröllgrand Bänke mit diakener Struktur enthält. Sie stellt eine flache, in ihrer Mitte erhöhte Mulde dar, deren O-Rand (Textfig. 2) kesselartige Vertiefungen und Rinnen enthält, während an der östlichen Seite der mittleren Schwelle treppenförmige Absätze und Löcher erodiert sind. In diesen stark denudierten Teilen des Rollsteinfeldes sind die diakenen Geröllager zusammenhängend, aber gegabelt oder in den stark grabenartigen Teilen in parallele Bänke aufgelöst, wo sie stellenweise mit einem Ende dem Relief der Unterlage angefügt sind. Sie zeichnen sich dadurch aus, dass ihre bald nuss-, bald ei- oder faustgrossen Gerölle nach den Dimensionen lagenweise getrennt und unter 20 bis 35⁰, höchstens 42⁰ angeschüttet sind. In den unteren Partien begegnet man oft Einschlüssen des Liegenden, welche sich scharf von den lockeren, durch Sickerstoffe bräunlich gefärbten Geröllgranden abheben. Dennoch ist diese Kiesdecke wohl durch nachträgliche Umlagerung der Oberfläche gebildet.

### 3. Das Rollsteinfeld bei Grimmen.

Unmittelbar am S-Rand des Trebeltales und demselben parallel dehnt sich von Grimmen bis Grellenberg ein Rollsteinfeld aus, das sich an beiden Enden in sandigen Lehmgebieten verliert. Es zeigt eine einfache, im Längs- und Querprofil gleichmässig wellenförmige Lagerung der Kiese unter Böschungen von meist 15⁰, vereinzelt von 20⁰. In der Korngrösse des

---

Eisschuh erklärt. Das eine Teilstück lag auf einem anderen Blocke, während die zugehörige Hälfte zwei Schritt entfernt im Mergel stak.

selten faustgrossen Gerölles findet mit mehrfacher Wiederkehr eine Abnahme von O nach W statt. Die Kiesschichten, welche vor allem bei Grellenberg typische diakene Struktur haben, keilen bald kurz, bald lang aus. Sie führen dort neben zahlreichen faustgrossen Geröllen, unter denen Feuersteine besonders reichlich vertreten sind, spärlich Geschiebe und enthalten in der grossen Kiesgrube unweit Grimmen zahlreiche Rollstücke eines graugrünen, sandigen Bakuliten-Mergels.

## Kames.

### Morphographie.

Die Åsrücken werden bisweilen von einem Schwarm kuppiger bis konischer Hügel und kurzer, unregelmässiger Rücken, den Kames, begleitet, welche die Tendenz zeigen, sich senkrecht zur Eisbewegung anzuordnen. Andererseits lösen sich jene innerhalb oder am Ende ihres Laufes in Kames auf. Im letzten Falle gruppieren sich diese gern in mehr oder weniger deutlichen Reihen parallel dem Eisrand und vertreten selbst auf Strecken die Endmoränen.

J. Geikie[1]) gibt von der Kameslandschaft folgende anschauliche Schilderung: „Die Sande und Kiese haben das Bestreben, Kuppen und gewundene Rücken zu bilden, welche der Landschaft ein buckeliges und stark welliges Aussehen geben. In der Tat ist diese Erscheinung so charakteristisch, dass sie allein imstande wäre, die Grenzen ihres Auftretens mit so grosser Präzision, wie überhaupt nur möglich, zu markieren. Sehr häufig begegnet man der Erscheinung, dass längere oder kürzere Hügel wirr durcheinander vorkommen, und indem sie sich unter allen möglichen Winkeln kreuzen, umschliessen sie tiefe Gruben und Mulden. Ein solcher Schwarm von Kames gleicht, von einem erhöhten Punkte aus gesehen, der wogenden See. Hier steigt der Boden zu einer langen Welle an, dort erhebt er sich plötzlich zu einer Kuppe oder einem Kegel, an einer dritten Stelle biegt er plötzlich in einen

---

1) The Great Ice Age. Third Edition, London 1894. p. 181.

steilen Rücken um, der einen kleinen Teich mit hellem, klarem
Wasser umschliesst". Das eigentümlich unruhige und doch
einförmige Gepräge der Kameslandschaft erinnert an die
Moränenlandschaft, doch sind ihre Formen, wie Chamberlin
mit Recht hervorhebt, sanfter.[1])

Dem Auftreten nach, nämlich entweder innerhalb oder ausserhalb der Åsentwicklung, lassen sich zwei Typen von Kames unterscheiden, die ihrem Bau nach gleiche Bildungen sind. Die
einen liegen ganz in der Radial-Rückenlandschaft und laufen
in ihrer Gesamtheit, sowie öfter auch als Einzelstücke, den Åsar
und Drumlins parallel. Für sie möchte ich den Namen „Radialkames" vorschlagen, welche durch Übergänge mit den Åsar
verbunden sind. Die anderen liegen mehr oder weniger ganz
in der marginalen Rückenlandschaft, indem sie sich wie die Endmoränen am Rande des Inlandeises bildeten, sodass sie „Marginalkames" genannt werden könnten, welche Bezeichnung für sie
schon von H. C. Lewis[2]) angewandt wurde. Trotz ihrer
marginalen Lage sind sie jedoch als Teile der radialen Rückenlandschaft aufzufassen, mit welcher sie genetisch verbunden
sind, wie sie andererseits oft in Geröllendmoränen ihre Fortsetzung finden.

Die Radialkames stehen in Bezug der Mächtigkeit ihres
Auftretens meist hinter den marginalen Kames zurück, besonders
wenn sie nur als lokale Entwickelungen von Åsar auftreten.
„Sie stehen dann oft," wie T. C. Chamberlin[3]) bemerkt,
„in Verbindung mit tiefen und steil geböschten Tälern und
liegen häufig an den Vereinigungspunkten mit Nebenflüssen
oder an scharfen Biegungen bei breiter Talsohle, vorzüglich
aber dort, wo die Täler aus dem Gebirge in ebenes Gebiet
übergehen. Im letzten Falle sind sie häufig von Kiesterrassen
und -ebenen begleitet." „Nicht selten," sagt J. Geikie,[4])
„bilden sie eine Kette, welche sich von einer Talseite zur

---

1) F. Wahnschaffe: Oberflächengestaltung, 1901, S. 160.
2) Proceedings Philadelphia Society Nat. Hist. 1885, p. 157—173.
3) Terminal Moraine of the second glacial Epoch (Third ann.
Report U. S. Geol. Survey 1881—82, Washington 1883, p. 800).
4) A. a. O. p. 747.

andern mit einem fast endmoränenartig geschwungenen Bogen erstreckt."

Die Kames treten besonders dann in Begleitung eines Ås auf, wenn dieses sich in mehrere Rücken teilt, wobei oft die Åsnatur verschwindet und büschelige Haufen von Hügeln und unregelmässigen Rücken den Übergang vermitteln. Häufig sind sie die einzigen Geröllglacial-Anhäufungen innerhalb der Åszone und liegen dann in Reihen nebeneinander in der Fortsetzung oder der Lücke des Ås. Gehen sie vor oder innerhalb der Endmoräne aus der Auflösung von Åsar hervor, so ordnen sie sich, vom bestimmten Punkte aus betrachtet, zu stark buckeligen Rücken und gewundenen Reihen, welche bald radial von einer Stelle ausgehen, bald parallel der Eis-bewegungsrichtung liegen, eine Erscheinung, welche vom Be-obachter innerhalb des Gebietes nicht wahrzunehmen ist, die sich aber aus der Anordnung der zwischen den Hügeln liegenden Gruben und Mulden ergibt. Diese stehen nämlich durch Ein-sattelungen der Rücken in einem gewissen Zusammenhange, der bis zur Ausbildung von längeren, gewundenen oder geradlinigen Depressionen und Überfliesstälern führt, welche beide meist mit gesteinsfreien, resp. gesteinsarmen Schwemmsanden ausge-kleidet sind und nicht selten Graben- und Flussläufen den Durchtritt gestatten.

Ausserdem finden sich die Radialkames ganz unabhängig von jeder Åsbildung. Sie laufen dann unter Umständen eine Meile und weiter in mehreren, parallelen Reihen, teils als Rücken, teils als Kuppen entwickelt. Nicht selten vereinigen sich Parallelrücken unter spitzem Winkel, sodass bei öfterer Wiederholung ein ganzes Netzwerk von Kames entsteht. Gehen sie vor oder innerhalb der Endmoräne aus der Anhäufung von Åsar hervor, so ordnen sie sich auch hier mehr büschelig als parallel. Von den gänzlich ohne Beziehung zu Geröllhügeln einer Ås- oder Endmoränenzone auftretenden Kames bemerkt J. Geikie[1]) noch, dass sie mehr isolierte Kuppen bilden, von denen einige tumulusähnliche Haufen und isolierte trau-

[1]) A. a. O. p. 748.

bige Ansammlungen von Geröllhügeln und -rücken darstellen,
die über hügelige und ebene Glacialstriche verstreut sind, und
welche zweifellos eine geringere und nur zufällige Tätigkeit
glacialer Wasser repräsentieren.

Von den Marginalkames sagt T. C. Chamberlin:[1])
„Ganz ähnliche Anhäufungen sind gewöhnliche Begleiter, wenn
nicht sogar wesentliche Teile der Endmoränen, und in diesem
Falle sind sie in unregelmässigen Zonen, die quer zur Eis-
bewegung stehen, angeordnet und nehmen oft verschiedenartige
Stellungen, entsprechend der Neigung der Landoberfläche ein.
In der letzten Verbindung stehen sie im Gegensatz zu den
Åsar, indem sie quer liegen zur Neigung der Bodenfläche,
dem Laufe der Täler und der Richtung der Eisbewegung.“
Chamberlins Untersuchungen wurden durch R. Salisbury[2])
bestätigt, der in New-Jersey die Rückzugsmoräne lokal von
Kames vertreten fand. Die Kames „unterscheiden sich von
den Åsar dadurch, dass sie lieber Kuppen und Hügel bilden
als Rücken, obgleich sie meist etwas verlängert sind, und
dadurch, dass sie gewöhnlich rechtwinklig zur Eisbewegung
angeordnet sind, anstatt parallel wie die Åsar. Von isolierten
Kames kann man nicht sagen, dass sie irgend eine Orientierung
darbieten. Aber wenn Kames in Reihen liegen, die sich wie
die Endmoränen bogenförmig zusammenschliessen, nähern sie
sich einer zur Eisbewegung rechtwinkligen Lage oder laufen
parallel zum Eisrande. Solche Kamesreihen werden durch
Wasser erzeugt sein, dessen Stromrichtung, obgleich sie sich
häufig änderte, zur Streichrichtung der Hügel durchschnittlich
im rechten Winkel stand ... In den Dimensionen sind die
Kames sehr veränderlich. Ihre Breite schwankt zwischen
einigen Fuss und einer Meile (engl. = 1,6 km), ebenso ihre Höhe
von einem geringen Betrage bis zu 100 Fuss (engl. = 33 $\frac{1}{4}$ m)
und mehr“.

---

1) A. a. O. p. 300.
2) Preliminary Paper on Drift or Pleistocen Formation of New
Jersey (Ann. Report of the State Geologist 1891, Geol. Survey. Tren-
ton 1892, p. 92—95).

Nach W. Upham[1]) reihen sich in Minnesota die Kames zu Endmoränenzügen an. Weiter verbreitet findet man aber, dass sie sich nach N hin an typische Endmoränen anschliessen (Rolling or Kame-like Modified Drift z. B. in Douglas und Pope Countries), indem sie allen Biegungen der Endmoränen folgen. Wo Kames auftreten, ist in der vorgelagerten Endmoräne eine Lücke, die heute den Flüssen den Durchtritt gestattet (von NO und NNO). Verlängerte Depressionen, schmale Seen, die im grossen und ganzen in der Stromrichtung des Eises liegen, schliessen sich diesen Gebieten an, während die Ströme im allgemeinen senkrecht dazu gerichtet sind. Auch vor und hinter dem Endmoränengebiete kann sich eine Kameslandschaft befinden (z. B. in Becker und Otter Tail Countries).

### Stratigraphie.

Eine genauere Schilderung vom Bau der Kames gab zuerst T. C. Chamberlin[2]) in seiner Arbeit über: „Hillocks of angular Gravel and disturbed Stratification": „Die Kames bestehen" nach ihm „meist aus Granden und Kiesen, weniger aus Sanden, Geschiebetonen und Blöcken. Die letzteren sind alle eckig und keine Rollblöcke. Die Gesteine müssen wie der Grand selbst aus Geschiebemergel dadurch hervorgegangen sein, dass diesem die tonigen Bestandteile entzogen wurden. Stellenweise findet man in den Hügeln Reste eines schwach aufbereiteten Geschiebemergels als einen lehmigen Kies. Geschrammte Geschiebe kommen vor, aber es finden sich auch Hügel mit mehr gerundetem Material.

In einigen Kames ist der Grand horizontal gelagert, in anderen aufgebogen und in den mannigfaltigsten Formen diskordant struiert. Man beobachtet, dass der Neigung der Schichten keine Grenze durch den für die Ablagerung im Wasser und durch die Korngrösse sonst bedingten Schüttungswinkel gesetzt ist. Es kommen vielmehr alle möglichen Neignngs-

---

1) The Geology of Minnesota, vol. II (The Geol. and Natur. History Survey of Minnesota. St. Paul 1888, p. 471—498).

2) The American Journal of Science vol. 27, Third Series, New Haven, Connecticut 1884, p. 378—390.

winkel, sogar bis zu 90⁰ vor, dazu gesellt sich oft eine verdrehte und gelegentlich, obgleich eher selten, verworfene und zerstückelte Lagerung. Zwischen wohlgerundeten Bänken liegen oft wirr angeordnete Fetzen." „Häufig," sagt R. Salisbury,[1] „tritt der Fall ein, dass gut ausgeprägte Kames mit einem dünnen Mantel von Geschiebemergel bedeckt sind,") der nach J. Geikie[2] gelegentlich auch den Kern des Geröllhügels bildet. Seine Oberfläche zeigt bisweilen deutliche Spuren der Denudation durch die Gletscherwasser. Weitere Untersuchungen T. C. Chamberlins[3] haben ergeben, dass das Gesteinsmaterial in Abstufungen vom ungeschichteten Geschiebemergel bis zum geschichteten Sand und Kies, die mit jenen genetisch verbunden sind, auftritt. Ebenso war in der grösseren oder geringeren Abrundung des Materials eine gleiche Stufenfolge zu erkennen. In den Hügeln mit gestörter Schichtung ist wahrzunehmen, dass die Bänke durch horizontal wirkenden Eisdruck zusammengeschoben sind.

In den Kames, deren Längsachse senkrecht zum Eisrande und im allgemeinen parallel zur Eisbewegung orientiert ist, glaubt Chamberlin die deutlichen Spuren einer länger währenden oder intensiveren Wasseraufbereitung gefunden zu haben. Diese Kamehügel zeigen höchst selten und dann nur an der dem Eisrande früher zugewandten Seite eine Bedeckung oder Einpressung von Geschiebemergel, mit dessen Auftreten oft Lagerungsstörungen verbunden sind.

Die Lagerung ist in den Kuppen und Kegeln, wie G. Stone[4] beobachtete, gewöhnlich quaquaversal, bisweilen monoklinal mit einer Neigung in der Richtung der Eisbewegung. An Stelle der quaquaversalen Lagerung tritt jedoch ebenso häufig eine pantokliuale, deren Durchschnitte alle sattelförmig sind, während eine annähernd horizontale Lagerung der Schichten-

---

1) A. a. O. p. 92 ff.

2) A. a. O. p. 184.

3) The Horizon of Drumlin-, Osar- and Kame-Formation (The Journal of Geology, vol. I, No. 3. Chicago 1893, p. 255—267).

4) A. a. O. p. 89.

serien selten ist.[1]) Immerhin kann man wohl sagen, dass die Schichtung und Lagerung in den Kames im allgemeinen, soweit die Verhältnisse aus den etwas verworrenen Darstellungen ersichtlich sind, den bei den Geröllåsar, wie Gemengeåsar beschriebenen Vorkommen sehr ähnlich werden. Besonders charakteristisch für sie ist jedoch die oft bedeutende Blockbestreuung und -einlagerung, die sich nicht selten zu Packungen als Geschiebe- oder Geröllkies erweitern, von welchen letzterer gern in der Gesellschaft diakener Schichten auftritt.

Die Beobachtungen über Kames in Deutschland sind noch sehr dürftig. F. Wahnschaffe[2]) glaubt, einige Züge von Geröllsandkuppen der Lüneburger Heide zu den nordamerikanischen Kames rechnen zu müssen. E. Geinitz[3]) hält einige aus Kies bestehende tumulusartige Kuppen, längere Dämme und Wälle bei Pölitz, Belitz, westlich von Gnoien, nordöstlich Samow u. a. O. Mecklenburgs für Kames. Über den inneren Bau wird jedoch weiter keine Angabe gemacht. Von den aus dem nordwestlichen Sachsen, der Gegend von Tancha und Dahlen bekannt gewordenen Geröllhügel sagt H. Credner,[4]) dass ihre Zusammensetzung und Gestalt eine unverkennbare Ähnlichkeit mit den von J. Geikie beschriebenen Kames des schottischen Flachlandes aufweisen. Etwas Näheres erfahren wir von A. Baltzer[5]) über einige Kames, die sich im Gebiet des diluvialen Rhônegletschers östlich Baulmes und nördlich von Rances, sowie in der Gegend von Konstanz und Lindau befinden: Die Kies- und Sandwälle, welche unruhige Konturen zeigen, bestehen aus allseitig antiklinal geschichtetem Material.

---

1) J. Geikie: A. a. O. p. 184.

2) Oberflächengestaltung S. 161. Desgl.: Ein geolog. Ausflug in die Lüneburger Heide auf dem Rade (Globus 78, No. 12, 1900, S. 185—187).

3) Über Åsar und Kames in Mecklenburg (Zeitschr. d. D. geol. Gesellsch. 38, 1886, S. 660).

4) Über Glacialerscheinungen in Sachsen (Zeitschr. d. D. geol. Gesellsch., 32; 1880, S. 592—594).

5) Beiträge zur Kenntnis schweizerischer diluvialer Gletschergebiete. Mitteilungen d. naturforsch. Gesellsch. in Bern 1899, Bern 1900, S. 54—65.

Die Geröllsandbänke sind merkwürdig gestaucht, und die weniger ausgewaschenen Lagen enthalten einiges Steinmaterial mit Schrammen.

In Schweden und Finland kommen kameartige Hügel verschiedentlich vor, doch legten die Geologen wenig Gewicht auf diese Gebilde. Sagt J. E. Rosberg[1]) doch: „Die Åsar gehen oft in Anhäufungen von unregelmässigen Sandhügeln über, auf welche von allen Beschreibungen die von Geikie gegebene Darstellung der Kames passt. . . Dennoch aber habe ich für beide Bildungen den Sammelnamen ‚Åsar‘ angewandt, da bei uns diese Scheidung noch nicht durchgeführt ist, wenn auch, besonders in der Nähe der Randzone, die fraglichen Bildungen besser als Kames zu bezeichnen wären“.

## Die Kames Vorpommerns.

### 1. Die Kames bei Leistenow.

Die an der O-Seite des Auegrabentales zwischen Buschmühl, Leistenow und Vw. Carolinenberg liegenden Hügel verleihen der Landschaft ein buckeliges Aussehen. Die Kuppen (38—43 m ü. M.), welche die letzten Akkumulationen der Waren-Gatschower Åszone darstellen, sind nur einige Meter höher als ihr südliches Nachbargebiet. Sie sind meist 14—20°, jedoch nicht steiler geböscht und enthalten einen kiesigen Grand, der nur stellenweise ein grober Kies wird, und in dessen oberen Lagen vereinzelt Blockanhäufungen auftreten.

Das beste Bild gewinnt man von der Kameslandschaft, wenn man von Utzedel, in der Richtung auf Dorotheenhof geht und, an der Wegkreuzung vor der grossen zum Auegraben führenden Moorniederung nach der Seite von Vw. Carolinenberg umbiegend, die Hügel besteigt. Die in der direkten Fortsetzung des Gatschower Ås liegenden Teile des Kamesgebietes lassen zwei in SW-licher Richtung laufende, scharfe Kiesrücken hervortreten. Ein Gewirr von kleinen steil-

1) A. a. O. Fennia 7, 2. Helsingfors 1892.

15*

geböschten Hügeln erblickt man, wenn man, nach Leistenow
zu weitergehend, den Nadelwald passiert hat.

Das von Buschmühl nach Leistenow gehende Stück des
Auegrabens ist als zugehöriges Randtal (11—14 m ü. M.) anzusehen, das im Strehlower Bach seine Fortsetzung hat. Zur
Zeit der Bildung dieser Kames scheinen auch die Geschiebehügel westlich des Auegrabens ihre Gestalt bekommen zu haben,
da zwischen ihnen vom Tal ausgehende, schluchtenartige Ein-
schnitte liegen, wodurch ihr mehr oder weniger kuppiges
Relief entstand.

### 2. Die Kames Roidin-Hohenmocker.

Zwischen Roidin und Hohenmocker am unteren Tollense-
tal liegt eine Kameslandschaft, deren Mulden oft bis auf die
Mergelunterlage hinabreichen, und von welchen eine im südöstlichen Teile des Gebietes sogar schluchtenartig vertieft ist.
In dieser gedeihen im Gegensatze zu den umgebenden, mit
Nadelholz bestandenen Hügeln eine kräftige Laubholzvegetation
und wegen der beständigen Feuchtigkeit Krautpflanzen. Diese
Kamesgruppe erstreckt sich mit 45—55 m Höhe ü. M. in
einer 6—800 m breiten Zone ca. 1¹/₂ km weit von WNW nach
OSO nördlich von der Demmin-Treptower Chaussee und flacht
sich nach SW hin zum Strehlower Bach langsam auf ca. 40 m
ab. Ihre Kuppen sind meistens in N—Slicher Richtung in
die Länge gezogen und besitzen geringe Böschungen von
10—15⁰, vereinzelt auch von 20—23⁰. Nach NO zu dem nur
1,7—1,8 m ü. M. liegenden Tollensetale fällt das Gebiet steil
ab, sodass zahlreiche schluchtenförmige Erosionsrinnen ein-
gegraben sind, die mit vielen Blöcken, den Auswaschungsprodukten des Mergels, erfüllt sind.

Die Kuppen bestehen gewöhnlich aus Grand, dem besonders
nach oben hin einige Kiesbänke eingelagert sind. In einer
ca. 12 m tiefen Grube im Forst Buchholz können der Hauptsache nach zwei Lager unterschieden werden, welche durch eine
mehrere Dezimeter starke, ungefähr horizontal liegende Bank
von Geröllehm, wie im Garzer Ås (Taf. 9), getrennt sind.
Die hangende ca. 8—9 m mächtige Serie besteht aus Geröll-

granden, die wenig mächtige, unter geringem Schüttungswinkel geneigte Kiesschichten und ein aus Geröllen und Geschieben bestehendes Blocknest enthalten. Die untere besteht aus stellenweise über 35° geböschten diskordant wechsellagernden Grandschichten, sowie aus Bänken von grobem, diakenem Kies mit abgebrochenen Schichtenköpfen.

Ausser in den Einsenkungen hat die Kameslandschaft in ihrem nördlichen Teile Ein- und Auflagerungen von Geschiebemergel; z. B. ruht ein ca. 1½ m mächtiger Mergelklotz auf nach SW aufgebogenen Kiesbänken. Nach SO geht sie unmerklich in eine marginale Rückenlandschaft über.

### 3. Die Kames bei Weltzin.

Aus dem sich von Weltzin durch den Golchener Forst nach Burow und Seltz hinziehenden Geröllsandstreifen heben sich unweit des Tollensetales zwei in NO--SW-licher Richtung gestreckte Radialkames heraus. In der Längsansicht gleichen sie zwar wegen ihrer ca. 20—23°, an einer Stelle sogar 27° betragenden Böschung Åsar, lassen aber, sobald man sich zwischen ihnen befindet ihr kuppiges Relief (Taf. 15) klar hervortreten. Sie bestehen aus je sechs dicht hintereinander liegenden, an ihrem Fusse zu einem Rücken verschmolzenen Kuppen, von denen einige seitlich gegeneinander verschoben sind, und haben eine Höhe von 34—42 m ü. M., d. h. 29—36 m über der Tollense. Ihrem S-Ende ist eine mit kopfgrossen Geröllen und Geschieben übersäte Blockkuppe, wie sie ähnlich in den Endmoränen vorkommen, vorgelagert.

Die Hauptmasse der Hügel macht ein Geröllgrand aus, der Lagen eines meist nicht sehr groben Kieses, sowie zahlreiche grosse Rollblöcke und Geschiebe enthält. Er bietet an der SW-Ecke des westlichen Rückens in einem grösseren Aufschlusse folgendes Profil (Taf. 14).

In die diskordanten, im Hangenden mehr Parallelstruktur aufweisenden Grande ragt von der W-Seite eine ¾—1 m dicke Mergelzunge hinein, welcher parallelgeschichtete, tonige Sande mit einem Übergang in normale Sande nach O ngelagert sind. Sie überdeckt geröllarme Grande, bildet jedoch das Liegende von antiklinalen Kiesbänken, welche die O-Hälfte des Hügels beherrschen und in ihren hangenden Partien an den Flanken den natürlichen Schüttungswinkel (45—60⁰) übersteigen. Dies letzte möchte ich eher auf eine Übergusschichtung, als auf eine spätere Verrutschung zurückführen, da sich Verwerfungen nicht finden. Die mittleren Teile dieser Kiesmasse sind ungeschichtet und stellenweise deutlich diaken, dagegen ist hervorzuheben, dass sie eine zweite Mergelzunge umschliessen.

### 4. Die Kames bei Gnoien-Lübchin.

Schon von E. Geinitz[1]) wurden einige aus Kies bestehende, tumulusartige Kuppen, längere Dämme und Wälle NW Gnoien zwischen Lübchin, Bäbelitz und Samow als Kames angesprochen, von welchen er sagt, dass sie dem Diluvialplateau aufgesetzt sind und allseitig scharf abfallen.

Die absolute Höhe dieser Hügel beträgt 25—37 m bei 5—13 m Erhebung über die Grundmoränenebene. An einer Stelle im Gnoiener Stadtforst, SW Bäbelitz, war in einem grösseren Aufschlusse sattelförmige Lagerung diskordanter Geröllsandmassen zu sehen, die im Hangenden einen kiesigen Grand, in der Mitte einen groben Kies darstellen, welcher im Liegenden lehmig wird. Die Schichten sind an einigen Stellen diaken und enthalten eine nestartige Geröllpackung.

Erwähnt seien noch die unbedeutenden, vielleicht zu den Radialkames zu rechnenden Kuppen, in welche sich das Thürkow-Gnoiener Ås nach starker Verbreiterung ONO der Stadt auflöst. Sie liegen zu mehreren in NO—SW-licher Richtung hintereinander und stehen zum Teil durch niedrige Bodenschwellen in Verbindung. Ihr Böschungswinkel beträgt 20—25⁰, bei den grösseren 25—27⁰.

### 5. Die Kames bei Bassin.

Das N-Ende des Baggendorfer Ås erweitert sich zu einer 1 qkm grossen Kameslandschaft (20—27 m ü. M.), deren

---

1) Über Åsar und Kames in Meckl. A. a. O.

4—6 m hohen Hügel sich zu drei dem Ås parallelen Reihen
gruppieren und nach Bassin zu in Querrücken übergehen.
Diese scheinen keine Durchragungen zu sein, da der Mergel
am Fusse abbricht und das Material der Hügel gröber ist, als
der Sand unter ihm (1½ m mächtig) in der Grundmoränenebene
bei Bassin. Der Aufbau der Hügel wechselt mit dem Kies-
und Sandgehalte, sodass bald deutliche, bald unvollkommene
Schichtung auftritt. In dem letzten Falle liegen einzelne
grosse Blöcke mit vorzüglichen Schliffflächen und Schrammen,
an einigen Stellen sogar Haufen in dem sandigen Grand.

### 6. Die Kames bei Kl. Rakow.

Das Kame südlich Kl. Rakow ist ein stark buckeliger,
zweimal unterbrochener Rücken von nicht ganz 2 km Länge
und einer Höhe von ca. 6—7,5 m, der sich mit einem
Bogen von N nach W bis in die Gegend von Bretwisch hinzieht. Sein nördliches, wallartiges Stück (25 m ü. M.) macht
den Eindruck eines Åsrückens, da es schlangenartig gewunden
ist und eine Böschung von 20—22⁰, gegenüber der gewöhnlichen von 10—17⁰ erreicht. Es wird auf der O-Seite
von einem vertorften Graben begleitet und schliesst sich fast
rechtwinklig an den SW-lichen Rücken, sodass hier gleichsam
ein radiales Kame mit einem marginalen in Verbindung tritt.

Die Lagerung der Geröllsandmassen ist im Längsprofil
bald stark, bald flach wellig mit Neigungen von meist 10—15⁰,
seltener 20⁰. Sie gelangt in einem Längsschnitte (Taf. 14) zur
Anschauung, an welches sich nach SW noch ein Sattel mit
Böschungen von 20—25⁰, stellenweise 30⁰ anschliesst. Im
Querprofil herrschen dieselben Winkelverhältnisse (Taf. 14).
Die linsenförmigen oder meist rhombischen Kiesbänke sind
im ganzen Profil sattelförmig angeordnet; die längeren Dia-
goualeu haben eine Neigung von 20—25⁰ und weichen von
den äusseren Böschungsflächen (30—35⁰ oder wenige Grade)
ab. Ein Geschiebemergelkern mit Andeutung von Druck-
bankung bildet einen in der Längsachse des Rückens gestreckten Grat. Er böscht in Übereinstimmung mit der Kies-
antiklinale, zeigt deutliche Spuren einer Erosion und keilt nach

N schnell gegen das Liegende aus. Die Gerölle werden
bis kopfgross und reichern sich lokal, besonders in Ei- bis
Faustgrösse, selbst Kindskopfgrösse mit häufig diakener
Schichtung zu Packungen an. Grandige und kiesige Massen
sind stark diskordant, doch scheint diskordante Parallelstruktur
nur im Querprofil aufzutreten, während linsenförmige Umrisse
im Längsprofil zahlreich sind. Im letzteren brechen einzelne
Schichten und selbst diakene Bänke plötzlich ab, indem sie
von anderen, meist aus gröberen Material bestehenden in
einer bald regelmässigen, bald ungleich gebogenen, aber
unter Umständen bis zu 90° steilen Fläche überlagert werden.
Selbst kurze rinnenartige Vertiefungen und kesselartige
mit groben Kies ausgefüllte Einsenkungen kommen in sandigen
Teilen vor, wobei nicht selten mehrere über einander lagernde,
verschiedenartige Bänke durchbrochen werden. Eine Erklärung
findet diese Art von Zerstörung, bei der die Steilseite nach
NW gerichtet ist, nur durch eine Strudelbewegung der Wasser-
massen, die von N her kommend, Teile der liegenden
Bänke aushob. In den flachen Schichtwellen konzentriert
sich der grobkörnigste Geröllsand in der Mitte des Rückens
und in den stärker geböschten auf der SO-Seite, wo er meist
nicht so vollkommen geschichtet ist, jedoch in grösser Mächtigkeit auftritt und bis zum Niveau des Kamegrabens hinabreicht.

## 7. Die Kames südwestlich Pustow.

Die zwischen Pustow, Zarrentin und Sassen liegende
Kameslandschaft umfasst ein Areal von ca. 15 qkm, das
teils aus unregelmässigen Flächen mit zahlreichen Mulden,
teils aus gewundenen kuppigen Rücken besteht. Sie bietet
trotz scheinbarer Unregelmässigkeit eine gewisse Ordnung
im Verlauf der Kuppen, Rücken und Vertiefungen. Die
Mulden umschliessen an ihrem blinden N-Ende ein Soll,
reihen sich nach S in Windungen aneinander und stellen
gleichsam ein unvollständig zur Ausbildung gelangtes Überfliesstal
oder eine Art von Talbeginn dar. In dem Schwingetale,
welches ein erweitertes Überfliesstal sein dürfte, zeigen auch
die Rücken eine gewisse Orientierung, da sie auf dessen

N-Ufer zulaufen und auf der S-Seite eine gemeinsame, dem Tale parallele Richtung verfolgen. Sie tragen Kuppen von 6—16 m, bei einer absoluten Höhe von 30—41 m. Die nach SW vorgelagerte Grundmoränenebene flacht sich von ca. 20 m ü. M. zum Peenetal auf 12 m ab.

In der ganzen Marginalkameslandschaft sind Geschiebe von bisweilen bedeutenden Dimensionen sehr reichlich vorhanden, im Schwingetal so zahlreich, dass es stellenweise einem Felsenmeere gleicht. Sie sind zu Hünengräbern und Mauern aufgetürmt und werden vom Volke als heidnische Opfersteine angesprochen. Wie gesät liegen sie ferner an der östlichen Talseite in der Sandkuppe unfern Pustow, sowie weiter östlich gegen Gr. Zastrow nestartig in lehmigem Sande eingebettet. In einer Grube fanden sich ausserdem grosse Schollen weisser Kreide und viele schwarze Feuersteine neben nordischen Geschieben von 1—1³/₄ m Durchmesser.

Von den Lagerungsverhältnissen konnte man in einigen Aufschlüssen ein Bild gewinnen. In dem steil geböschten terrassenartigen „Kiesberge" fallen die diskordanten Kiesbänke mit der Böschung ein. Sie enthalten schön gerundete, bis kopfgrosse Gerölle neben einzelnen Geschieben und lassen diakene Schichtung mehrfach beobachten. Ein höchst interessantes Profil bot ein grosser Aufschluss in der steilen (15—20⁰) Kieskuppe zwischen Zarrentin und Sassen am W-Rande des Schwingetales. Auf ihrer S- und O-Seite zeigt sich eine 1¹/₄ m mächtige Packung aus gerollten und eckigen, meist ei- bis faustgrossen Steinen, die nach N und NO in Kiese und Sande übergeht, welche ihrerseits mit mehreren, verschieden dicken Mergelbänken (3—4) wechsellagern. An der N-Seite erscheint an einer Stelle als oberste Lage inglacialer Mergel, der von dem subglacialen durch eine 20 cm dicke tonige Sandschicht getrennt ist. Ausserdem sind in der Kameslandschaft kurze, NO—SW laufende Geschiebehügel verstreut, die teils aus Lehm und lehmigem Sand, teils aus ungeschichteten oder doch schwach geschichteten Sanden bestehen. Ein Rücken links vom Wege Sassen-Zarrentin ist sogar höher (36 m ü. M.) als die benachbarten Kames.

Ebenso erheben sich unmittelbar bei Pustow im Buchenwalde einige Kuppen aus Geschiebelehm, an welche sich ein N—S laufender, steiler (25—30°), zahlreiche Blöcke tragender Wall von 375 m Länge anschliesst. Es ist jedoch möglich, dass man in diesem ein altes Befestigungswerk vor sich hat. Schliesslich befindet sich etwas weiter ein niedriger, ca. 150 m langer ähnlicher Grandrücken, dessen Fortsetzung am anderen Schwingeufer eine 13 km lange Geröllrandmoräne ist.

## 8. Die Kames bei Hohendorf.

In dem von Helmshagen nach Hohendorf ziehenden marginalen Geröllsandstreifen entwickeln sich zwischen letztem Orte, Buddenhagen und Pritzier einige Kieskuppen mit Höhen von 28—37 m ü. M. und schliessen sich zu im allgemeinen NW—SO laufenden Komplexen zusammen. Meist lassen sie durch isolierte Kuppen und durch senkrecht zum Gesamtverlauf liegende kurze Rücken erkennen, wie sie aus deren Verschmelzung entstanden, und es vermag die flache, sattelförmige Lagerung der Geröllsandmassen zur Verschmelzung der einzelnen Kuppen beigetragen haben. An einigen Stellen (z. B. gleich westlich Hohendorf) schaffen sie durch schärferes Hervortreten ein unruhiges Terrain. Sie sind dann in der NO—SW-Richtung gestreckt und hintereinander gereiht. Zwischen ihnen liegen gleich orientierte Depressionen, die teils vermoort oder mit Wasser gefüllt sind, teils Heiden darstellen.

Die Kames bauen sich auf aus einem bald grandig-sandigen, bald kiesigen Geröllsand mit diskordauter und in dem Kies oft diakener Schichtung. Sie werden vom Geschiebe-mergel unterteuft, auf dem teils zuerst der Kies (z. B. südlich Hohendorf), teils Grand (westlich von diesem Orte) folgt, auf welch letztem eine 2 m mächtige Geröllpackung mit zahlreichen bis kopfgrossen Stücken ruht. Hin und wieder führen sie Geschiebe mit Schliffflächen, zahlreicher nur in einer Grube am sog. Krausen Baum.

Nach N nimmt die Mächtigkeit der Geröllsande ab, die des Geschiebemergels und der unterdiluvialen Sande zu. Unfern der Haltestelle Hohendorf sind die unteren Sande aufgebogen, und in sie greift apopbysenartig Mergel ein, der einige Sandschlieren enthält und stellenweise selbst stark sandig wird. Nach oben wird er von inglacialem Geschiebelehm bedeckt, den seinerseits wenig mächtige Geröllsande überlagern. Ähnliche Profile bietet der Talrand der Zieseniederung zwischen Hohendorf und Schallense, wo ausser unteren Sanden im Hangenden bisweilen Mergelsande auftreten. Der Geschiebemergel der Kames und des ganzen Gebietes südlich des Ziesetales führt Kalkkonkretionen und Brocken eines rotbraunen plastischen Tons (Paleocän).

An dieser Stelle mögen auch die zwischen Hohendorf und Wolgast liegenden Hügel (Ziese-Berg 49 m; Schanz-B. 42,2 m und Gerichts-B.) Erwähnung finden. Morphographisch schliessen sie sich den Kames an und zwar im besonderen der Zieseberg mit seinem Gewirr von Kuppen, welche durch tiefe zur Peene laufende Schluchten getrennt werden. Sie bestehen jedoch aus unterdiluvialen Sanden, auf welchen nur vereinzelt oberer Geschiebemergel liegt mit einer kaum $^3/_4$ m übersteigenden Mächtigkeit. Meist lässt ein unbedeutender Sandstreifen mit Geröllblöcken, seltener Geschiebe oder Lehmbeimengung eine Trennung der unteren Sande von den oberen als möglich erscheinen. Die unteren Sande sind ausserdem viel zarter parallel geschichtet und führen bisweilen kleine Tonbänkchen.

Diese Wolgaster Hügel verdanken wahrscheinlich ihre Gestalt denselben Schmelzwassern, welche die Hohendorf-Buddenhäger Kamezone schuf. Sie könnten daher als Pseudokames bezeichnet werden. Schon in der Gegend von Steinfurt macht sich eine SW—NO-liche Erosionsrinne bemerkbar, die ihre Fortsetzung offenbar in dem Peenestrom von Hohendorf bis Hollendorf östlich Cröslin fand. Mehr oder weniger auf die Peenefurche zu gerichtet sind einige NO—SW laufende, längliche Depressionen und Rinnen auf Usedom, welche von extraglacialen Wassern ausgegraben sein dürften.

## 9. Die Kames zwischen Wusterhusen und Latzow.

Die Kameslandschaft beginnt nördlich Wusterhusen und zieht sich als eine Kette runder und ovaler Kieskuppen bis westlich Latzow, hinter welcher noch eine Anzahl meist kleinerer, nordsüdlich gerichteter Kuppen liegt. Bei 26—48 m Höhe ü. M. überragt sie die südliche Grundmoränenebene im allgemeinen um 5 m, lokal um ca. 23 m. Nach O legt sich zwischen Nonnendorf und Cröslin ein Sandr mit ebener Oberfläche vor und zwar von gesteinsfreiem Heidesand. In den Klosterbergen umschliesst er eine Düne und steigt nach Latzow zu sanft an, wo er einem geröll- und geschiebeführenden Spatsande Platz macht. Nach O (Cröslin) und S (Rubenow) geht er allmählich in die genannte Geschiebelehmebene über.

Zwischen den Kames befinden sich zahlreiche Mulden und unregelmässige, in der N—S-Richtung gestreckte Depressionen, während Sölle fast fehlen.

Der Geröllsand ist im südlichen Teile des Gebietes ein Kies, in dem nördlichen ein Grand, der zur Küste hin Dünensand Platz macht. Er wird von meist fettem Geschiebelehm unterteuft, der selbst in die Kuppen hineinragt und nach W in den ersten übergeht, indem seine südlichen Teile sandiger als die nördlichen sind und stellenweise z. B. bei Wusterhusen eine Blockbestreuung tragen. Der Geröllsand ist im Hohen Berge (48 m), einer Kuppe auf dem Schnittpunkt zweier nach S gerichteten Rücken, erschlossen und zwar als diskordant geschichtete Kiese, die bald feinkörnig sind, bald nur aus haselnuss- bis eigrossen Geröllen bestehen. Im Hangenden wechsellagern diese mit Bänken von meist faust- bis kindskopfgrossen, Schliffe und Schrammen aufweisenden Geschieben, unter denen selbst solche von 0,50—1 m hin und wieder vorkommen.[1]

### 10. Die Kames bei Jeeser.

Eine nur unbedeutende Gruppe von Kieshügeln zeigt sich in der Gegend zwischen Jeeser und Jager und ist ihrem Bau und Auftreten nach als Kames in einem von Gristow nach Reinkenhagen laufenden Geröllsandstreifen aufzufassen.

---

1) Diese Kameskuppe gewährt einen Ausblick sowohl über die ganze Kameslandschaft, als auch auf die sich flach ausbreitende Zieseniederung. Als höchste Erhebung an der ganzen Boddenküste ist sie von der See her weit sichtbar und an der Nadelholzkappe kenntlich.

Die flachen Kuppen und Rücken ordnen sich in der NO—SW-Richtung und werden südlich der Haltestelle Jeeser von der Eisenbahn durchquert. Sie bestehen aus einem kiesigen, geschiebeführenden Geröllsande und sind dem Geschiebemergel aufgesetzt, der in den nördlichen Teilen gelegentlich in sie eingreift. Im Walde nördlich der Haltestelle durchragen ausserdem gestauchte untere Sande den Geschiebemergel, der dort von oberen Schwemmsanden überlagert wird.

Dem Strom, welcher diese Kames aufschüttete, scheinen ebenfalls ihre Entstehung zu verdanken: erstens die nach SW bis Gerdeswalde reichenden flachen Sandrücken, zweitens die nach N bis Reinberg gehenden Depressionen und Rinnen zwischen den Geschiebehügeln mit dem Charakter einer niedrigen Moränenlandschaft.

### 11. Die Kames bei Richtenberg.

Bei Richtenberg sind den beiden Rändern des ca. 500 m breiten, N—S laufenden Quertales Kiesrücken aufgesetzt, östlich der 35,6 m hohe Papenberg und westlich der 24 m hohe Huf-Berg. Beide sind zu den Radialkames zu rechnen und stehen zur Talbildung in enger Beziehung.

Der Papenberg stellt einen der merkwürdigsten Kieswälle dar, welche ich bis jetzt in Pommern zu beobachten Gelegenheit hatte. Er ist ca. 650 m lang, schmal und kammartig, mit einer Böschung von 15—18°. Über der östlichen Grundmoränenebene erhebt er sich 14—15 m, doch scheint der Mergel auf der Mitte der Hügelsohle abzubrechen, sodass untere und obere Sande einander berühren, wie es in Åsar nicht selten der Fall ist. Ausser als Unterlage tritt der obere Mergel eingeschoben in der Mitte des Hügels auf, da er eine vom Gipfel bis fast in die Gegend der Sohle reichende, in der Längsachse des Rückens gestreckte Masse von 5—7 m Mächtigkeit darstellt, die von O her Sanden und Kiesen aufgelagert und etwas keilförmig in die hangenden Kiese eingedrungen ist. An der O-Seite läuft er zungenförmig nach unten bis 2—4 m über dem unterteufenden Mergel und bricht nach oben in einer steilen Wand ab. Stauchungen wurden nur an den

unterlagernden Sanden, Mergelsanden und Feinsanden des
unteren Diluviums beobachtet. Aus diesen Lageruugs-
verhältnissen geht hervor, dass wahrscheinlich ein Teil der
Kiese, Grande, Sande, Feinsande, Mergelsande und tonigen
Sande supramorän, ein anderer inframorän ist.

Die Geröllsande bestehen bald aus wechsellagernden,
schwach gewellten Kies- und Grandschichten, bald aus Bänken
und Lagen von Kies und Grand, die im Querprofil antiklinal,
östlich meist mit ca. 15—20$^0$, westlich mit 18—25$^0$ einfallen.
Zum grössten Teile legen sie sich seitlich an den Mergelkern
oder bilden einen kontinuierlichen Sattel. Im Längsprofil
lagern sie stark wellenförmig mit einer Antiklinale von oft
20—30$^0$. Grosse Gerölle sind spärlich vorhanden, seltener
noch Geschiebe, die jedoch in einzelnen, mächtigen Blöcken
am Talrand vorkommen.

Der Huf-Berg stellt einen länglichen Hügel dar, der sich
aus einer dem westlichen Talrande parallel laufenden, ca.
1$\frac{1}{2}$ km langen Geröllsandzone erhebt und nach W allmählich
n die Mergelebene übergeht. Sein Geröllsand ist im
Gegensatze zu dem des Papenberges sehr grob und lagert
flach sattelförmig. Er zeigt eine gute Sortierung, sodass Bänke
von gröberem Kies mit feinerem wechsellagern. Unter seinem
Geröll führt er viele schwarze Feuersteine, weisse kieselige
Knollen von Kalk und weisse Kreide.

---

## Die Kames auf Rügen.

### 12. Die Kames zwischen Bergen und Tilzow.

Das N-Ende einer bei Gustow am Strelasunde beginnenden
Åszone bilden die von Tilzow nach Bergen in nordöstlicher
Richtung in 3—4 parallelen Reihen ziehenden Kames, welche
Rücken, längliche Kuppen und unregelmässige Hügel darstellen
und mit zwischenliegenden, teilweise mit Wasser gefüllten
Mulden und mit mehr oder weniger langen, zusammenhängenden
Depressionen versehen sind. Trotzdem sie im Relief sehr
gut mit Böschungen von 11—16$^0$ und stellenweise 20$^0$

hervortreten, ragen sie über ihre Umgebung doch nur wenig empor. Nach N freilich erheben sie sich allmählich zu den bei Bergen liegenden, alles weithin beherrschenden Höhen des Rugard, während das südliche Ende bei Tilzow und Alt-Sassitz[1]) in deutlichen Terrassen abfällt. Noch weiter südlich und jenseits der vertorften Depression befindet sich eine Gruppe von marginalen Kames.

In den zahlreichen Aufschlüssen lagert der Kies, wie gewöhnlich im Querprofil antiklinal, im Längsprofil flach wellenförmig. Er zeichnet sich überall durch sein grobes Korn, häufiges Auftreten diakener Schichtung und Geröllpackungen aus. In den Marginalkames, die öfter Lehmeinlagerungen besitzen, sind auch die Geröllpackungen etwas lehmig und werden zuoberst von einer bis 40 cm dicken Sandlage bedeckt. In den Radialkames nehmen sie an Mächtigkeit zu, sodass sie im Hangenden der niedrigeren Rücken, z. B. unfern der Lederfabrik bei Bergen, stellenweise mehrere hundert Meter lange und bis $1\frac{1}{2}$ m mächtige Blockpackungen bilden. Diese bestehen aus meist faustgrossen, weniger kopfgrossen, selten aber $\frac{1}{2}$ m im Durchmesser starken, lose aufeinandergehäuften Blöcken mit humosem, sandigem Zwischenmittel. Ihre Steine, selbst die zahlreichen Feuersteine, sind vorzüglich durch Wasser abgerollt, sodass unter den grossen Haufen des Abbancs erst nach längerem Suchen zwei ca. 40 cm messende Geschiebe mit Schliffflächen, darunter eins mit Schrammen, gefunden wurden. Diese Packungen sind von dem Kieskerne des Rückens durch eine Grandlage getrennt, die gegen das Liegende geschichtet wird, häufig die Sohle der Rücken bildet und einzelne Linsen mit diakener Schichtung, sowie Gerölle von einfacher bis doppelter Faustgrösse, vereinzelt solche von Kopfgrösse umschliesst. Geschiebe von $\frac{3}{4}$ m Durchmesser sind hier und da eingestreut.

Als letzte Ausläufer dieser Åszone können vielleicht einige Geröllsandhügel auf Jasmund gelten, welche sporadisch in der

---

1) M. Scholz verzeichnet bereits auf seiner geologischen Übersichtskarte Kiesmassen, welche hier längs der Bahn in vielen Gruben erschlossen sind.

Drumlinslandschaft auftreten, z. B. nordwestlich Sagard und nördlich Promoisel. Bei letztem Orte beobachtet man in einer grossen
Sandgrube ein nördliches Einfallen der Grand- und Kiesschichten. Auf der SO-Seite führt ein sehr grober Kies viele
Rollblöcke (bis 35 cm Durchmesser), die lokal zu geschiebeführenden Packungen werden. Dieser Kiesstreifen zieht sich
noch ein ganzes Stück weiter nördlich. Andere Sandrücken,
welche überall gleichsinnig mit den Drumlins laufen, bestehen
z. B. bei Lanken, Quoltitz, Lohme aus unteren Diluvial-Sanden,
welche bei der interglacialen Schollenzerstückelung an den
flach einfallenden Spalten zur Erdoberfläche hinaufgeschoben
sind und durch den Eisschuh drumlinartige Gestalt angenommen haben.

### 13. Die Kames bei Garz auf Rügen.

Westlich von Garz zwischen Berglase, Frankenthal, Poseritz
und Kl. Stubben liegt eine Kameslandschaft, die sich weniger
durch bedeutende Kieskuppen, als durch zahlreiche Mulden,
kesselartige Vertiefungen und unregelmässige Depressionen
auszeichnet. Sie ordnet sich zu drei, durch grössere Moorflächen getrennten Gruppen, nämlich im Berglaser Holz und
bei Gr. sowie bei Kl. Stubben. Ihre Höhe, vom Fusse der
Böschung aus gerechnet, schwankt zwischen 3 u. 8 m, von der
Torfoberfläche aus gerechnet zwischen 5 u. 12 m, bei einer
absoluten Höhe von höchstens 21 m. Die Kuppen sind entweder rund bis elliptisch oder bilden nur unregelmässige Hügel
und kurze Wälle. Sie liegen in NO—SW-licher oder in
NW—SO-licher Richtung nebeneinander und schliessen sich
bei Kl. Stubben zu einem fast âsartigen Walle zusammen.
Charakteristisch für sie ist ihre Zusammensetzung aus mehreren
(meist 3—4) Buckeln, gerade so, als wenn auf eine Kugelschale
an verschiedenen Stellen Kalotten mit kleinerem Radius aufgesetzt wären, eine bei den nordamerikanischen Kames häufige
Erscheinung.

Der Geröllsand der Kames ist bald mehr, bald weniger
stark aufbereitet und stellenweise schwach lehmig. Er besteht

in den Hauptkuppen durchweg aus Kiesen, welche nördlich Kl. Stubben in einer grossen Grube folgendes Profil beobachten lassen. Die Kiese lagern antiklinal (10—20⁰) und gehen zum Hangenden in normalen Spatsand über. Sie enthalten zahlreiche Blöcke bis zu 2 m Durchmesser, von denen einige Schrammen und Schliffflächen, die meisten hingegen deutliche Anzeichen späterer Wasserbearbeitung aufweisen. Diakene Schichtung zeigen sie in verschiedenen, jedoch wenig ausgedehnten Teilen und an einer Stelle eine fast 1 m mächtige lose Packung aus walnuss- bis aufstgrossen Geröllen. Sie werden vom Geschiebemergel unterteuft, der auch als seitliche Einpressung beobachtet wurde.

In einen flachen Geschiebehügel nördlich Kl. Stubben ragt senone Feuersteinkreide hinein. Sie wurde bis 40 m Tiefe erbohrt, wo sie auf „Schwemmsand" ruhen soll. Oberflächlich hat sie starke Verquetschungen und Einpressungen von unterem und oberem Geschiebemergel erfahren, die ihrerseits Brocken eines braunen Glimmertons enthalten.

Auf einigen Kieskuppen liegen runde Sölle, wie auch Geschiebesandbedeckung vorkommt.

### 14. Die Kames zwischen Gustow und Drigge.

Im südlichen Teile der bei Bergen beginnenden Åszone treten zwischen Gustow und Drigge am Strelasunde nochmal Kames als Kuppen und Rücken hervor. Unmittelbar im Dorf Gustow hebt sich ein 5—13 m hoher Rücken auf ca. ½ km Länge scharf hervor. In der grossen Sandgrube des Dorfes lassen sich deutlich zwei von einander im Bau verschiedene Schichtengruppen unterscheiden. Die nördliche ist sandig bis grandig und zeigt im allgemeinen eine linsenförmige Lagerung und daneben eine diskordante aus parallel geschichtete Lagen. Ihre Linsen sind zum Teil korradiert und unter Winkeln von 15—25⁰ von anderen überdeckt. Diese Serie wird von SW her überlagert von einer aus antiklinalen Kiesschichten bestehenden, welche unten flach, zum Hangenden aber unter Winkeln bis 30⁰ einfallen. Schwach synklinale Grand- und

Sandschichten füllen die Mulde zwischen beiden Schicht-
komplexen aus.

ONO                                     WSW

Fig. 3.

Ausserordentlich charakteristisch sind die Lagerungsverhältnisse in den ausgedehnten Kiesgruben bei Drigge zwischen
Wamper und Gustower Wiek. In einigen Teilen des Aufschlusses sind nicht weniger als 6 übereinanderliegende Serien
zu beobachten (Fig. 3). Der Kies ist besonders in den tieferen
Teilen sehr grob und besteht oft aus Bänken von nuss- bis eigrossen Geröllen, unter welchen bis doppeltfaustgrosse zahlreich vertreten sind. Geröllpackung und diakene Schichtung
sind die herrschenden Formen. In den beobachteten Profilen
fallen alle Bänke monoklinal unter 25—35⁰ Neigung nach
W und S ein, was dem südwestlichen Haupteinfallen und
dem Streichen entspricht, aber eine jede wird im Hangenden
durch eine horizontal geschichtete, sandigere, dünne Bank
getrennt. Nach oben zu macht der Kies Sanden und Granden
Platz, die auch monoklinal unter Winkeln zwischen 15 bis 20⁰,
seltener bis zu 30⁰ lagern.

### 15. Die Kames der Tribberatz-Dollahner Gegend.

Orographisch ganz ausgezeichnet entwickelt ist die im
ganzen wohl 15 qkm grosse Kameslandschaft der Umgegend

von Tribberatz und Dollahn auf der Granitz, deren südliche Fortsetzung das Zirkower Ås (vergl. S. 199) darstellt.

Es kommen radiale und marginale Kames vor, und zwar zieht sich die Reihe der letzteren in der Prora und den Tribberatzer Langen Bergen im Bogen um Dollahn herum, wobei die Dollahner und Ufer-Berge mit gerechnet werden können. An diese setzt sich rechtwinklig nach SW eine ca. $5^1/_2$ km lange, perlschnurartige Kette von Radialkames in der Fangerin und den Hagener Bergen an, von denen besonders die Fangerin, ein stark buckeliger Rücken, aus ungefähr zwölf dicht hintereinanderliegenden Kuppen besteht. Sie sieht trotz ihrer geringen Höhe von 44—46 m ü. M. einem Bergrücken ähnlich, da ihre Seiten nach O auf 3 m und nach W auf ca. 10 m steil abfallen.

Ein grösserer Aufschluss war leider auf diesen aus Geröllsanden bestehenden Höhen nur in dem kurzen Nebenzweige am W-Ende der Tribberatzer Langen Berge in unmittelbarer Nähe der Windmühle zu finden. Er enthielt diskordant geschichtete Sande mit wenigen Kieslagen, während weiter nördlich an der Oberfläche, sowie in Anschnitten, Steilrandabbrüchen und Hohlwegen in verschiedenen Teilen des Gebietes ein grober Kies mit zahlreichen faust- bis kindskopfgrossen Geröllen sichtbar wurde. Feuersteine und Kreidebrocken sind überall so häufig, dass in nicht grosser Tiefe anstehende Kreide zu vermuten ist. In der Torfwiese südlich Tribberatz z. B. liess sich oberflächlich mit Mergel vermischte, feste Kreide nachweisen, die noch in einem Wiesengraben unfern des Gutes Darz zutage tritt.

### 16. Die Kames der Nistelitz-Seedorfer Gegend.

An die Tribberatz-Dollahner Kames schliesst sich nach SO eine Kette von Kames an, deren letzte Reste bis nach Moritzdorf zu verfolgen sind, und welche einer südlich vor ihr liegenden Staumoräne von Viervitz über Seelvitz nach Kl. Stresow parallel läuft. Sie besteht teils aus runden und elliptischen Kuppen, teils aus Rücken, von denen einige kuppenförmige Aufragungen haben, wie z. B. zwischen Stresow und Nistelitz. Nördlich

16*

Kl. Stresow sind die Hügel sehr steil geböscht, und in den Stresower Tannen greifen tiefe Schluchten zwischen sie ein. Dennoch ist der Kies nicht sehr mächtig, und stellenweise wird schon unter 1 m Kies unterdiluvialer Sand mit Ton erreicht, welche beide in dem ganzen Gebiete der Granitz eine erdige Braunkohle in Flittern, Stückchen und Schmitzen führen. Da der obere Geschiebemergel meist der Denudation zum Opfer gefallen ist, konnten die interglacialen Sande leicht durch die Erosion zu Kuppen umgestaltet werden. Daher stossen einerseits die unteren Sande oft durch die obere Geröllsandschicht, andererseits zeigen wie Kames aussehende Hügel auf ihren Böschungen abgeschnittene Profile von Unterdiluvium. Man hat es also zum Teil mit Pseudokames zu tun. Die Hügel in den Stresower Tannen sind teilweise dieser Art, ebenso diejenigen im Forst Schellhorn und Zargebitz; wahrscheinlich enthalten auch die Hagener, die Zirkower, die Tribberatzer und die Dollahner Berge solche Kerne von unterdiluvialen Sanden.

Die Lagerung der Kies- und Geröllsandschichten in den Kames ist sowohl für die einzelnen Bänke, als auch für die grösseren Serien die gewöhnlich diskordante. In einem Aufschlusse SO Nistelitz werden die Schichtköpfe der steil auf 35—65° aufgerichteten, stellenweise antiklinalen Bänke von horizontalen überdeckt. Diakene Schichtung wurde vereinzelt wahrgenommen; einmal fand sich ein Blocknest von $6^{1}/_{2}$ m Durchmesser, bestehend aus faust- bis kopfgrossen Blöcken. Der Geröllsand ist bald stark aufbereitet zu klarem Sand und Kies, bald lehmig. Stauchungserscheinungen selbst mit Überkippung zeigten sich im unteren Sand wie im Kies, besonders jedoch in den der Staumoräne benachbarten Teilen.

# Rückblick.

Ein Teil der Geröllhügel in Vorpommern und auf Rügen ist zu den vor allem aus Schweden und Nordamerika bekannten Åsar, Rollsteinfeldern und Kames zu stellen. Zwar wurden schon aus Deutschland einige Åsar und Kames beschrieben, doch lag eine eingehende Untersuchung bislang nicht vor, und wurde die Existenz derselben in Vorpommern und Mecklenburg bis heute vielfach angezweifelt. In Vorpommern und auf Rügen ist ihre Ausbildung so mannigfaltig und sind ihre Wechselbeziehungen so deutlich, dass ein bis in seine Einzelheiten klares Bild gewonnen werden konnte. Da alle drei Hügeltypen, so sehr sie nach Form, Bau und Auftreten von einander verschieden sind, dennoch ineinander übergehen, muss ihre Bildung auf gleiche Ursachen zurückgeführt werden, d. h. auf Gletscherflüsse, die in zeitlicher und räumlicher Aufeinanderfolge Geröllglacial aufschütteten. Diese Ströme sind in Kanälen des Inlandeises und in Rinnen der Grundmoränensohle geflossen und waren abhängig von der Art der Zurückschmelzung des Eisrandes. Deshalb warfen sie ihre der Innen- und Grundmoräne entstammenden Schotter entweder zu regelmässigen, steilgeböschten Rücken, den Åsar oder zu flachen, unbestimmt begrenzten Hügeln und ebenen Decken den Rollsteinfeldern auf. Diese letzten sind bald mehr åsartig als Rollsteinhöhen, bald den Kames ähnlich als Kamefelder ausgebildet. Demgegenüber treten in den Gebieten der Rand- und Zwischenendmoränen steile bis flache Kuppen und unregelmässige Rücken auf, die Kames, welche als Radialkames in der Längsrichtung der Åszone oder als Marginalkames mehr quer dazu gestreckt sind.

Die Åsar, Rollsteinfelder und Kames Vorpommerns, der Insel Rügen, sowie der angrenzenden Gebiete Mecklenburgs und der Uckermark lassen sich zu sechs parallelen, NO—SW laufenden „Åszonen" anordnen. Dieselben zeigen aber keineswegs eine unterbrochene Akkumulation, sondern vielfache Lücken (Hiatus) und in diesen dann nur fortbestehende Erosion von Quertälern und Rinnen.

Die erste und deutlichste, 112 km lange Åszone zieht von
Bergen auf Rügen bis in die Teterower Gegend auf mecklenburgischem Gebiet.[1])  In ihr gelangen zur Ausbildung: 1. Åsar
zwischen Reinshagen, Thürkow und Gnoien, bei Kirch-Baggendorf und Garz; 2. Kames bei Schliffenberg und Teterow, bei
Bobbin, Bassin, zwischen Gustow und Garz, Tilzow und Bergen,
sowie 3. ein Rollsteinfeld zwischen Grimmen und Grellenberg.
Das Nebenås Gnoien-Methling findet seine Fortsetzung in den
Kames bei Rakow und Jeeser, sowie bei Nistelitz bis Seedorf
auf Rügen.  Zu dieser Nebenåszone gehört ausser unbedeutenden Quertälern die submarine Rinne, die in der Schoritzer
Wiek auf Zudar beginnt und sich zwischen Rügen und dem
Vilm nach Gobbin erstreckt; vielleicht muss man auch die
Having und die Hagener Wiek hierhin rechnen.  Von ihr
trennt sich bei Garz nach der Bildung des Ås ein Nebenzweig
ab, bestehend aus einem Ås bei Zirkow und aus Kames in
der Dollahn-Tribberatzer Gegend. — Die zweite Åszone beginnt
bei Laage in Mecklenburg, läuft nach Lübchin, setzt sich in
Pommern in dem Tale der Blinden Trebel bis zu der grossen
Barthcniederung um Endingen fort, wo sie sich in mehrere
kleine Nebenlinien gabelt.  Der Hauptzug behält die Richtung
bei, schneidet in der Prohner Wiek den Strelasundstrom und
teilt sich in zwei Arme, wodurch das ganze nordwestliche Rügen
seine charakteristische Zerschlitzung in der SW—NO-Richtung
empfängt. Der westliche setzt sich im Gellenstrom, im Schaproder
Bodden mit den Trog, im Bassower und Wiecker Bodden fort,
der östliche wird durch die Breite, den Koselow See und den
Breetzer und Breeger Bodden bezeichnet.  In dieser Zone
kommt es zwischen Laage und Wallendorf zur Ausbildung
eines Ås, bei Lübchin von Kamekuppen und eines kurzen
Rückens, ferner eines Rollsteinfeldes bei Rekentin, von radialen
Kames bei Richtenberg und kameartigen Kieskuppen auf Hiddensoe bei Grieben. — Bei Waren in Mecklenburg nimmt die dritte
Åszone ihren Anfang und zieht bis Wusterhusen unter Ent-

1) Der nördliche Teil derselben wurde schon von Fr. v. Hagenow
in seine Manuskriptkarte von Neu-Vorpommern und Rügen (Bibliothek
des Minerallogischen Instituts der Universität) als Sandstreifen eingetragen.

wicklung eines Ås zwischen diesem Orte und Gatschow, von Kames bei Leistenow (Roidin-Hohenmocker), eines Rollsteinfeldes bei Jarmen und von Kames bei Wusterhusen. Zu ihr gehört die zwischen Usedom und dem Ruden sich hinziehende unterseeische Rinne, das Ostertief. — Mit der dritten Åszone wahrscheinlich verknüpft, tritt die vierte auf mit einem Ås südlich Dahmen bei Borrenthin, mit Kames bei Zarrentin-Pustow. Sie ist bis nach Mönchgut auf Rügen zu verfolgen. Unvollständig ausgebildet ist die fünfte Åszone Weltzin-Wolgast, aus der wir Kames bei den genannten Orten kennen. Sie endet in dem unteren Peenestrom zwischen dem nordwestlichen Usedom und dem Festlande. — Das Hammelstall-Wilsickower Ås endlich scheint sich nach S nicht fortzusetzen.

Die Åszonen überschreiten alle ihr im Wege liegenden Längstäler, von denen zweifellos das pommersche Grenztal und der Strelasund mit seiner östlichen Fortsetzung im Ziesetal tektonisch vorgebildet waren und zwar ohne dass sich ein merklicher Einfluss auf ihre Akkumulations- und Erosionsformen bemerkbar macht.

Der Bau der Geröllhügel zeigt eine ausgesprochene Übereinstimmung mit den aus Schweden, Finland, Dänemark, Schottland und Amerika beschriebenen Bildungen, welche so weit geht, dass dieselbe einen direkten Vergleich mit bestimmten Vorkommen in den erwähnten Ländern zulässt. Allgemein wiederkehrende Eigenschaften sind die diakene Schichtung und das Vorkommen eigentümlicher Korrasionsflächen, welche die Wirkungen eines wirbelnden, aus N oder NO kommenden Wasserstromes darstellen.

Für die Åsar bemerkenswert ist das Vorkommen aller drei Typen: Geröllås, Gemengeås und Stauås hintereinander in einem Åszuge oder nebeneinander in einem Åsrücken. Ein ausschliesslich supramoränes Geröllglacial findet sich zwar in grossen Abschnitten, dennoch muss für unser Gebiet die ausgedehnte Verbreitung der Gemengeåsar als besonders charakteristisch gelten, da das intramoräne Geröllglacial teils allein, teils zusammen mit supramoränen auftritt. In ihnen sind die Geröllsandschichten häufig zusammengeschoben, verquetscht, aufgerichtet, verworfen, ja selbst gefaltet. Grundmoräne ist ein-, an- und aufgelagert, alles Wirkungen eines erneut zum Aufsitzen gelangten Inlandeises. Diese Wechselwirkungen zwischen einer Ablagerung durch die Schmelzwasserflüsse und durch das Eis konnten am besten am Baggendorfer Ås studiert werden. Die Stauåsar endlich kommen nur im südlichen Drittel des Hammelstall-Wilsickower Ås vor, dessen Hauptmasse aus aufgepresstem Unterdiluvium besteht. Jedoch findet sich inframoränes Material auf kürzere oder längere Strecken auch sonst. Dieses lagert dann entweder antiklinal oder umgekehrt fächerförmig, wie z. B. die Sande im Gnoien-Thürkower Ås. Einer solchen Aufpressung verdankt der in die supra- und intramoränen Geröllsande einragende obere Geschiebemergel seine Gestalt. Derselbe stellt sich als ein in der Längsrichtung des Ås gestreckter Rücken oder Grat mit konkaven Flanken dar, deren parallele Druckschieferungsflächen im ersten Falle eine gerundete, im zweiten eine unter spitzen Winkel auslaufende Antiklinale bilden.

Hervorzuheben ist das Vorkommen von Blockpackungen in den Varchentin-Gatschower und dem Baggendorfer Ås, welche als seltene Erscheinungen bisher nur in einigen finländischen und nordamerikanischen Åsar angetroffen wurden. Die Packungen sind jedoch nicht als modifizierte Geschiebedecksande aufzufassen, sondern sie entwickeln sich unabhängig von ihnen. Wegen der überall deutlich wahrnehmbaren energischen Wasseraufbereitung ist der Geschiebekies an vielen Punkten zur Geröllpackung geworden, deren Auftreten meist mit diakener Schichtung zusammenfällt.

Die Kames weichen darin von den Åsar ab, dass Einpressungen inframoränen Materials in dem gewöhnlichen Sinne nicht vorkommen, abgesehen von oberflächlichen Stauchungen in Gebieten südlich der Granitz. Ferner sind Block- und Geröllpackungen ziemlich allgemein verbreitet, und Blockeinstreuungen treten in allen Teilen der Kuppen gleichmässig auf. Geschiebe mit schönen Schliffflächen und Schrammen gehören zu den normalen Erscheinungen. Als typisch hat für die Kames die pantoklinale und quaquaversale Lagerung zu gelten, sowie

die zahlreichen, durch einseitigen Eisschuh und -druck erzeugten
Schichtenstörungen, die auch noch bei gänzlichem Mangel an
überlagernden Geschiebemergel deutlich sind; dieses Vorkommen
kann eine Verwechselung von supramoränen mit intramoränen
Geröllglacial zur Folge haben. Während bei den **Marginalkames**
die besprochenen **Lagerungsverhältnisse** am deutlichsten zum Ausdruck kommen, weisen die **Radialkames** daneben häufig Åsmerkmale auf und stellen überhaupt Bindeglieder beider Geröllhügel dar.

Trotz inniger topographischer und genetischer Verknüpfung
mit Åsar und Kames weisen die Rollsteinfelder ganz
selbständige Charaktere auf, was die Folge einer freien Ausdehnung der mit Schotter beladenen Schmelzwasserströme nach
allen Seiten hin sein dürfte. Bei unseren Rollsteinfeldern ist
die gewöhnliche Lagerung wellen- und linsenförmig, letztere
zusammen mit einer diskordanten Lagerung parallelgeschichteter
Komplexe. Nur beim Rekentiner Rollsteinfelde findet sich
eine bisher noch nicht beobachtete, mit normalen Geröllsandaufschüttungen scheinbar im Widerspruch stehende
Lagerung. Diese zeigt nämlich im Querprofil eine Anzahl
unter verschiedenen, selbst den der natürlichen Schüttung übersteigenden Winkeln aneinander stossender Mulden, zwischen deren
Schenkeln im Längsprofile monoklinale Lagerung, in den
übrigen Teilen aber eine solche in Wechselwellen auftritt.
Die höchst merkwürdigen, an Flexuren erinnernden Schichten-
umbiegungen, sowie ein scharfes Abschneiden von Schichtenköpfen und gleichzeitiges Überlagern unter teils anomalen
Böschungswinkeln weisen auf eine schnelle und eigentümlich
strudelnde Wasserbewegung hin.

Im ganzen genommen kann man also von den radialen
Geröllhügeln Vorpommerns, der angrenzenden Gebiete Mecklen-
burgs und der Uckermark wohl sagen, dass sie unsere Auf-
fassungen über ihren so abwechselungsreichen Bau, über ihre
Beziehungen zueinander und dem glacialen Rinnensystem um
ein Bedeutendes erweitern, sodass in dem folgenden zweiten
Teile dieses Kapitels der Versuch gemacht werden darf, ihre
Entstehungsweise im Einzelnen festzustellen.

Greifswald, im Mai 1903.

# Inhaltsverzeichnis.

# II.
# Mitteilungen aus der Gesellschaft.

---

## Die Vereinsjahre 1900—1903.
### (19., 20. und 21. Vereinsjahr.)

# Sitzungen und Exkursionen in den Vereinsjahren April 1900 bis März 1903.

**Sitzung in Anklam am 26. April 1900.** Herr Professor Dr. Credner: „Über die geologischen Wirkungen des Windes und die Entstehung der Wüstenlandschaft." (Projektionsvortrag.)

**Sitzung am 5. Mai 1900** (gemeinschaftlich mit der Abteilung Greifswald der Deutschen Kolonialgesellschaft). Herr Dr. Passarge-Berlin: „Adamana, das Hinterland von Kamerun, und seine zukünftige Entwicklung." (Auf Grund eigener Reisen.)

**XVII. Exkursion vom 5.—10. Juni 1900** nach der Föhrdenküste Schleswig-Holsteins, der Insel Sylt, Kiel-Holtenau und der Holsteinschen Schweiz. (Die Zahl der Teilnehmer betrug 169, darunter 66 Studierende.)

**Sitzung am 16. Juli 1900.** Herr Professor Dr. Credner: „Die Insel Rügen, ihr Aufbau und ihre Enstehungsgeschichte." (Projektionsvortrag gelegentlich des Greifsw. Ferienkursus.)

**Sitzung am 24. Juli 1900.** Herr Professor Dr. Credner: „Über Gletscher, ihr Wesen und ihre Wirkungen." (Projektionsvortrag w. o.)

**Sitzung am 31. Juli 1900.** Herr Professor Dr. Credner: „Über Karsterscheinungen." (Projektionsvortrag w. o.)

**Sitzung in Wolgast am 28. Oktober 1900.** Herr Dr. Brühl-Berlin: „Über seine Reise durch die Fjorde der norwegischen und russischen Eismeerküsten." (Projektionsvortrag.)

**Sitzung am 29. Oktober 1900.** Herr Dr. Brühl, Assistent am physiologischen Institut der Universität Berlin: „Über seine Reisen im nördlichen Eismeer. (Projektionsvortrag.)

**Sitzung am 29. November 1900** (gemeinschaftlich mit der Abteilung Greifswald der Deutschen Kolonial-Gesellschaft). Herr Professor Dr. Detmer-Jena: „Über seine Reisen im tropischen Brasilien."

**Sitzung am 18. Dezember 1900.** Herr Kgl. Berg-Inspektor Knochenhauer-Goslar: „Korea." (Auf Grund eigener Reisen.)

**Sitzung am 17. Januar 1901.** Herr Professor Dr. Georg Steindorff-Leipzig: „Durch die lybische Wüste zur Oase des Jupiter Ammon." (Mit Projektionsbildern.)

**Sitzung in Stralsund am 20. Februar 1901.** Herr Professor Dr. Credner: „Ein Besuch der Vulkanregion und der Causses des französischen Centralplateaus." (Mit Projektionsbildern.)

**Sitzung am 21. Februar 1901** (gemeinschaftlich mit der Abteilung Greifswald der Deutschen Kolonial-Gesellschaft). Herr Dr. Grothe-Wiesbaden: „Erserum und die russisch-türkischen Grenzgebiete in Kleinasien; die deutschen Kolonien in Transkaukasien." (Auf Grund eigener Reisen. Mit Projektionsbildern.)

---

**Sitzung am 8. Mai 1901.** Herr Professor Dr. Volkens-Berlin: „Die Karolinen- und Mariannen-Inseln." (Auf Grund eigener Reisen.)

**XVIII. Exkursion vom 25.—27. Mai 1901** nach der Insel Bornholm und Christiansöe. (Die Zahl der Teilnehmer betrug 172, darunter 84 Studierende.)

**Sitzungen am 15., 23. und 30. Juli 1901.** (Gelegentlich des Greifsw. Ferienkursus.) Herr Professor Dr. Credner: Geographische Charakter-Landschaften: 1. Steil- und Flachküsten-Landschaft (Küsten Rügens). 2. Polar-Landschaft (Spitzbergen, Grönland etc.). 3. Fjord-Landschaft (Norwegische Küste etc.). 4. Vulkan-Landschaft (Auvergne, Central-Frankreich). 5. Karst-Landschaft (Causses Südfrankreichs.) 6. Geysir-Landschaft (Yellowstone Nationalpark). 7. Canon-Landschaft (Grand Canon des Colorado). 8. Wüsten-Landschaft (Sahara etc.). (Projektionsvorträge.)

**Sitzung am 5. November 1901.** Herr Professor Dr. Credner: „Die Entwicklung der Stromsysteme Norddeutschlands." (Mit Demonstrationen.)

**Sitzung am 28. November 1901.** Herr Dr. Georg Wegener-Berlin: „Geographische Beobachtungen auf seinen Reisen in China." (Mit Lichtbildern.)

**Sitzung in Wolgast am 29. November 1901.** Derselbe Vortragende über dasselbe Thema.

**Sitzung in Anklam am 3. Januar 1902.** Herr Professor Dr. Credner: „Über seine Reise nach dem Centralplateau Frankreichs: Die Vulkane der Auvergne und die Karsterscheinungen der Causses in Südfrankreich." (Mit Lichtbildern.)

**Sitzung am 7. Februar 1902.** Herr Professor Dr. Detmer-Jena: „Reisebilder aus Algerien, Tunesien und der Sahara."

**Sitzung in Stralsund am 5. März 1902.** Herr Professor Dr. Credner: „Über Wüsten und die Entstehung ihrer Oberflächenformen." (Mit Lichtbildern.)

**Sitzung in Demmin am 17. März 1902.** Herr Professor Dr. Credner: „Aus der Gletscherwelt der Alpen." (Mit Lichtbildern.)

---

**Sitzung in Wolgast am 1. April 1902.** Herr Professor Dr. Credner: „Neuere Forschungen über Gletscher. (Mit Lichtbildern.)

**Sitzung am 7. Mai 1902.** Herr Professor Dr. C. F. Lehmann-Berlin: „Forschungen und Bilder aus Armenien und Mesopotamien." (Mit Lichtbildern.)

**XIX. Exkursion vom 20.—24. Mai 1902** nach Südschweden (Helsingborg, Kullen), Helsingör, Kopenhagen, Malmö: Lund, Falsterbo. (Die Zahl der Teilnehmer betrug 279, darunter 163 Studierende.)

**Sitzung am 14. Juli 1902.** Herr Professor Dr. Credner, „Die Insel Rügen, ihr Bau und ihre Entstehungsgeschichte." (Projektionsvortrag gelegentlich des Greifsw. Ferienkursus.)

**Sitzungen am 22. und 29. Juli 1902.** Herr Professor Dr. Credner: „Die an der Ausgestaltung der Erdoberfläche wirkenden Kräfte." (Projektionsvorträge w. o.)

**Sitzung am 6. November 1902.** Herr Dr. O. Baschin-Berlin: Über wissenschaftliche Luftfahrten und deren Ergebnisse."

**Sitzung am 9. Dezember 1902.** Herr Dr. Max Friedrichsen-Hamburg: „Über seine Forschungsreise im Tiën-schan und dsungarischen Ala-tau." (Mit Lichtbildern.)

**Sitzung in Wolgast am 10. Dezember 1902.** Herr Dr. Max Friedrichsen-Hamburg: „Vier Monate unter Kirgisen. Forschungen und Erlebnisse auf einer Reise in den Hochgebirgen Central-Asiens." (Mit Lichtbildern.)

**Sitzung am 10. Januar 1903.** Herr Professor Dr. Plathe-Berlin: „Über seine Reise nach dem ägäischen und roten Meere."

**Sitzung am 3. Februar 1903** (gemeinschaftlich mit der Abteilung Greifswald der Deutschen Kolonial-Gesellschaft). Herr Dr. Passarge-Berlin: „Venezuela." (Auf Grund eigener Reisen im Jahre 1902.) (Mit Lichtbildern.)

**Sitzung am 11. März 1903.** Herr Dr. Kurt Boeck-Dresden: „Über seine Forschungsreisen in der Gletscherwelt des Himalaya." (Mit Lichtbildern.)

***

Zahl der Mitglieder. Die Zahl der Mitglieder betrug im Vereinsjahr 1902/03: 914, darunter 405 auswärtige und 177 ausserordentliche (Studierende der Universität Greifswald)·

***

Den Vorstand der Gesellschaft bilden die Herren:
Professor Dr. Credner, erster Vorsitzender,
Professor Dr. Busse, zweiter Vorsitzender,
Direktor Dr. Schoene, erster Schriftführer,
Optiker und Mechaniker W. Demmin, zweiter Schriftführer,
Kaufmann O. Biel, Schatzmeister und
Lehrer Giehr-Eldena, Bibliothekar.

Zu Ehrenmitgliedern wurden seit der letzten Berichterstattung ernannt die Herren:

Geheimrat Professor Dr. Wagner in Göttingen,

      „         „     Dr. Freiherr von Richthofen in Berlin und
Oberlandesgerichts-Rat Dr. Bewer in Köln.

---

In dem Tauschverkehr der Gesellschaft sind erhebliche
Veränderungen seit der letzten Berichterstattung nicht eingetreten. Die Zahl der Gesellschaften, Institute und Redaktionen,
von denen die Geographische Gesellschaft während des Vereins-
jahres 1902—1903 regelmässige Zusendungen erhalten hat,
beträgt 190.

Die Bibliothek der Gesellschaft zählt zur Zeit etwa
1500 Bände.

# Die
# baltischen Exkursionen

### der

## Geogr. Gesellschaft zu Greifswald

### in den Jahren 1883—1902

#### von

## Dr. Rudolf Credner.

Gotland

E

E

Pillau

NW.

SO

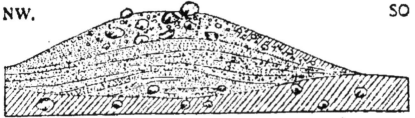

Querprofil durch das Kirch-Baggendorfer Ås;
nordöstlicher Buckel (No. 3).

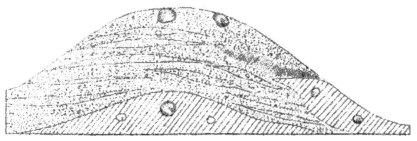

Querprofil durch das Kirch-Baggendorfer Ås:
mittlerer Buckel (No. 4).

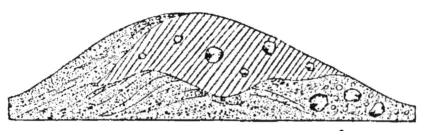

Querprofil durch das Kirch-Baggendorfer Ås;
südwestlicher Buckel (No. 6).

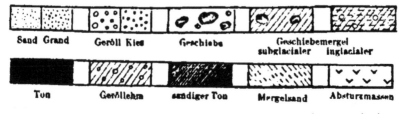

| Sand | Grand | Geröll | Kies | Geschiebe | Geschiebemergel | |
| | | | | | subglacialer | inglacialer |

| Ton | | Geröllehm | sandiger Ton | Mergelsand | Absturzmassen |

Gezeichnet von Elbert.

Photolithographie F. Bärwolff, Greifswald.

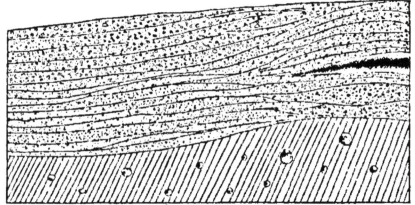

Längsprofil durch das Ås bei Kirch-Baggendorf,(zugehörig
zum Längsprofil Tafel 1 mitten  Buckel No. 4).

Längsprofil durch das Ås bei Kirch-Baggendorf;(Stück
zwischen zwei Buckeln, No. 3 u 4).

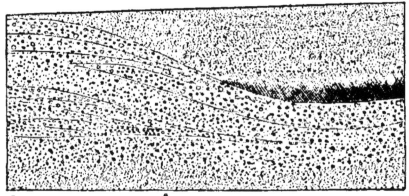

Längsprofil durch das Ås bei Kirch-Baggendorf;(mittlerer
Buckel,  No. 5).

Gezeichnet von Elbert.                              Photolithographie P. Bärwolff, Greifswald.

Längsprofile durch das Ås bei Kirch-Baggendorf

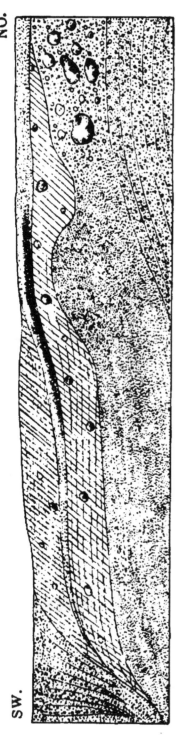

SW.

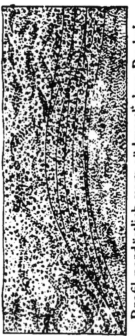

Profil nordöstlich vom südwestlichen Buckel
(zwischen No. 5 u. 6).

Südwestlicher Buckel, (No. 6). zu Querprofil Tafel 1 unten gehörig.

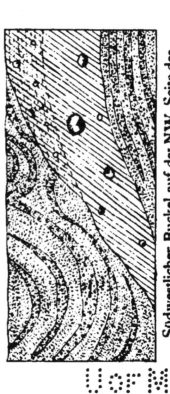

Südwestlicher Buckel auf der NW. Seite des
Rückens (No. 6).

Gezeichnet von Elbert.

Photolithographie P. Bärwolff, Greifswald.

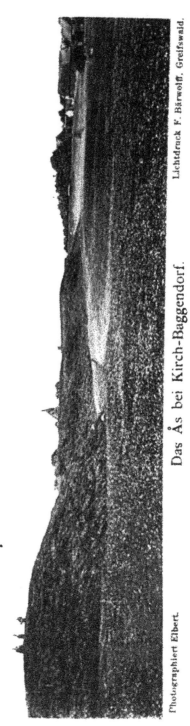

Photographiert Elbert.

Das Ås bei Kirch-Baggendorf.

Lichtdruck F. Bärwolff, Greifswald.

Photographiert Elbert.

Blockpackung im Aš bei Kirch-Baggendorf.

Lichtdruck F. Bärwolf, Greifswald.

M to U

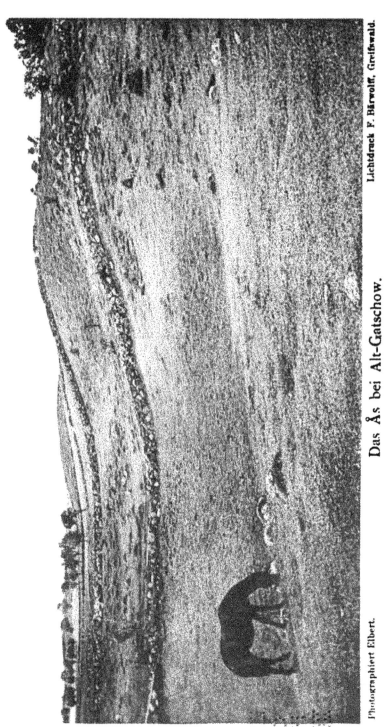

Photographiert Elbert.

Das Ås bei Alt-Gatschow.

Lichtdruck F. Bärwolff, Greifswald.

Photographiert Elbert.

Blockpackung im Ås bei Neu-Gatschow.

Lichtdruck F. Bärwolff, Greifswald.

Moll

Das Ås bei Neu-Gatschow.

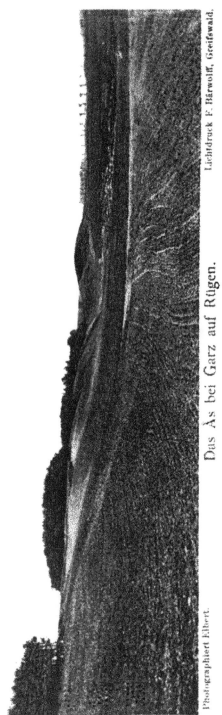

Das Ås bei Garz auf Rügen.

M to U

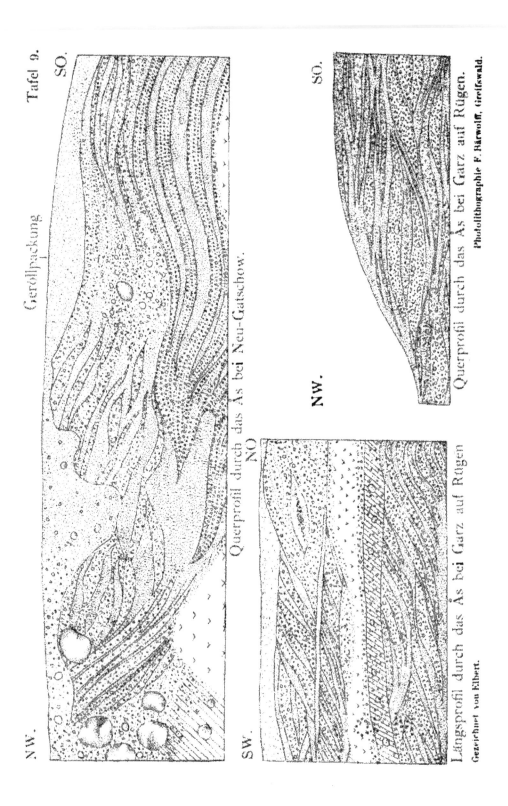

SO.

SO.

Geröllpackung

SO.

Querprofil durch das Ås bei Garz auf Rügen

Photolithographie F. Barwolff, Greifswald.

Querprofil durch das Ås bei Neu-Gatschow.

NO.

NW.

Querprofil durch das Ås bei Neu-Gatschow.

NW.

SW.

Längsprofil durch das Ås bei Garz auf Rügen

Gezeichnet von Elbert.

M⁊ol

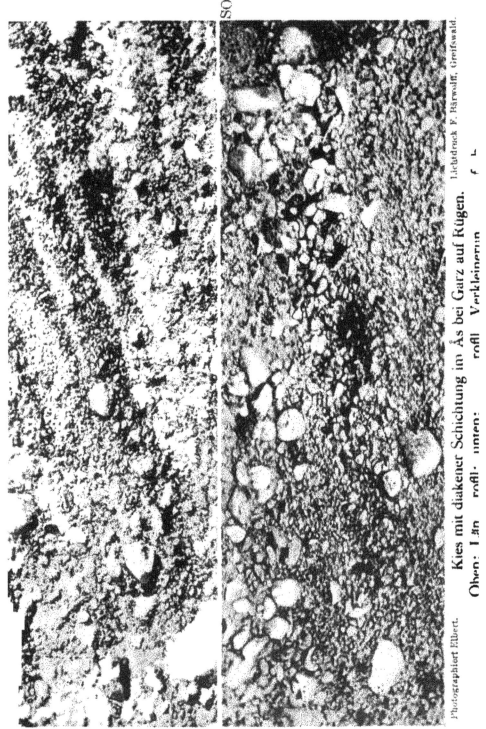

SO.

NW.

Photographiert Elbert.

Kies mit diakener Schichtung im Ås bei Garz auf Rügen. Lichtdruck F. Bärwolff, Greifswald.

Oben: Län roßl. unten: roßl. Verkleinerun f L

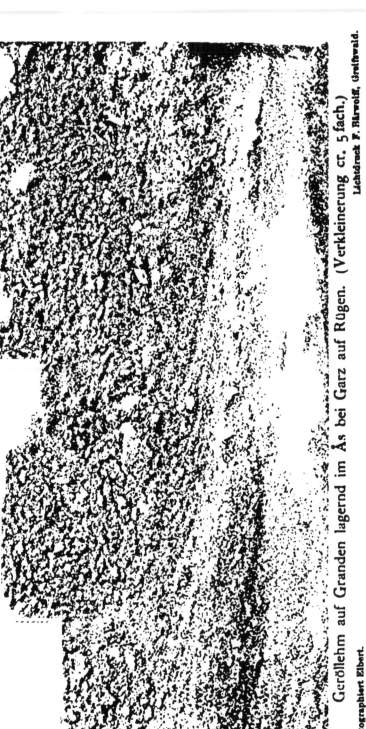

Geröllehm auf Granden lagernd im Ås bei Garz auf Rügen. (Verkleinerung cr. 5 fach.)

Lichtdruck F. Bärwolff, Greifswald.

Photographiert Elbert.

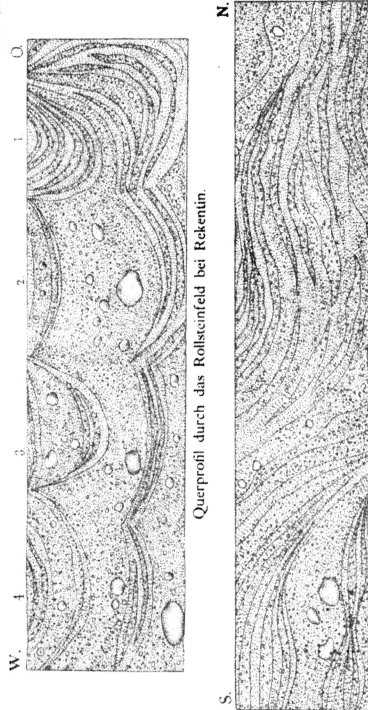

Querprofil durch das Rollsteinfeld bei Rekentin.

Längsprofil durch das Rollsteinfeld bei Rekentin.

Gezeichnet von Elbert.

Photolithographie F. Bärwolff, Greifswald.

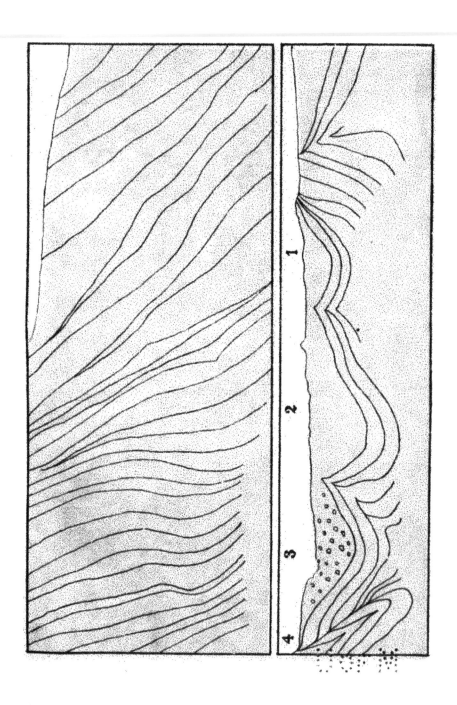

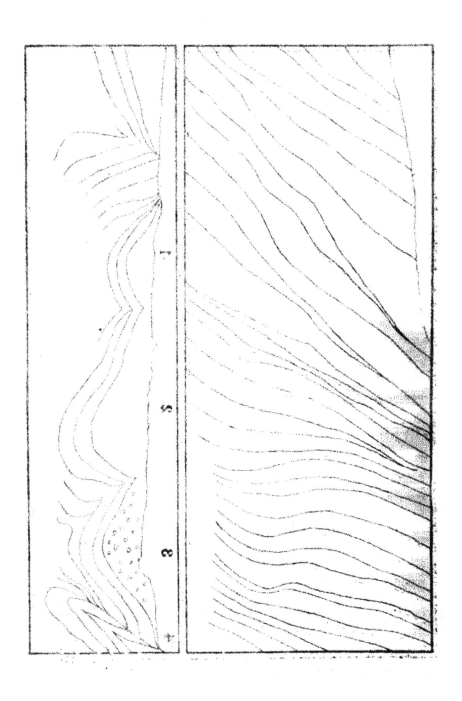

N.

O.

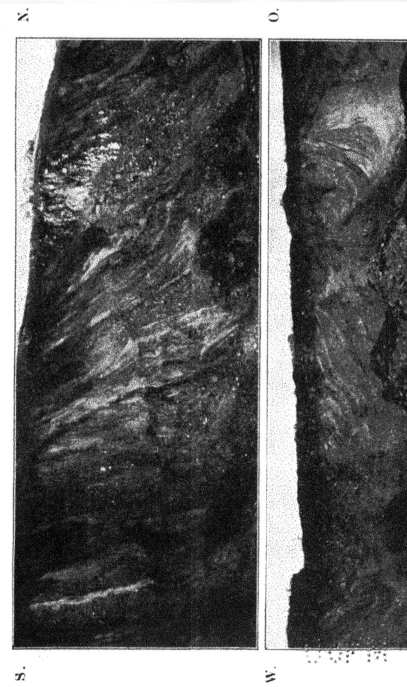

S.

W.

NW.

SO.

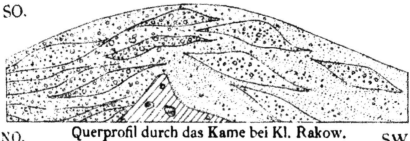

Querprofil durch das Kame bei Kl. Rakow.

NO.                                                                 SW.

Längsprofil durch das Kame bei Kl. Rakow.

W NW.                                                               OSO.

Querprofil durch das Kame bei Welzin.

Gezeichnet von Elbert.                    Photolithographie F. Bärwolff, Greifswald.

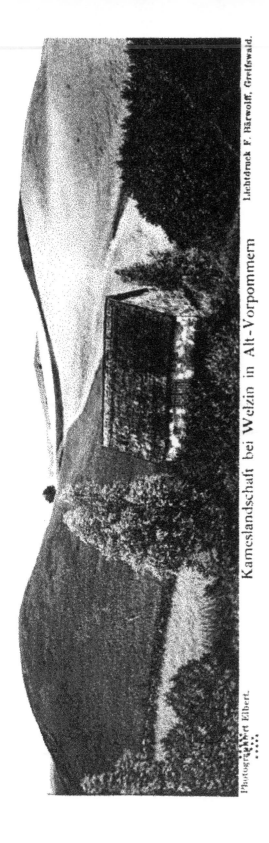

Kameslandschaft bei Welzin in Alt-Vorpommern

Photographiert Elbert.

Lichtdruck F. Bärwolff, Greifswald.

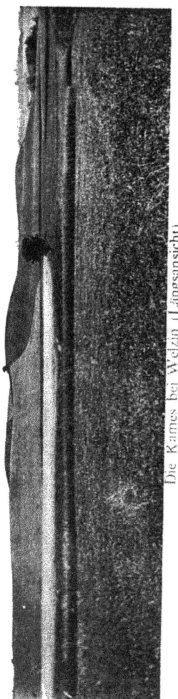

Die Kames bei Welzin (Längsansicht)

Geschichtete Blockpackung in der Endmoräne bei Rothemühl.

# VIII. Jahresbericht

der

# Geographischen Gesellschaft

zu

## Greifswald

### 1900—1903.

## Im Auftrage des Vorstandes

herausgegeben

von

## Prof. Dr. Rudolf Credner.

**Mit 3 Karten, 16 Tafeln und 3 Profilen im Text.**

Greifswald.
Verlag und Druck von Julius Abel.
1904.

Lightning Source UK Ltd.
Milton Keynes UK
UKHW010923050119
334854UK00007B/1202/P